21 世纪高等学校电子信息类专业精品教材

浙江省"十一五"重点教材建设项目

# 基于 CMMI 的软件工程及实训指导

## （修订本）

主　编　张万军　郑　宁　赵宇兰
副主编　吴　昊　葛瀛龙　储善忠

清 华 大 学 出 版 社
北 京 交 通 大 学 出 版 社
·北京·

## 内容简介

本书以 CMMI 1.3 版本相关过程管理思路为基础，重点讲解软件开发过程中必需的一些过程域。为了满足国家卓越工程师中软件工程培养的需要，特别对软件工程实践部分进行了讲解，并且在微软 TFS2010 平台之上，定制了适合中小型软件企业软件研发及学生软件工程实践授课需要的开发过程模板。整篇实训指导都基于该过程模板完成，降低了软件工程实训的难度，提高了团队沟通能力的培养。

全书共 17 章，共分软件工程简介、项目管理、工程过程管理、项目支撑管理四大块内容。其中项目管理包含立项管理、项目总结、项目初步计划、项目估算及详细计划、项目跟踪及控制、风险管理、项目评审管理等章节；工程过程管理包含需求开发及管理、系统设计、系统实现与测试过程、制订测试方案及编写测试用例、系统测试等章节；项目支撑管理包含过程及产品质量保证、软件配置管理等章节。

本书适合各类开设软件工程或软件项目实践类课程的高校学生及教师使用，也可作为中小型软件企业人员的参考书。

本书封面贴有清华大学出版社防伪标签，无标签者不得销售。
版权所有，侵权必究。侵权举报电话：010-62782989　13501256678　13801310933

## 图书在版编目(CIP)数据

基于 CMMI 的软件工程及实训指导/张万军，郑宁，赵宇兰主编.—北京：清华大学出版社；北京交通大学出版社，2011.8（2022.1 重印）
（21 世纪高等学校电子信息类专业精品教材）
ISBN 978-7-5121-0690-1

Ⅰ. ①基…　Ⅱ. ①张…　②郑…　③赵　Ⅲ. ①软件工程-高等学校-教学参考资料　Ⅳ. ①TP311.5

中国版本图书馆 CIP 数据核字（2011）第 163446 号

责任编辑：郭东青
出版发行：清 华 大 学 出 版 社　　邮编：100084　　电话：010-62776969
　　　　　北京交通大学出版社　　　邮编：100044　　电话：010-51686414
印 刷 者：北京时代华都印刷有限公司
经　　销：全国新华书店
开　　本：185mm×260mm　　印张：23　　字数：588 千字
版　　次：2011 年 8 月第 1 版　　2022 年 1 月第 1 次修订　　2022 年 1 月第 4 次印刷
书　　号：ISBN 978-7-5121-0690-1/TP·657
印　　数：6501～7500 册　　定价：59.00 元

本书如有质量问题，请向北京交通大学出版社质监组反映。对您的意见和批评，我们表示欢迎和感谢。
投诉电话：010-51686043，51686008；传真：010-62225406；E-mail：press@bjtu.edu.cn。

# 前　　言

三年前，我们编写了《基于 CMMI 的软件工程教程》和《基于 CMMI 的软件工程实训指导》两本用于软件工程实践类教学的教材。在使用这两本教材的过程中，收集了大量来自采用该系列教材学校教师、学生及公司培训讲师的反馈意见。在此基础之上，针对近两年微软 TFS2010 的推出、CMU/SEI 对 CMMI 评估要求的变更，吸取 CDIO 的相关理念，结合软件公司 CMMI 评估的变化，对原来的教材进行了修订，编写出更适合高校实践性软件工程专业教学的教材，借此希望能对软件工程类的工科教育改革提供一些有益探索。在编写本版时，重点突出软件开发中活动先后顺序这一主线，以方便学生实训的开展，结合 CMU/SEI 刚推出的 CMMI 1.3 版本，并对其中理论部分进行了调整。

在本书中，模拟了一个软件公司作为案例企业，该公司有一个规模为 10 人左右的研发部门，以此部门要开发一个新软件产品为场景进行实训，书中内容包含了公司中常见的三类项目：新产品研发类、合同定制类和产品升级类。为了使学生方便开展实训，本书把第一版中的《基于 CMMI 的软件工程实训指导》相关内容直接合并到对应的章节之中，使之成为一个更完整的体系，并且在微软 TFS2010 自带的 MSF for CMMI Process Improvement v5.0 基础之上，开发了一套适合学生实训使用的过程模板，命名为 TPS for CMMI-Based Software Engineering，对该过程模板稍做调整即可用于企业 CMMI3 级的项目中。为了降低学生在实训项目开发过程中编程技术的门槛，保证实训围绕软件开发过程管理开展，本书提供了基于微软平台的实训框架，使得学生在此框架基础之上完成所选项目的功能模块的编写即可，而不必再把主要精力放到系统怎么实现的技术上。

本书配套素材中提供了自定义的过程模板（TPS for CMMI-Based Software Engineering V1.0），每章节的讲义，实训素材供大家在教学及学习中参考。这些资料均可到北京交通大学出版社网站上下载。

使用本书，要求学习过 UML 系统分析与设计、至少一门高级程序设计语言、熟悉.NET 平台或 Java 相关开发平台或工具。

在前两本教材的基础之上，本书去掉了学生比较难以理解和比较难以实训的章节，把这些章节作为本教材的电子资料放到配套素材中供公司人员学习和培训之用。具体为：客户验收、度量分析、软件开发过程管理、决策分析。并且，把产品及软件配置管理和过程质量保证放到系统设计之后、软件测试之前讲解，把风险管理放在项目估算及详细计划之前讲解，以方便安排软件开发中的工程实训。对于不能采用 TFS2010 作为实训环境的班级，可以采用电子资料里的相对应章节的实训指导来完成软件项目实训。

未开设过软件工程导论的本科或高年级职业技术院校学生（本书中统称第一类学员）建议讲解：第 1 章 "软件工程基础"、第 2 章 "案例机构设置及岗位职责"、第 3 章 "立项管理"、第 5 章 "项目初步计划"、第 6 章 "需求开发及管理"、第 8 章 "项目估算及详细计划"、第 9 章 "项目跟踪及控制"、第 10 章 "系统设计"、第 11 章 "软件配置管理"、第 13 章 "软件测试简介"、第 14 章 "系统实现与测试过程"、第 15 章 "制定测试方案及编写测试用例"、第 17 章 "项目总结"共 13 章的内容；根据学生的实际情况，可以补充讲解一下配置管理工具的使用、Project 基本操作等知识点。建议学时为：4+3，即每周 4 节讲授课时，6 节上机课时，以保证小型实践项目的完成。

高年级本科（本书中统称第二类学员）建议在第一类学员的基础之上增加：第 4 章 "项目评审管理"、第 7 章 "风险管理"、第 12 章 "产品及过程质量保证"、第 16 章 "系统测试"共 4 章内容。建议学时为：4+3 或 2+3，由老师根据学生原来的基础来确定，只是增加了这 4 章相关内容的实践环节。

上课学时数，可以根据学生的基础来调整，根据对公司里人员培训的经验来看，一个小型项目导入 CMMI 3 级，从立项到项目完成，一般需要 3 个月左右时间，其中讲授时间一般为每周 4~6 节课，其他时间为项目组成员讨论及应用。

本书由张万军、郑宁、赵宇兰任主编，吴昊、葛瀛龙、储善忠任副主编。参加编写工作的还有袁宝兰、林菲、施懿斓、陈强强、丁泉锋、罗海明、徐兰、顾燕燕、叶小倩、张珍等。

本书得到了 2010 年度浙江省"十一五"重点教材建设项目的资助。在编写过程中，得到了胡希明的大力支持及精心指导，方绪健、涂利明、丁宏等及浙江省《基于 CMMI 的软件工程》精品课程组成员也为本书提出了宝贵建议，在此深表感谢。此外，还要感谢杭州电子科技大学软件工程学院相关同事和杭州恒生电子股份有限公司的王红女，杭州国家软件产业基地有限公司的王子英，他们都对本书的完成提供了帮助。

由于作者水平有限，以及对微软的 TFS 平台研究还有待深入，在编写教材及定制 TPS for CMMI-Based Software Engineering 开发过程模板中难免会有问题及缺陷，希望广大读者给提出，以便共同探讨并及时改正。

编者<br>2011 年 8 月

# 目 录

## 第1章 软件工程基础 (1)
1.1 软件工程基本原理 (1)
1.2 质量管理体系 ISO 9001 (3)
1.3 项目管理知识体系 PMBOK (5)
1.4 软件能力成熟度模型集成 CMMI (8)

## 第2章 案例机构设置及岗位职责 (16)
2.1 案例介绍及机构设置 (16)
2.2 岗位角色职责 (19)
实训任务一：组建项目组 (22)
 实训指导1：项目组组建及职责分工 (22)
实训任务二：搭建开发环境 (24)
 实训指导2：安装基础开发环境 (24)
 实训指导3：设置开发平台及配置访问权限 (25)
实训任务三：熟悉 TFS2010 的操作 (28)
 实训指导4：连接到 TFS2010 (28)
 实训指导5：如何使用项目门户网站进行协同工作 (29)
 实训指导6：如何操作 TFS 中的工作项 (37)

## 第3章 立项管理 (40)
3.1 立项管理简述 (40)
3.2 立项管理流程 (41)
3.3 立项管理活动 (42)
3.4 立项管理要点 (44)
实训任务四：项目立项 (45)
 实训指导7：如何编写《立项可行性分析报告》 (45)
 实训指导8：如何编写《立项报告》 (47)
 实训指导9：如何填写《立项通知书》 (47)
 实训指导10：如何填写《项目任务书》 (47)

## 第4章 项目评审管理 (50)
4.1 CMMI 中对应实践 (50)
4.2 项目评审管理简述 (52)
4.3 评审管理活动 (53)
 4.3.1 项目评审流程 (53)
 4.3.2 编制项目评审计划 (54)
 4.3.3 正式评审 (56)

4.3.4　非正式评审 ……………………………………………………………（57）
　　4.3.5　审核 ………………………………………………………………………（58）
　　4.3.6　里程碑评审 ………………………………………………………………（58）
实训任务五：项目评审 ……………………………………………………………………（59）
　实训指导 11：如何使用 TFS 编制评审计划 …………………………………………（59）
　实训指导 12：如何建立工作项与源代码之间的链接 ………………………………（61）
　实训指导 13：如何使用 TFS 进行评审前准备 ………………………………………（63）
　实训指导 14：如何在 TFS 中填写及跟踪评审问题 …………………………………（65）
　实训指导 15：如何利用 TFS 填写评审结论 …………………………………………（70）

第 5 章　项目初步计划 ………………………………………………………………………（73）
　5.1　CMMI 中对应实践 ……………………………………………………………………（73）
　5.2　项目计划简述 …………………………………………………………………………（77）
　5.3　项目计划流程 …………………………………………………………………………（78）
　5.4　项目初步计划活动 ……………………………………………………………………（80）
　实训任务六：制订项目计划 ………………………………………………………………（83）
　　实训指导 16：如何编制《项目开发计划》…………………………………………（84）
　　实训指导 17：如何完成项目开发过程裁剪 …………………………………………（85）
　　实训指导 18：如何使用 TFS 和 Project 2007 制订项目进度计划 …………………（86）

第 6 章　需求开发及管理 ……………………………………………………………………（92）
　6.1　CMMI 中对应实践 ……………………………………………………………………（93）
　6.2　需求开发及管理简述 …………………………………………………………………（96）
　6.3　需求开发及管理流程 …………………………………………………………………（97）
　6.4　需求获取 ………………………………………………………………………………（98）
　　6.4.1　需求获取活动 ……………………………………………………………………（98）
　　6.4.2　基于用例的需求获取 ……………………………………………………………（100）
　6.5　需求分析 ………………………………………………………………………………（101）
　6.6　需求评审 ………………………………………………………………………………（102）
　6.7　需求管理 ………………………………………………………………………………（102）
　实训任务七：开发用户及软件需求 ………………………………………………………（103）
　　实训指导 19：如何在 TFS 中填写用户需求列表 …………………………………（103）
　　实训指导 20：如何编制《软件需求规格说明书》…………………………………（108）
　实训任务八：管理用户及软件需求 ………………………………………………………（110）
　　实训指导 21：如何使用 TFS 进行用户需求跟踪 …………………………………（111）
　　实训指导 22：如何使用 TFS 完成需求变更 ………………………………………（114）

第 7 章　风险管理 ……………………………………………………………………………（119）
　7.1　风险基础知识 …………………………………………………………………………（119）
　7.2　CMMI 中对应实践 ……………………………………………………………………（121）
　7.3　风险管理概述 …………………………………………………………………………（122）
　7.4　风险管理流程 …………………………………………………………………………（124）

## 目　录

- 7.4.1　风险管理流程图 …………………………………………………（124）
- 7.4.2　识别风险 ……………………………………………………………（125）
- 7.4.3　分析风险 ……………………………………………………………（125）
- 7.4.4　制定风险应对策略 …………………………………………………（127）
- 7.5　风险跟踪简述 ……………………………………………………………（128）
  - 7.5.1　风险跟踪 ……………………………………………………………（128）
  - 7.5.2　风险应对 ……………………………………………………………（128）
- 实训任务九：管理项目中的风险 ………………………………………………（129）
  - 实训指导23：如何编制《风险管理计划》…………………………………（129）
  - 实训指导24：如何在TFS中进行风险管理 ………………………………（130）

## 第8章　项目估算及详细计划 ……………………………………………………（135）

- 8.1　软件估算简介 ……………………………………………………………（135）
- 8.2　常用的估算方法 …………………………………………………………（136）
  - 8.2.1　面向规模的估算 ……………………………………………………（136）
  - 8.2.2　类比法 ………………………………………………………………（137）
  - 8.2.3　面向功能的估算 ……………………………………………………（137）
  - 8.2.4　面向用例的估算 ……………………………………………………（138）
  - 8.2.5　基于过程的估算 ……………………………………………………（140）
  - 8.2.6　Delphi法详解 ………………………………………………………（141）
- 8.3　项目详细计划 ……………………………………………………………（143）
- 实训任务十：编制详细项目计划 ………………………………………………（146）
  - 实训指导25：如何使用OCP方法进行估算 ………………………………（146）

## 第9章　项目跟踪及控制 …………………………………………………………（150）

- 9.1　CMMI中对应实践 ………………………………………………………（150）
- 9.2　项目跟踪及控制简述 ……………………………………………………（151）
- 9.3　项目跟踪活动 ……………………………………………………………（153）
- 9.4　处理项目偏离 ……………………………………………………………（156）
- 实训任务十一：项目跟踪及控制 ………………………………………………（157）
  - 实训指导26：如何使用TFS进行工作跟踪 ………………………………（158）
  - 实训指导27：如何使用TFS汇总产生《项目组周报》……………………（162）
  - 实训指导28：如何在TFS中填写周报问题 ………………………………（165）
  - 实训指导29：如何使用TFS汇总产生《阶段进度报告》…………………（165）

## 第10章　系统设计 …………………………………………………………………（169）

- 10.1　CMMI中对应实践 ………………………………………………………（169）
- 10.2　系统设计简述 ……………………………………………………………（170）
- 10.3　关于设计模式 ……………………………………………………………（171）
- 10.4　概要设计活动 ……………………………………………………………（174）
- 10.5　详细设计活动 ……………………………………………………………（176）
- 10.6　设计方法简介 ……………………………………………………………（177）

10.6.1　面向结构（数据流）设计方法 ………………………………………………（177）
10.6.2　面向对象设计方法 ……………………………………………………………（178）
实训任务十二：完成系统设计 ………………………………………………………………（178）
　　实训指导 30：如何编写《概要设计》………………………………………………（179）
　　实训指导 31：如何进行数据库设计 ………………………………………………（182）
　　实训指导 32：如何编写《用户界面设计》…………………………………………（183）
　　实训指导 33：如何编写《模块设计》………………………………………………（184）

## 第 11 章　软件配置管理 ………………………………………………………………………（186）
11.1　CMMI 中对应实践 ……………………………………………………………………（187）
11.2　配置管理基本概念 ……………………………………………………………………（188）
11.3　配置管理活动 …………………………………………………………………………（192）
　　11.3.1　编制配置管理计划 ……………………………………………………………（194）
　　11.3.2　配置管理审计 …………………………………………………………………（195）
　　11.3.3　变更控制简述 …………………………………………………………………（195）
　　11.3.4　变更控制活动 …………………………………………………………………（197）
　　11.3.5　产品构造 ………………………………………………………………………（197）
　　11.3.6　配置管理的管理活动 …………………………………………………………（198）
11.4　产品发布流程 …………………………………………………………………………（198）
实训任务十三：执行软件配置管理 …………………………………………………………（200）
　　实训指导 34：如何编制《配置管理计划》…………………………………………（202）
　　实训指导 35：如何使用 TFS 编制配置项计划及跟踪 ……………………………（202）
　　实训指导 36：如何通过 Excel 编写及修改配置项计划 …………………………（205）
　　实训指导 37：如何使用 TFS 编制基线计划及跟踪表 ……………………………（206）
　　实训指导 38：如何使用 TFS 完成配置审计 ………………………………………（211）
　　实训指导 39：如何使用 TFS 进行配置项变更 ……………………………………（213）
　　实训指导 40：如何使用 TFS2010 进行源代码管理 ………………………………（214）

## 第 12 章　产品及过程质量保证 ………………………………………………………………（224）
12.1　CMMI 中对应实践 ……………………………………………………………………（224）
12.2　PPQA 简述 ……………………………………………………………………………（225）
12.3　PPQA 活动内容 ………………………………………………………………………（227）
　　12.3.1　制订质量保证计划 ……………………………………………………………（227）
　　12.3.2　实施 QA 活动 …………………………………………………………………（228）
　　12.3.3　不符合项处理 …………………………………………………………………（230）
实训任务十四：执行质量保证（可选）………………………………………………………（232）
　　实训指导 41：如何编制《质量保证计划》…………………………………………（232）
　　实训指导 42：如何使用 TFS 填写 QA 工作日志 …………………………………（234）
　　实训指导 43：如何使用 TFS 生成《QA 周报》……………………………………（236）
　　实训指导 44：如何使用 TFS 对不符合项进行跟踪 ………………………………（238）
　　实训指导 45：如何使用 TFS 生成《不符合项报告》………………………………（241）

实训指导 46：如何编写《QA 阶段审计报告》 …………………………………（242）
　　实训指导 47：如何使用 TFS 生成 QA 总结报告 …………………………（243）

# 第 13 章　软件测试简介 …………………………………………………………（245）
## 13.1　软件测试基本概念 ………………………………………………………（245）
### 13.1.1　软件测试背景 …………………………………………………（245）
### 13.1.2　软件测试著名案例 ……………………………………………（246）
### 13.1.3　软件缺陷 ………………………………………………………（247）
### 13.1.4　软件测试的原则 ………………………………………………（248）
### 13.1.5　软件的版本 ……………………………………………………（249）
### 13.1.6　优秀软件测试员必备 …………………………………………（250）
## 13.2　软件测试分类 ……………………………………………………………（251）
## 13.3　自动化测试 ………………………………………………………………（252）
## 13.4　BUG 管理流程 …………………………………………………………（253）
### 13.4.1　微软研发中的 BUG 管理 ………………………………………（253）
### 13.4.2　通用 BUG 管理流程 ……………………………………………（254）
### 13.4.3　BUG 的分类 ……………………………………………………（255）

# 第 14 章　系统实现与测试过程 …………………………………………………（256）
## 14.1　CMMI 中对应实践 ………………………………………………………（256）
## 14.2　系统实现与测试过程简述 ………………………………………………（260）
## 14.3　编码流程 …………………………………………………………………（261）
### 14.3.1　工作准备 ………………………………………………………（261）
### 14.3.2　编码活动 ………………………………………………………（262）
### 14.3.3　编码中常见问题 ………………………………………………（262）
## 14.4　测试流程 …………………………………………………………………（263）
### 14.4.1　单元测试 ………………………………………………………（263）
### 14.4.2　集成测试 ………………………………………………………（264）
## 14.5　缺陷管理与改错 …………………………………………………………（264）
## 14.6　建立产品支持文档 ………………………………………………………（266）
实训任务十五：系统编码实现 ……………………………………………………（266）
　　实训指导 48：熟悉编码规范 ………………………………………………（267）
　　实训指导 49：如何编制《实现与测试计划》 ……………………………（270）
实训任务十六：执行单元测试（可选） …………………………………………（273）
　　实训指导 50：如何使用 TFS 管理单元测试用例 ………………………（273）
　　实训指导 51：如何使用 VS 执行单元测试自动化 ………………………（277）
实训任务十七：执行集成测试及管理缺陷 ………………………………………（283）
　　实训指导 52：如何使用 TFS 管理 BUG …………………………………（283）
　　实训指导 53：如何填写《缺陷管理列表》 ………………………………（286）
　　实训指导 54：如何使用 TFS 生成《集成测试报告》 …………………（287）
　　实训指导 55：如何编写《缺陷统计报告》 ………………………………（288）

实训任务十八：编写用户文档（可选）······(289)
   实训指导 56：如何编写《用户操作手册》······(289)

## 第 15 章 制订测试方案及编写测试用例······(291)

15.1 CMMI 中对应实践······(291)
15.2 测试资料收集与整理······(292)
15.3 检查产品规格说明书······(293)
15.4 测试方案的制订······(294)
15.5 测试计划书的编写及要素······(294)
  15.5.1 测试计划书衡量标准······(295)
  15.5.2 测试计划内容······(295)
15.6 测试用例编写······(295)
  15.6.1 单元测试用例编写······(295)
  15.6.2 集成测试用例编写······(296)
  15.6.3 系统测试用例编写······(296)
实训任务十九：编写测试计划及测试用例······(297)
  实训指导 57：如何使用 TFS 管理集成测试用例······(297)
  实训指导 58：如何使用 TFS 管理系统测试用例······(298)
  实训指导 59：如何编写《系统测试计划》······(304)

## 第 16 章 系统测试······(306)

16.1 CMMI 中对应实践······(306)
16.2 系统测试简述······(307)
16.3 系统测试活动内容······(307)
  16.3.1 系统测试内容······(307)
  16.3.2 制订系统测试计划······(308)
  16.3.3 设计测试用例······(309)
  16.3.4 执行系统测试······(309)
实训任务二十：执行系统测试······(310)
  实训指导 60：如何使用 VS 完成 Web 负载测试······(310)
  实训指导 61：如何使用 TFS 生成《系统测试报告》······(317)

## 第 17 章 项目总结······(319)

17.1 项目总结简述······(319)
17.2 代码复用总结······(320)
  17.2.1 代码复用简介······(320)
  17.2.2 代码复用活动······(321)
17.3 项目结项······(322)
实训任务二十一：项目总结······(322)
  实训指导 62：如何填写《个人项目工作总结》······(323)
  实训指导 63：如何编制《结项报告》······(324)

## 附录 A 实训框架及 Project 使用指导······(328)

A.1 实训框架介绍 ……………………………………………………………………（328）
　A.1.1 安全管理及功能列表 ……………………………………………………（328）
　A.1.2 ASP.NET 平台下系统框架设计 …………………………………………（329）
　A.1.3 数据库表结构设计 ………………………………………………………（338）
　A.1.4 ASP.NET 实训框架指导 …………………………………………………（339）
A.2 使用 Project 2007 进行项目跟踪及数据分析 …………………………………（343）
　A.2.1 设置项目视图 ……………………………………………………………（343）
　A.2.2 设置跟踪视图列 …………………………………………………………（343）
　A.2.3 设置资源工作表 …………………………………………………………（345）
　A.2.4 设置项目日历 ……………………………………………………………（345）
　A.2.5 制定项目进度表 …………………………………………………………（346）
　A.2.6 设置任务相关性 …………………………………………………………（348）
　A.2.7 跟踪项目进度 ……………………………………………………………（350）

# 第 1 章　软件工程基础[①]

本章重点：
● 软件工程基本原理；
● 质量管理体系 ISO9001；
● 项目管理知识体系 PMBOK；
● 软件能力成熟度模型集成 CMMI。

在学习软件工程及软件过程管理之前，我们可以看到，从机械工业到一般的加工业，都已经有了上百年的历史，产品的生产流程及工厂、车间、工种等的机构设置和角色分工都有了成熟的模式。但是，软件公司及其软件产品的研发历史并不长，加之软件开发本身是智力劳动的特点，软件作为产品的生产流程及其相应的管理活动，还远远没有一个成熟的模式。

近二十年间，在国家各级主管部门的政策倡导和支持下，中国软件公司的决策者也从各自的成长历程中认识到了加强和改进内部管理，特别是技术管理的重要性，纷纷投入大量的人力、物力和财力，学习、采用和实施一系列的学科标准和模型，例如软件工程、ISO9001、PMBOK 及 CMM、CMMI 等。

## 1.1　软件工程基本原理

为了改进软件公司的管理，为了"更快、更好、更便宜"地开发软件产品，既要有技术措施（方法和工具），又要有必要的组织管理措施。从学科发展角度出发，人们很自然地想到了软件工程。因为软件工程正是从管理和技术两方面来研究如何采用工程的概念、原理和技术方法并加以综合，指导开发人员更好地开发和维护计算机软件的一门新的学科。

自从 1968 年在联邦德国召开的一次国际会议上正式提出并采用"软件工程"这个术语以来，研究软件工程的专家学者们陆续提出了 100 多条关于软件工程的准则或"信条"。著名的软件工程专家波汉姆（Boehm）综合这些学者们的意见，并总结了多年开发软件的经验，于 1983 年在一篇论文中提出了软件工程的 7 条基本原理。他认为这 7 条原理是确保软件产品质量和开发效率的原理的最小集合。人们虽然不能用数学方法严格证明它们是一个完备的集合，但是，事实证明在此之前已经提出的 100 多条软件工程原理都可以由这 7 条原理的适当组合所蕴含或派生得到。

下面给出这 7 条基本原理的简要内容。
**1. 按照软件生命周期的阶段划分制订计划，严格依据计划进行管理**
在软件开发与维护的整个生命周期中，需要完成许多性质各异的工作，应该把软件生命周期划分成若干个阶段，并相应地制订出切实可行的计划，然后严格按照计划对软件的开发与维

---
[①] 本章的内容在胡希明老师培训讲义基础之上编写，根据 CMMI-Dev V1.3 进行了修改。

护工作进行管理。共有 6 类计划，包括项目概要计划、里程碑计划、项目控制计划、产品控制计划、验证计划和运行维护计划。

不同层次的管理人员都必须严格按照计划各尽其职地管理软件开发与维护工作，绝不能受客户或上级人员的影响而擅自背离或随意修改预定计划。

### 2．坚持进行阶段评审

软件质量保证工作不能等到编码阶段结束之后再进行，因为大部分缺陷是在编码之前造成的（统计结果显示：设计阶段注入的缺陷占缺陷总数的 63%，而编码阶段注入的缺陷仅占 37%），并且缺陷发现与改正越晚，所需付出的代价就越高。因此，在每个阶段都应进行严格的评审，以便尽早发现在软件开发过程中所犯的错误。

### 3．实行严格的产品控制

在软件开发过程中不应随意改变需求，因为改变一项需求往往需要付出较高的代价。但是，在软件开发过程中改变需求又是难免的，由于外部环境的变化，相应地改变需求是一项客观需要，显然不能硬性禁止客户提出需求变更请求，而只能依靠科学的控制技术来顺应这种要求。也就是说，当改变需求时，为了保持软件各个配置项的一致性，必须实行严格的产品控制，其中主要是实行基准配置管理、定义基线、管理和控制基线。基准配置管理也称为变更控制。一切有关修改软件的建议，特别是涉及对基准配置的修改建议，都必须按照严格的规程进行评审，获得批准以后才能实施修改。绝对不能谁想修改软件（包括尚在开发过程中的软件），就随意进行修改。

### 4．采用现代程序设计技术

从提出软件工程的概念开始，人们一直把主要精力用于研究各种新的程序设计技术。例如，20 世纪 60 年代末提出的结构程序设计技术及后来发展的面向对象的分析技术和编程技术等。实践表明，采用先进的技术既可提高软件开发的效率，又可提高软件维护的效率。

### 5．结果应能清楚地审查

软件产品不同于一般的物理产品，它是看不见摸不着的逻辑产品。软件开发人员的工作可视性差，难以准确度量，从而使得软件产品的开发过程比一般产品的开发过程更难以评价和管理。为了提高软件开发过程的可视性，更好地进行管理，应该根据软件开发项目的目标及完成期限，规定开发机构的责任和产品标准，从而使得所得到的结果能够清楚地加以审查。

### 6．开发小组的人员应该少而精

这条基本原理的含义是，软件开发小组的组成人员的素质应该好，而人数则不宜过多。开发小组人员的素质和数量是影响软件产品质量和开发效率的重要因素。素质高的人员的开发效率比素质低的人员的开发效率可能高几倍至几十倍，而且素质高的人员所开发的软件中的缺陷明显少于素质低的人员所开发的软件中的缺陷。此外，随着开发小组人员数目的增加，因为交流情况、讨论问题而造成的开销也急剧增加。因此，组成少而精的开发小组是软件工程的一条基本原理。

### 7．承认不断改进软件工程实践的必要性

遵循上述 6 条基本原理，就能够实现软件的工程化生产，但是，仅有上述 6 条原理并不能保证软件开发与维护的过程能赶上时代前进的步伐，跟上技术的不断进步。因此，应该把承认不断改进软件工程实践的必要性作为软件工程的第 7 条基本原理。按照这条原理，不仅要积极

主动地采纳新的软件技术,而且要注意不断总结经验。如收集进度和资源耗费数据,收集缺陷类型和问题报告数据,等等。这些数据不仅可以用来评价新的软件技术的效果,而且可以用来指明必须着重开发的软件工具和应该优先研究的技术。

以上 7 条只是基本原理,对每一个软件公司而言,如何根据这几条原理管理和改进软件产品的开发和维护过程,问题还是不少,主要是可操作性差,缺少评价标准,以及缺少相互之间的可比性。于是,人们又只好求助于其他与产品质量管理、项目管理相关的标准体系,或者是新出现的并已证明有效的专门关于软件过程改进和管理的评价模型。

从当前及今后一个时期看,一个软件公司在技术、产品管理方面可采用的标准体系或模型,基本上有三个,它们之间的关系如图 1-1 所示。

图 1-1 公司技术、产品体系模型图

从上图可以看出:三者不存在互相包含的关系,但有很强的关联性;三者不存在互相替代的关系,但侧重点各有不同;PM/PMOK 和 ISO9001 并不专门针对软件公司,但可用于软件公司,特别是提供包含软件产品、集成工程和服务的软件公司;CMM、CMMI 专用于软件公司或软件项目、系统集成公司或系统集成项目。

## 1.2 质量管理体系 ISO9001

ISO9000 是由全球第一个质量管理体系标准 BS5750(BSI 英国标准协会撰写)转化而来的,ISO9001 是迄今为止世界上最成熟的质量框架,目前全球有 161 个国家/地区的超过 75 万家组织正在使用这一框架。ISO9001 不仅为质量管理体系,也为总体管理体系设立了标准。它帮助各类组织通过客户满意度的改进、员工积极性的提升及持续改进来获得成功。本节简要介绍质量管理体系 ISO9001:2000[①]。ISO9001 规定了公司质量管理体系的基本要求,它是通用的,适用于所有行业或经济领域,不论其提供何种类别的产品,但 ISO9001 本身并不规定产品质量的要求。

**1. 质量管理原则**

为促进质量目标的实现,ISO9001 标准明确规定了以下 8 项质量管理原则:

(1)以顾客为中心;

(2)高层管理者推动;

(3)全员参与;

(4)采用过程方法;

---

① 最新版本是 ISO9001:2008 版,是 2008 年 10 月 31 日发布的,但标准修改的较少;本书介绍还是以 2000 版为准。

（5）系统的管理；
（6）持续改进；
（7）基于事实的决策；
（8）互利的供方关系。

**2．建立和实施质量管理体系的步骤**

建立和实施质量管理体系，一般应按下列步骤进行：
（1）确定顾客的需求和期望；
（2）建立公司的质量方针和质量目标；
（3）确定实现质量目标所必需的过程和职责；
（4）针对每个过程实现质量目标的有效性确定测量方法；
（5）通过测量，确定每个过程的现行有效性；
（6）确定防止不合格项并消除产生原因的措施；
（7）寻找提高过程有效性和效率的机会；
（8）确定并优先考虑那些能提供最佳结果的改进；
（9）为实施已确定的改进，对战略、过程和资源进行策划；
（10）实施改进计划；
（11）监控改进效果；
（12）对照预期效果，评价实际结果；
（13）评审改进活动，确定必要的纠正、跟踪措施。

**3．过程方法**

任何"得到输入并将其转化为输出"的序列活动均可视为过程。

为使组织有效运行，必须识别和管理许多内部相互联系的过程。通常，一个过程的输出将直接形成下一个过程的输入。系统识别和管理组织内所使用的过程，特别是这些过程之间的相互作用，称为"过程方法"。ISO9001标准鼓励采用过程方法建立和实施质量管理体系。

**4．实例介绍**

此处给出某著名软件公司采用ISO9001标准，建立和实施质量管理体系的概况，供参考。

（1）过程识别。整个质量管理体系由4个大过程及大过程所包含的若干个子过程构成，分别定义如下。

①体系管理过程。对应于ISO9001:2000版标准条款4和5，主要活动包括整个质量管理体系所包含的过程及子过程的识别和划分、过程之间关系的确定及质量管理体系文件的编写、管理和控制；还包括确定管理承诺、质量方针、质量目标、职责划分及为了质量管理体系的实施、保持和持续改进而进行的质量策划和管理评审。

②资源管理过程。对应于ISO9001:2000版标准条款6（资源管理与提供），为了质量管理体系的实施、保持和持续改进，公司应保证在人员编制、员工培训、基础设施、工作环境等方面提供必要、合理和充分的资源。

③产品实现过程。这是核心业务过程，对应于ISO9001:2000版标准条款7（产品实现过程），包括产品策划子过程、与顾客相关的子过程、设计开发子过程、采购子过程及生产和服务提供子过程。

④监测、分析和改进过程。对应于 ISO9001:2000 版标准条款 8（测量、分析和改进）。主要活动包括顾客满意、内部审核、过程监视、产品监视等过程的监视与测量活动，以及不合格品控制、数据分析、持续改进和纠正、预防措施。

上面 4 个基本过程及相关子过程的相互关系，如图 1-2 所示（某公司 ISO9001 体系中过程关系图示例）。

（2）过程关系。图 1-2 描述了某公司 ISO9001:2000 版质量管理体系的整体过程关系，该公司把 ISO9001 质量管理体系分成了四大块，分别为：体系管理过程、资源管理过程、产品实现过程和监测、分析与改造过程。这四大块形成一个循环，使得公司质量管理体系有效运转，并且为过程的持续改进提供保证。每块包含的内容及它们之间详细的关系如图 1-2 所示。

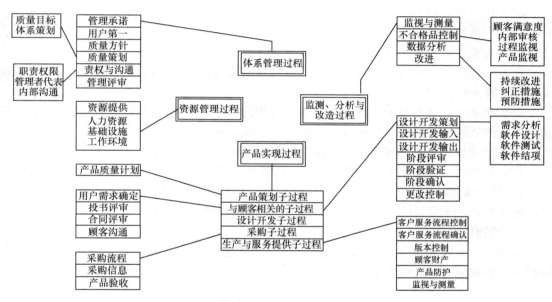

图 1-2　过程关系图

（3）质量体系文件的分层结构。质量体系文件分为 4 个层次。

①质量手册。质量体系文件中的纲领性文件。阐明公司质量方针、质量目标和质量策略；描述影响和参与质量活动的部门、岗位职责、权限和相互关系，同时概要描述了质量体系的主体文件即程序文件（规程）。

②程序文件。质量手册的支持性文件，具体描述质量活动各个过程、子过程及各阶段中所采取的措施和必须遵循的流程。

③规定/规范。结合公司的具体情况而颁布的各类技术规范、工作规定及其配套考核细则。

④表单模板。包括质量记录模板、文档模板等。

## 1.3　项目管理知识体系 PMBOK

PMBOK 是 Project Management Body Of Knowledge 的缩写，即项目管理知识体系，是美

国项目管理协会（PMI）对项目管理所需的知识、技能和工具进行的概括性描述。该知识体系构成 PMP 考试的基础。它的第一版是由 PMI 组织了 200 多名世界各国项目管理专家历经四年完成，可谓集世界项目管理界精英之大成，避免了一家之言的片面性。而更为科学的是每隔数年，来自于世界各地的项目管理精英会重新审查更新 PMBOK 的内容，使它始终保持最权威的地位[①]。其中对项目、项目管理相关知识体系进行了完整的介绍，与其相关的知识点介绍如下。

### 1．项目基本属性

项目，是在限定时间内、利用有限的资源、为完成有一定质量要求的目标而进行的一系列有序活动的一次性组合。充分认识项目属性，有利于做好项目管理。项目基本属性共 8 条，包括以下内容。

（1）整体性，是一系列活动的有序组合。

（2）唯一性，每个项目均是具体的、特殊的，没有两个完全相同的项目。

（3）一次性，目标一旦完成，项目即告结束。

（4）目标性，一个项目有确定的成果性目标。

（5）多约束性，在多种约束条件下完成项目的成果性目标，约束包括时间、资源、质量及其他非技术性约束。

（6）依赖性，项目活动的进行涉及多个方面的因素，有对内部各级各部门的依赖，有对用户条件的依赖，有对标准的依赖和对各类变更的依赖，等等。

（7）冲突性，项目内部会有多种冲突，需要沟通、协调和培训。

（8）周期性，项目不同，但都有其基本的生命周期属性，都会经历大体相同的阶段。

### 2．项目参数

用于刻画一个项目的主要参数有：范围、进度、资源、成本和质量。

### 3．项目生命周期

项目生命周期划分成 4 个阶段：定义、策划、实施、收尾。项目生命周期与软件生命周期阶段划分的对应关系，如表 1-1 所示。

表 1-1 项目生命周期与软件生命周期

| 项目生命周期 | 软件生命周期 |
| --- | --- |
| 项目定义 | 立项管理、需求开发及管理 |
| 项目计划 | 项目计划 |
| 项目实施 | 系统设计、编码、测试 |
| 项目收尾 | 发布、提交、运行维护、技术支持和产品退役 |

### 4．项目管理基本过程

项目管理基本过程共 5 个：启动过程、策划过程、执行过程、控制过程和结束过程。

### 5．项目管理基本职能

项目管理基本职能有 9 个，分别为：项目整体管理、项目范围管理、项目时间管理、项目成本管理、项目质量管理、项目人力资源管理、项目沟通管理、项目风险管理、项目采购管理，这 9 个领域中分别包含的内容，如图 1-3 所示。本书讲解的内容中，涉及除项目采购管理之外的 8 个领域。

---

① 此段内容出自互联网。

图 1-3 项目管理职能图

### 6．项目管理成熟度模型

CMM 发布后，有人又根据 PMBOK 和 CMM，进一步提出了一套项目管理成熟度模型（Project Management Maturity Model），简称 PMMM。PMMM V5.0（2002 年 10 月）标准文本与 CMM 非常相似，也分成 5 级（分别是：初始级、可重复级、已定义级、受管理级、优化级），也有关键过程域的概念，每个级别包含的要点及具体内容如表 1-2 所示。

表 1-2 项目管理成熟度等级表

| 成熟度等级 | 关键过程域 | |
| --- | --- | --- |
| Initial Process（初始级） | Project Definition | 项目定义 |
| Repeatable Process（可重复级） | Project Establishment | 项目立项 |
| | Requirement Management | 需求管理 |
| | Risk Management | 风险管理 |
| | Project Planning | 项目计划 |
| | Project Monitoring and Control | 项目监控 |
| | Management of Suppliers and External Parties | 供方和外部合作方管理 |
| | Project Quality Control | 项目质量控制 |
| | Configuration Definition and Control | 配置定义与控制 |

(续)

| 成熟度等级 | 关键过程域 | |
|---|---|---|
| Defined Process 已定义级 | Organizational Focus | 机构聚焦 |
| | Project Management Process Definition | 项目管理过程定义 |
| | Project Training | 项目培训 |
| | Integrated Management | 综合管理 |
| | Lifecycle Control | 生命周期控制 |
| | Inter-team Coordination | 组间协调 |
| | Quality Assurance | 质量保证 |
| Managed Process 受管理级 | Project Metrics | 项目度量 |
| | Organizational Quality Management | 机构质量管理 |
| Optimization 优化级 | Proactive Problem Management | 意外问题管理 |
| | Technology Management | 技术管理 |
| | Continuous Process Improvement | 持续过程改进 |

## 1.4 软件能力成熟度模型集成 CMMI

### 1. 什么叫 CMMI

软件能力成熟度模型集成的英文全名是 Capability Maturity Model Integration，缩写为 CMMI，CMMI，目的是：为提高组织过程和管理产品开发、发布和维护能力提供保障，帮助组织客观评价自身能力成熟度和过程域能力，为过程改进建立优先级以及执行过程改进。

1984 年，美国国防部希望将国防部的软件发包给其他软件公司开发，由于没有办法客观评价软件公司的开发能力。因此委托卡内基-梅隆大学软件工程学院（Carnegie Mellon University Software Engineering Institute，CMU/SEI）进行研究，希望能够建立一套工程制度，用来评估和改善软件公司的开发过程和能力，并协助软件开发人员持续改进流程的成熟度及软件质量，从而提升软件开发项目及公司的管理能力，最终达到软件开发功能正确、缩短开发进度、降低开发成本、确保软件质量的目标。

由此，SEI 在 Watts S.Humphreg 领导下，于 1987 年提出了关于软件的《过程成熟度模型框架和成熟度问卷简要描述》，并在美国国防项目承包商范围内开始试行 CMM 等级评估。软件能力成熟度模型（Software Capability Maturity Model，SW-CMM）V1.0 发表之后，美国国防部合同审查委员会提出，发包单位可以在招投标程序中规定"投标方要接受基于 CMM 的评估"的条款，发包单位将把评估结果作为选择承包方的重要因素之一。注意，接受并进行 CMM 评估只是有了参加美国军方项目投标的资格，CMM 评估绝非像国内有些媒体上讲的那样："CMM 是进入美国市场乃至国际市场的通行证"。但是，CMM 评估对软件过程改进确实有明显的促进作用，这使 SEI 看到了 CMM 评估的巨大商业前景，因此从 1990 年以后（完整的 SW-CMM V1.1 版本于 1993 年发布），SEI 把基于 CMM 的评估作为商业行为推向市场。

在 CMM 1.0 推出之后，很多组织或机构都先后在不同的应用领域发展了自己的 CMM 系列，其中包括系统工程能力成熟度模型（Systems Engineering Capability Maturity Model，SE-CMM）、集成的产品开发能力成熟度模型（Integrated Product Development Capability Maturity Model，IPD-CMM）、人力资源管理能力成熟度模型（People Capability Maturity Model，P-CMM）等应用模型。

这些不同的模型在自己的应用领域内确实发挥了很重要的作用,但是由于架构和内容的限制,它们之间并不能通用。于是 SEI 于 2000 年 12 月公布了能力成熟度模型集成(Capability Maturity Model Integration,CMMI),主要整合了 SW-CMM 2.0 版、系统工程能力模型(Systems Engineering Capability Model,SECM)、IPD-CMM 0.98 版。在随后的发展过程中,本着不断改进的原则,CMMI 产品团队不断评估变更请求并进行相应的变更,逐渐发展到目前的 CMMI 1.3 版本。CMMI 的发展历程如图 1-4 所示。

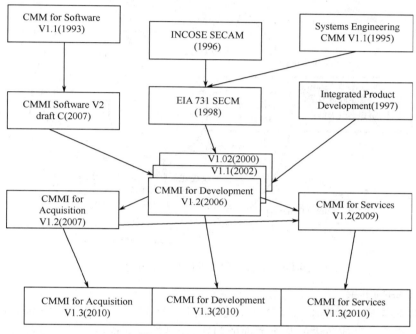

图 1-4 CMMI 发展历史图

现在使用的最新版本是 2010 年 11 月发布的 CMMI for Development V1.3 版,在 V1.2 版本基础之上进行了简化,以更方便企业使用,去掉了 IPPD 专用条款。由于 CMMI 是可扩充的集合,2010 年 11 月同时发布了 CMMI for Services V1.3、CMMI for Acquisition V1.3,今后可能还会有新的学科模型出现。本书以 CMMI-Dev 为主来讲解,包含了产品或服务的开发和维护部分活动。与 V1.2 相比,V1.3 除了对模型进行简化及 4 级、5 级的通用实践进行调整外,还把 Organization Innovation and Deployment(机构改进与部署,简称 OID)过程域改为 Organizational Performance Management(机构性能管理,简称 OPM)。

**2. CMMI 和过程改进**

软件过程改进是一个持续的、全员参与的过程。CMMI 实施或软件过程改进(Software Process Improvement,SPI)采用的方法称 IDEAL 模式,分 5 步:启动(Initiating)、诊断(Diagnosing)、建立(Establishing)、行动(Acting)和推进(Leveraging),如图 1-5 所示。在公司进行软件过程改进时,通常诊断这一步做得不够到位,从而影响了整个过程改进的效果。诊断主要是描述并评价当前公司开发的过程,也就是识别现有开发过程,并且对现有过程中存在的问题进行发现;然后提出改进建议并将阶段性的成果形成文档,最后对这些问题改进的过程及方法设定策略,并根据公司实际情况进行优先级排序。如在公司产品开发过程中，出现研发部门与工程部门或技术支持部门之间相互扯皮的问题，那么就有可能是产品发布流程及支持维护流程出现问题。如果该问题通过诊断，发现影响到了士气或团结，那么其优先级就可以设定为高，在某一阶段的过程改进时，重点解决这方面的问题。通过如此方法，逐步理顺开发过程中存在的问题，改进开发过程，提高产品质量及客户满意度，降低整体运营成本。

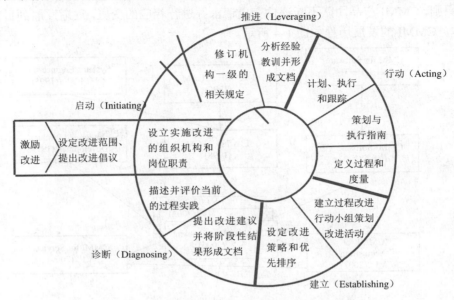

图 1-5　软件过程改进的 IDEAL 模型图

### 3．CMMI 结构框架

在 CMMI 模型中，最基本的概念是"过程域"（即 PA），每个 PA 分别表示了整个过程改进活动中应侧重关注或改进的某个方面的问题。模型的全部描述就是按过程域作为基本构件而展开的，针对每个过程域分别规定了应达到什么目标（Goals）及为了达到这些目标应该做些什么"实践（Practices）"，但模型并不规定这些实践由谁做、如何做，等等。在 V1.3 版本中，共计 22 个过程域。表 1-3 按英文字母排序给出全部过程域清单，至于过程域的分类和分级则在后面再说明。

表 1-3　CMMI 过程域清单表

| 英文全称 | 简称 | 中文名称 |
|---|---|---|
| Causal Analysis and Resolution | CAR | 因果分析与解决方案 |
| Configuration Management | CM | 配置管理 |
| Decision Analysis and Resolution | DAR | 决策分析与解决方案 |
| Integrated Project Management | IPM | 集成化项目管理 |
| Measurement and Analysis | MA | 度量分析 |
| Organizational Process Definition | OPD | 机构过程定义 |
| Organizational Process Focus | OPF | 机构过程聚焦 |
| Organizational Performance Management | OPM | 机构性能管理 |

（续）

| 英文全称 | 简称 | 中文名称 |
|---|---|---|
| Organizational Process Performance | OPP | 机构过程性能 |
| Organizational Training | OT | 机构培训 |
| Production Integration | PI | 产品集成 |
| Project Monitoring and Control | PMC | 项目监督与控制 |
| Project Planning | PP | 项目计划 |
| Process and Product Quality Assurance | PPQA | 过程和产品质量保证 |
| Quantitative project Management | QPM | 项目定量管理 |
| Requirements Development | RD | 需求开发 |
| Requirements Management | REQM | 需求管理 |
| Risk Management | RSKM | 风险管理 |
| Supplier Agreement Management | SAM | 供方协议管理 |
| Technical Solution | TS | 技术解决方案 |
| Validation | VAL | 确认 |
| Verification | VER | 验证 |

上表所列22个过程域，是按英文字母顺序排列的，很难看出它们相互之间的关系。其实，如果从机构和项目组、项目管理、过程管理三个方面加以考察，则可以将上列22个过程域分成如表1-4所示四大类。

表1-4 CMMI过程域分类表

| 过程管理类 | 项目管理类 | 工程类 | 支持类 |
|---|---|---|---|
| 机构过程聚焦（OPF）<br>机构过程定义（OPD）<br>机构培训（OT）<br>机构过程性能（OPP）<br>机构性能管理（OPM） | 项目计划（PP）<br>项目监督与控制（PMC）<br>供方协议管理（SAM）<br>风险管理（RSKM）<br>集成化项目管理（IPM）<br>项目定量管理（QPM） | 需求开发（RD）<br>需求管理（REQM）<br>技术解决方案（TS）<br>产品集成（PI）<br>验证（VER）<br>确认（VAL） | 度量分析（MA）<br>过程和产品质量保证（PPQA）<br>配置管理（CM）<br>成果分析与解决方案（CAR）<br>决策分析与解决方案（DAR） |

另外，22个过程域并非各自完全独立，而是互有联系，表1-5给出了过程域之间的主要关系。

表1-5 过程域之间的主要关系表

| 过程域 | 相关过程域 |
|---|---|
| 需求管理（REQM） | 需求开发（RD）、技术解决方案（TS）、项目计划（PP）、配置管理（CM）、项目监督与控制（PMC）、风险管理（RSKM） |
| 项目计划（PP） | 需求开发（RD）、需求管理（REQM）、风险管理（RSKM）、技术解决方案（TS）、度量分析（MA） |
| 项目监督与控制（PMC） | 项目计划（PP）、度量分析（MA） |
| 供方协议管理（SAM） | 项目监督与控制（PMC）、需求开发（RD）、需求管理（REQM）、技术解决方案（TS） |
| 度量分析(MA) | 项目计划（PP）、项目监督与控制（PMC）、配置管理（CM）、需求开发（RD）、需求管理（REQM）、机构过程定义（OPD）、项目定量管理（QPM） |

（续）

| 过程域 | 相关过程域 |
|---|---|
| 过程和产品质量保证（PPQA） | 验证（VER） |
| 配置管理（CM） | 项目计划（PP）、项目监督与控制（PMC） |
| 需求开发（RD） | 需求管理（REQM）、技术解决方案（TS）、产品集成（PI）、验证（VER）、确认（VAL）、风险管理（RSKM）、配置管理（CM） |
| 技术解决方案（TS） | 需求开发（RD）、验证（VER）、决策分析和解决方案（DAR）、需求管理（REQM）、机构性能管理（OPM） |
| 产品集成（PI） | 需求开发（RD）、技术解决方案（TS）、验证（VER）、确认（VAL）、风险管理（RSKM）、决策分析和解决方案（DAR）、配置管理（CM）、供方协议管理（SAM） |
| 验证（VER） | 需求开发（RD）、确认（VAL）、需求管理（REQM） |
| 确认（VAL） | 需求开发（RD）、技术解决方案（TS）、验证（VER） |
| 机构过程聚焦（OPF） | 机构过程定义（OPD） |
| 机构过程定义（OPD） | 机构过程聚焦（OPF） |
| 机构培训（OT） | 机构过程定义（OPD）、项目计划（PP）、决策分析和解决方案（DAR） |
| 集成化项目管理（IPM） | 项目计划（PP）、项目监督与控制（PMC）、验证（VER）、机构过程定义（OPD）、度量分析（MA） |
| 风险管理（RSKM） | 项目计划（PP）、项目监督与控制（PMC）、决策分析和解决方案（DAR） |
| 决策分析和解决方案（DAR） | 集成化项目管理（IPM）、风险管理（RSKM） |
| 机构过程性能（OPP） | 项目定量管理（QPM）、度量分析（MA）、机构过程管理（OPM） |
| 项目定量管理（QPM） | 原因分析和解决方案（CAR）、集成化项目管理（IPM）、度量分析（MA）、机构过程定义（OPD）、机构性能管理（OPM）、机构过程性能（OPP）、项目监督与控制（PMC）、供方协议管理（SAM） |
| 机构性能管理（OPM） | 原因分析和解决方案（CAR）、决策分析和解决方案（DAR）、度量分析（MA）、机构过程聚焦（OPF）、机构过程性能（OPP）、机构培训（OT） |
| 原因分析和解决方案（CAR） | 定量项目管理（QPM）、度量分析（MA）、机构性能管理（OPM） |

### 4．CMMI 的阶梯表示

在阶梯式表示法中，CMMI 所包含的 22 个过程域，按照成熟度（Maturity）的概念分成 4 个组，如表 1-6 所示。

表 1-6 按成熟度等级划分的过程域清单

| 成熟度等级 | 过程域缩写 | 过程域名称 |
|---|---|---|
| 2级<br>受管理级 | REQM | 需求管理 |
| | PP | 项目计划 |
| | PMC | 项目监督与控制 |
| | SAM | 供方协议管理 |
| | MA | 度量分析 |
| | PPQA | 过程和产品质量保证 |
| | CM | 配置管理 |
| 3级<br>已定义级 | RD | 需求开发 |
| | TS | 技术解决方案 |
| | PI | 产品集成 |
| | VER | 验证 |
| | VAL | 确认 |
| | OPF | 机构过程聚焦 |
| | OPD | 机构过程定义 |
| | OT | 机构培训 |

(续)

| 成熟度等级 | 过程域缩写 | 过程域名称 |
| --- | --- | --- |
| 3级<br>已定义级 | IPM | 集成化项目管理 |
|  | RSKM | 风险管理 |
|  | DAR | 决策分析与解决方案 |
| 4级<br>定量管理级 | OPP | 机构过程性能 |
|  | QPM | 项目定量管理 |
| 5级<br>持续优化级 | OPM | 机构性能管理 |
|  | CAR | 因果分析与解决方案 |

成熟度等级为机构的过程改进提供了一种阶梯式的上升顺序。按照这个顺序实施过程改进，不需要同时处理可能涉及的所有过程，而是把过程改进的注意力集中于当前本机构最需要改进的一组过程域上。在以上几个成熟度级别中，每个成熟度等级为提升到更高一级奠定了基础。每个级别的基本特征，描述如下。

（1）级别1——初始级。

初始级的基本特征，包括以下内容。

- 机构项目组实际执行的过程是特定的（ad hoc）和无规则的。
- 机构一般不可能提供支持过程的稳定环境。
- 项目的成功往往取决于个人的能力和拼搏精神。离开了具备同样能力和经验的人，就无法保证在下一个项目中也能获得同样的成功。
- 机构在这种特定且无规则的环境中常常也能生产出可以使用的产品，但是伴随这种"成功"的往往是项目超过预算、拖延进度以至匆忙交付（或发布）从而大大地增加了产品交付后必须承担的维护成本。

（2）级别2——受管理级。

一个机构，通过过程改进，针对表1-6所列2级所含的7个过程域，有效地执行了每个过程域规定的实践，达到了每个过程域规定的目标，就认为该机构的整体开发能力达到成熟度2级。达到成熟度2级的机构的基本特征，包括：

- 分派给项目组的项目需求得到管理；
- 项目的规模、工作量、成本、进度作了估计，并制订了项目开发计划，按计划进行项目开发；
- 在开发全过程中，按计划对项目进行监督和控制；
- 过程和产品相对于计划和标准的符合性得到客观评价，纠正不符合项；
- 产品配置项及其变更得到管理；
- 定义了过程和产品的基本度量，进行测量，对测量数据进行分析；
- 供方协议得到管理。

第2级与第1级之间的一个重要区别在于过程受到管理的程度。在第2级成熟度等级上，项目中的具体过程均受到严格控制，项目的成本、进度和质量目标能够得到实现。由第2级成熟度反映出来的过程规范有助于确保现行的实践不至于由于受到多重压力而被偏废。这些实践如果在其他类似的项目上使用，可望得到相同的结果。在第1级成熟度等级上，项目中的具体过程由项目开发者个人控制，机构无法或不能完全控制项目的过程，项目的成本、进度和质量目标等难以得到实现。

(3) 级别 3——已定义级。

通过过程改进,一个机构的整体开发能力达到了成熟度等级 3,应满足以下两个条件:
● 达到了等级 2 所包含的每个过程域的目标;
● 达到了等级 3 中选定的学科所包含的每个过程域的目标;

成熟度等级 3 的基本特征如下:
● 制定和维护机构标准过程集 OSSP(Organization's Set of Standard Processes);
● 建立和维护机构过程资产 OPA(Organizational Process Assets);

**说明** OPA 包含如下内容:OSSP;生命周期描述;裁剪指南及准则;机构度量数据库(Repository);机构过程资产库(Organization's Process Asset Library,OPAL)(过程数据库和文档库);机构过程性能基线(Organization's Process Performance Baselines,OPPB)及其计算模型描述。

● 项目组一致地遵循机构裁剪指南,对 OSSP 进行裁剪,形成项目定义过程(Project Defined Processes,PDP),按项目定义过程进行项目开发;
● 达到等级 2 和等级 3 所包含的每个过程域的目标;
● 过程制度化的程度应达到"已定义级"。

成熟度等级 3 与等级 2 的重要区别如下:
● 在等级 2,项目组所用的过程(包括过程描述、规程、方法、标准等)可能很不相同;但在等级 3,每个项目组的过程(即项目定义过程)都是一致地从同一个机构标准过程集经过裁剪而得到的,即便有区别也是裁剪指南所允许的;
● 在等级 3,过程的描述更详细、执行更严格,并且在执行和管理过程时更加强调对过程活动相互联系的深入理解,以及对过程、工作产品及其服务的更加详细的度量。

(4) 级别 4——定量管理级。

通过过程改进,机构整体开发能力达到成熟度等级 4,应满足如下条件:
● 达到等级 2、3 和 4 所含每个过程域的特定目标;
● 达到等级 2、3 所含每个过程域的共性目标;
● 识别对过程性能和项目定量目标产生显著影响的过程或子过程,并采用统计学方法或其他定量技术定量地控制这些过程。

成熟度等级 3 与 4 的主要区别在于二者的可预测性:
● 在等级 4,过程性能受到统计控制并可以定量地预测目标;
● 在等级 3,只能定性地预测过程性能。

(5) 级别 5——持续优化级。

通过过程改进,机构整体开发能力达到成熟度等级 5,应满足如下条件:
● 达到等级 2、3、4 和 5 所含过程域的全部特定目标;
● 达到 2、3 级所含过程域的共性目标;
● 根据对造成过程性能偏差的共同原因的定量理解,持续改进过程性能。

成熟度等级 5 所特别关注的过程性能的持续改进,可以是渐进式的也可以是突破性的改进。机构应根据商业目标及其变化,设定过程改进的定量目标。改进对象包括已定义过程和机构标准过程集,但必须是已达到定量管理级的过程。通过持续改进,着重解决(或消除)引起过程性能偏差的共同原因、缺陷根源及其他问题。应该根据对达到过程改进定量目标的贡献、对机构现行过程的影响以及所需代价，选择、评价和部署过程改进（例如采取适当措施，移动或提高某项性能的均值，减小均方差等），并根据过程改进定量目标评价过程改进的效果。

定量管理的过程（即 4 级）与持续优化的过程（即 5 级）二者的主要区别在于：
- 持续优化过程，通过不断改进以解决引起过程偏差的共同原因；
- 定量管理过程，则侧重于消除引起过程偏差的特殊原因，并提供统计学意义上的预测结果。这个预测结果可能对达到机构的过程改进目标意义不大。

# 第 2 章 案例机构设置及岗位职责

本章重点：
- 案例介绍及机构设置；
- 岗位角色职责；
- 实训小组建立；
- 实训环境搭建。

在十几年的职业生涯中笔者体会到：在单位里，没有永远的主管也没有永远的下属；好的主管应当希望自己的下属都能超越自己，变成自己的主管；"严以律己，宽以待人"是作为主管的前提条件；"兢兢业业工作，认认真真做人"是做好下属的基础。规模化软件开发不需要个人英雄主义，需要螺丝钉精神，需要团队精神。这些体会，提供给项目实训分组及角色分配时借鉴，也希望能对即将走向社会的同学们有所帮助。

## 2.1 案例介绍及机构设置

常见的软件工程教材及一些软件行业标准通常只规定了该做什么，并没有规定如何做，为了方便读者学习本书内容，本书模拟一个软件公司，该公司采用 CMMI 模型进行软件过程管理，该公司为企业提供管理信息系统产品的开发、安装、实施及维护。在此基础之上，如果该公司要开发一个新软件产品，应当怎么来开展工作？都是需要执行哪些活动？将是本书讲解及实训的重点。

在公司实际开发软件产品的过程中，如果想采用 CMMI 模型，必须结合自己的实际情况，结合本单位的历史、现状和将来的发展等来开展软件开发过程管理及改进。正如质量管理体系具有明显的个性一样，软件工程管理也应具有个性。

从 CMMI 最初提出的动机就可以看出，它是从给定软件需求开始的，对软件项目组而言这是对的，但对公司管理而言就不够了。因此，国内公司在进行开发管理时，在 CMMI 的过程域之外，一般会增加一个过程域，即产品项目或合同项目的立项管理。

再有，从 CMMI 的角度来看，产品开发完成后，提交验收就可结束。但对公司来说，远非如此，产品发布后还有许多事情必须做，技术交接、工程安装、日常维护、技术支持等。在实际公司运营过程中，这些活动对公司来说也是至关重要的。因此，在案例公司的过程管理中，将产品服务与维护（包括工程安装、日常维护、技术支持）作为一个重要过程与 CMMI 标准中的其他过程域并列，由于本书篇幅有限，这一过程域将不包含在教材之中。

当然，其他具体情况还有很多。总之，CMMI 模型要学习、要采用，但必须结合公司实际。通过努力，逐步形成一套带有明显公司特色、又符合 CMMI 模型但不受 CMMI 局限的软件过程管理模式。下面是建议的一些具体做法。

## 1. 确定软件生命周期

根据当前国内大部分行业管理信息系统应用软件开发及系统集成的特征，参照 CMMI 模型及其他标准的要求，在本案例中使用的软件产品生命周期模型基本是瀑布模型（或者称之为改进型瀑布模型），比较适用于"以自身研发产品为核心的系统集成服务提供商"这一类型的公司使用。并将整个生命周期划分为 10 个阶段，分别为：合同/产品立项、需求开发、项目计划、系统设计、实现与测试、系统测试、客户验收、项目总结、服务与维护、退役，在本书中没有讲到的有客户验收服务与维护、退役三阶段的内容。具体各个阶段主要活动或工作产品，如图 2-1 所示。每个阶段的工作内容和工作产品的详细信息可以参见表 2-1。

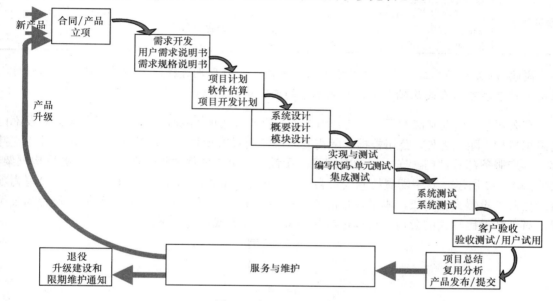

图 2-1 软件生命周期图

表 2-1 软件生命周期阶段工作内容和常见工作产品列表

| 阶段 | 工作内容 | 工作产品 |
|---|---|---|
| 立项 | 1. 可行性研究/合同评审、签订 2. 立项评审 | 1. 立项可行性分析报告 2. 用户需求说明 3. 立项报告 4. 需求阶段工作计划 5. 项目任务书 |
| 需求 | 1. 编制并完善《用户需求说明》 2.《需求规格说明》编写 3. 工作产品评审 4. 需求跟踪及管理 | 1. 用户需求说明 2. 需求规格说明 3. 用户需求跟踪矩阵 4. 变更申请表 5. 评审记录 |
| 计划 | 1. 项目范围分析、工作分解 2. 估计规模、工作量等 3. 编制进度表 4. 评估项目风险 5. 编写配置管理计划 6. 编写《项目开发计划》 7. 计划评审、批准 | 1. 项目开发计划 2. 评审记录 含：质量保证计划、CM 计划、风险管理计划等 |
| 设计 | 1. 概要设计 2. 模块计 3. 数据库设计 4. 工作产品评审 | 1.《概要设计说明》 2.《模块/类设计说明》 3.《数据库设计说明》 4. 评审记录 |
| 实现与测试 | 1. 编码 2. 单元测试 3. 开始编制各类用户资料 | 1. 单元代码 2. 单元测试用例 3. 缺陷管理列表 4. 单元测试报告 5. 各类用户资料（初稿） |

(续)

| 阶段 | | 工作内容 | | 工作产品 | |
|---|---|---|---|---|---|
| 测试 | 集成测试 | 1.《集成测试计划》编制、评审 | 2. 集成测试<br>3.《集成测试报告》编制、确认 | 1. 集成测试计划<br>3. 缺陷管理列表<br>5. 各类用户资料（初稿） | 2. 评审记录<br>4.《集成测试报告》<br>6. 集成测试用例 |
| | 系统测试 | 1.《系统测试计划》编制、评审 | 2. 系统测试/客户试用<br>3.《系统测试报告》编制、确认 | 1. 系统测试计划<br>3.《系统测试报告》<br>5. 各类用户资料（定稿） | 2. 评审记录<br>4. 测试记录、缺陷管理列表<br>6. 系统测试用例 |
| 项目总结 | | 1. 代码复用总结<br>3.《项目总结报告》编制和评审<br>5. 项目结项/产品发布 | 2. 各类用户资料评审和批准<br>4. 产品/项目归档 | 1. 产品及各类用户资料<br>3. 产品基线 | 2. 项目总结报告<br>4. 评审记录 |

**说明** 以上活动及工作产品可以根据项目类型及生命周期选择的不同进行相对应的裁剪，在实训时老师可以在此基础之上，参照本书的内容进行调整。

在公司里，根据其商业目标，结合当前组织机构设置的实际情况，来设置相应的研发部门的组织机构，除此之外，公司根据实际需要一般还会设有市场部、财务部、工程部、技术支持部、客户服务部等部门。在本书的案例中，设置了一个与软件过程管理直接相关的机构框架，具体如图 2-2 所示，其中配置控制委员会（Configuration Control Board，CCB）可以设置为项目级也可以设置为公司级，本书模拟的研发机构为 10 人左右（一个项目小组），设置为公司级。对于规模比较大的公司，可以按产品级来划分设置或设置为项目级。

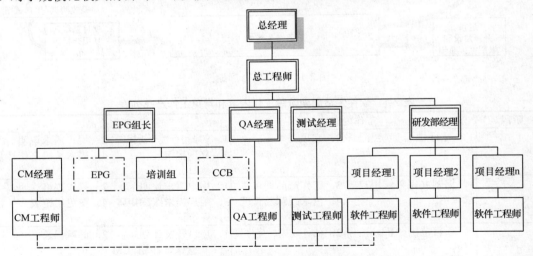

图 2-2 案例中 XXXX 公司研发相关组织结构图①

### 2. 制定机构商业目标

公司采用 CMMI 标准实施软件过程改进，必须服务于公司的商业目标。因此，公司高层管理者应该先提出机构商业目标。商业目标一方面要分解到各个部门，作为部门绩效考核的依据；另一方面则用于制定过程改进的目标和要求，用于定义过程，用于定义过程度量和质量度量等。

---

① 本图中各类简称参见下一节中的常设岗位角色表；其中总经理和总工程师统一称为高级经理，不再做具体区分。

## 3．过程划分

按照 CMMI 标准的要求，结合国内一些公司的实际情况，将整个软件生命周期（从立项到发布，直到技术支持）划分为 24 个过程，本书重点讲解了这 24 个过程中的 13 个，有 4 个过程放在本书附带的电子资料中。在公司进行过程改进时，可以根据公司商业目标及过程改进目标有重点地分批次执行（见表 2-2）。

表 2-2　本书遵循的级别过程划分表

| 序号 | CMMI 级别 | 过程名称 | 说明 |
|---|---|---|---|
| 1 | 二级 | 立项管理 | 标准中没有，自己增加过程 |
| 2 | | 需求开发及管理 | 二级中涉及部分内容，即需求管理 |
| 3 | | 项目计划 | |
| 4 | | 项目跟踪及控制 | |
| 5 | | 产品及过程质量保证 | |
| 6 | | 配置管理 | |
| 7 | | 采购管理 | 本书未涉及相关内容 |
| 8 | | 项目评审管理 | 包含技术评审及管理评审 |
| 9 | | 客户验收 | 标准中没有，自己增加过程，放在本书的附加材料（电子版）中 |
| 10 | | 产品升级与维护 | 标准中没有，自己增加过程，本书未涉及相关内容 |
| 11 | 三级 | 软件开发过程管理 | 在本书的附加材料（电子版）中 |
| 12 | | 需求开发及管理 | 全部内容 |
| 13 | | 系统设计 | |
| 14 | | 系统实现与测试 | |
| 15 | | 系统测试 | |
| 16 | | 培训管理 | 本书未涉及相关内容 |
| 17 | | 项目总结 | 标准中没有，自己增加过程 |
| 18 | | 风险管理 | |
| 19 | | 决策分析与解决方案 | 放在本书的附加材料（电子版）中 |
| 20 | | 度量分析 | 放在本书的附加材料（电子版）中 |
| 21 | 四级 | 过程定量管理 | 本书中涉及部分内容 |
| 22 | | 项目定量管理 | 本书中未涉及相关内容 |
| 23 | 五级 | 缺陷预防 | 本书中未涉及相关内容 |
| 24 | | 技术更新 | 本书中未涉及相关内容 |
| 25 | | 过程改进 | 本书中未涉及相关内容 |

## 2.2　岗位角色职责

本书中根据上一节设置的研发机构，针对 CMMI 实际要求及开发过程管理、公司级过程管理的要求，将该研发机构中设置的角色职责划分如表 2-3 和表 2-4 所示。这也是本书中讲解各类软件开发过程活动时角色对照表，实训时需要根据实训指导手册进行适当简化。

表 2-3 常设岗位角色表

| 常设角色 | | 职责简述 |
|---|---|---|
| 过程管理角色 | 工程过程组（EPG） | 由相关业务部门的部门经理、QA 经理、CM 经理、技术专家组成，通常设一位组长。<br>EPG 职责：<br>1. 制定适合于本机构的过程规范；<br>2. 在机构范围内推广该规范（如培训、考核），评估机构过程能力等。<br>EGP 组长职责：<br>1. 制订过程改进计划并跟踪执行；<br>2. 向高级经理提交 EPG 过程改进活动的报告（如进展报告、工作周报等）；<br>3. 向高级经理汇报过程改进工作的问题，争取公司高层的协助 |
| | 质量保证组（QAG） | 由质量保证经理（QA 经理）和质量保证工程师（QA 工程师）组成。<br>QA 经理职责：<br>1. 为每个项目指定一名 QA 工程师；对 QA 工程师提交的项目组内无法解决的不符合问题进行协调；<br>2. 监督规范的实施，确保所有项目及相关部门遵照规范开展工作；<br>3. 分析机构内共性的质量问题，给出质量改进建议和措施，协助 EPG 完善公司研发过程规范；<br>4. 对过程改进项目执行质量保证相关活动 |
| | 配置管理组（CMG） | 由配置管理经理（CM 经理）和配置管理工程师（CM 工程师）组成。<br>CM 经理职责：<br>1. 维护公司级配置管理库及过程资产；为每个项目指定一名 CM 工程师；<br>2. 协助 CM 工程师制订配置管理计划，并审核配置管理计划；审计各阶段的配置管理活动报告；<br>3. 根据项目需要选择合理的配置管理工具，报 EPG 批准纳入过程资产库，定期组织培训；<br>4. 根据 CM 工程师提交的配置管理活动报告，定期进行度量、分析，形成分析结果，给出改进措施，实现配置管理过程持续改进；<br>5. 组织协调 CM 工程师与软件工程师或技术服务部门之间的工作交流与问题处理 |
| 项目管理角色 | 高级经理 | 1. 是机构内所有项目的主管，对立项管理和结项管理有最终决策权；<br>2. 对 QA 经理提交的无法解决的不符合问题进行协调；<br>3. 审查所有的对机构外部的个人和组所作的软件项目承诺；<br>4. 组织协调跨部门或与客户的工作交流与问题处理 |
| | 研发部经理 | 1. 监督项目经理的工作，审批项目经理的各种申请；<br>2. 参加评审会并审阅评审报告；<br>3. 负责监督软件过程规范的实施；<br>4. 参与软件、硬件、技术服务等软件相关阶段的工作产品、使用技术、工具的评审和审批，并给予必要的支持 |
| | 项目经理（PM） | 1. 向研发部经理或高级经理汇报工作；<br>2. 对项目进行规划、对进度实施监控、进行风险管理和需求管理；<br>3. 监督项目成员的工作，审批项目成员的各种申请及子计划；<br>4. 制订编码与单元测试、系统集成的阶段性计划；<br>5. 参加评审会并审阅评审报告；<br>6. 配合 QA 工程师不合格问题的解决及跟踪，支持其工作；<br>7. 负责项目的度量工作 |
| 工程过程角色 | 项目组成员 | 项目组内除项目经理外的其他所有人员，包括以下人员：需求开发工程师、系统设计工程师、开发工程师、测试工程师。<br>1. 需求开发工程师负责调查、分析并定义需求，撰写相应的需求文档，尽最大努力使需求文档能够正确无误地反映用户的真实意愿；<br>2. 系统设计工程师根据需求文档设计软件系统的体系结构、用户界面、数据库、模块等，并撰写相应的设计文档；<br>3. 开发工程师根据系统设计文档，编写软件系统的代码；随时测试和检查自己的代码，及时消除代码中的缺陷 |

（续）

| 常设角色 | | 职责简述 |
|---|---|---|
| 工程过程角色 | 测试经理 | 1. 依据文档化的规程，为每一个软件项目制订测试计划，并按得到批准的计划开展活动；<br>2. 组织编写测试用例；<br>3. 根据项目需要选择合理的测试工具，报 EPG 批准纳入机构资产库，并定期组织培训 |
| | 测试工程师 | 1. 从事集成测试、系统测试，负责参与项目开发各个过程工作产品的可测试性的审查和验证，及时发现、记录缺陷并验证缺陷等关闭活动；<br>2. 为项目编写集成测试及系统测试用例，并执行软件测试过程；<br>3. 项目测试结束后，编写测试报告提交测试经理 |
| 支撑过程角色 | 配置管理工程师（CM 工程师） | 1. 为每一个软件项目制订配置管理计划，从机构资产库中选择合理的配置工具，并按得到批准的计划开展活动；<br>2. 根据软件项目配置管理计划，建立配置库系统，识别将置于配置管理之下的所有软件工作产品；<br>3. 依据文档化的规程，对基线更改进行控制，定期形成更改请求摘要与状态报告，提交项目经理；<br>4. 依据文档化的规程，由软件基线库生成产品，并控制其发布；<br>5. 依据文档化的规程，记录配置项/单元的状态；<br>6. 编写标准的报告，记录配置管理活动和产品基线的内容，定期整理配置数据，形成配置管理活动报告提交项目经理及配置管理经理 |
| | 培训组 | 1. 根据机构发展战略，总结出将来可能要有培训需求；<br>2. 定期或不定期地从项目组获得培训需求，从以上两种方式收集培训需求、确定培训计划，并实施该计划，撰写《培训评估报告》；<br>3. 维护培训资料库 |
| | 产品维护人员 | 1. 为客户提供与产品相关的服务（如技术咨询），快速响应客户的要求，给客户一个满意的解答；<br>2. 纠错性维护：及时解决用户遇到的技术故障和消除产品中的缺陷；<br>3. 完善性维护：在资源允许的情况下，不断改善产品功能与质量 |
| | 质量保证工程师（QA 工程师） | 1. 根据"项目计划"制订"质量保证计划"；<br>2. 遵循已制订的计划、标准和规程，按照经过评审的"质量保证计划"，从第三方的角度周期性地监控软件开发任务的执行；<br>3. 通过《QA 审计报告》给项目经理和开发人员提供已识别出的质量问题并跟踪问题的解决过程，与项目组协商不符合问题的解决措施，给出质量改进的建议；<br>4. 向 QA 经理汇报项目组内不能解决的不符合问题；<br>5. 撰写并向 QA 经理和项目经理发布《QA 周报》，提供反映产品和过程质量的信息和数据；<br>6. 协助收集项目度量数据；<br>7. 参与项目相关评审活动 |

表 2-4 临时设立角色表

| 临时角色 | 职责说明 |
|---|---|
| 立项小组 | 由产品创作者（构思者）、业务专家、技术专家、市场人员组成，应有一位主席或组长。<br>1. 开展立项调查、产品构思、可行性分析等活动，全面考虑公司战略、效率、成本等各方面因素，撰写《立项报告》或《可行性分析报告》；<br>2. 申请立项，并在立项评审会议上答辩 |
| 立项决策委员会 | 由高级经理、各级经理、业务人员、技术专家、财务人员等组成，应有一位主席或组长。对立项活动进行评审，委员会投票决定是否同意立项 |
| 评审小组 | 由高级经理、项目组成员、项目组以外的技术专家等组成，应有一位主席或组长。<br>1. 对工作成果进行正式技术评审，尽早地发现工作成果中的缺陷；<br>2. 对项目过程进行管理评审，给出决策建议 |
| 配置控制委员会（CCB） | 由负责评估和审批配置项的变更的人员（CM 工程师）组成，本案例公司中是由总工程师、市场部产品经理、研发部长、CM 工程师、CM 经理、项目经理等人组成。<br>1. 对配置管理各项活动拥有决策权；<br>2. 审批配置管理计划；<br>3. 对递交进来的所有变更请求进行审查、分析，从而决定如何处理这些变更请求，审批变更请求；<br>4. 基线建立的审批；产品发布的审批 |

# 实训任务一：组建项目组

一般 IT 公司研发过程中，项目类型可以分为合同定制类、新产品研发类、产品升级类、技术服务类、软件外包类等类别。这几类项目有各自的特征，其中，合同定制类项目，双方签订的合同是研发的主要内容及验收标准；新产品研发类项目，是指需要研发的产品或其应用领域对公司来说是全新的，研发管理过程应当更加严格；产品升级类项目，重点考虑的是已有产品在市场或用户中的反馈；技术服务类项目，采用的开发过程相对比较简化，可以应用敏捷过程进行开发；软件外包类项目，根据外包的类别，可能使用了开发过程的部分阶段，一般是从设计阶段或编码阶段开始工作，集成测试或系统测试阶段放到发包方去完成。如果采用全生命周期外包方式来操作的项目，可以认为是合同定制类或新产品研发类项目。

本书讲解的内容包含了合同定制类项目、新产品研发类项目、产品升级类项目，但实训内容均是以新产品研发类项目为主。在此阶段，须先让学生了解实训项目的应用背景及项目范围。

本节需要完成的实训作业是：实训分组、选出小组组长、讨论小组的角色、分配角色，预计用时：1 学时。

## 实训指导 1：项目组组建及职责分工

考虑到项目规模及组长的管控能力，建议每个小组人员不要超过 15 人，以 10 人为宜，各类角色分配建议如下：

- 项目组长（项目经理），1 人；
- 系分人员（需求开发工程师和系统设计工程师），3~4 人；
- 开发人员（开发工程师），4~5 人；
- 测试人员（测试工程师），2~3 人；
- 文档人员（质量保证工程师和配置管理工程师），1 人。

建议：第一类学员实训时可以不设置文档人员角色，由项目经理兼做配置管理工程师。

在实训过程中指导老师承担了高级经理、研发部经理、测试经理、质量保证经理、配置管理经理、客户代表、EGP 组长等角色，由此对指导老师的工程实践经验要求比较高。在分组过程中，项目组长应当具有一定的协调能力及亲和力；系分人员应当有比较强的文字表达能力；开发人员应当具有一定的编程能力，至少有一位是大家公认的编程高手；测试人员应当有一位开发能力稍强，心细而认真；文档人员应当满足细心工作的要求。

项目小组内各类人员职责如表 2-5 所示。

表 2-5 实训小组角色职责表

| 角色 | 岗位职责 |
| --- | --- |
| 项目组长 | ◇ 向实训指导老师汇报工作；<br>◇ 对项目进行规划，对进度实施监控，进行风险管理和需求管理；<br>◇ 监督项目成员的工作，审批项目成员的各种申请及子计划；<br>◇ 制订编码与单元测试、系统集成的阶段性计划；<br>◇ 组织项目组内的各种会议、讨论及项目评审，完成评审报告；<br>◇ 配合 QA 工程师不合格问题的解决及跟踪，支持其工作；（第一类学员实训无该职责）<br>◇ 在未设置 CM 工程师时，负责项目组配置库的管理 |

(续表)

| 角色 | 岗位职责 |
|---|---|
| 系分人员 | ◇ 调查、分析并定义需求，撰写相应的需求文档，尽最大努力使需求文档能够正确无误地反映用户的真实意愿；<br>◇ 根据需求文档设计软件系统的体系结构、用户界面、数据库、模块等，并撰写相应的设计文档；<br>◇ 在设计完成之后，参与系统的测试；<br>◇ 在未设置专职文档人员时，负责系统使用说明书或用户手册编写 |
| | ◇ 对系统使用的技术进行预研，并搭建系统开发框架；<br>◇ 根据系统设计文档，编写软件系统的代码；<br>◇ 随时测试和检查自己的代码，及时消除代码中的缺陷；<br>◇ 编写系统安装程序及安装文档 |
| 测试人员 | ◇ 依据教材讲述的内容，为项目制订测试计划，并按得到批准的计划开展活动；<br>◇ 为项目编写集成测试及系统测试用例，并执行软件测试过程；<br>◇ 从事集成测试、系统测试，负责参与项目开发各个过程工作产品的可测试性的审查和验证，及时发现、记录缺陷并验证缺陷等关闭活动；<br>◇ 项目测试结束后，编写测试报告提交项目组长 |
| 文档人员<br>配置管理员<br>QA 工程师 | ◇ 负责系统使用说明书或用户手册、系统联机帮助、安装程序等的编写；<br>◇ 依据教材讲述的内容，为每一个项目制订"配置管理计划"；<br>◇ 根据软件项目配置管理计划，建立配置库系统，识别将置于配置管理之下的所有软件工作产品；记录配置项的状态；<br>◇ 编写标准的报告，记录配置管理活动和产品基线的内容，定期整理配置数据，形成工作周提交项目组长；<br>◇ 根据教材中讲述的内容制订"质量保证计划"，并纳入到整个"项目开发计划书"进行评审；<br>◇ 按照经过评审的"质量保证计划"，从第三方的角度周期性地监控软件开发任务的执行；<br>◇ 通过《QA 审计报告》给项目组长和开发人员提供已识别出的质量问题并跟踪问题的解决过程，与项目组协商不符合问题的解决措施，给出质量改进的建议；<br>◇ 向指导老师汇报项目组内不能解决的不符合问题；撰写并向指导老师和项目组长发布《QA 周报》，提供反映产品和过程质量的信息和数据；<br>◇ 协助收集项目度量数据；参与项目相关评审活动 |

在选出组长之后，召开第一次内部会议，把确定下来的人员与角色对照表作为会议记录提交到实训老师指定的位置，表格格式如表 2-6 和表 2-7 所示。

表 2-6　项目组员基本信息表（XXX 项目组）

| 角色 | 姓名 | 性别 | 学号 | 联系电话 | E-mail 地址 |
|---|---|---|---|---|---|
| | | | | | |
| | | | | | |

表 2-7　项目组员实训考核记录表（考核记录）

| 日期＼组员 | XXX | XXX | XXX | | | |
|---|---|---|---|---|---|---|
| 3.10 | 早退 | 到岗 | 缺勤 | | | |
| | | | | | | |
| | | | | | | |

**说明**　此表为 Excel 格式表格，以方便项目结束之后统计，由项目组长填写，其中的考核记录要每次上课时登记并存放到实训老师指定的位置。

## 实训任务二：搭建开发环境

本书建议使用的实训环境为：Windows Server 2008+SQL Server 2008+TFS2010+IDE 环境（可以为 VS2010、VS2008，也可以是 Java 平台下的 IDE 环境）+Project 2007+Excel 2007+Word 2007。其中的 TFS2010 作为项目管理、源代码管理（配置管理）、测试管理、项目组沟通管理等的平台。如果使用 VSS 作为源代码管理工具，而不使用 TFS2010，建议在实训环境搭建时参考本书附带的电子资料，其中有详细的说明。通过本任务的实训，各个小组可以搭建起自己所用的开发环境，根据所使用的操作系统及工具的不同，所用学时大约为：4 学时。

### 实训指导 2：安装基础开发环境

与 TFS 的前两个版本比较起来，TFS2010 的安装与配置相对都比较简单，其不但可以安装在 Windows Server 操作系统上，还可以安装在 Windows Vista 和 Windows 7 等操作系统上。如果没有安装 SQL Server 2008，其还可以安装在 SQL Server 2008 Express 版本（无法配置报告或团队项目门户）。

（1）安装 Windows Server 2008，在"服务管理"中通过"添加角色"来添加并配置 IIS7.0，保证如下项均为"已安装"：Web 服务器、常见 HTTP 功能、静态内容、默认文档、目录浏览、HTTP 错误、应用程序开发、ASP.NET、.NET 扩展性、ISAPI 扩展、ISAPI 筛选器、健康和诊断、HTTP 日志记录、请求监视、安全性、Windows 身份验证、请求筛选、性能、静态内容压缩、管理工具、IIS 管理控制台、IIS 6 管理兼容性、IIS 6 元数据库兼容性、IIS 6 WMI 兼容性、IIS 6 脚本工具、IIS 6 管理控制台。注意，此处不使用 Windows 的 AD（活动目录）来管理实训环境，使用了工作组模式，如果使用 AD，则 TFS2010 不能与 AD 安装在同一台计算机上。

说明　使用 Windows Server 2003+IIS6.0 也可以安装 TFS2010，并且可以使用其全部功能；在 Windows 7+IIS7.0 或 Windows Vista+IIS7.0 上也可以安装 TFS2010，只是在功能上有所限制，不能使用项目门户网站（文档、通知等）和报表等功能，考虑到各个小组之间配合的方便性，实训时可以在自己的电脑上安装该环境下的 TFS2010，以方便各个小组在课下通过团队合作完成综合项目的开发。

（2）安装 SQL Server 2008 开发人员版，必须选择 Reporting Services、数据库引擎和 Analysis Services，并且保证所有的服务均启动。

（3）安装 TFS2010，在完成之后通过"Team Foundation 管理控制台"启动配置向导，在配置过程中需要对所需的环境进行检查，对于出现的错误或警告进行配置。之后即可完成 TFS2010 的安装，会给出服务器地址的提示框。图 2-3 是在 Windows7+IIS7.0 环境下配置完成之后给出的提示框，注意，其中的服务器地址与在 Windows Server 2008 或 2003 下有所区别。

（4）安装 VS2010（可以从微软学生中心下载免费的 Professional 版本）及 Microsoft Visual Studio 团队资源管理器（安装程序在 Microsoft Visual Studio Team Foundation Server 2010 试用光盘的"TeamExplorer"目录下）。对于其他开发环境，可以从微软 MSDN 网站上下载 Team Explorer Anywhere 2010 进行安装。其支持的操作系统有：Windows XP SP2，Windows Vista，Windows 7 (x86，x64)，Linux with GLIBC 2.3 to 2.11 (x86，x86_64，PowerPC)，Mac OS X

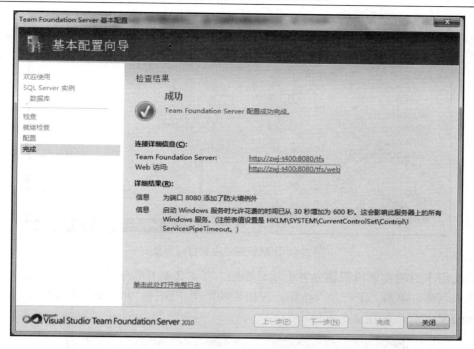

图 2-3　TFS2010 配置成功提示界面

10.4 to 10.6（PowerPC，Intel），Solaris 8，9，10（SPARC，x86，x86-64），AIX 5.2 to 6.1（POWER），HP-UX 11i v1 to v3（PA-RISC，Itanium）。支持的 IDE 环境有：Eclipse 3.0-3.5 on Windows、Linux、Mac OS X、Solaris、AIX、HP-UX；IBM Rational Application Developer 6.0 - 7.5 on Windows、IBM Rational Application Developer 7.0 - 7.5 on Linux；其他基于 Eclipse 3.0 to 3.5 也可以支持，比如，Adobe Flex Builder 3、Aptana Studio 2.0 等。对于其他 IDE 环境，可以从网站上下载 Team Foundation Server MSSCCI Provider 2010，来完成与开发环境的无缝结合，所有支持 MSSCCI 接口的 IDE 环境均可使用该 Provider，常见的有：Visual Studio .NET 2003、Visual C++ 6 SP6、Visual Visual Basic 6 SP6、Visual FoxPro 9 SP2、Microsoft Access 2007、SQL Server Management Studio、Enterprise Architect 7.5、PowerBuilder 11.5、Microsoft eMbedded VC++ 4.0、Delphi 6-7 等。在使用 Team Foundation Server MSSCCI Provider 2010 时，需要与团队资源管理器配合使用，前者完成 IDE 环境与 TFS2010 中源代码管理的无缝连接；后者完成对工作项、项目管理、用例管理、Bug 管理、项目组权限设置等的日常管理。作者在某个实际项目中使用过与 Delphi 7 配合的环境，在整个开发过程中无论是项目管理还是源代码管理均可以很方便操作，对项目的跟踪与控制也非常方便。

## 实训指导 3：设置开发平台及配置访问权限

（1）上传本书实训过程中使用的过程模板（当然也可以使用 TFS2010 自带的过程模板）。打开 Visual Studio 2010，连接到刚才配置好的 TFS，成功之后，打开团队资源管理器，如图 2-4 所示。

在其中选择"过程模板管理器…"，使用其中的上载功能，选择本书实训模板所在的文件夹（TPS for CMMI-Based Software Enginnering V1.0）即可。

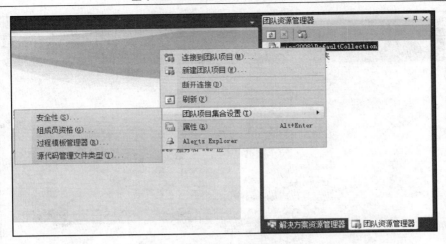

图 2-4 团队资源管理器打开界面

(2) 使用本书的实训模板建立各个项目小组,在图 2-4 中选择"新建团队项目…",然后给项目输入名称,单击"下一步"按钮,在出现的界面中选择"TPS for CMMI-Based Software Enginnering V1.0",如图 2-5 所示。

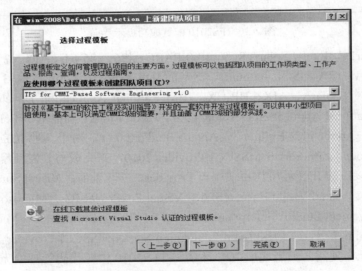

图 2-5 选择实训过程模板界面

在图 2-5 中单击"下一步"按钮,然后可以配置项目组使用的 SharePoint 站点,建议使用与小组名称一致的站点地址,以方便实训时管理。之后按照新建项目向导完成项目组的建立即可。

(3) 为组员建立 Windows 账号。在 Windows Server 2008 的本地用户和组里,建立本地用户,为每个组员建立一个 Windows 账号,并设定密码。建议使用学号作为 Windows 账号,为了方便管理把 Windows 账号的"全名"和"描述"均改为学生的姓名,这样在后续的工作项分配与跟踪时可以使用姓名来区别不同的学生。

(4) 给项目组成员分配权限,由于 TFS 的权限分配稍显烦琐,需要在三个地方对组员进行权限设置,分别是:TFS 中的组成员资格(见图 2-6)、SharePoint Service 网站、Reporting Service 项目组对应目录。

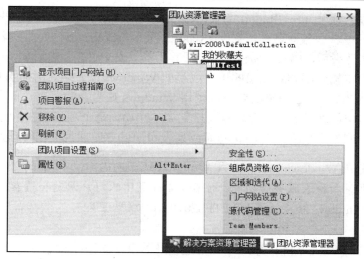

图 2-6　TFS 中项目组成员权限设置界面

在 TFS 的组成员资格中缺省设置了四类，分别为 Builders（构建者）、Contributors（参与者）、Project Administrators（项目管理员）、Readers（访问者）。建议把项目组长及实训老师设为"项目管理员"，把项目组成员设为"参与者"，把非本组成员但参加项目评审的人员设为"访问者"。

单击图 2-6 中"显示项目门户网站"，进入项目组网站。在其中单击"网站操作"，然后单击"网站设置"，选择"人员和组"；在"人员和组"中，单击"新建"按钮，然后单击"添加用户"，在"用户/用户组"中输入组员对应的 Windows 账号，然后可以选择"完全控制"、"设计"、"参与讨论"、"读取"四种权限。如图 2-7 所示。

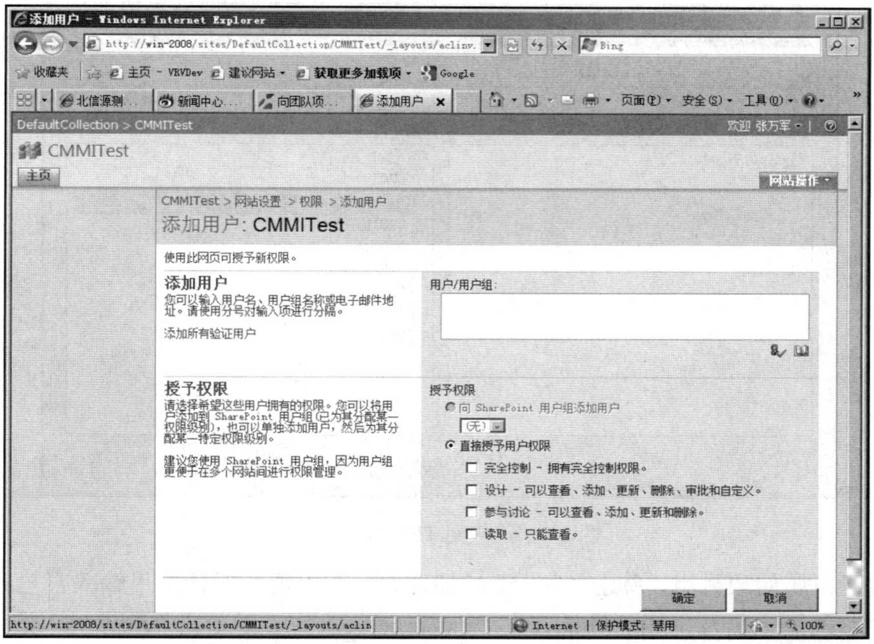

图 2-7　SharePoint 中成员权限设置界面

在浏览器中输入地址 http://ReportServer/Reports/Pages/Folder.aspx，其中的 ReportServer 是 SQL Server 安装的报表服务器名称，在 TfsReports-DefaultCollection 目录下找到项目组对应的文件夹。进入该文件夹后，单击"属性"，选择其中的"安全性"，然后单击"新角色分配"，在"组或用户名"中输入添加到此组的用户或组的 Windows 账户名，并且分配相应的权限。

完成以上设置之后，项目组成员就可以使用 Windows 账号及密码来访问项目组门户网站，并且可以通过 VS2010 或团队资源管理器连接到 TFS2010。每个项目组在指导老师的要求下，在各自项目组门户网站上建立相应的文档库或列表库，以方便项目文档管理及日常交流。

**说明** 如果是在 Windows 7+IIS7.0 或 Windows Vista+IIS7.0 下安装的 TFS2010，由于本身没有项目给门户网站和报表服务等功能，则不需要设置团队门户网站和报表服务权限，只需要把相关组员添加 Windows 账号并添加到 TFS2010 的相关组里即可。

## 实训任务三：熟悉 TFS2010 的操作

作为微软推出的一个支持软件开发的 ALM（应用程序生命周期管理）平台，TFS2010 提供了丰富的功能。为了方便大家以后使用该平台，通过该实训需要掌握 TFS 工作项操作方法、项目门户网站的使用方法。估计需要 1 学时。

要完成该实训，前提是完成实训任务二，并且对所有组员均赋予相关的权限。

### 实训指导 4：连接到 TFS2010

在 Visual Studio 2010 或 Visual Studio 2010 团队资源管理器菜单上，找到"团队—连接到 Team Foundation Server…"，出现的界面如图 2-8 所示。

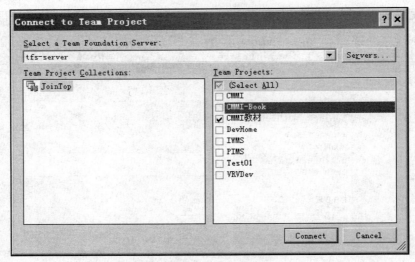

图 2-8　连接到 TFS 操作步骤 1

选择自己所属的项目组，单击"确定"按钮即可，在出现的对话框里输入自己在 Windows Server 2008 中的用户名及密码。如果其中"tfs-server"为空，则单击"Servers"按钮，出现如图 2-9 所示的界面。

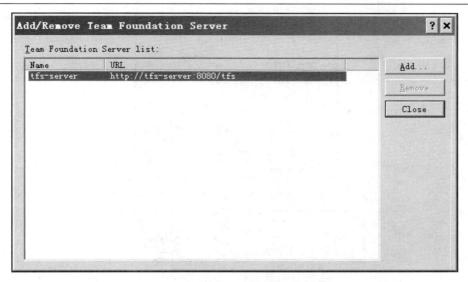

图 2-9　连接到 TFS 操作步骤 2

如果不存在服务器，则单击"Add"按钮，出现如图 2-10 所示界面。

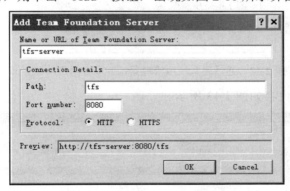

图 2-10　添加 TFS 服务器界面

## 实训指导 5：如何使用项目门户网站进行协同工作

团队项目门户是可以进行访问以了解团队项目信息的一个位置。如果用于创建团队项目的过程模板包括项目门户或如果以后添加了门户，你的项目门户可能包括以下内容：
- 跟踪所有工作项，新建各类工作项；
- 有关团队项目的公告；
- 到团队项目文档的链接；
- 有关工作项、Bug、代码签入、当前版本或测试结果的报告；
- 到其他文件、文件夹或网页的链接。

项目门户是由"新建团队项目向导"创建的 Windows SharePoint Services 站点。项目门户的 Web 部件和布局由在该向导中选择的过程模板确定。如果过程模板未包含门户或者后续也未添加门户，则你的团队项目中可能没有项目门户。可从"团队"菜单或"团队资源管理器"定位到项目门户。如图 2-11 和图 2-12 所示。

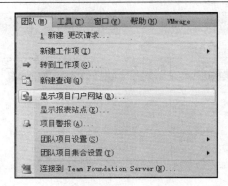

图 2-11　通过 VS2010 的菜单打开项目门户网站界面

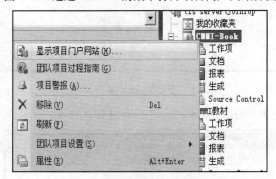

图 2-12　通过团队资源管理器打开项目门户网站界面

项目门户所包含的内容如图 2-13 所示。

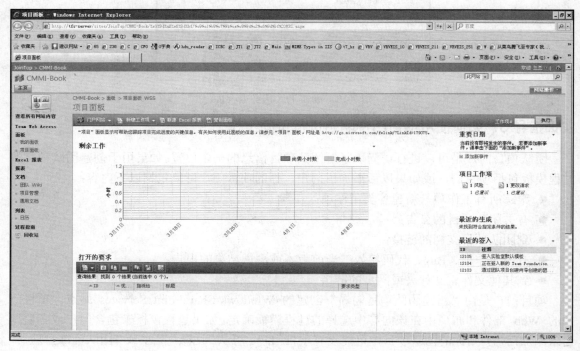

图 2-13　项目门户主界面

可以新建文档库来存放项目开发过程中的文档，比如会议记录、参考资料等，以方便整个项目组共享使用。操作方法如图 2-14 所示。

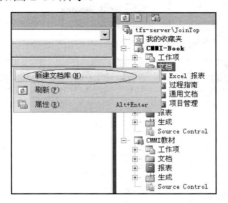

图 2-14　项目门户中新建文档库操作界面

单击"新建文档库"按钮之后，输入文档库的名字，比如，项目周报。然后单击"确定"按钮，就在项目团队门户网站上建立了一个新文档库。并且保证门户网站与团队资源管理器中目录的一致性。在建立好文档库之后，就可以将本地计算机现有文档上载到门户网站上去，在如图 2-15 所示的界面上操作即可。

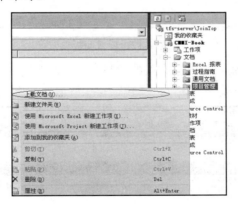

图 2-15　项目门户上载文档操作界面

同样，可以使用门户网站来完成添加文档库及上载文档的操作（在图 2-13 中的左边菜单栏中单击"文档"进入即可），具体由读者自己在门户网站处操作。注意，由于这里上载的文档版本控制及历史记录等功能虽然有，但功能不是很强大，也比较容易产生误操作，所以对于需要纳入项目基线中的一些文档不要放在项目门户网站，而是放到源代码管理器中。

在 TFS2010 中，SharePoint Service 与 TFS 做了更深层次的集成，使得对工作项的操作比较方便，在项目门户网站上即可完成，不但可以新建工作项，还可以对工作项进行跟踪，填写工作项跟踪过程中的相关信息。具体操作方法步骤请参见"实训指导 6：如何操作 TFS 中的工作项"。

在项目门户网站的左侧导航处有一个"面板"分类，如图 2-16 所示。面板中暂时分为"我的面板"、"项目面板"两种。如图 2-16 所示。

单击"项目面板"用来显示项目中最基本的一些信息，在面板中包括：剩余工作图，打开的要求等。如图 2-17 所示。

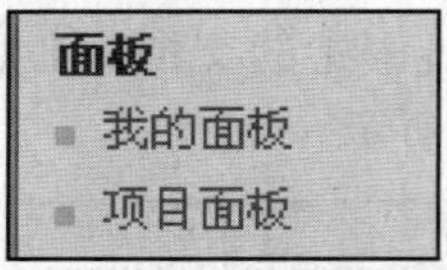

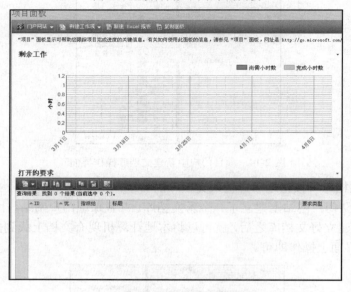

图 2-16 项目门户网站中的面板

图 2-17 项目面板

单击"我的面板"用来显示与自己有关的项目信息,在面板中包括:我的任务、我的评审、我的 Bug 等。如图 2-18 所示。

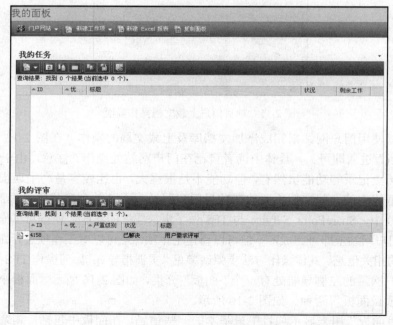

图 2-18 我的面板

在"我的任务"的右边有一个小的三角形图案，可以根据自己的需要自定义查询显示的内容。单击之后，选择"修改共享 Web 部件"，如图 2-19 所示。

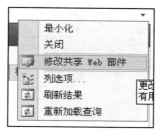

图 2-19　修改共享 Web 部件

**说明**　此功能需要对门户网站具有"设计"权限的用户方可使用。

在页面的最右侧，有"我的任务"的设置选项，如图 2-20 所示。

图 2-20　我的任务的设置

单击"查询"中的自定义查询"更改"的链接，如图 2-21 所示。

图 2-21　更改查询

在"查询选取器"对话框中单击"编辑查询"按钮，如图 2-22 所示。

在"Web 部件查询"对话框中可以对查询语句作修改，如图 2-23 所示。

如果想修改在项目门户网站显示的工作项内容，可以在图 2-19 中单击"列选项"，出现如图 2-24 所示的界面，从其中选择需要显示的列即可。在此图中不但可以选择要显示的列，还可以设置每个列显示时的宽度。由于 TFS2010 功能的限制，左边"字段"中显示的是所有工作项的字段，所以当选择某一类工作项显示的列时，需要注意可用列是否为该工作项的字段。

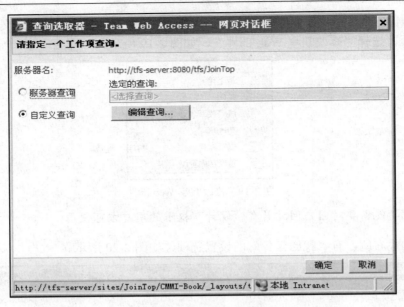

图 2-22 查询选取器

当然,也可以在图 2-23 中通过"列选项"选项卡来设置需要在项目门户网站上显示的数据,具体操作方法由大家自己去研究。

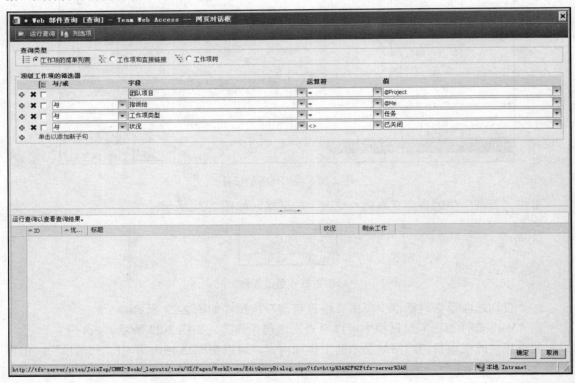

图 2-23 Web 部件查询

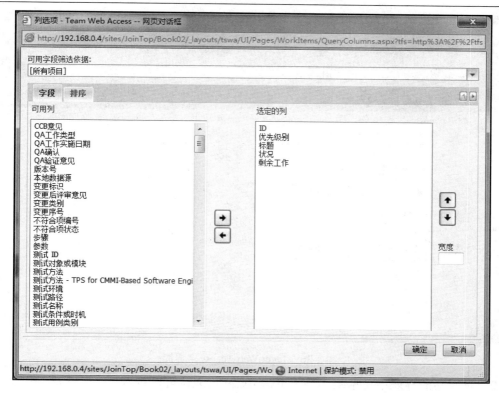

图 2-24　选择工作项要显示的列

在门户网站的导航中，直接有对 Team Web Accesss 的链接，如图 2-25 所示。

图 2-25　门户导航

在 Team Web Access 窗口中可以对工作项进行更详尽的操作，可以完成工作项的新建、跟踪、查询、自定义查询等，还可以访问源代码管理器、监控生成等，如图 2-26 所示。

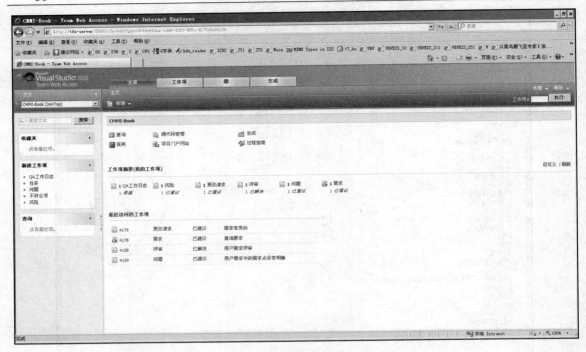

图 2-26  Team Web Access 主界面

在门户网站的导航中（见图 2-25）单击 Excel 报表，可以查看 Excel 报表，也可以自己定义设置满足自身要求的 Excel 报表，系统也提供了一系列缺省的 Excel 报表，如图 2-27 所示。

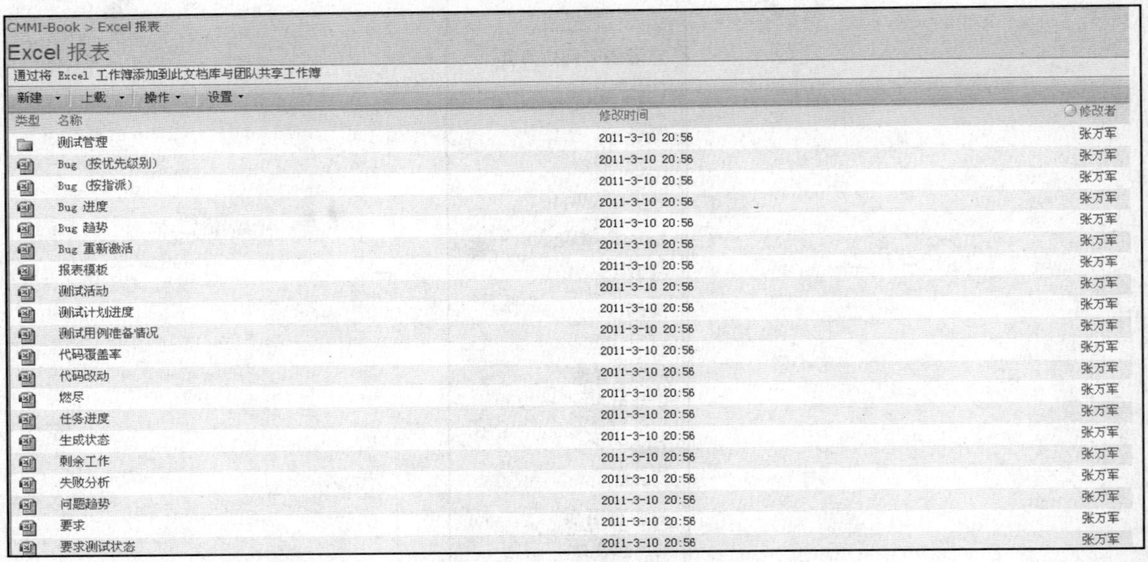

图 2-27  系统缺省的 Excel 报表列表

在门户网站里还可以发布本组内的通知、建立项目组的 Wiki 库等，并且还可以查看本项目组的各类报表信息，具体操作方法相对比较简单，在此不一一描述。

## 实训指导6：如何操作 TFS 中的工作项

Team Foundation Server 使用工作项帮助项目组管理在产品生命周期中必须完成的工作。不同类型的工作项跟踪不同类型的工作，如客户需求（可以完成需求的跟踪）、产品 Bug（可以完成各类缺陷的跟踪）、开发任务（可以完成项目开发任务的跟踪）、风险（可以完成项目中风险的跟踪）等。TFS 允许对团队项目中可用的工作项类型进行自定义，从而使你能够以适合自己的开发环境的方式跟踪工作。在实际开发过程中，所有项目都具有"任务"列表，在项目进行过程中，团队中的每个成员都可能被指派各种任务。一些人被指派编写规范，一些人被指派实现代码并修复 Bug，另一些人则被指派运行测试。Team Foundation Server 上的工作项数据库会跟踪这些不同类型的工作项。为了跟踪项目进度，每个工作项被指派给项目团队中的一个人。在 MSF for Agile Software Development 过程中，有五种缺省的工作项，分别为：Bug、任务、方案、服务质量要求、风险，通过对过程模板的自定义，可以修改这些工作项，并增加其他新的工作项，根据项目需要来确定。在本书提供的开发过程模板里，根据 CMMI 的相关要求总共自定义了 13 种工作项，分别为：Bug、QA 工作日志、不符合项、测试用例、风险、更改请求、基线、配置审计、配置项、评审、任务、问题、需求。在实训过程中，建议能使用这些工作项来完成整个开发任务。不过，有时受团队规模及实训学员水平的限制，完全使用起来有一定难度，但至少要使用：Bug、测试用例、风险、更改请求、评审、任务、问题、需求等几类工作项。

在 TFS2010 提供的整个平台中，有三种方法可以完成工作项的增加、跟踪、查询。下面就对每个方法进行逐步讲解，大家在实训时可依照讲解进行练习。

可以直接在团队资源管理器里添加工作项，比如添加任务等，如图 2-28 所示。

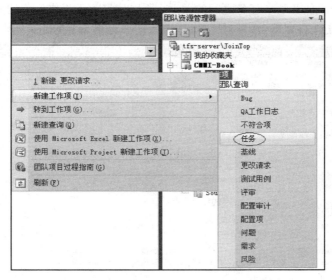

图 2-28 团队资源管理器中添加任务操作界面

在此界面中，可以通过"新建查询"来找到要跟踪的工作项，然后填写相关信息，当然也可以通过本身带的团队查询来找到相关工作项。添加任务的具体信息，如图 2-29 所示。

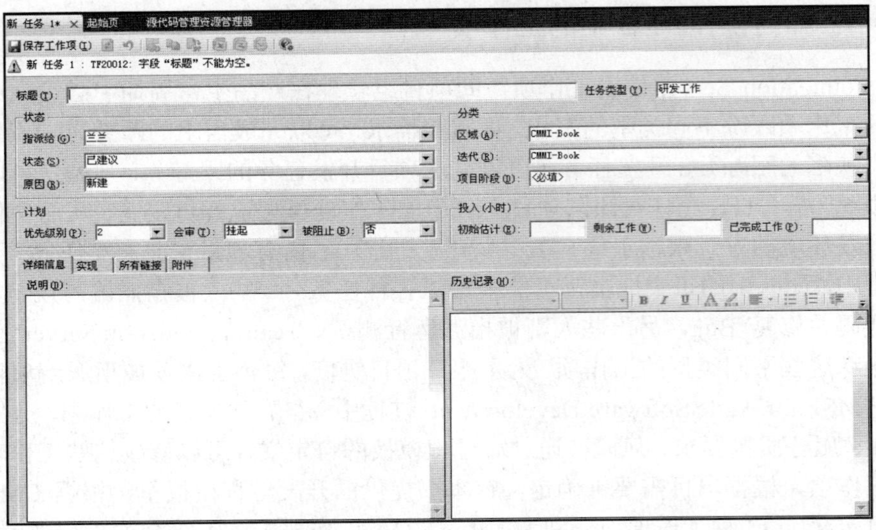

图 2-29 任务输入界面

此处虽然可以把任务指派给某个具体的人,也可以给任务添加详细的说明、选择任务所属的专业领域(大类),给任务添加附件、填写详细信息。但是有两点笔者一直没有找到比较好的解决办法,一是在这里怎么确定任务的计划开始日期、计划完成日期;二是怎么来表现项目任务中的层次,比如:需求分析活动在进行 WBS 分解的时候,可以分解为多个子任务,每个子任务又可能分解为若干个子任务,直到能安排到每个人为止,这一点对项目管理又是非常重要的。虽然通过每个任务的"详细信息"页面可以看到任务上下文,如图 2-30 所示,但在使用 Project 打开时,就不能很好地转成任务与子任务之间的关系,所以建议对于工作任务的安排尽量使用 Project 来完成,然后再发布到 TFS 平台中,具体操作方案请参见第 5 章的相关实训内容。

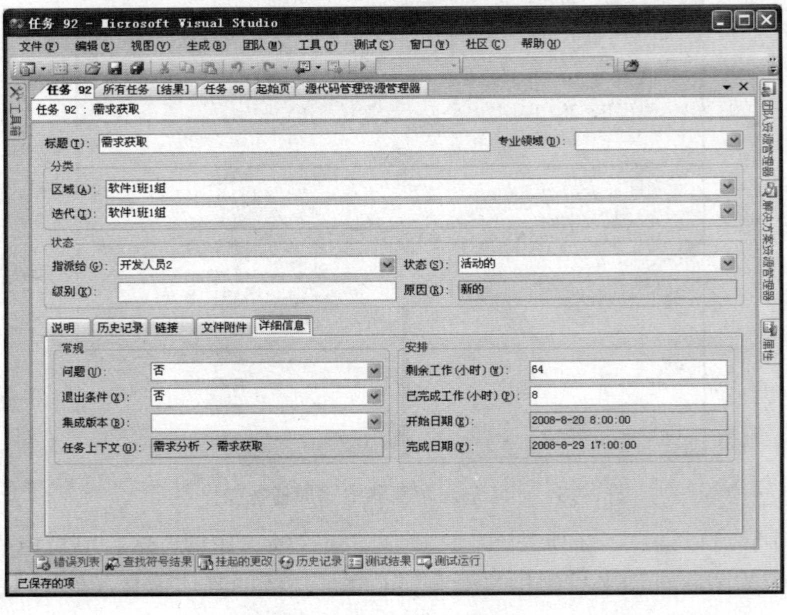

图 2-30 任务详细信息界面

所以，笔者用了以下方法替代，即项目进度表在使用 Project 编写时，满足能发布到 TFS 相关选项。任务的分解、细化、任务间层次管理、项目进度分析等使用 Project 来执行。在修改好 Project 文档之后，发布到 TFS 上去。注意，在 Project 文档发布 TFS 之前，必须保证任务分解是对的，因为，在发布上去之后，并不会因为 Project 文档中把某项任务删除，TFS 就把该项任务删除；为了保持一致性，方便跟踪，还是应当谨慎操作。

# 第3章 立项管理

本章重点：
- 立项管理简述；
- 立项管理流程；
- 立项管理活动；
- 立项管理要点；
- 立项管理实训。

立项管理（Project Establishment）在 PMBOK 体系中可以划入项目的启动过程，是结合国内软件开发公司实际管理的需要，提出的一个过程，需要在软件确定开发之前执行，CMMI 中并没有相关的过程域或实践对应。

从管理的角度来看，立项管理属于决策的范畴，在公司运作过程中，不只有产品研发的立项，也有业务的立项。比如，市场人员得知某单位有规划购买一套管理信息系统（在客户关系管理中称之为销售机会或销售线索），那么此销售线索是否值得进一步跟踪和做工作，以及如何进一步做工作，使我们拿下这个业务的可能性向现实性转化，签下订单？这个问题的正确决策，并不简单，因为其既有合同能否执行或公司是否有能力执行的问题，也有在合同签订之前的花费问题（即销售前期成本）。如果小看了这个问题的重要性，可能会给市场营销工作带来许多问题。例如，空忙了一阵子，当了别人的陪衬，最终别人拿走了订单，这还是轻的，何况也不能要求每个订单都我们拿，每次出击都成功；再如，客户什么要求都答应、什么条件都接受，订单签下来了，最终是亏本生意。当然，这在公司里属于市场营销管理的内容，本章所讲述的主要还是公司有新产品研发意向或者产品升级意向时怎么来进行立项。对于合同类项目，只要市场部门签订了订单（合同）之后，对于研发部门即认为立项成功，必须进行软件研发。

## 3.1 立项管理简述

通过规范公司里的研发立项过程，主要是想达到如下目的：
- 降低项目投入的风险，避免研发项目的随意性；
- 加强项目的目标、成本和进度考核，提高项目成功比例；
- 杜绝不实际的研发项目展开，避免公司资源浪费。

对于销售立项则不是如此，通过销售立项的审批，是想达到如下目的：
- 不放过可以盈利并且能做或可以做的项目，拒绝亏本并且不值得亏本或者暂时做不了或不值得做的项目；
- 比较清楚地了解用户需求和客户信用状况，减少合同签订后的变更；
- 确定一个比较合理的报价。

为了做出正确的立项决策，在有了研发意向或销售意向的时候，应当拿出一个比较全面的项目陈述，比如，《立项报告》、《立项可行性分析报告》等。在其中尽可能全面考虑方方面面的因素，权衡得失。例如：

- 这个产品研发到底有多大把握？（当然不能要求100%把握，如能这样的话，就成神仙了。）
- 这个项目可以做吗？技术积累够吗？现有人力调度得过来吗？（资源永远是紧张的，问题是调度。）
- 项目需求明确吗？合理吗？
- 研发人员说至少要半年，用户或公司希望要求2个月，怎么办？抽调人员，别的项目用户会怎么反应？
- 这个产品值得研发吗？成本要100万，而市场销售可能只有80万，最后亏本，谁买单？
- 好，以上这些问题都有答案了，或者多是"庸人自扰，杞人忧天"，那么下一步工作由谁负责，哪些人去做？如何做？

在具体操作过程中，对于合同类研发项目、新产品研发项目均需要进行立项管理，对产品升级类项目可以根据产品升级的程度来确定是否要进行立项，建议项目周期比较短或投入比较少的项目可以不进行立项，而是直接给项目小组下达任务书。一般公司会要求，项目立项过程必须有正式的文档提交，并通过正式评审。

**说明** 评审的操作流程请参见第4章"项目评审管理"的相关内容。

## 3.2 立项管理流程

对于不同类型的研发项目，相应的立项流程也有所区别，在本书中共给出了三类项目的立项流程，具体如图3-1所示。

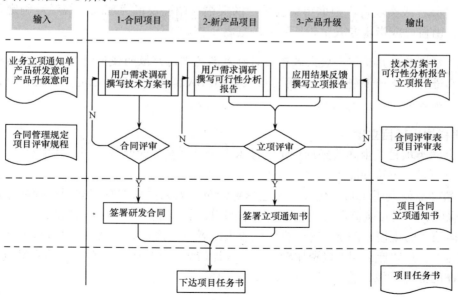

图3-1 立项管理流程图

**说明** 合同评审和立项评审若通不过，则会有两种可能，一种为重复前一步工作，再次评审；一种为终止销售立项（即该业务不再跟踪及签订合同）或者研发立项。

## 3.3 立项管理活动

**1. 谁提出项目立项**

（1）合同类项目。市场部门若有定制开发类的业务，根据公司确定的市场管理相关规定提出需要技术部门给予配合的申请（一般为《销售立项通知单》，在该单据里会写明将要跟踪业务的基本情况，需要什么样的技术人员配合等内容）。然后，由高级经理从研发部门指定专门的技术人员，配合业务人员做技术方案。

**注意** 在此时选择技术人员时，应当考虑到该人员的综合能力，因为该业务合同一旦签订，此人就是该项目的项目经理。

（2）新产品研发类项目。在两种情况下可以提出新产品研发，一是公司对某一产品有研发意向；二是市场部门与技术部门通过讨论，要开发某一新产品。此时，则由高级经理确定立项方式，并指定专人或亲自负责，做立项前的准备工作。注意，此人通常会为项目立项之后的项目经理，所以在指定人选时需要考虑综合能力。主要是完成立项的可行性分析，并且根据项目的类型确定是否进行技术预研，对于需要用到新技术、新工具及新平台的产品研发，应当进行技术预研。

**说明** 研发意向一般是在公司对市场分析的基础之上，形成要开拓某一市场而研发产品的意愿。作为立项提出的依据，可以是会议记录，也可以是相关市场分析报告。

（3）产品升级类项目。根据市场及用户的反馈，由研发部经理或高级经理确定是否进行升级研发，由自己或指定专人负责，做立项准备工作。

**说明** 市场及用户反馈一般来源于公司对产品已有用户做的使用情况调查、对本公司产品及同类产品进行的市场调研分析、公司售后服务部门从客户处得到的已有产品的使用报告或问题（故障）报告等。

**2. 怎样提出项目立项**

（1）合同类项目。由高级经理指定的技术人员参与业务的商务谈判，并撰写技术方案书，然后按公司合同评审管理流程，进行评审。

（2）新产品研发类项目。由高级经理指定的负责人为主来撰写《立项可行性分析报告》或《立项报告》，该立项负责人通过协调技术部门、市场部门、财务部门等共同来完成资料的编写。根据项目的规模来确定，对于投资比较大或者风险比较大的项目，建议编写《立项可行性分析报告》。具体什么叫"投资比较大或风险比较大"，每个公司有自己的定义方法，一般由公司所在的业务领域、管理制度来确定。

**建议** 学习过程中的实训项目，第二类学员实训时编写《立项可行性分析报告》和《立项报告》，第一类学员实训时只编写《立项报告》。

（3）产品升级类项目。由研发部经理或高级经理指定的负责人为主来撰写《立项报告》；若升级规模比较小或研发周期比较短，也可以由高级经理直接下达《项目任务书》。具体什么叫"规模比较小或研发周期比较短"，每个公司有自己的定义方法，一般由公司所在的业务领域、管理制度来确定。

**说明** 《立项报告》中至少应包含的内容为：项目范围及目标、验收标准、技术规划、计划进度、成本预算、风险预计等。

### 3．谁进行立项评审

（1）合同类项目。根据合同管理里的《合同评审办法》进行评审，作为公司管理的一个重要环节，合同管理各公司会有比较明确的规定，在签订合同之前，会对合同的技术内容、可能的风险、违约责任、履约能力、收款条款等进行评审。

（2）其他项目。立项负责人在完成《立项可行性分析报告》或/和《立项报告》后，向高级经理或研发部经理提出评审要求。

由高级经理或研发部经理确定参加评审的人员，评审两天前立项负责人把相关资料交到评审人员手中。具体是评审前两天，还是几天，可以根据项目的规模、项目的重要度、项目整体周期来确定。然后召开评审会议，具体评审会议怎么召开？怎么组织？公司里一般有管理评审的相关规定，可以参见第 4 章 "项目评审管理"的相关内容。

### 4．怎么进行评审

（1）合同类项目。按照各公司自己确定的《合同评审办法》执行，本书不做详细的讲解。但只要合同评审通过，对于研发来说，就认为立项通过，即可进入下一环节（高级经理根据与客户签订的合同填写并签发《项目任务书》）。

（2）其他类项目。

①参加评审的人员收到相关立项评审资料后（《立项报告》和/或《立项可行性分析报告》），仔细阅读并填写《预审问题清单》，在评审前交给立项负责人。

②立项负责人根据《预审问题清单》中提出的问题进行修改或准备答辩资料。

③举行评审会议，具体评审会议召开的规定请参见第 4 章 "项目评审管理"的相关内容。

**说明** 《预审问题清单》是为了缩短评审会议、提出评审效率而制订的，目的是让参加评审的人员在评审会议召开之前对要评审的内容进行仔细阅读，并把发现的问题或疑问填写进《预审问题清单》中，由答辩人对这些问题在会议召开前进行修改或准备答辩资料。

### 5．谁签发

● 如果立项评审通过，则需要签发《立项通知书》，若未通过，则在《项目评审表》中写明处理方式，一般分为不接受和变更两种情况，具体请参见项目评审表的内容。

● 对评审中出现的问题，根据《项目评审表》中的内容跟踪修订情况，其中对每个问题的修改情况，必须由验证人进行跟踪，并把修改及验证所花的工作量记录进该表。

● 立项申请人编制《立项通知书》，报高级经理批准，由高级经理根据项目规模和费用的大小上报公司总裁或自己审批。具体谁来审批，各公司根据项目类型、规模来确定，比如某公司给出如下规定：

- 项目估算投入≥20万元的由公司总裁审核批准；
- 项目估算投入<20万元的由总工程师审核批准；
- 高级经理根据立项通知书填写并签发《项目任务书》，合同类项目根据与客户签订的合同填写并签发《项目任务书》。

**说明** 《项目任务书》中包含项目经理、项目组成员、QA工程师、CM工程师及CCB成员，具体内容请见该章对应的实训指导。

## 3.4 立项管理要点

在立项过程中，应当对可能遇到的情况做充分的预计，对项目的工作量、成本和工期进行相关科学的估算，切忌使用"拍脑袋"的方式进行估算。对于在项目开展过程中可能遇到的风险也应当识别，并给出一定的应对方案。

根据项目类别的不同，对工作量、成本、工期的估算方法当然要有区别，但是，以下几点对所有的项目都应该得到重视。

- 应该估计整个生命周期每个阶段、各项活动、各类相关人员必须为该项目投入的工作量和成本。
- 工作量和成本估计，如果涉及多个部门，应由相关部门分别估计，然后由高级经理汇总，不能一个人说了算，也不能全由研发人员或市场人员说了算，更不能随便估算就交差。
- 既要计入直接成本和工作量，也要考虑间接成本和工作量。
- 为项目开发的需要而购买的软硬件设备，或者项目交付后项目成果可以进一步作为公司的新产品或新版本，或者已经有了初步成果而通过新项目则可以节省产品开发所需的投入等。在这些情况下，应妥善分割成本和工作量，全部成本和工作量完全分摊在一个项目头上，显然不合理。比如，在项目研发期间需要购买一台服务服，但该服务器在此项目结束之后还可以继续使用，那么把成本全部算到该项目上显然不合理。
- 工作量到成本的折算，可用上一个年度整个部门全年人均开支，也可用上一个季度的人均开支，也可用各类人员的人均开支。
- 业务费、项目奖金及其他必须的特殊开支，应计入（工作量之外的）成本。
- 应考虑风险储备以及项目相关各方沟通协调所可能必需的工作量和成本。
- 要为必然会有的需求变更引起的工作量增加留有余地。

由于立项是一个比较重要的决策活动，所以在立项期间的风险识别及控制风险是非常重要的。比如，当前一些房地产商，由于看到一时的市场比较好，没有考虑到自身的资金能力、国家政策调整等可能的风险，导致拍到土地之后，后续开发成了问题，最严重的情况是该土地被回收。试想想，该项目立项时管理者考虑到可能发生的风险了吗？对于软件产品研发，也有类似的案例。那么在立项时，对于风险可以按照以下方针来处理。

- 应从思想深处树立风险意识，"风险与机会同时存在，收益和风险始终相伴"。项目风险管理与项目本身的工作同样重要；风险管理是任何项目所必然包含的一项工作内容。
- 不能为躲避风险而错失良机，也不能因漠视风险而使机会变成损失；应该敢于直面风险，"审时度势，权衡取舍，敢于进取，有备无患"。

- 任何项目，确定立项之前，必须进行风险识别，特别是客户信用评估，针对首要风险制定应对措施，估计风险储备并将其计入项目成本。
- 在识别的基础上，分析风险，估计风险属性（发生的可能性和后果的严重性），按行业的具体规定评价风险并排序。
- 针对主要风险（即排在前面的若干项风险，例如前 5 项，前 10 项风险）进行风险策划，确定应对策略，制定应对措施（以至风险管理计划）。
- 明确风险跟踪责任。

**说明**　关于风险管理的详细内容，请参见第 7 章 "风险管理"。此处重点强调在立项阶段，应当进行哪些风险的管理活动。在立项通过之后，此处识别的风险作为项目开发过程中风险管理的一部分进行跟踪与控制。如果使用 TFS 进行实训，则可以通过 "风险" 工作项来完成风险的填写及跟踪，而不需要填写《首要风险列表》。

## 实训任务四：项目立项

在项目立项过程中，主要产生如下的技术文档：《立项可行性分析报告》（由项目组长主导编写，其他组员协助）；《立项报告》（由项目组长主导，其他组员协助）；《立项通知书》（由项目组长填写、评审或定稿之后，由指导老师以高级经理的角色签发）；《项目任务书》（由项目组长填写、指导老师签发，作为项目组考核的重要依据）；《项目评审表》（由立项评审时确定的记录员负责填写，组长指定人员对问题进行修订，小组的 QA 工程师负责跟踪验证，若小组未设 QA 工程师角色，则不进行验证工作）。实训内容如下。

（1）在对项目背景及范围了解的基础上，项目组长组织人员编写《立项报告》或《立项可行性分析报告》，并在小组内部进行讨论定稿。

（2）对《立项报告》或《立项可行性分析报告》进行模拟评审（正式评审），由各项目组长组织，可以邀请指导老师参加作为立项评审小组成员。

（3）项目组长自己或指定其他组员编写《立项通知书》和《项目任务书》，然后由实训指导老师修改确认后签发。

（4）根据在立项过程对系统需求的理解（此理解来源于对案例范围及需求的描述、立项过程中组内成员的讨论、组员在形成可行性分析报告或立项报告时查阅的其他资料），系分人员编写《用户需求列表》初稿。

（5）此实训大概需要 4 学时，其中编写文档 2 学时，组内讨论修改 1 学时，模拟评审 1 学时。

**说明**　本章中用到《项目评审表》及《预审问题清单》的填写指导，请参见第 4 章中的 "实训任务五：项目评审"；《用户需求列表》的填写指导请参见第 6 章中的 "实训任务七：开发用户及软件需求"。

### 实训指导 7：如何编写《立项可行性分析报告》

建议本书的第二类学员在实训时编写该文档，在编写过程中，可以由项目组长主持，其他人员分别编写不同的章节，在项目组长统稿后共同讨论，然后再提交模拟评审。

1. 封面

封面内容如表 3-1 所示。

表 3-1  封面

| 文档状态 | 文档编号 | |
|---|---|---|
| [  ] Draft<br>[ √ ] Released<br>[  ]Modifying | 编　　撰： | |
| | 编撰日期： | |
| | 保密级别： | |
| | 文档版本： | 1.0.0 |

文档状态：当文档评审之前一直为 Draft；在评审定稿之后，则可以改为 Released；之后若需要修改，则在修改完成之前均为 Modifying，在修改完成并通过评审或确认之后，则又改为 Released。

文档编号：各公司根据技术文档管理规范，对此类文档编号，比如，PEReport-项目编号。

编　　撰：该文档的最后一位编写人员的名称。

编撰日期：该文档最后修改的日期。

保密级别：由各公司自己规定，一般分为：普通、保密、机密三类，主要是限定文档发布的范围及可阅读范围，防止技术泄密。

文档版本：该文档当前的版本号，一般由三位组成，初始版本为 0.1.0，在每次修改之后，若为小的修订，则第三位加一，若为大的修订在第 10 次修改时，变成 V0.2.0，以此类推。直到定稿提交评审（可能为正式评审，也有可能为非正式评审）时，版本改为 V1.0.0，评审通过之后批准的版本改为 V1.0.1。以后再修改该文档，第三位依照前面方式加 1 进行标识。若在修改之后，纳入到新的基线，则主版本号改为 V2.0.0，其他次要修改，则不需要更改主版本号。

2. 修订表

修订表如表 3-2 所示。

表 3-2  修订表

| 编号 | 版本 | 修订人 | 修订章节与内容 | 修订日期 |
|---|---|---|---|---|
| 1 | | | | |
| | | | | |
| | | | | |

在每次对文档修改之后，均需要认真填写此表，以增加可追溯性，清楚了解整个文档的修改及形成过程。

3. 审批记录

审批记录如表 3-3 所示。

表 3-3  审批记录

| 版本 | 审批人 | 审批意见 | 审批日期 |
|---|---|---|---|
| | | | |
| | | | |

每次文档正式发布之前，把对发布时的审批人、审批意见及审批日期填写进该表。

**说明** 所有模板中带有以上三部分内容的文档，含义均一样，在后面的章节中将不再一一解释。本书中所有的文档模板均在所附配套素材里，在实训之前，应当仔细阅读模板里对每节填写的说明性文档，在理解之后再进行文档的编制。

4. 编写裁剪说明

在实训过程中，第一类学员不需要编写该文档，可以使用《立项报告》来代替。若所选择的实训案例没有历史系统（用户正在使用的系统），则不需要编写模板中第3节（对现有系统的分析）的内容，模板中4.3节（与现有系统比较的优越性）的内容也不需要编写。模板中第5节投资及效益分析，建议采用模拟公司投入方式来计算，例如，员工工资可以采用估算时常用的10 000元/（人·月）来计算，收益可以按XX万元/套，第一年可卖出多少套，近期可卖出多少套，长远市场可卖出多少套等方法来计算。在实际编写过程中，投资及收益可以进行粗略估算，不一定按模板里所写的那么详细。模板中第6节社会因素方面的可行性与模板中第7节其他可供选择的方案，在实训时作为可选内容，根据教师所选择的案例来确定是否编写。

实训模板电子文档请参见本书配套素材中"模板——第3章　立项管理——《立项可行性分析报告》"。

## 实训指导8：如何编写《立项报告》

本文档在实训时所有类别的学员都需要编写，在编写过程中，建议由项目组长主持编写，其他人员分别编写不同的章节，在项目组长统稿后共同讨论，然后再提交模拟评审。

在编写本文档模板中2.1节时，如果没有编写《立项可行性分析报告》，需要在此添加一些关于市场可行性、技术可行性、资源可行性等的内容。模板中3.3节的预算主要来源于对开发该系统所用资源的估计，比如，根据需要多少人月工作量，计算出工资性预算；根据开发过程中需要的软、硬件设备，计算出设备投入的预算等。在做预算的时候，不应当只有金额，还应当有预算投入/到位的时间。

模板中3.5节，目的是对在立项阶段发现的风险进行分析，并提出控制策略，可以填写风险控制列表（参见本书第7章），把风险列表作为立项报告附件即可。对于每个发现的风险，应当在此处写明风险的描述，风险对项目可能造成的影响，采取怎样的规避措施防止风险转化成问题等内容。

模板中第4部分的目的是，从研发的角度可以为市场推广及工程实施提供什么样的建议、方案及帮助，在实训过程中，可以由指导老师根据所选项目裁剪编写。

实训模板电子文档请参见本书配套教材中"模板——第3章　立项管理——《立项报告》"。

## 实训指导9：如何填写《立项通知书》

立项通知书的内容如图3-2所示，在立项评审通过之后，在教师指导下，由项目组长填写，然后由实训指导老师签发。

实训模板电子文档请参见本书配套素材中"模板——第3章　立项管理——《立项通知书》"。

## 实训指导10：如何填写《项目任务书》

《项目任务书》如表3-4所示，此任务书在老师指导下，由项目组长填写，然后由实训指导教师在"高级经理签字"处签发,可以作为对各个小组实训效果考核的依据。

```
                              XXX 公司
                                通  知

                              立项通知书
        _____项目,已通过立项评审委员会评审,项目编号为:_____。_____为该项目经理,负责
项目执行和管理。
        根据公司开发管理规范要求,已通过立项的项目必须严格按照 CMMI 流程开发。如果必要的资金和资源已经到位,项目负
责人接到本通知后,应开始启动项目,组建项目组,具体项目组人员组成及项目要求,以《项目任务书》为准。请项目经理协
同项目核心成员按相关开发管理规定和模板撰写《初步项目计划》等相关文档。
        请大家安排好时间,在_____年___月___日底前完成项目"初步计划"的编制。特发此通知告知。


                                                                            XXX 科技有限公司
                                                                              _____年___月___日


    通知抄送:主管领导   项目经理所在部门   项目经理本人   各职能管理部门
```

图 3-2　立项通知书模板

**表 3-4　项目任务书模板**

XXX 公司
项目任务书

| 项目名称 | | 项目编号 | | 项目经理 | |
|---|---|---|---|---|---|
| 启动日期 | | 计划完成日期 | | 填写日期 | |
| 项目组成员 | | | | | |
| QA 工程师 | | | | | |
| CM 工程师 | | | | | |
| CCB 成员 | | | | | |
| 项目及任务描述(可加附页): | | | | | |
| 环境描述(可加附页): | | | | | |
| 项目完成提供产品清单: | | | | | |
| 项目经理签字:<br><br>　　　　年　　　月　　　日 | | | | | |
| 高级经理签发:<br><br>　　　　年　　　月　　　日 | | | | | |

其中，QA 工程师，主要是保证项目的研发按照公司既定的规范进行，若在分组时没有该角色，则此处不用填写；CM 工程师，主要是执行软件开发过程中配置管理相关活动及任务的人员，具体活动内容在第 11 章"软件配置管理"中讲解，若在分组时没有该角色，则由项目组长承担；CCB（配置控制委员会），主要是对在开发过程中的变更进行审核、批准，一般由高级经理、配置管理工程师、客户代表等组成，在实训时，若没有对该委员会的模拟，则不需要填写。项目及任务描述的内容，可以借鉴《立项报告》里的相关内容；项目完成时提供产品清单处的内容，作为对项目组考核的参考依据，实训老师可以根据要求来指导学生填写，一般除了源代码、可执行程序之外，在项目开发过程中的各类技术文档、管理文档也应当作为工作产品的一部分进行提交。

实训模板电子文档请参见本书配套素材中"模板——第 3 章 立项管理——《项目任务书》"。

# 第4章 项目评审管理

本章重点：
- CMMI 中对应实践；
- 项目评审简述；
- 评审管理活动；
- 项目评审管理实训。

在研发过程中为了保证研发过程及研发产品的质量，都会有大量的评审活动，在进行项目评审时，需要遵循以下几条原则。

- 在项目开发计划中确定各阶段需要进行评审的工作产品及要举行的评审活动（比如里程碑评审、阶段评审等），评审参考人员等，评审按计划进行，并且有文档化的评审记录。
- 评审之前，项目经理组织人员准备评审相关资料，并提供待评审的工作产品的评审标准；同时发送通知邀请相关评审人员参加，正式评审之前还需要进行预审。
- 评审活动需要有高级经理/研发部经理和有同类产品开发经验的人参与。
- 关注受评审的工作产品，识别并解决工作产品中的缺陷，在项目组成员和评审员之间就工作产品的内容达成一致意见。

在有的公司里根据被评审的对象及目的把评审分成两类，即管理评审和技术评审。两类评审目标对象分别如下。

- 管理评审是在项目组内部实施的对管理类工作产品（如：《项目计划》）、项目约定、里程碑的评审，从而保证项目制订出切实可行的计划，避免作出超出项目能力范围之外的约定或承诺，同时把握上一个里程碑阶段项目完成的状态，决定是否可以进入下一个里程碑阶段。
- 技术评审，有时也叫同行评审，是指项目组成员邀请同行技术专家对工程过程技术类工作产品的评审，尽早地发现工作产品中的问题和缺陷，并帮助项目组成员及时消除问题和缺陷，从而有效地提高产品的质量。

为了使大家更好地理解项目中评审的过程及重要性，在本书中对管理评审及技术评审进行了简化，统一到项目评审管理中。在开发过程中，所有评审类的活动均使用该章所讲述的内容进行操作。比如，对需求的评审、设计的评审等都称之为技术评审，其中关注待评审的工作产品本身的正确性，对项目进度、成本投入等不关注。

## 4.1 CMMI 中对应实践

在 CMMI 1.3 版本中，直接与评审相关的实践，在通用实践中有一个；在验证（Verification，VER）过程域中有一个特定目标，即"执行同行评审"（Perform Peer Reviews）；在项目跟踪与控制（Project Monitoring and Control，PMC）过程域中有两个特定实践。分别描述如下。

1. 通用实践（General Practice，GP）

GP 2.10 Review Status with Higher Level Management（高级管理者评审状态）。高层管理者应参与评审过程活动、状态和结果，并解决争议问题。目的是为高层管理者提供对过程必要的可视性。此处所说的高层管理者包括机构内部那些比直接负责管理该过程的管理者层次更高的人员，如高级经理，特别是那些制定机构方针和过程改进方向的管理者，但不包括那些负责对该过程进行日常监督和控制的人，比如项目经理。不同层次的管理者对过程信息有不同的需要，此类评审有助于高层管理者对过程策划和实施情况作出正确的判断或决策，高层评审的频率可以是定期的也可以是由事件驱动的。

2. VER（验证）过程域

SG2 Perform Peer Reviews（执行同行评审），目的是对选定的工作产品进行同行评审。

同行评审是以同行的角度识别工作产品中存在的缺陷及需要变更的地方，参与的人员必须是对此类工作比较熟悉的同行。同行评审主要适用于由项目组开发的工作产品，也适用于支撑小组开发的一些文档、跟踪记录等产品。它是一种重要且行之有效的验证方法，公司应当建立一套行之有效的同行评审管理体系。

（1）SP2.1 Prepare for Peer Reviews（同行评审准备）。完成同行评审的准备工作，通常包括：识别受邀参与每一工作产品审查的人员、识别必要参与的主要审查人员、准备及更新同行审查需使用的数据，如检查表、审查准则及同行审查进度等。

（2）SP2.2 Conduct Peer Reviews（执行同行评审）。主要是针对所选定的工作产品进行同行评审，并由同行评审的结果识别问题。执行同行评审目的之一，既能及早发现并去除缺失，也应当随着工作产品的开发逐步进行。同行评审重点应为被审查的工作产品，而非工作产品的制作人员。评审过程中发现的问题，应与工作产品的主要制作人员沟通，以便修正。可以针对需求、设计、测试、实现活动的关键工作产品及特定的计划工作产品来执行同行评审。

（3）SP2.3 Analyze Peer Review Data（分析同行评审的数据）。分析同行评审的准备、执行及结果数据，通过此过程为项目的度量分析活动提供相关数据。典型的数据通常包括产品名称、产品规模大小、评审成员、评审类型、每一评审人员的准备时间、评审会议时间、缺陷数、缺陷类型及发生处等。其他可能搜集的工作产品信息，如开发阶段、所检查的操作模式及被评估的需求。

3. PMC（项目跟踪与控制）过程域

（1）SP1.6 Conduct Progress Reviews（执行进展评审）。定期审查项目进展、性能和遇到的问题，主要是为了定期与项目利益相关各方沟通分配给他们的工作任务和工作产品的状态；对控制项目而收集和分析的度量结果进行评审；确定并记录重大问题和与计划的偏差；记录变更请求及在任何工作产品和过程中发现的问题；记录评审结果；跟踪变更请求和问题报告直至关闭。

（2）SP1.7 Conduct Milestone Reviews（执行里程碑评审）。在项目里程碑处评审项目成果及其完成量，通常为正式评审。主要是为了：与项目相关各方一起执行里程碑评审；评审项目承诺、计划、状态和风险；确定和记录重大问题及其影响；跟踪采取的纠正措施直至关闭。

从评审的内容上来看，可以把上面 GP2.10、PMC 的 SP1.6、SP1.7 划分到管理评审中去，因为它们均不侧重于项目中的技术文档。工程过程域里，无论是需求、分析、设计、编码还是测试方案（用例），大都要求进行同行评审，可以把这类评审（对应于 VER 的 SP2.1、SP2.2、SP2.3）划分到技术评审中。

## 4.2 项目评审管理简述

项目评审就是从管理或技术的角度审查已开展的项目活动及产生的工作产品，从中找到不符合项目整体目标或期望之处；或者对即将开展的项目活动计划进行审查，通过认可计划，为项目开展提供承诺。在公司里执行项目评审的目的主要有以下三点。

- 为项目在研发过程中各阶段需要进行的评审活动（包括同行评审和管理评审）提供实际的评审操作流程，规范各阶段的评审工作。
- 规范项目中评审计划的执行方式和方法，提高项目评审的效率。
- 方便项目组成员和评审员之间就工作产品的内容达成一致意见。

**说明** 在开发过程中，对于需要进行哪些评审，应当在《项目计划》里明确，也可以写成专门的评审计划，比如《技术评审计划》——明确所有与技术相关的工作产品评审的时机、参与人员、评审通过的准则，等等。

为了在项目开发过程中更好地执行项目评审，按评审要求的严格程度划分了三个类别，分别为：正式评审、非正式评审、审核。另外，也可以按被评审的工作产品来分类，分为技术评审与管理评审两类。在本书中采用第一种分类方式，具体解释如下。

- 正式评审。软件需求、项目计划、项目验收、项目里程碑、项目立项等均需经过正式评审。
- 非正式评审。适用于除需求和验收以外的工作产品评审；项目经理根据项目的类型，选择工作产品的评审方式。
- 审核。不太重要的工作产品或人力资源不足的小型项目。

在进行项目计划时，需要明确项目中各类活动及工作产品的评审计划，这时就需要确定每类活动或工作产品评审的类别，在制订评审计划时，可以考虑如下几个影响因素及要求。

- 根据项目级别项目经理可以确定需要进行的评审活动。
- 根据《机构标准软件过程》来确定需要进行的评审活动。《机构标准软件过程》一般是对公司开发出来的机构标准过程集合的高层次描述。其中描述了机构标准过程的组成，以及过程体系结构、文档体系结构的说明。对所有即将使用 OSSP 的工作人员熟悉和掌握整个 OSSP 结构、内容及如何使用该过程的指导书，是了解整个 OSSP 的过程体系结构的窗口。
- 考虑项目的类别。本书中把项目分为：新产品研发类项目、产品升级类项目、合同类项目三类。
- 立项评审之外，项目中其他评审均是一样的。可以规定新产品研发类项目、产品升级类项目立项必须通过正式评审；合同类项目合同签订后即认为立项评审通过[①]。

---

① 此处的项目类型及对评审的规定只是示例公司里的内部规定，不同公司根据组织形式及产品类别的不同，对评审的要求也不同，读者在学习及应用过程中需要注意。

## 4.3 评审管理活动

### 4.3.1 项目评审流程

项目里各类评审应当按计划进行，在评审管理流程中，最重要的一环是制订评审计划。以后的评审工作，均应当在该计划下来执行。为了保证评审的效果，在每次评审之前必须提前准备好与待评审工作产品相关的资料，交由参加评审的人员提前阅读，以发现问题。对于正式评审，还需要评审人员在阅读评审资料时给出《预审问题清单》，以减少在开评审会议的用时。具体的操作流程参见图4-1，对评审流程的操作步骤讲解会在后继段落中给出。

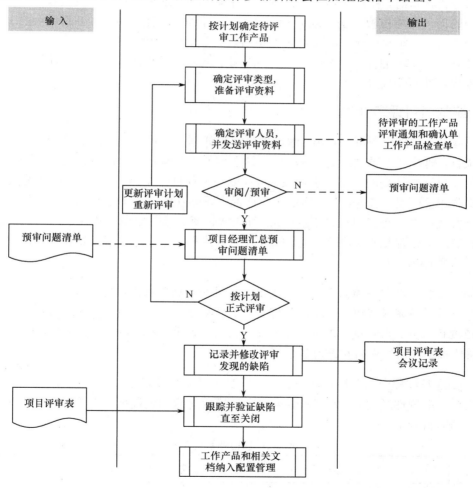

图4-1 项目评审流程图

在公司里实际开展评审活动的时候，往往效果不理想。比如，需求分析的评审，好像大家在开评审会议的时候也没有提出什么大的问题，然后评审就通过了，该签字的也签字了。但是项目组在开发过程中，发现需求实际上存在很大的问题。那么，出现了这种情况，只能说是评审的效果或目的没有达到。主要由以下几种原因。①在选定评审小组成员的时候，组员没有达到技术评审要求的"同行专家"的水平，他自己对要开发的系统的需求或所处的领域都不清楚，哪能提出什么问题呢？只能最后在评审结果上签字了事。②参加评审的人员没有花一定的精力提前去了解要评审的资料或工作产品，也就是一个责任心的问题。虽然大部分公司对评审都有要求，要求参评人员提前对待评审工作产品仔细研究并提出问题。但由于参加评审并不是他们的主要工作，他们有自身的工作需要完成，参加评审也不算他们的工作量，所以就出现敷衍的情况，效果也就可想而知了。③评审的组织比较仓促或比较乱，评审会议组织者自身对要讨论的主题掌握不清。参加评审的人员没有时间去仔细阅读待评审的工作产品，或者是评审会上，针对一些无关紧要的问题花大量的时间讨论，由于用时太长，只有不了了之，草草结束评审，这些都是评审组织导致的。笔者曾遇到过这样的事情，某公司研发部在进行需求分析评审时，针对文档格式讨论了一个多小时。这家公司的开发过程本身就不规范，没有统一的需求分析模板，在需求分析人员编写软件需求规格说明书的时候，采用了其他公司的一个模板，其他参与评审的人员认为不适合。而此时评审主持人员也没有及时打断讨论，导致原计划三个小时的需求分析评审会，实际用于软件需求规格说明书的评审只有一个小时，其评审效果也就可想而知。

### 4.3.2 编制项目评审计划

从图 4-1 中的流程图可以看出，编制项目评审计划是项目评审管理的第一步。无论是什么类型的项目，研发立项通过之后，在项目计划之初就需要确定项目评审计划，并且将项目评审计划作为项目开发计划的一部分进行文档化（编写进项目开发计划中）。根据裁剪的软件生命周期、软件开发过程，描述需要评审的工作产品、评审方式、评审时间、评审人员组成。但是，在项目开发过程中，每个里程碑①处必须进行正式评审。项目中所有的评审结果记录在《项目评审表》中，并对结果进行相应处理。每阶段或事件驱动地比较评审计划和实施情况，并根据实际情况调整评审计划。

**说明** 裁剪的软件生命周期，一般是根据公司的 OSSP 及裁剪指南来确定，有的公司要求在专门的项目过程定义（PDP）文档中明确。在剪裁指南中，一般给定项目的特征值，根据这些特征值进行裁剪。比如项目工期、计划最高投入工作量、项目类型等。详细内容参见本书第 5 章"项目初步计划"中的相关内容。

对于在开发过程中需要评审的内容，可以参照表 4-1 来定义，在实际使用过程中，需要根据对《机构标准软件过程》（本书内容未包含该模板对应的过程域）的裁剪情况来确定对哪些工作产品进行评审。

表 4-1 项目评审建议表

| 项目类 | 工作产品列表 | 评审方法 | 成果 | 责任人 |
|---|---|---|---|---|
| 新产品研发类项目 | 项目开发计划 | 正式 | 项目评审表 | 项目评审小组 |
| | 用户需求说明书 | | | |
| | 软件需求规格说明书 | | | |
| | 概要设计说明书 | | | |

---

① 里程碑——在项目中的含义为完成阶段性工作的标志，不同类型的项目里程碑不同。

(续)

| 项目类 | 工作产品列表 | 评审方法 | 成果 | 责任人 |
|---|---|---|---|---|
| 新产品研发类项目 | 系统测试用例 | 非正式 | | |
| | 集成测试用例 | | | |
| | 数据库设计 | | | |
| | 详细设计说明书 | | | |
| 客户定制或合同类开发项目 | 项目开发计划 | 正式 | 项目评审表 | 项目评审小组 |
| | 用户需求说明书 | | | |
| | 软件需求规格说明书 | | | |
| | 概要设计说明书 | 非正式 | | |
| | 系统测试用例 | | | |
| | 集成测试用例（可选） | | | |
| | 数据库设计（可选） | | | |
| | 详细设计说明书（可选） | | | |
| 产品升级类项目 | 项目开发计划（开发和管理计划） | 非正式 | 项目评审表 | 项目组成员，相关人员 |
| | 用户需求说明书（可选） | | | |
| | 需求规格说明书 | 正式 | | 项目评审小组 |
| | 概要设计说明书（可选） | 非正式 | | 项目组成员 |
| | 系统测试用例（可选） | | | 项目经理 |
| | 详细设计说明书（可选） | | | 项目经理 |
| | 概要设计说明书（可选） | 非正式 | | 项目组成员 |
| | 系统测试用例 | | | 项目经理 |
| 所有项目 | 里程碑评审 | 正式 | 项目评审表 | 项目经理 |
| | 用户手册 | 非正式 | | 文档人员 |
| | 项目总结报告 | 正式 | | 项目经理 |

**说明** 此处的产品列表因项目类型的不同，会有所不同，通过项目定义过程（Project Defined Process，PDP）来确定。

在制订评审计划时，需要明确每次评审计划参加的人员，千万不要在评审时临时确定人员。评审人员的确定请遵循如下三条准则，准备每个阶段或每类工作产品的评审人员组成，可以在表 4-2 的建议基础之上进行裁剪、调整确定。

（1）为处于项目不同开发阶段的工作产品确定参与评审的成员名单和候选人员名单。

（2）QA 工程师参与正式评审，有选择地参加非正式评审，审核过程不用参加。

（3）评审人员[①]在项目计划里明确。

表 4-2 主要工作产品项目技术评审人员组成建议表

| 评审阶段 | 评审对象 | 建议评审小组组成 |
|---|---|---|
| 立项 | 《立项报告》 | 高级经理，研发部经理，项目经理，同行高级经理，销售人员，其他人员 |
| 项目计划过程 | 《项目开发计划书》 | 高级经理，研发部经理，项目经理，同行项目经理、系统设计人员（系分人员），测试人员，QA 工程师，销售人员，其他人员 |
| | 《测试计划书》 | 项目组成员，QA 工程师，测试人员，其他人员 |
| | 《质量保证计划》 | 项目经理，QA 经理，QA 工程师 |
| | 《配置管理计划》 | 项目经理，QA 工程师，CM 工程师 |
| 需求分析 | 《用户需求说明书》 | 系统设计人员（系分人员），项目经理，系统测试人员，QA 工程师，用户代表，业务专家 |
| | 《软件需求规格说明书》 | 系统设计人员（系分人员），项目经理，系统测试人员，QA 工程师，用户代表，业务专家 |
| 设计过程 | 《概要设计说明书》 | 系统设计人员（系分人员），程序员，项目经理，系统测试人员 |
| | 《详细设计说明书》 | 系统设计人员（系分人员），程序员，系统测试人员 |
| | 《测试用例》 | 测试工程师，程序员（单元测试）或系统测试人员，QA 工程师 |
| 项目验收(内部) | 项目成果 | 高级经理，研发部经理，项目经理，同行高级经理，其他人员 |

**说明** 此表格中的人员可能会因公司的不同而不同。

对于管理评审，比如里程碑处的评审等，参加的人员除了项目组、同行专家等技术类人员之外，还需要增加公司具有管理决策能力的人员参加，必要时可以请高级经理参加。

### 4.3.3 正式评审

正式评审的目的是对需形成基线的配置项进行评审，发现和标识产品缺陷。由仲裁者确定评审结果，缺陷的修改工作被正式验证，缺陷数据被系统地收集并存储在配置库中，参加评审人员在评审结束后签字确认。

**1．评审前确认和通知**

（1）项目经理确认待评审的工作产品是否已具备评审条件，可根据评审对象的规模确定评审分一个或几个阶段进行，或者根据评审对象、内容的深入分层次进行多次评审。

（2）项目经理填写《评审通知和确认单》[②]，在评审会议前两三天把评审相关资料提交给参加评审人员及 QA 工程师，并与参加评审人员协调，明确评审人员在评审会议中的角色，确定具体评审时间。

（3）项目经理在《评审通知和确认单》的会议进程安排一栏中确定本次评审会议所需时间及具体安排。

**2．预审阶段**

（1）评审参加人员明确了解他们在评审会议中的角色，在收到评审资料后对待评审工作产品的内容进行详细预审，发现存在的缺陷和问题并分类整理，填写《预审问题清单》。

---

[①] 在一些公司里，可能把计划参与评审的人员写入干系人计划中去。
[②] 《评审通知和确认单》目的是确认参加评审的人员；主要内容为明确被评审的内容、参加人员及时间。不一定局限于特定格式，达到以上目的即可。本章不对此表单提供模板及填写指导说明，在 TFS 里编写评审计划之后，指定相关人员，可以发 E-mail 给参与评审的人员，也可以在项目门户站点或工作项目查询到评审计划。

（2）评审参加人员在评审会议前一个工作日将《预审问题清单》反馈给项目经理。
（3）项目经理把《预审问题清单》反馈给作者，并提交给 QA 工程师。
（4）作者根据《预审问题清单》对需要评审的工作产品进行修改，或准备评审答辩资料。
（5）QA 工程师检查评审组成员是否已经有充分的准备，并收集评审员的评审工作量。

3．正式召开评审会议

（1）会议时间控制在 2～3 小时，人员少于 5 人；主持人宣布注意事项；作者花 5～10 分钟介绍项目背景及本次评审工作产品的主要内容。
（2）每个评审参加人员花一定的时间指出问题，并和作者确定问题和定义问题的严重程度。
（3）主持人控制整个会议的进程；当出现难以确定的问题时，由仲裁者确定处理方式。
（4）记录员详细记录各个缺陷的情况，仲裁者将指派作者和评审参加人员在会后处理评审会议中未能解决的问题。
（5）主持人宣布评审结果，评审参加人员通过讨论，就评审结果达成一致意见；记录员形成《项目评审表》，评审人员签字。
（6）项目经理在批准人一栏中签字批准；如果评审结论"需要次要修改"，则确定验证人，并确定作者完成修改的时间。

4．评审结果追踪

（1）《项目评审表》作为作者修改的参考；完成问题修改后提交给项目经理。
（2）项目经理把工作产品、《项目评审表》提交给验证人；验证人进行验证并签字。
（3）项目经理把验证签字后的《项目评审表》递交给 QA 工程师。
（4）QA 工程师检查作者是否完成修改任务，并且修改后的工作产品得到验证人的检查、确认后，QA 工程师在项目评审表中签字确认。
（5）评审中产生的相关文档由项目经理统一提交给配置管理员，由其统一纳入配置管理，放进配置管理库。

5．过程审计

QA 工程师在正式评审结束后，根据《QA 阶段审计报告》中对评审过程是否符合机构制定的规范进行审计，形成 QA 阶段审计报告，发现评审中产生的问题，持续改进评审流程。

6．数据度量

在每次评审完成后，QA 工程师在《项目度量数据库》（本书内容未包含该模板对应的过程域）中的《产品评审度量》记录评审的数据，内容包括：评审工作产品名称、工作产品规模、评审次数、评审人员数、评审时间、评审发现的问题。

**说明** 此处均有质量保证人员的工作，具体什么含义会在第 12 章"产品及过程质量保证"中讲解，当前只了解几个相关表格的填写内容即可，对于不理解之处，各小组的质量保证人员可以与教师在实训课上沟通。

## 4.3.4 非正式评审

非正式评审是指由非作者本人的个人或小组对产品执行详细的检查。目的是审查工作产品是否有错误、是否违反开发标准及是否存在其他问题。它标识了产品和规格与标准的差异或在检查后提供了建议的方法。参与者（不一定包括 QA 工程师）包括作者（不属于检查者），熟悉被检查技术内容的人员（一个或多个）。

工作步骤如下。

（1）作者完成工作产品，申请进行非正式评审。

（2）实施非正式评审，评审过程由项目经理决定，由项目经理自己或指定资深组员（统称为审查人）对作者提交的工作产品进行审查。

（3）审查人对工作产品提出问题并分类整理，填写《项目评审表》。然后，就检查出的问题向作者提问，作者回答问题，双方要对每个问题达成共识（避免误解）。并为这些问题定义解决方案。

（4）审查人详细记录每一个已达成共识的问题，记录问题的位置，简短描述问题并对其进行分类。

（5）确定结论：项目经理给出评审结论和意见，总结整理《项目评审表》。

（6）作者根据《项目评审表》中提出的问题对工作产品进行修正。

（7）同时，项目经理将《项目评审表》交给 QA 工程师，由 QA 工程师跟踪问题是否已关闭，签署意见并反馈给项目经理。

（8）项目经理把非正式评审中产生的记录统一递交给项目的配置管理员进行配置管理。

（9）在每次评审完成后，QA 工程师根据《项目评审表》在《项目度量数据库》（本书内容未包含该模板对应的过程域）中记录评审的数据，内容包括：评审工作产品名称、工作产品规模、评审次数、评审人员数、评审时间、评审发现的问题。

### 4.3.5 审核

审核是指审核人对工作产品进行检查，并确定检查结果。其中审核者直接由项目经理指定，一般为各个小组负责人，比如，测试人员提交的测试相关工作产品，由测试组长负责审核。如果项目规模在 15 人以下，建议审阅者就是项目经理，如果超过 15 人，可以根据实际情况确定，可以为各小组组长。但是批准者均为项目经理。

工作步骤如下。

（1）作者完成工作产品，提交给审核者。

（2）审核者审阅工作产品，发现问题后以口头或书面反馈。

（3）作者修改问题，并把修改后的工作产品提交给审阅者验证。

（4）验证通过后，在文档首页和修订页中说明审核人员和批准人员（项目经理）的名字。

**注意** 在正式评审中，审核人员和批准人员一般不同，而在非正式评审和审批中可以为同一人。

### 4.3.6 里程碑评审

里程碑评审对项目阶段的进展状况、度量数据和发生的重大问题进行分析审查，总结前一阶段工作、完善改进项目中出现的问题、确定项目发展方向和将来的工作安排，以保证项目能够按照预定的计划顺利地实施。并使公司领导宏观掌控项目脉搏，在项目开发过程中是最重要的一个管理评审，所以在项目计划里确定的里程碑点必须进行正式评审。评审的具体过程，请参见第 9 章 9.3 节"项目跟踪活动"。

## 实训任务五：项目评审

由于评审是根据评审计划在项目的各个阶段开展的，所以本章的实训并不针对某个具体的活动，建议把立项评审作为第一个项目评审来进行实训。在项目的后续活动中，需要根据项目评审计划及时开展项目评审的实训。

在评审过程中，由项目组长来主持，项目小组成员要全部参加，在评审开始之前需要确定一位记录人员，以便整理形成《项目评审表》中的相关内容，若有可能，评审可以邀请指导教师或其他组成员参加。

每次模拟评审的过程，大概需要 2 学时来完成。由于是模拟评审，实训时可以不填写《评审通知和确认单》，但《预审问题清单》应当给学生制订一个强制指标，比如每位参加评审的同学（非工作产品作者），在评审之前，必须对要评审的工作产品提交至少 5 个问题，并填写进《预审问题清单》。

### 实训指导 11：如何使用 TFS 编制评审计划

在 TFS 平台下，使用本书提供的开发过程模板可以方便地完成评审计划的编制，并且还能很方便地对计划执行情况进行跟踪。结合 TFS 来填写评审计划，首先在 TFS 中选择"新建工作项"的"评审"，如图 4-2 所示。

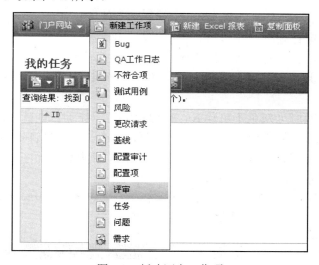

图 4-2　新建评审工作项

在新建的评审工作项表格中，对每个字段进行填写，如图 4-3 所示。

填写说明如下。

● 标题：填写此次评审会议的名称。

● 评审类型：分为技术评审、管理评审两种类型，如图 4-4 所示。在填写评审计划的时候，选择相对应的评审类型。

● 指派给：可以选择该评审的主要负责人（一般是召集人，学生实训时可以指派给项目组长，系统默认是当前登录者）。

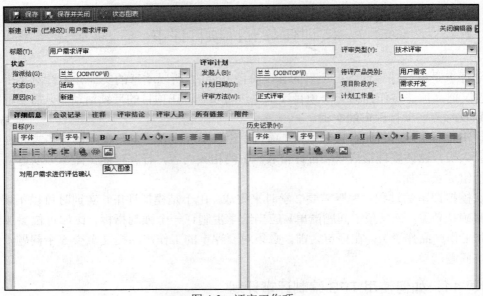

图 4-3 评审工作项

图 4-4 评审类型选择界面

● 状态：新建评审计划时只能填写"活动"。

● 原因：新建评审计划时，缺省为"新建"，并且不能修改。

● 发起人：即计划发起评审的人员缺省为编制评审计划的人员（系统默认是当前登录者）。

● 计划日期：填写时为灰色不可输入，待保存之后，计划日期就会自动从服务器读取并显示在输入框中，输入框变成可编辑状态，此时可以修改计划开展评审的日期及时间。

● 评审方法：分为正式评审、审核、非正式评审 3 种类型，如图 4-5 所示。在填写评审计划的时候，选择相对应的评审方法。

图 4-5 评审方法选择界面

● 待评产品类别：分为代码及单元测试，集成测试方案，系统测试方案，系统设计，项目管理，需求规格，用户需求 7 种类别，如图 4-6 所示。在填写评审计划的时候，选择相对应的待评产品类别。

● 项目阶段：分为客户验收/结项、实现与测试、系统测试、系统设计、项目计划、需求开发 6 个阶段，如图 4-7 所示。在填写评审计划的时候，选择相对应的项目阶段。

● 计划工作量：根据项目的具体情况估计评审所需的工作量。

# 第 4 章 项目评审管理

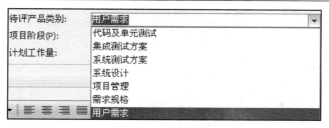

图 4-6 待评产品类别选择界面

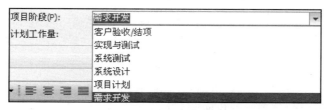

图 4-7 项目阶段选择界面

- 详细信息：填写评审计划的具体安排。
- 评审人员：在计划参加人员栏中，选择需要参加的人员。如图 4-8 所示，在编制评审计划时只需要填写"计划参加人员"和"评审角色"。

图4-8

图 4-8 参评人员填写界面

- 所有链接：与该评审相关的工作项均显示在此处，比如评审中发现的问题，或者评审对应的任务等都可以通过此处进行链接。如果把待评审的资料纳入源代码管理，则可以在评审开始前，由评审发起人把待评审的工作产品通过此处与源代码管理关联起来，以方便参评人员及时获取最新的待评审工作产品。
- 附件：在评审中需要参照或待评审的资料等内容，可以通过此功能上传文件到 TFS 中，供评审人员使用。

## 实训指导 12：如何建立工作项与源代码之间的链接

在项目开发过程中，为了让工作项的负责人可以方便地查阅当前工作项所对应的文档或源代码，并且保证查看到的文档或源代码是最新的，通常是通过添加工作项"链接"实现，下面就以评审工作项为例给予说明，其他类型的工作项与此类似，后面章节就不再描述。

在图 4-3 中单击"所有链接"（有的工作项中选项卡可能不叫此名称，请大家在操作其他工作项时给以注意），在出现的界面中再单击"添加"图标，如图 4-9 所示。

图 4-9　添加工作项链接菜单

在图 4-9 中可以根据实际需要选择要添加与当前工作项相关的内容，其中的"共享步骤"在本书的实训中是无法使用的，因为在提供的实训模板中已经删除。在图 4-9 中的可添加链接中，可以分为三类：变更集、已进行版本管理的项是与源代码管理器之间建立链接的；超链接是与项目门户网站或外部网页建立链接的；测试、测试方、测试用例、父级、后续任务、前置任务、相关、影响、影响者、子级都是用来建立与其他工作项之间的链接的。关于建立工作项之间的链接有多种方式，在以后的章节中按实训指导完成即可。建立与超链接之间的关联，只需要在图 4-10 中输入超链接地址，并填写相应的注释说明即可。

图 4-10　给工作项添加超链接关联界面

在图 4-9 中，如果选择了添加"变更集"类型的链接，则出现如图 4-11 的界面，在此界面中可以按照"包含的文件"来查找变更集，也可以按照变更集发起的用户来查找变更集。当然，如果不给定这两个条件，也可以通过"所有更改"罗列出所有变更集来供选择，或者根据变更集编号、变更集的创建日期来查找想要的变更集。也可以将这两类条件组合起来进行查询，以更好地限制范围。在添加变更集之后，就可以查看该变更集时的文档或源代码的内容，而不是最新内容，这样就可以查看是针对哪个版本进行评审的，方便对照不同版本产生的问题，以及问题修改之后的版本。

在图 4-9 中，如果选择了"已进行版本管理的项"，则出现如图 4-12 所示的界面，在其中如果选择了"变更集中的项"，则出现与图 4-11 类似的界面。如果选择"项的最新版本"，则可以通过"浏览"来找到要关联的项。两者的主要区别是，一个是对应关联项的历史版本，一个是对应关联项的最新版本。

第 4 章 项目评审管理

图 4-11 添加变更集链接界面

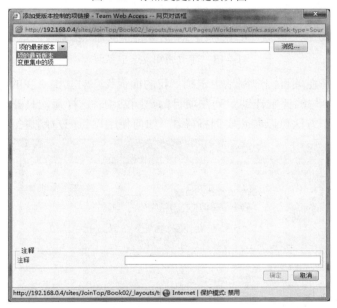

图 4-12 添加已进行版本管理的项链接界面

## 实训指导 13：如何使用 TFS 进行评审前准备

对于正式评审，在评审前需要明确评审会议召开的具体日期、时间，会议召开的地点，会议评审的具体内容等信息。此时可以在原来评审计划的基础之上，在会议开始前两三天完成此工作，以方便参会人员提前准备，并按照实训指导 14"如何在 TFS 中填写及跟踪评审问题"中的方式填写预审问题。

在待评审的工作产品完成之后，由评审召集人在原来评审计划的基础之上，填写评审会议召开的具体日期、时间、地点，并且按照实训指导 12 "如何建立工作项与源代码之间的链接"中的方法添加待评审的工作产品到链接中去。把所有待评审内容填写好的工作项可以作为邮件的方式发送给所有参与评审人员，具体操作方法为，在图 4-13 中单击 "作为电子邮件发送"，出现如图 4-14 所示的界面。对于没有配置内部邮箱的机构，可以在项目门户上通过发布通知方式来实现，只是交互性没有通过邮件发布通知方便有效。

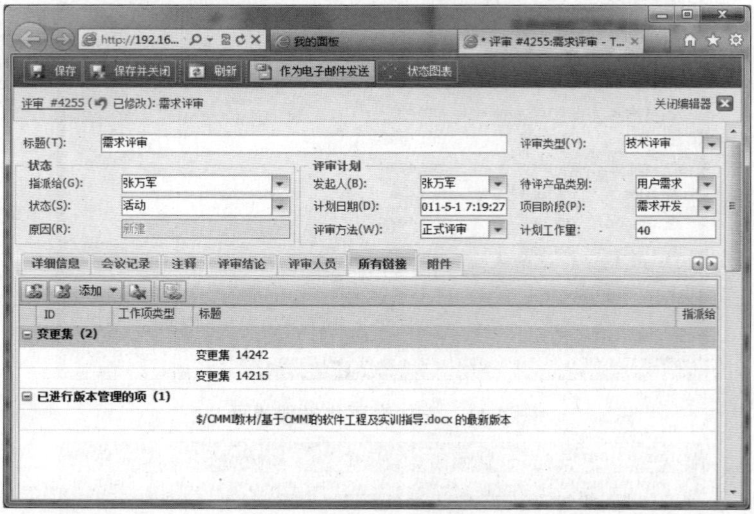

图 4-13 评审通知发送主界面

还有一种方法就是在项目门户网站中定制 "我的面板"，对其中 "我的评审" 查询条件进行修改，把所有本人待参与的评审计划罗列在项目门户网站中，这样每次打开门户网站即可以看到相关工作项。具体操作方法可以参照实训指导 5 "如何使用项目门户网进行协同工作" 来完成。

图 4-14 评审通知邮件发送界面

在图 4-14 中把待评审的基本内容反映出来，可以通过邮件发送到所有参加评审人员的邮箱中。只是此功能的使用需要在安装开发环境时配置好 POP 服务和 SMTP 服务，此服务为 Windows Server 2003 或 2008 自带的，为每个学生建立一个内部邮箱即可，然后邮件的收取可以使用 Outlook 或 Foxmail 等工具来实现。具体配置方法可以参见戴有炜编著的《Windows Server 2008 R2 网络管理与架站》中相关章节，清华大学出版社，2011 年 1 月第 1 版。

## 实训指导 14：如何在 TFS 中填写及跟踪评审问题

《评审问题清单》一般是在参加评审的人员接到待评审的工作产品之后，在正式开评审会之前，对该工作产品进行预先评审发现的问题或缺陷进行记录，以方便工作产品作者在评审会之前修改已发现的相关问题，缩短评审会时间，提高评审效率。当然，在评审过程中发现的问题也可以按该过程进行填写。

在 TFS 中，评审问题可以直接作为子集在评审工作项中新建，这样可以把评审与问题很好地关联起来，方便后续的评审管理、项目管理、度量数据分析等工作。具体操作方法为，单击需要评审的评审工作项（最前处有一个向下的箭头），单击选择"将所选项链接到新工作项"，如图 4-15 所示。

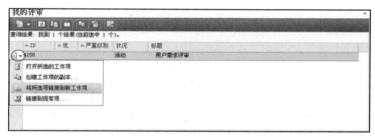

图 4-15　将所选项链接到新工作项

单击之后，弹出"新的链接工作项"对话框。在"链接类型"下拉列表框中选择"子级"，如图 4-16 所示。在"工作项类型"处选择"问题"，如图 4-17 所示。最终会出现一个子级链接图，如图 4-18 所示。

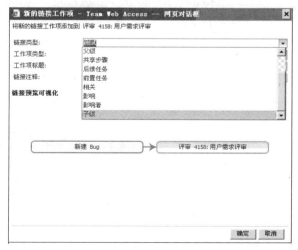

图 4-16　链接类型

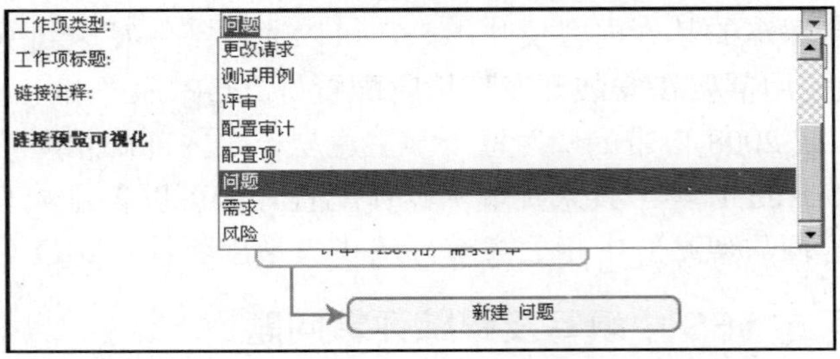

图 4-17　工作项类型

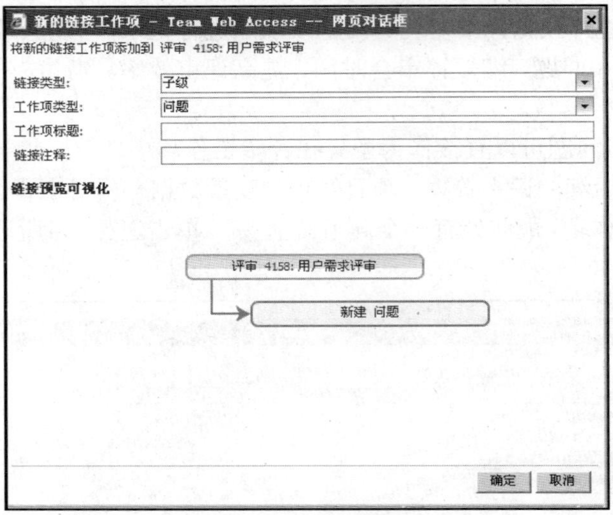

图 4-18　问题链接的创建

在图 4-18 中把问题的标题填写在"工作项标题"文本框中，在链接注释处填写"预审评审"，然后单击"确定"按钮，则出现问题的详细内容填写界面，如图 4-19 所示，在其中需要对每个相关字段进行填写。

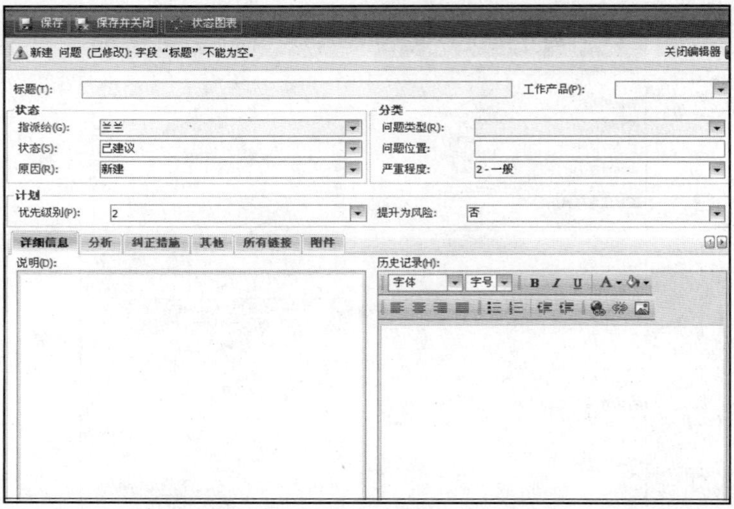

图 4-19　问题工作项填写主界面

填写说明如下。
- 标题：填写问题的名称，就是图 4-18 中填写的"工作项标题"。
- 工作产品：分为代码、单元测试用例、概要设计、集成测试用例、数据库设计、系统测试用例、详细设计、需求规格、用户需求说明 9 种产品，如图 4-20 所示。在填写问题的时候，选择相对应的工作产品。

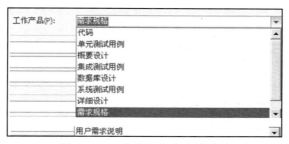

图 4-20　工作产品类型选择界面

- 指派给：可以选择该评审的主要负责人（系统默认是当前登录者），在新建评审问题时，统一指派给评审召集人。
- 状态：选择已建议。
- 原因：选择新建。
- 问题类型：分为配置审计问题，评审问题，周报问题，其他问题 4 种类型，如图 4-21 所示。根据不同的实训内容选择填写不同的问题类型，在评审实训时选择"评审问题"。

图 4-21　问题类型选择界面

- 问题位置：是指发现的缺陷或问题在工作产品中所处章节或页码的位置，如果是文档，则指第几章第几节或者第几页；如果是代码，则指哪个源文件及该源文件中的第几行。
- 严重程度：分为严重、一般、轻微、低 4 种程度，如图 4-22 所示。在填写问题的时候，选择相对应的严重程度。

图 4-22　问题严重程度选择界面

- 优先级别：分为 1、2、3、4 共 4 种级别。4 是最高级别，是项目开发过程中最先需要解决的，由项目经理根据需求项的实际情况来填写，如图 4-23 所示。在填写问题的时候，选择相对应的优先级别。
- 提升为风险：分为是和否两种情况。在填写问题的时候，选择否；当问题是由风险转变的时候，选择是，如图 4-24 所示。具体是否提升为风险是在对问题跟踪的过程中，由项目组确定。
- 详细信息：填写问题的具体内容描述。

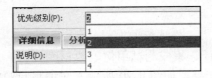    

　　图 4-23　优先级别选择界面　　　　　　　　图 4-24　提升为风险

●分析：对问题的论证，如图 4-25 所示，此处一般是待评审工作产品作者对问题产生的原因进行分析。

图 4-25　问题分析界面

●纠正措施：由发现问题的人员或评审召集人来填写，从自身的角度认为该问题应当怎么来修改，然后填写在计划中。负责解决该问题的人员在实际解决问题之后，再将方法填写在实际解决方法中，如图 4-26 所示。

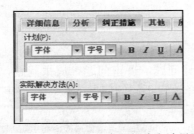

图 4-26　纠正措施及实际解决方法界面

●其他：填写目标解决日期，初始估计所用工作量（一般以工时来计算），待问题解决之后，当问题已解决时实际解决日期会自动填写，实际花费工时需要手工填写，如图 4-27 所示。

按照如上方法把评审中发现的问题都填写进 TFS 之后，输入某个评审工作项时，在"所有链接"处就能看到该评审的所有问题。

图 4-27　其他内容填写界面

状态和原因是记录在项目经理或待评审工作产品的作者收到参加评审人员提交的问题之后，对该问题的处理方法、问题的跟踪状态如图 4-28 所示。

状态图说明如下。

●当问题初建立的时候，"状态"为"已建议"，"原因"为"新建"，"指派给"为项目经理（评审召集人）。

●当问题经过讨论或项目经理认为不是问题的时候，"状态"可以直接改为"已关闭"，"原因"为"已拒绝（不是问题）"。

●当问题需要解决的时候，"状态"改为"活动"，"原因"为"已接受"，"指派给"为待评审工作产品的作者或者项目经理确定的问题解决人员。

第 4 章　项目评审管理

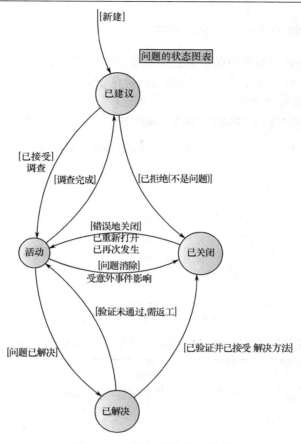

图 4-28　问题的跟踪状态图表

● 当问题需要调查确认时，"状态"改为"活动"，"原因"选择为"调查"。"指派给"为"被委派的调查人员"，当调查完成之后"状态"再改为"已建议"，"原因"为"调查完成"，"指派给"为"项目经理"。

● 当问题解决完成的时候，"状态"改为"已解决"，"原因"为"问题已解决"，"指派给"解决情况的验证人，一般为 QA 工程师或者项目经理。

● 当问题验证没有通过的时候，"状态"再次改为"活动"，"原因"为"验证未通过，需返工"，"指派给"原来解决问题的人或项目经理，由其再安排相关人员去解决问题。

● 当问题验证通过的时候，"状态"改为"已关闭"，"原因"为"已验证并已接受解决方案"。

● 当问题在解决过程中问题暂时不需要解决的时候，"状态"可以直接由"活动"改为"已关闭"，"原因"为"问题消除"或者"受意外事件的影响"。

● 当问题关闭之后，发现仍然存在问题，可以再次被激活。"状态"由"已关闭"改为"活动"，"原因"为"错误地关闭"、"已重新打开"或者"已再次发生"，"指派给"原来解决问题的人或项目经理，由其再安排相关人员去解决问题。

如果不使用 TFS 完成实训，也可以通过填写文档表单的方式来完成，具体的实训模板电子文档请参见本书配套素材中"模板——第 4 章　项目评审管理——《预审问题清单》"。

## 实训指导 15：如何利用 TFS 填写评审结论

在每次评审之后必须填写评审结论、会议记录等，在填写过程中，应当注重真实体现评审中的实际数据，包括发现的缺陷/问题，各类工作所花费的工作量。

在 TFS 中，需要将会议的记录填写在"会议记录"中，如图 4-29 所示。

图 4-29　会议记录填写界面

如果有些信息需要特别注明，可以填写在"注释"中，如图 4-30 所示。

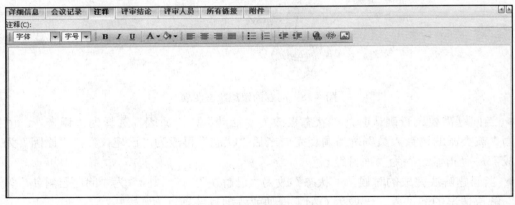

图 4-30　注释填写界面

在会议结束后，需要在"评审人员"处填写"实际参加人员"，"评审角色"，评审角色，是指在开评审会时的角色，比如主持人、工作产品作者、记录员、评委等。在实训时可以根据实际情况填写，如图 4-31 所示。

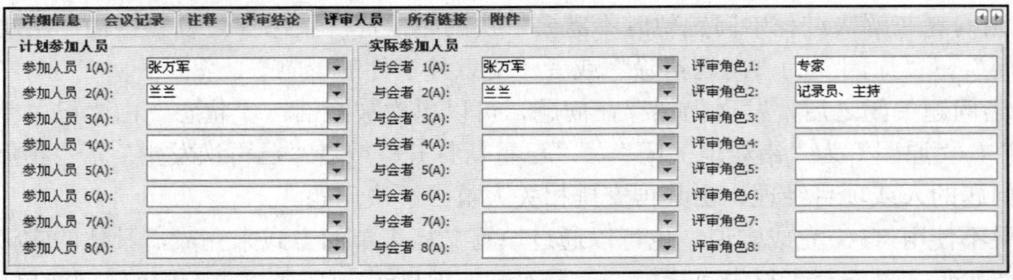

图 4-31　评审人员

当会议记录登记完成之后，需要填写评审结论。"评审实际工作量"=评审准备总人时+评审总人时+缺陷解决实际总工作量+缺陷验证总工作量，此 4 项工作量数据的收集为本次评审活动所需的工作量，为以后项目度量分析提供依据。工作量单位为（人时）。评审产品规模：是指评审内容的规模。例如，文档总共的页数或者代码的总行数。在"评审结论"处，填写结论。如图 4-32 所示。

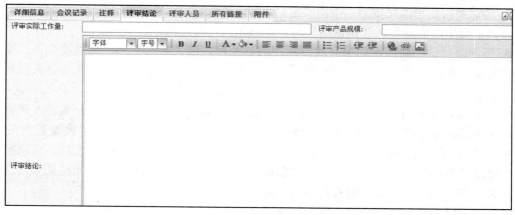

图 4-32　评审结论

评审计划执行结果是由"状态"和"原因"来进行跟踪，目的是更好地反映当前评审计划的执行情况，评审跟踪状态如图 4-33 所示。

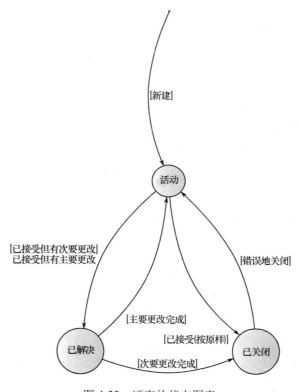

图 4-33　评审的状态图表

状态图说明如下。
- 当评审计划初建立的时候,"状态"为"活动","原因"为"新建"。
- 当评审讨论结束后,如果有重要问题需要处理,则"状态"为"已解决","原因"为"已接受但有主要更改","指派给"为项目经理(或评审召集人),由其安排人员对工作产品进行更改。
- 当重要问题更改完成后,则需要重新评审,"状态"由"已解决"改为"活动","原因"为"主要更改完成","指派给"为评审召集人,再次组织评审。
- 当评审讨论结束后,如果有次要问题需要处理,则"状态"为"已解决","原因"为"已接受但有次要更改","指派给"为项目经理(或评审召集人),由其安排人员对工作产品进行更改。
- 当次要问题都处理完成后,由 QA 工程师或项目经理对所有问题进行验证,确认所有问题均关闭后,则评审的"状态"由"已解决"改为"已关闭","原因"为"次要更改完成"。
- 如果在评审过程中没有发现待解决的问题,则在填写相关评审信息之后,可以把"状态"直接由"活动"改为"已关闭","原因"为"已接受(按原样)"(即使是第二次再评审,如果没有要修改的内容,也直接关闭即可)。

评审的关闭需要等到所有的评审问题都关闭了才能执行。

如果不使用 TFS 完成实训,也可以通过填写文档表单的方式来完成,具体的实训模板电子文档请参见本书配套素材中"模板——第 4 章 项目评审管理——《项目评审表》"。

# 第 5 章　项目初步计划

本章重点：
- CMMI 中对应实践；
- 项目计划简述；
- 项目计划流程；
- 项目初步计划活动；
- 项目初步计划实训。

项目计划作为项目管理的重要组成部分，其目的是建立和维护项目（开发）计划。其主要原则是先做项目初步计划，然后在要执行的具体活动前进行细化，形成详细计划安排。所以，在项目管理过程中，每个阶段开始前需要根据项目的进展情况对阶段内的安排完成详细计划。在公司实际操作过程中，不可能一次性把项目的估算及详细计划、详细进度安排确定下来。特别是在需求分析还没有完成之前，在对需求还没有明确的情况下，更不可能把系统设计、编码、测试及项目的一些活动计划确定下来。但又不能在没有计划或工作安排的情况下进行需求的收集、需求的分析，所以通常是把软件开发过程的项目计划分成了项目初步计划及项目详细计划两部分来执行，以保证其在软件开发过程中的可用性。

## 5.1　CMMI 中对应实践

CMMI 中有两个过程域与项目计划活动相关，分别是项目计划（Project Planning，PP）过程域和集成项目管理（Integrated Project Management，IPM），其中共有 23 个实践与此相对应。

项目计划（PP）活动的目的是，建立并维护定义项目中各种活动的计划。在此，应当把此处的"计划"理解为动词，应当关注的是怎么策划项目开发计划的过程，通过该过程，形成相关计划文档（名词）。在后继的开发过程中，应当对该计划的执行情况及维护活动进行关注。项目计划的依据是：项目工作说明（《项目任务书》、《立项报告》等）和需求文档（《用户需求列表》、《用户需求说明书》等）。在项目计划过程中，要完成估算工作产品和任务的属性、确定资源需求、协商承诺、编制进度表，以及识别和分析项目风险。由此形成的项目计划书（含各类专项计划及进度表）为执行项目任务和控制项目活动提供了基础，随着需求和承诺的变更、不准确估计、纠正措施及过程变更，项目计划也应随之修订。其相关的实践描述如下。

SG 1 Establish Estimates（建立估算）
目的是建立和维护与项目计划有关的各项参数的估计值。
SP 1.1 Estimate the Scope of the Project（估算项目范围）
可以通过编制高层次的工作分解结构（WBS），来估计项目的范围。一般可能会形成的工作产品有：任务描述、工作包描述、WBS 图。可以通过以下几步完成该实践：一是基于产品结构开发 WBS；二是以足够小的粒度确定工作包，以便明确描述任务、职责和进度；三是识别应从项目组外部获取的工作产品或工作产品组件；四是识别可复用的工作产品。

**说明** WBS 工作分解结构（Work Breakdown Structure，WBS），是面向项目最终可交付物并且以项目开发活动阶段划分为导向的一种用于项目范围分解的树状层次表示图（可用框图表示，也可用锯齿状纵向列表表示），它应包括项目所涉及的全部工作产品和活动，是项目计划和管理的基础性文档。一般是随着项目的进展逐步完成 WBS，初期的高层次 WBS 用于初期估计。

SP 1.2 Establish Estimates of Work Product and Task Attributes（对工作产品及任务属性进行估算）

通常来说，规模是许多估算模型用来估计工作量、成本及进度的主要输入，在软件中常用"功能点数"、"用例点数"、"代码行数"、"需求数"、"接口数"、"文档页数"等度量规模。在此过程中通常可能会形成如下工作产品：技术方案（开发策略和整体架构，如分布式或 C/S 架构等），任务和工作产品的规模和复杂度描述，项目估算模型（项目估算表），项目属性估算表。通过以下几步完成该实践：一是确定项目的开发策略和整体架构；二是采用合适的方法，确定将被用于估计资源需求的工作产品和任务的属性（如规模、复杂度等）；三是估计工作产品和任务的属性（值）；四是根据需要，估计项目所需要的人力、设备、材料和方法。

SP 1.3 Define Project Lifecycle Phases（定义项目生命周期阶段）

定义项目生命周期及其阶段划分和里程碑设置，以便按阶段分配工作量和安排进度，并在里程碑处评审计划执行情况，必要时重新调整工作量和成本分布。会形成项目生命周期阶段划分文档，作为项目开发计划书的一部分。

SP 1.4 Estimate Effort and Cost（估计工作量及成本）

基于某种采用的估算原理或方法，估计项目工作产品和任务的工作量和成本。一般会形成以下工作产品：估算原理或方法的描述文档，项目工作量估计值，项目成本估计值。可以通过以下几步完成该实践：一是选择估算模型、收集历史数据，以便将工作产品和任务的属性（规模等）转换成工作量和成本；二是估计工作量和成本时，应计入支持性基础设施（如关键计算机资源）的工作量和成本；三是使用模型和/或历史数据，估计工作量和成本。

SG 2 Develop a Project Plan（开发一个项目计划）

目的是建立和维护项目计划，并以此作为项目管理的基础。

SP 2.1 Establish the Budget and Schedule（建立和维护项目进度及预算）

项目预算及进度，要依据已开发的估计值来安排，并确保预算分配、工作复杂度、工作依存关系均已得到适当考量。一般会形成如下工作产品：项目进度表、项目进度依赖关系文档、项目预算表。可以通过以下几步完成该实践：一是确定主要里程碑；二是确定进度假设；三是识别约束条件；四是识别任务之间的依赖关系；五是定义预算和进度；六是建立应采取纠正性措施的判别准则。

SP 2.2 Identify Project Risks（识别项目风险）

一般会形成如下工作产品：已识别的风险列表、风险影响和发生概率、风险严重性排序。可能通过以下几步来完成该实践：一是识别风险；二是将识别出的风险写成文档；三是评审风险文档的完备性和正确性，与项目相关各方达成一致意见；四是根据需要修订风险文档。

**说明** 关于风险的详细介绍，CMMI 中专门有一个过程域，本书中也有专门的一章进行讲解，请参见第 7 章 "风险管理"。

SP 2.3 Plan Data Management（对数据管理进行计划）

数据可能包含多种内容，如报告、手册、记录、图表、绘图、规格说明、文件等；也有可能以多种方式存在，如打印的文档、图片、电子格式、多媒体等。数据有可能会交付或分发给用户及其他组，也有可能不需要交付。在此过程中，一般会形成以下工作产品：数据管理计划，被管理主要数据列表，数据内容及格式描述，对使用者与供应者的数据需求清单，保密性需求，安全性需求，安全控制规程，数据检索及发布的管理制度，项目数据收集进度表，项目数据收集列表。可以通过以下几步完成该实践：一是建立需求和过程以保证数据的保密性和安全性；二是建立数据存档机制，以及对存档数据访问的机制；三是确定要识别、收集和发布的项目数据。

SP 2.4 Plan the Project's Resources（对项目资源进行计划）

对开展项目必需的资源进行计划，包括一些持续的资源需求。一般会形成以下工作产品：WBS 工作包，WBS 任务字典，基于项目规模和范围的人员需求，关键设备和/或工具清单，过程/工作流程定义和框图，事务性管理需求清单。可以通过以下几步完成该实践：一是确定开发过程中的需求；二是确定人员配备需求；三是确定设备、工具和组件需求。

SP 2.5 Plan Needed Knowledge and Skills（对所需知识及能力进行规划）

规划执行项目所需的知识和技能。一般会形成以下工作产品：技能需求清单，人员聘用计划，技能和培训数据库。可以通过以下几步完成该实践：一是确定执行项目所需要的知识和技能；二是评估现有并可用的知识和技能；三是选择提供所需知识和技能的手段或方法（如内部培训、外部培训、聘用新员工等）；四是将选用的手段/手法纳入项目计划。

SP 2.6 Plan Stakeholder Involvement（计划干系人参与）

计划已确定的项目干系人应介入的活动。一般会编制项目干系人参与计划，对于每个阶段有什么样的相关人员参与、参与到什么程度、具体参与哪些活动均需要在计划中明确描述。

SP 2.7 Establish the Project Plan（建立项目计划）

建立和维护总体项目计划内容，形成总体的项目计划文档，比如，软件项目开发计划书或项目开发计划书。

SG3 Obtain Commitment to the Plan（获得对计划的承诺）

建立和维护对项目计划的承诺，为了保持有效性，需要得到那些对该计划执行或支持相关人的承诺。

SP 3.1 Review Plans That Affect the Project（评审相关项目计划）

评审影响项目的所有计划，理解项目承诺，形成项目计划的评审记录。

SP 3.2 Reconcile Work and Resource Levels（根据可用资源调整工作计划）

调整项目计划，反映估计资源和可用资源的实际情况。一般会形成如下工作产品：被修订的方法和对应的估算参数，经重新协商的预算，已修订的进度表，已修订的需求，经重新协商的项目各相关方的约定。

SP 3.3 Obtain Plan Commitment（获得计划承诺）

获取项目相关各方对计划中有关项目实施和支持过程中的职责所作出的承诺。一般会形成以下工作产品：承诺请求记录文档，承诺记录文档。可以通过以下几步完成该实践：一是识别必需的支持，与项目干系人协商约定；二是记录机构一级的承诺，包括正式的和临时的承诺，确保有必要的签字；三是需要时，高级管理部门审查内部承诺；四是必要时，高级管理部门审查外部承诺；五是确定项目组内部各个部分之间、项目组与其他项目组之间、项目组与机构内部相关部门之间对相互接口的承诺，以便于监督。

集成项目管理（IPM）的目的是，依据一个集成的、已定义的过程（此过程是从机构标准过程集中裁剪而得到），建立并管理项目及相关干系人的参与。其主要包含的内容有：在项目开始时，通过对机构标准过程集进行裁剪来建立本项目的定义过程（简称 PDP）；用项目定义过程来管理项目；根据机构工作环境标准建立本项目的工作环境；使用并丰富机构过程资产；在产品开发过程中，使相关干系人所关心的事均被识别、考虑并适当的处理；确保相关干系人以协同的适时的方式执行他们的工作，一是侧重于产品和产品组件的需求、计划、目标、问题和风险，二是履行他们的承诺，三是识别、跟踪、解决相关问题。其相关的实践描述如下。

SG1 Use the Project's Defined Process（使用项目已定义过程）

项目必须依照从机构标准过程集中裁剪得到的项目定义过程（PDP）来执行。

SP1.1 Establish the Project's Defined Process（建立项目定义过程）

在项目初期建立项目定义过程，并在整个生命周期中维护该过程。一般是根据以下因素来确定 PDP，客户需求、产品及产品组件需求、承诺、机构过程需要及目标、机构标准过程集及裁剪指南、操作环境、商务环境等。最终产生一个项目定义过程文档。可以通过如下几步完成该实践：一是从可使用的机构过程资产中选择本项目的生命周期；二是从机构标准过程集中选择最适合本项目需要的标准过程；三是根据裁剪指南，对标准过程及其他机构过程资产进行裁剪，得到本项目的定义过程；四是适当使用机构过程资产中的其他已有历史资料，比如，培训资料、模板、示例文档、估算模型等；五是文档化项目已定义过程；六是对项目已定义过程进行同行评审；七是根据需要修订项目定义过程。

SP1.2 Use Organizational Process Assets for Planning Project Activities（使用机构过程资产计划项目活动）

使用机构过程资产和度量数据库来估算和计划项目活动，一般会形成项目估算记录和项目计划书两个文档。可以通过以下几步完成该实践：一是使用项目定义过程的任务和工作产品作为项目估算和计划项目活动的基础；二是在估算项目参数时，使用机构度量数据库，比如类似项目的历史数据等。

SP1.3 Establish the Project's Work Environment（建立项目的工作环境）

依据机构标准工作环境来建立和维护项目工作环境。一般会形成以下工作产品：项目的设备及工具清单，项目工作环境的安装、操作和维护手册，用户调查及结果，使用、执行和维护记录，项目工作环境支持服务。可以通过以下几步完成该实践：一是计划、设计和安装项目工作环境；二是对项目工作环境提供持续维护和操作支持；三是维护项目工作环境组件的工作能力；四是定期审查工作环境满足项目需要的能力及相互之间支持的协调性，如果发现问题，采取适当的措施。

SP1.4 Integrate Plans（集成计划）

集成项目计划和其他影响项目定义过程描述的计划。通过该实践形成了集成后的项目计划，可能是一份文档，也有可能是多份文档。可以通过以下几步来完成该实践：一是把其他影响该项目的计划与项目计划集成，主要是质量保证计划、配置管理计划、风险管理计划、文档计划等；二是把对项目度量指标的定义及度量活动集成到项目计划中；三是识别和分析产品及项目接口风险；四是按顺序确定重大开发因素及项目风险的进度安排；五是在合并项目定义过程中执行同行评审的计划；六是在项目培训计划里合并执行项目定义过程的必要培训；七是对于批准 WBS 中任务描述的开始及终止，建立客观的准入、准出标准；八是保证项目计划与干系人计划保持适当的一致性；九是确定如何解决相关干系人之间的冲突。

SP1.5 Manage the Project Using Integrated Plans（使用集成过的计划管理项目）

使用项目计划及其他影响项目和项目定义过程的计划来管理项目。一般会产生以下工作产品：在执行项目定义过程时产生的工作产品，收集的实际度量数据、进度记录和报告，修订的需求、计划和承诺。可以通过以下几步完成该实践：一是应用机构过程资产库来实现项目定义过程，比如使用机构过程资产库里学得的经验来管理项目；二是使用项目定义过程、项目计划及其他影响项目的计划来跟踪和控制项目活动及工作产品；三是获取和分析选择的度量指标来管理项目和支持机构需要；四是定期审查，并将项目进度与机构、客户及最终使用者当前和期望的需要、目标及需求保持一致。

SP1.6 Establish Teams（建立并维护项目团队）

此实践是 1.3 版本中新增加的一个，对 1.2 版本中的 IPPD 相关实践进行了调整。项目的管理使用的团队应当反映组织关于团队结构、形成和运行相关的规则及准则，基于 WBS 建立项目共享远景优先于项目团队结构的建立，对于小型组织，整个组织和相关外部干系人可以认为是一个团队。与干系人协同的最后方法是把他们整合到项目团队中来。该实践通过形成的工作产品有：文档化的共享远景、分配到每个团队的成员清单、团队章程、团队状态的定期报告等。

SP1.7 Contribute to the Organizational Process Assets（为机构过程资产贡献）

把工作产品、度量和文档化的经验贡献为机构过程资产。此实践需要在项目开发过程中进行数据收集，然后在项目总结时，把相关数据存放到机构过程资产库，所以与第 17 章 "项目总结"中的活动直接对应。一般会形成以下工作产品：机构过程资产的改进建议，从项目中收集的实际过程和产品度量数据，过程描述、计划、培训模式、检查列表和经验等之类的文档，项目中与裁剪和实现机构标准过程集相关的过程资料。

SG2 Coordinate and Collaborate with Relevant Stakeholders（与相关干系人协调和合作）

SP2.1 Manage Stakeholder Involvement（根据项目集成和定义过程来管理干系人的参与）

一般会产生以下工作产品：协作活动的进度安排及议程，文档化的问题（比如用户需求、产品及产品组件需求、产品架构、产品设计等的问题），解决相关干系人问题的建议。

SP2.2 Manage Dependencies（管理相互依赖关系）

与相关的干系人共同识别、协商与追踪重要的依存关系。

SP2.3 Resolve Coordination Issues（解决协调问题）

与相关的干系人协调解决问题。通过如下几步完成该实践：一是识别和文档化问题；二是与相关干系人交流沟通问题；三是与相关干系人解决问题；四是对于与相关干系人不能解决的问题，提交给适当级别的管理者；五是跟踪问题直至关闭；六是就问题的状态及解决方案与相关干系人沟通。

## 5.2 项目计划简述

项目计划的目的是为项目的实施制订一套合理、可行的项目（开发）执行计划。项目计划活动的主要内容包括：分解项目需求，标识项目全部工作产品和活动，编制 WBS；估算工作产品和活动的规模、工作量、成本和所需资源；识别并制订项目资料管理计划；制定工作进度表；识别和分析项目风险，编制风险管理计划；协商相关约定；编写项目开发计划，经评审、批准并以此作为项目跟踪监督的依据。

公司里执行项目计划活动时，一般会要求遵循一定的指导原则，在此给出如下建议供读者参考。项目经理负责，裁剪《机构标准软件过程（OSSP）》得到项目定义过程（PDP），在此基础上组织项目策划、编制项目开发计划。项目组在项目计划活动过程中，应该遵循以下几个原则。

（1）以经过评审确认后的《用户需求说明书》和《软件需求规格说明书》中的系统需求作为制订软件项目开发计划的基础。

（2）与其他相关组协商应由他们介入本项目组活动的计划，商定的介入活动纳入本项目计划，并有文字协议或记录。

（3）与部门外部（用户）及其他相关组的项目约定，应经研发部经理或高级经理审批。

（4）按相关规程规定，估算项目软件的规模、工作量和成本，估算规模、工作量和成本时采用的假设条件和估算结果应经过评审和确认，以便作为机构过程资产最终存入过程数据库。

（5）估计产品运行所必需的关键计算机资源，估计项目开发所必需的设备和工具，形成文档，纳入项目开发计划。

（6）识别、评估软件风险，制订以首要风险应对措施为主要内容的管理计划，纳入项目开发计划。

（7）编制项目软件配置管理计划和质量保证计划，纳入项目整体开发计划书（可能是一份文档，也有可能是多份文档）。

（8）项目开发计划书（含各类专项计划）经过评审、确认和批准后纳入基线，用于项目跟踪监督，随后发生的项目开发计划变更应得到控制和管理。

作为项目计划活动的第一个阶段，项目初步计划的目的是：根据项目任务书或项目合同为下一阶段可能进行的工作进行大体规划，定义项目开发计划初步的内容，以方便指导项目开发计划定稿之前的工作（主要是技术方案验证或方案预研，需求获取/收集及需求分析等相关的工作）。一般是在拿到《项目任务书》之后，以项目经理为主，配置管理员、QA 工程师及项目其他组员配合。项目初步计划主要分为如下几项内容：

（1）根据初步需求，确定项目的目标和工作范围；
（2）组建项目团队，选择适当人员执行项目任务并明确其工作职责；
（3）定义项目的软件过程和生命周期；
（4）识别项目工作产品；
（5）进行初步 WBS 分解；
（6）编制项目开发计划书初稿。

## 5.3 项目计划流程

就整个项目计划活动而言，通过此过程之后，应当达到如下目标：确定项目生命周期阶段划分及里程碑设置，标识全部工作产品和活动；确定项目资料清单及其管理计划；估算工作产品和活动的规模、工作量、成本及各类资源；编制项目配置管理计划（详细的讲解参见第 11 章 "软件配置管理"）；识别、评估软件风险，制订风险管理计划（详细的讲解参见第 7 章 "风险管理"）；编制项目进度表；编制过程与产品质量保证计划（详细的讲解参见第 12 章 "产品及过程质量保证"）；协商并确定组内和/或组间及与外部（用户）的约定，获得承诺；制订项目计划，并经过评审、确认、批准之后，纳入基线，得到管理和控制。整个项目计划过程可以按照图 5-1 所示的流程来执行。

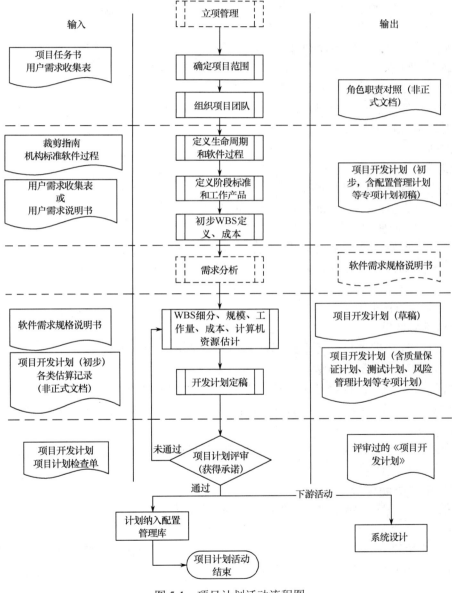

图 5-1 项目计划活动流程图

在此需要讲解一下项目计划活动的最初依据,也就是根据什么来制订项目计划？一般有两种依据，一是机构内部的项目/产品立项审批文件或项目工作说明[①]（Statement Of Work, SOW）；二是经过评审、确认或审批的需求文档，包括项目（软件）需求和/或需求规格说明书。项目计划活动开始时，应该根据项目工作说明和需求文档，确定项目范围，定义最终产品。

## 5.4 项目初步计划活动

项目计划是一个过程，在项目刚立项通过之后，由于需求获取及分析的不够充分，很难把项目计划一次性编制完成。但是一些必需的项目活动及工作需要开展，这就是项目初步计划要解决的问题。在进行项目初步计划时，可以按如下顺序来执行计划活动：
（1）确定项目范围；
（2）组建项目团队；
（3）定义软件过程和生命周期；
（4）制订 WBS 初稿；
（5）识别项目工作产品；
（6）编制其他专项计划初稿；
（7）形成项目开发计划书初稿。

下面详细描述项目初步计划中每个活动的步骤。

**1．确定项目范围**

（1）项目经理根据立项相关文档或项目合同负责确定本项目的目标和工作范围。

（2）在开始制订软件开发计划之前，必须首先知道客户/或产品的核心需求。如果核心需求还没有定义，则需要在该阶段确定需求获取的计划，以对客户需求进行确定、分析和文档化，然后再次明细项目计划内容。

**2．组建项目团队**

（1）项目经理根据项目任务书来组建项目开发团队，也可以根据项目实际情况向研发部经理/高级经理提出人员配备申请。

（2）由研发部经理/高级经理和项目经理与适当的组/人进行接触，并与他们协商该项目的相关事宜，落实究竟让谁参与该项目。在进行项目估计时，还要对所需的其他资源和支持继续进行沟通和协商。

（3）项目团队组建完成后，需要明确地识别项目所需角色，说明每个项目组成员的工作职责，写入项目开发计划。

**3．定义生命周期和软件过程**

（1）按照《机构标准软件过程》和相关剪裁指南，根据项目特征选择项目类型，对项目特征进行量化，选择项目软件过程元素，定义项目软件过程元素的活动，形成本项目的软件过程。

（2）由负责协调软件过程活动的组或个人，如项目的质量保证工程师、质量保证经理等（具体人员在项目任务书中确定）评审项目软件过程的剪裁是否合理和适用，并由研发部经理批准。

---

[①] SOW 是一份关于项目范围、目标及项目成本、进度和资源等约束的文档，它不是设计文档或需求文档，也不是一份完整的法律文书，其作用是用以确定项目工作范围和定义最终产品，其内容一般包括下列要点：项目工作范围、技术目标、应遵循的标准和规范、成本、进度目标及其约束、项目组和其他机构之间的关系、资源（包括人员组成）限制和目标及对软件开发和维护的约束和目标。通常，项目任务书、立项报告等就可以作为 SOW（除非项目合同甲方正式提供 SOW）。

（3）对于特殊过程的项目，参照《机构标准软件过程》进行更改，并经 EPG 批准后，该过程作为过程财富纳入过程文档库进行管理。若全部遵照机构标准软件过程中的定义，则不需要执行该步骤。

（4）根据《机构标准软件过程》和相关剪裁指南，为软件项目选用项目的唯一、切合实际的软件开发生命周期。如果项目有需要，可根据剪裁原则对标准生命周期模型进行修改，并建立文档。

（5）由负责协调软件过程活动的组或个人，如项目的质量保证工程师、质量保证经理等（具体人员在项目任务书中确定）评审项目生命周期模型的剪裁是否合理和适用，并由 EPG 批准。

（6）对于特殊项目，如果其生命周期模型和标准周期模型有很大出入，必须由 EPG 批准；如果合适，该生命周期模型将作为过程财富纳入过程数据库进行管理。若全部遵照机构标准软件过程中的定义，则不需要执行该步骤。

**说明** 关于里程碑的一些建议及要求如下。
- 在项目计划初级阶段，需要确定里程碑划分，同时各个里程碑举行的活动也需要明确。
- 对于跨度小于两个月或工作量小于 3 人月的项目，可以不划分里程碑。
- 里程碑划分时，需要为项目的进度留出一定的缓冲时间，以便进行进度调节。
- 第二类学员实训项目必须划分里程碑，第一类学员实训项目是否划分里程碑，授课教师可以根据学生的实际开发熟悉程度来划分。

### 4．制订 WBS 初稿

制订初步 WBS 分解，在项目的早期阶段开始制定 WBS，并随着工作的展开而逐步细化，定义出易于管理的 WBS 的最底层元素，形成项目开发计划初稿。建议采用项目管理工具（如 MS Project）形成 WBS 工作分解图。

确定 WBS 的分级，一般为 4～5 级，在项目的早期阶段一般只需要制定到第 1 级、第 2 级 WBS。在后续的项目各阶段需要逐步细化 WBS，如设计阶段、编码阶段等。在开发过程中，如何创建一个项目的 WBS，可以有许多方法。下面介绍两种常用的方法。

（1）名词型方法，面向产品（最终交付物）结构，按子系统、功能模块进行划分，层层分解，分解到有若干个相对独立的单元为止。当估算产品本身的规模和工作量时，常用此法编制 WBS，如图 5-2 所示。

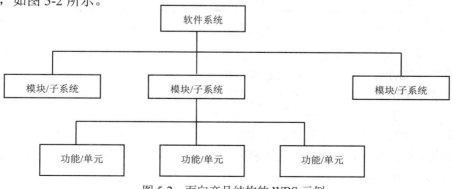

图 5-2 面向产品结构的 WBS 示例

（2）动词型方法，面向过程活动，按完成最终交付物而必须执行的活动进行分解，层层分解，分解到每一个（由若干个任务组成的）活动均可以作为相对独立的工作包进行定义时为止。当估算整个项目工作量或编制进度表时，常用此法编制 WBS，如图 5-3 所示。

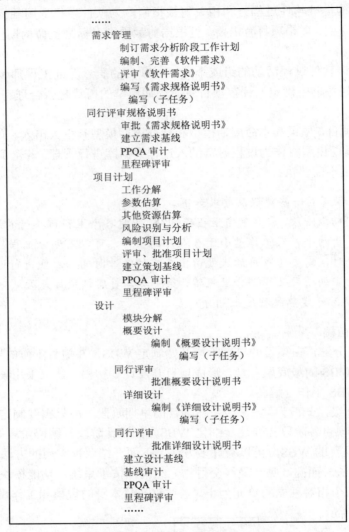

图 5-3　面向项目活动和任务的 WBS 示例

不论采用何种方法，分解到最后的模块单元或基本活动（统称工作包），均应遵循如下约定：
- 工作产品和活动分解的细度以可管理、可验证、可分配并相对独立为原则；
- 一个单元工作或一项活动在 WBS 中只能出现一次；
- 一个单元项的工作内容是下一层各个单元项工作的总和；
- 图中连线或表中嵌套深度只表示工作或活动间的内在联系，不表示先后顺序关系；
- 单元项工作内容尽量采用"动词+名词"格式，例如，"编写软件需求规格说明书"，而不是"软件需求规格说明书的编写"；
- 如果有分承包方或介入其他相关组的活动，也应在 WBS 中得到体现，但相关的技术细节则应包括在分承包方的项目开发计划中。

一个好的 WBS，每一个单元或工作包必须满足以下 6 个条件：

（1）状态是可以计量的；

（2）就绪、结束条件可以明确定义；

（3）有应交付的成果；

（4）便于规模和工作量的估计；

（5）完成单元任务的工期不宜太长（如不超过一个星期，建议把 1 个人 3 天左右可以完成作为一个任务单元）；

（6）单元任务的安排可以相对独立。

**5．识别工作产品**

（1）按照定义的项目开发生命周期和技术方法识别软件工作产品，确保过程和产品对应关系清晰、完整；软件工作产品包括本项目及相关组产生的工作产品。工作产品的范围取决于项目，取决于由机构、机构的管理人员和客户之间达成的协议。

（2）确定各工作产品的作者：提交时间和验收准则。

（3）确定生命周期各阶段的入口标准、工作任务、出口标准，根据立项报告、项目合同等文档确定各个阶段准确的时间范围。

**6．编制专项计划**

（1）配置管理计划（初稿），项目经理负责或指定配置管理工程师编写；

（2）质量保证计划（初稿），质量保证工程师根据项目进展编写；

（3）风险管理计划（初稿），项目经理按风险管理相关规定编写；

（4）度量分析计划（初稿），项目经理按度量分析相关规定编写，由于本书中去掉了度量分析相关知识讲解，在编写专项计划时不要编写该计划。

以上专项计划，除《度量分析计划》外均会在本书中有专门的章节讲解，除此之外，常见的专项计划还可能会包含：《干系人计划》、《数据管理计划》（一般来说，对于数据保密性、安全性要求高的项目，或者项目规模超过 100 人月的项目，必须编写该计划，明确项目中产生所有数据的管理计划及管理活动）等。

**7．编制开发计划初稿**

在立项报告通过或者项目合同签订后一周内（具体时间要求根据公司及项目规模的不同而不同，由各自公司 EPG 在《项目计划规程》里规定），项目经理负责，根据项目开发计划流程定义各项项目开发计划的内容，并按照《项目开发计划》模板，编制项目开发计划初稿，同时把其他专项计划集成到整个项目大的计划中。在项目早期开发计划初稿阶段，WBS 的内容包括第 1 级、第 2 级，计划的具体细化过程在需求规格说明书评审通过后进一步完成。

# 实训任务六：制订项目计划

在本实训中，主要形成的文档主要有《项目开发计划》（初步，项目组长主导编写，文档人员配置完成，然后由全组共同讨论定稿），《项目进度表》（初步，建议采用 Project 编写，并且与 TFS 进行同步，明确高层次 WBS 分解及项目计划定稿前的工作任务安排）；《配置管理计划》（初步，若有专门的配置管理人员，则编写该计划，否则把该计划并入项目开发计划中，包含的具体内容及填写指导请参见本书第 11 章 "软件配置管理"），《质量保证计划》（初步，第一类学员实训组中没有质量保证人员，不需要编写该文档，第二类学员实训组中需要编写该文档，具体内容及填写指导请参见本书第 12 章 "产品及过程质量保证"）。

在进行此实训的同时，项目组的开发人员还需要在教师指导下，根据所选择的案例，开始研究开发过程中可能用到的技术，搭建编码时使用的技术框架（本书提供简单的编程框架及一种多层架构的编程框架，可以由教师指导学生来选择，也可由学生自己根据项目实际要求搭建适合的框架）。

系分人员对所选择的实训案例需求进一步细化，通过查阅资料、上网等方式，继续收集《用户需求列表》，在该过程结束之后，对收集整理好的《用户需求列表》进行讨论，在指导教师的协助下确定本次实训需要实现的用户需求。

测试人员重点是了解系分人员提出的用户需求。

本章上机大约需要 4~6 学时，其中编写《项目开发计划》（初步）3 学时，讨论统稿 1 学时，《项目开发计划》（初步）评审、《用户需求列表》讨论各 1 学时。

### 实训指导 16：如何编制《项目开发计划》

在项目初步策划阶段，在给定的《项目开发计划书》模板中主要完成的内容有引言部分，软件过程定义（模板中 2.1.1）部分，定义生命周期（模板中 2.1.2）部分，任务简述（模板中 2.1.3）部分，软件规模估计（模板中 2.1.4）中关于需求收集、需求分析相关的估算部分，工作量估算（模板中 2.1.5）中关于需求分析、需求收集、需求评审的估算部分，任务分解和进度安排（模板中 3.1）中关于需求分析、收集、评审相关内容，沟通（模板中 3.2）部分，一些专项计划。

#### 1. 软件过程定义

软件过程需要根据提供的《机构标准软件过程（裁剪指南）》来确定，在此指南中给项目确定了几个特征要素。在实训过程中，由于大部分同学没有工作经验，对于所选择的项目类型，都认为是 "新产品研发"（PT=N）；大部分同学无实际开发经验，团队技术水平应当为低（TL=L）；应用的重要程度高，即 AID=H；团队规模峰值，小组大部分为 10 人左右，为中型团队（PV=M）；项目持续时间，虽然是整个学期开设此课程，但不可能把全部时间放到项目上去，所以可以认为其是中等水平，即 PD=M。

根据以上的项目特性，就可以把在项目中需要进行的活动、产生的工作产品确定下来，从而可以形成实训中项目使用的 "软件过程"。对于第一类学员，建议选择如下几个过程：项目立项、项目策划、项目跟踪、项目结项、需求开发、系统设计、实现与测试、配置管理；对于第二类学员，建议根据项目实际特征使用裁剪指南来得到软件过程定义。

#### 2. 生命周期定义

由于实训项目的特殊性及学生对软件工程的了解程度不深，建议实训时采用的生命周期统一为 "瀑布模型"，主要完成如下内容：项目立项、项目初步计划、需求分析、项目详细计划、系统设计、系统编码、集成测试、系统测试、产品发布、项目总结。具体采用的模型可以由实训教师根据项目类型及学员的经验来确定。

#### 3. 关键计算机资源

在实训过程中，如果是做管理信息类的应用软件，则一般不会有关键计算机资源，那么在此时，可以填写为 "经识别，本项目没有关键计算机资源"。但是模板中 2.1.7 的软件工程设备及支持工具,是必须存在的,因为其为普通资源。

### 4．度量目标(实训时可以不填写)

第一类学员可以不填写此节内容。作为项目管理的重要内容,在实际应用中,项目的度量数据收集及目标的跟踪是非常重要的,但也是公司里各个项目组比较难以很好执行的活动之一。在实训过程中,建议对开设过软件工程课程班级的实训小组填写度量目标,若学生没有一定的项目经验,则不要填写此项内容。

如果项目有专门的《度量分析计划》,则此处只需要填写度量目标,度量任务的具体开展时间及负责人、度量任务描述等内容均放入专门计划中。

### 5．任务分解和进度安排

在项目初步计划阶段需要对需求分析、收集的任务进行详细分解,其他的工作可以放到详细计划阶段进行。在实训时,需求分析、收集任务应当分解到单个项目组成员,以大概 2 个机时可以完成为准。对于其他的工作,可以给出一个粗略的分解,比如按活动或按开发阶段划分等。

若使用 MS Project 工具,则把《项目进度表》作为本节内容即可,不需要编写 Word 文档。

### 6．其他填写说明

模板中 2.1.8 风险估计,如果项目组使用了专门的《风险跟踪列表》或使用 TFS 进行风险的管理和跟踪,则可以不用填写,以后的风险管理及跟踪全部以风险跟踪列表或 TFS 为主即可。

模板中 3.2 中的沟通,需要写明小组内各成员的角色及职责,可以参照本书第 1 章"项目组组建来设置",也可以由指导教师根据小组成员状况进行调整。如果实训小组与市场、客户等之间没有直接关系,则模板中 3.3.2 可以不用填写。但如果学生实训项目是需要实际安装到客户处使用的软件项目,则必须在教师的指导下填写该部分内容。

模板中 3.4 中的预算,由于在初步计划阶段工作量等都没有确定,可以不填写。如果可能,可以把与需求分析、收集相关工作量的预算填写进来。

专项计划要点,在项目初步策划阶段均可以不填写。

实训模板电子文档请参见本书配套素材中"模板——第 5 章 项目初步计划——《项目开发计划书》"。

## 实训指导 17：如何完成项目开发过程裁剪

在使用《机构标准软件过程(裁剪指南)》时,应当仔细研究书中提供的模板,在该模板中,提供了满足于 CMMI3 级的全部开发过程。在使用过程中,可以根据实训项目的类型及学生情况来进行选择。在"裁剪说明"页中,主要描述了项目类型的划分方式;在"裁剪指南"页中的"裁剪准则"处给出了在什么样的情况下应当执行什么样的活动及产生什么样的工作产品(文档)。在实训项目确定之后,根据"裁剪准则"列表,就可以确定应当执行哪些过程,项目开发计划中的工作产品也就可以确定,对 WBS 分解也可以起到很好的支持作用。

通过表 5-1 项目特征要素表可以确定项目的属性。

提示 描述项目特征时"/"符号代表"或","|"符号代表"和"。

实训模板电子文档请参见本书配套素材中"模板——第 5 章 项目初步计划——《机构标准软件过程(裁剪指南)》"。

表 5-1 项目特征要素表

| 项目特征要素 | 特征值 | 特征描述 |
|---|---|---|
| 项目类型<br>Project Type<br>[PT] | 新产品研发[N] | 原来公司没有该产品 |
| | 合同类项目[C] | 根据与客户签订的研发合同进行研发，没有立项过程 |
| | 产品升级类[U] | 在公司原有产品的基础上进行版本升级的研发 |
| 团队的技术水平<br>Tech Level<br>[TL] | High [H] | 如果团队中大多数（50%以上）成员对项目中即将使用的技术及对该项目所在行业的业务能力具有五年以上的工作经验，则认为团队的技术水平为高 |
| | Middle [M] | 如果团队中大多数（50%以上）成员对项目中即将使用的技术及对该项目所在行业的业务能力具有三年以上的工作经验，则认为团队的技术水平为中 |
| | Low [L] | 否则就认为技术水平为低 |
| 应用的重要程度<br>APP Important Degree<br>[AID] | High [H] | 如果应用程序对客户业务或公司业务应用的影响很重要或对公司资产积累有重大帮助，那么就认为重要程度高 |
| | Low [L] | 否则就认为重要程度低 |
| 团队规模峰值<br>Peek Value<br>[PV] | Huge [H] | 团队规模峰值在 15 人（全时率）及以上为大型团队 |
| | Middle[M] | 团队规模峰值在 5~15 人（全时率）为中型团队 |
| | Small [S] | 不超过 5 人则认为是小型（全时率）团队 |
| 项目持续时间<br>Project Duration<br>[PD] | Long [L] | 项目持续时间（项目立项到项目交付时间区间）6 个月及以上，则认为是项目持续时间长 |
| | Middle[M] | 项目持续时间为 2~6 个月的项目为中等 |
| | Short [S] | 不超过 2 个月，则认为是项目持续时间短 |

## 实训指导 18：如何使用 TFS 和 Project 2007 制订项目进度计划

Project 2007 微软公司提供的项目管理软件，当前最新版本是 Project 2010，它可以提供专业级的项目管理功能，其可以与微软公司的 Team Foundation Server（TFS）实现集成，来协助进行团队开发的项目管理，在安装好 TFS 之后，客户端安装"团队资源管理器"，就可以保证 Project 2007 及其以上版本与 TFS 进行连接，把 Project 中的任务安排发布到 TFS 上，以供团队开发过程中对各个任务进行跟踪管理，协同工作。在实训过程中，主要是使用其中的工作分解、工作安排及任务跟踪等一些简单的功能，若使用的实训环境安装了 TFS，并且客户端安装了团队资源管理器，则可以把这里制定的进度发布到 TFS 上。在实训过程中，可能用到的功能详细介绍如下。

打开 Project，单击"选择团队项目"与 TFS 连接，如图 5-4 所示。

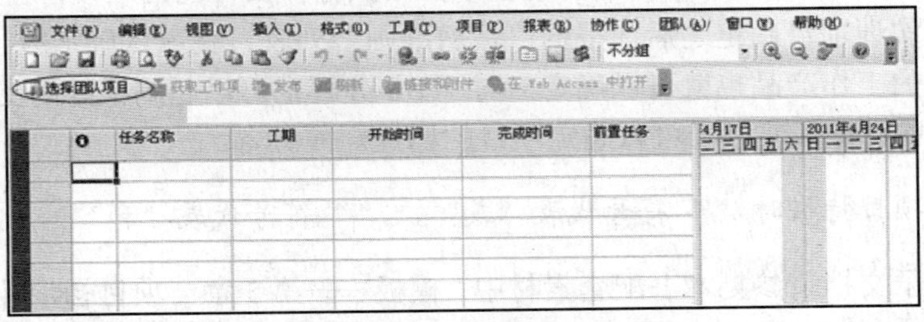

图 5-4 Project 2007 中选择项目团队界面

单击之后，弹出"连接到团队项目"对话框，如果已经连接过，则直接单击"连接"按钮；如果没有连接过，则单击"服务器"按钮，如图5-5所示。

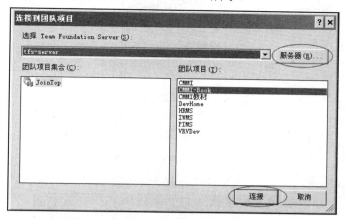

图 5-5　连接到团队项目

单击"服务器"按钮之后，在"添加/删除 Team Foundation Server"对话框中单击"添加"按钮，如图5-6所示。

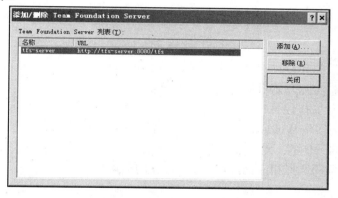

图 5-6　添加/删除 Team Foundation Server

在"添加 Team Foundation Server"的"Team Foundation Server 的名称或 URL（T）"处填写服务器的名称，例如此处的 tfs-server，然后单击"确定"按钮。如图5-7所示。

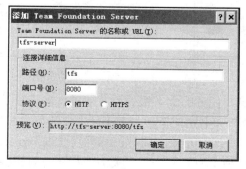

图 5-7　添加 Team Foundation Server

连接成功之后，在列表处右击，在弹出的快捷菜单中选择"插入列"，如图5-8所示。

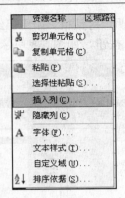

图 5-8　在 Project 中插入列

在"列定义"对话框中，在"域名称"下拉列表框选择相应的列表。如图 5-9 所示。

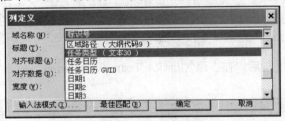

图 5-9　列定义选择界面

在使用本书提供的开发过程模板实训时，需要把如下几个列添加到 Project 进度表中：项目阶段、任务类型、实际开始日期、实际结束日期。

在 Project 中进行安排任务时，工作项类型为"任务"，如图 5-10 所示，该任务的承担人员直接输入即可，但必须与 Windows 账号里的显示名一致，并且必须每个任务只能由一个人来承担，不能多人承担同一任务；对于父级任务可以不输入承担人，只输入最末级任务的承担人。

在项目阶段也可以选择相应的阶段。如图 5-11 所示。

图 5-10　工作项类型选择界面　　　　　图 5-11　项目阶段选择界面

关于任务的 WBS 编号、任务的上下级关系、前置任务设置等各类操作，与普通 Project 进度表操作一致，可以参考相关书籍或资料。工作任务安排好之后，可以把该文档保存为"项目进度表.mpp"，这样以后每次打开该文档时，就可以通过 Project 的"刷新"（见图 5-12）功能把 TFS 上任务执行跟踪情况更新到项目进度表文档中。对于在 Project 中编制或修改过的项目进度安排，在图 5-12 中单击"发布"，则可以更新到 TFS 中去。如果在发布过程中有错误，则会跳出提示，依据提示解决相关问题之后，即可顺利发布到 TFS 中去。

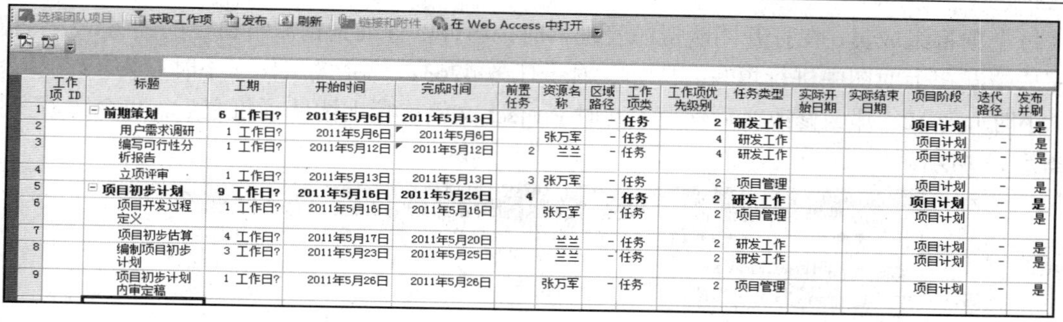

图 5-12 工作任务发布前界面

注意，在任务发布之前，务必详细填写相关内容，比如，任务类型、项目阶段等。当工作任务发布成功之后，工作项 ID 会自动编号，如图 5-13 所示。

图 5-13 工作任务发布后界面

此时，在团队资源管理器里打开所有任务，就会发现该 Project 文档里的任务均已发布到 TFS 上，并且把计划工作日换算成了人时，在任务的"实现"页里也有了该任务的开始日期和完成日期，这里对应的是计划开始日期和计划完成日期。如图 5-14 所示。

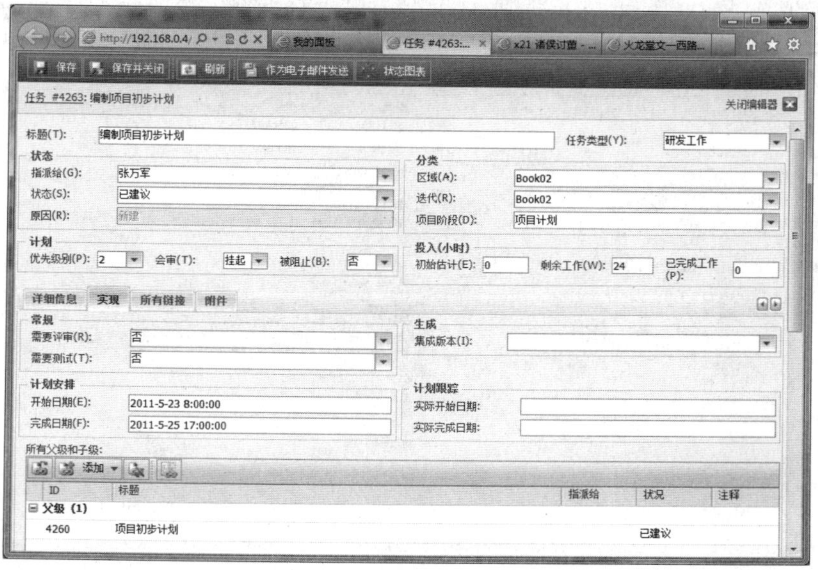

图 5-14 通过 Project 发布的任务信息界面

每个项目组成员，在打开团队资源管理器时，均可以查询到指派给自己的任务，然后把任务完成情况在上面图中进行填写。比如，对于任务 4263，已完成工作（小时）为 12，剩余工作（小时）为 12，那么修改之后保存，此时 Project 文档连接上团队项目之后，也会跟着变化。如图 5-15 所示。

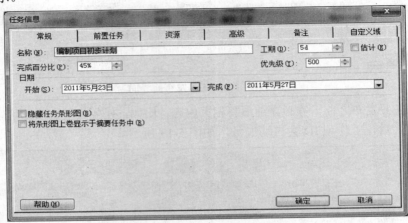

图 5-15　项目进度跟踪 TFS 与 Project 联动示例 1

注意观察工作项 ID 为 4263 的前后变化，比原来计划的时间长了。由此，可使用 Project 与 TFS 结合更好地完成对项目任务的跟踪及管理，而不一定非要配置 Project Server。比如，任务 4263 完成了，在任务"状态"下拉列表中选择"已关闭"，"原因"文本框选择"已完成"，"详细信息"里填写完成该任务花费的时间（已完成工作），此时由于任务已完成，那么剩余工作应当填写为 0。如图 5-16 所示。

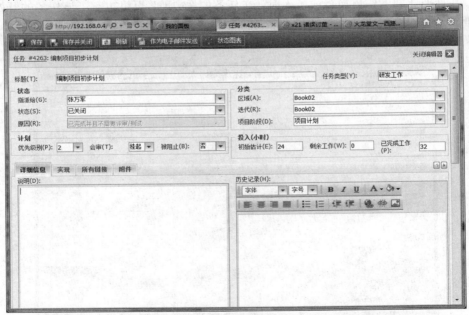

图 5-16　项目进度跟踪 TFS 与 Project 联动示例 2

那么此时，Project 文档里的任务的信息及跟踪记录也都会一起改变。如图 5-17 所示。

# 第 5 章 项目初步计划

图 5-17 项目进度跟踪 TFS 与 Project 联动示例 3

注意，其中的完成百分比改成为"100%"，表示该任务已经完成，该任务前会有一个"√"，表示该任务已完成，后面的跟踪信息也做了调整。

# 第6章 需求开发及管理

本章重点：
- CMMI 中对应实践；
- 需求开发及管理简述；
- 需求开发及管理流程；
- 需求获取；
- 需求分析；
- 需求评审；
- 需求管理；
- 需求开发及管理实训。

在 IEEE 软件工程标准词汇表（1997 年）中定义软件需求为：
（1）用户解决问题或达到目标所需的条件或能力；
（2）系统或系统部件要满足合同、标准、规范或其他正式规定文档所需具有的条件或能力；
（3）一种反映上面（1）或（2）所描述的条件或能力的文档说明。

该定义包括从用户角度（系统的外部行为），以及从开发者角度（一些内部特性）来阐述需求，其关键的问题是一定要编写需求文档。所以，需求通常是以文档形式来表现。通俗地讲，"需求"就是用户的需要，它包括用户要解决的问题、达到的目标及实现这些目标所需要的条件，它是一个程序或系统开发工作的说明。

从国内软件公司的实际情况看，交给项目组作为应完成任务的最初描述的需求（给定需求），其来源大体有三个。

- 直接来自机构外部（即合同甲方），此时，给定需求就是以委托方式或合作方式提交的任务书；或者是通过项目投标最终以合同形式确定的用户需求，其载体就是投标书、合同及其技术附件及合同签订后编写的软件需求文档，当然还应包括项目开始后几乎难以避免的变更需求。也可以间接地来自外部机构，此时，公司内部不同部门或公司外部的委托方、合作方承接的整个集成项目分配给项目组的软件开发任务就是给定需求。

- 来自部门内部的新产品开发，此时给定需求及其载体就是新产品可行性研究报告、软件需求文档（初稿）及相应的软件立项审批表。

- 来自已发布产品或已提交项目的最终用户，此时，不同的最终用户或同一个最终用户在不同时间、不可预料地提出的产品的每一个缺陷报告或个性化修改要求等都是给定需求，其载体可能是用户的传真或电子邮件，也可能是维护部门的电话记录，还可能是市场人员、工程人员的间接反映。

需求开发及管理（Requirement Development and Management，RDM）的目的是在获得正确的用户需求的基础上，经过分析和定义，最终生成项目的《用户需求说明书》和《软件需求规格说明书》。同时借助需求管理寻求客户与开发方之间对需求的共同理解，控制需求的变更，维护需求与后续工作产品之间的一致性。

## 6.1　CMMI 中对应实践

在 CMMI 中，总共有两个过程域与本章讲解的内容直接相关，分别为：需求管理（Requirements Management，REQM）、需求开发（Requirements Development，RD）。在这两个过程域中共有 15 个特定实践，由此可见 CMMI 模型对系统需求、软件需求是非常重视的，由于对需求要进行评审及跟踪，所以 VAL（确认）与 VER（验证）两个过程域也与本章相关，针对这两个过程域的描述放到测试相关章节里。

需求管理（REQM）的目的是管理项目产品和产品组件的需求，并识别需求与项目计划和工作产品之间的不一致项。需求包括：技术性需求、非技术性需求、功能需求、非功能需求，来自客户的需求、来自项目组内部的需求等。项目组应采取适当的步骤，确保协商一致的需求得到管理，以支持项目计划活动的执行。当项目组从被认可的需求提供者接受需求时，在将需求纳入项目计划之前，应与需求提供者一起对需求进行评审，以解决争议问题或者防止误解。需求提供者与接受者之间一旦取得一致，项目组就应从项目参与者那里取得对于需求的承诺。项目组应该管理需求变更（当出现变更时），并且识别在项目计划、工作产品和需求之间发生的不一致项。作为需求管理的一个部分，需求变更及其理由应填入记录文档，并且在最初需求与产品和产品组件的所有需求之间维持双向可追溯性。其相关的实践描述如下。

SG 1 Manage Requirements（管理需求）

对需求进行管理，并识别需求与项目计划和工作产品之间的不一致项。

在整个项目开发过程中，项目组应当通过下列活动维护经过确认的最新需求：管理所有的需求变更；维护需求与项目计划和工作产品之间的对应关系；识别需求与项目计划和工作产品之间的不一致项；采取纠正措施。

SP 1.1 Understand Requirements（开发与需求提供者就需求的含义达成一致的理解）

随着项目的进展和需求的衍生，各项活动或学科（需求、设计、开发、测试等）会不断地收到新的需求。为了避免需求漂移（creep）（需求不断地增加或变化），应建立准则，用以指明接受需求的正规渠道或需求的合法来源。接受需求的活动应该包括与需求提供者一起进行的需求分析活动，以确保对需求的含义取得一致的理解。分析和沟通的结果是形成取得一致理解的需求集合。一般会产生如下工作产品：合格需求提供者判别准则，需求验收和鉴定标准，根据准则进行分析后所得的各类结果，达成一致理解的需求集。可以通过以下几步完成该实践：一是制定合格需求提供者判别准则；二是制定需求验收的客观标准，缺少验收标准通常将导致不充分的验证、高代价的返工以至用户拒收；三是分析需求，确保满足所制定的准则；四是与需求提供者达成对需求的共同理解，以便项目参与者能够对需求作出承诺。

SP 1.2 Obtain Commitment to Requirements（获得对需求的承诺）

从项目参与者处取得对需求的承诺。一般会产生以下工作产品：需求影响评估结果，对需求及其变更承诺的记录文档。可以通过以下几步活动完成该实践：一是评估各项需求（包括或特别是变更需求）对已有承诺的影响，当需求发生变更或提出新需求时，应评价它们对项目参与者的影响；二是协商并记录承诺，在项目参与者对需求或需求变更作出承诺之前，应协商已有承诺的变更。

SP 1.3 Manage Requirements Changes（管理需求变更）

在项目开发期间，需求发生变更时，应对需求变更进行管理。在项目开发期间，需求会由于各种原因而发生变化。当原来的需要发生变化并且工作还需要继续进行时,产生了附加的需求,因此必须对现有的需求作出相应的变更。此时,最重要的事情就是有效地和高效地管理这些新增需求和变更。为了有效地分析变更的影响,应该知道每项需求的最初形态,并记录其变更原因。项目经理还要跟踪需求发散性的合理度量,以便判断是否需要采取新的控制措施或修改已有的控制措施。一般会形成以下工作产品:需求状态表,需求数据库,需求决策数据库等。可以通过以下几个活动完成该实践:一是汇总交给项目组的或者项目组产生的全部需求及其变更;二是维护需求变更的历史及变更理由,维护变更的历史数据有助于跟踪需求的发散性;三是从相关的项目干系人的角度出发评价需求变更的影响;四是使需求和需求变更数据可供项目组使用。

### SP 1.4 Maintain Bidirectional Traceability of Requirements(维护对需求的双向跟踪)

维护需求与项目计划和工作产品之间的双向可追溯性。其意图在于维护每个产品分解层次的需求的双向可追溯性。如果需求得到很好的管理,就可以建立起从原始需求到它的较低层次的需求的可跟踪性,以及从较低层次的需求回到较高层次的最初需求的可回溯性。这种双向可追溯性有助于确定是否所有原始需求都完全得到处理,是否所有的低层需求都可以回溯到有效的来源。需求的可追溯性还可以用于维持需求与其他事项的关系,例如,中间产品或最终工作产品、设计文档的变更、测试计划及工作任务等。可追溯性应该包括横向可追溯性和纵向可追溯性,例如,横跨接口两边的需求。在评估需求变更对项目计划、活动及工作产品的影响时,尤其需要可追溯性。一般会形成如下工作产品:需求追溯性矩阵和需求跟踪系统。可以通过如下几步来完成该实践:一是维护需求的可追溯性,以确保将低层(派生)需求的源需求记入文档;二是维护每个需求与它的各个派生需求的可追溯性,维护每个需求与功能分配、目标、人员和过程的可追溯性;三是维护功能(模块)之间和跨接口两边的功能之间的横向可溯性;四是生成需求可追溯矩阵。

### SP 1.5 Ensure Alignment between Project Work and Requirements(确保项目工作与需求之间一致)

识别项目计划和工作产品与需求之间的不一致项,目的是发现需求与项目计划和工作产品之间的不一致项,并且启动纠正措施。一般会形成如下工作产品:以文档形式记录不一致项(包括来源、条件和理由),纠正措施。可以通过以下几步来完成该实践:一是评审项目计划、活动和工作产品与需求及其变更的一致性;二是识别不一致项的来源和理由;三是识别因需求基线的变更而导致的项目计划、活动和工作产品的变更;四是启动纠正措施。

需求开发(RD)的目的是产生并分析用户、产品及产品组件需求。需求作为设计的基础,在开发过程中,需要收集软件需求、客户或其他利益同担者(stakeholder,或译成干系人)的需要,对所有可能的需求及需要进行分析,并对分析的结果进行评审,最终针对需求达成一致。本过程中描述了三类需求,分别是客户需求、产品需求、产品组件需求,整体来说,这些需求侧重于相关干系人(含客户)的需要,包括那些与各个产品生命周期(比如,接受测试准则)及产品属性(比如,安全性、可靠性、可维护性)有关的需要。需求还侧重于由于解决方案设计的选择而导致的约束(比如,与第三方外购商业软件集成)。

### SG 1 Develop Customer Requirements(开发客户需求)

收集干系人(包括客户、最终用户、供应商、构造人员、测试人员、设备制造商、后勤支持人员等)的需要、期望、约束、接口,并把它们转化为客户需求。

### SP 1.1 Elicit Needs(引出客户需要)

引出在产品生命周期内所有阶段干系人的需要、期望、约束和接口。使用的方法及技术通常有:技术演示,临时项目审查,问卷调查,访谈和最终用户的操作场景,操作演练和最终用户的工作分析，原型和模型，头脑风暴，市场调查，Beta 测试，从文件、标准及规范中提取，对现在产品、环境及工作流程模式的调查，使用案例（用例），商业案例分析，对遗留产品逆向工程，客户满意度调查等。但是有一些需求来源是客户没有办法提供的，主要有：商业政策、标准、业务环境需求（比如实验室、测试和其他设施、信息技术和基础设施）、技术、遗留产品及产品组件（可重用的产品组件）等。

SP 1.2 Transform Stakeholder Needs into Customer Requirements（把干系人的需要转化为客户需求）

把干系人的需要、期望、约束和接口转化为具有优先级排序的客户需求。一般会产生以下工作产品：客户/用户需求说明书，验证时客户约束，确认时客户约束。可以通过以下两步完成该实践：一是把干系人的需要、期望、约束和接口转化为文档化的客户需求；二是定义验证和确认时的约束。

SG 2 Develop Product Requirements（开发产品需求）

对客户需求细化及描述以开发为产品及产品组件需求。

SP 2.1 Establish Product and Product Component Requirements（建立产品和产品组件需求）基于客户需求来建立和维护产品及产品组件需求。客户的功能性及质量属性需求可能是使用客户的术语来表达，而不是技术性的描述。而产品需求要使用技术术语来表达这些需求，以方便设计决策时使用。一般会形成如下工作产品：衍生需求，产品需求，产品组件需求，指定或约束产品组件之间关系的架构需求。可以通过以下几步完成该实践：一是为满足产品及产品组件设计使用技术术语来开发需求；二是根据设计决策的结果派生出需求；三是开发架构需求用以捕获构建产品架构和设计必需的重要质量属性和质量属性度量；四是建立和维护需求变更管理与需求分配之间的关系。

SP 2.2 Allocate Product Component Requirements（分配产品组件需求）

为每个产品组件分配需求。产品架构是把产品需求分配给产品组件的基础，已定义解决方案的产品组件需求包括产品性能分配，设计约束，以及需求的满足功能等。一般会形成如下工作产品：需求分配表，临时需求分析，设计约束，派生需求，派生需求之间的关系。可以通过以下几步完成该实践：一是给功能分配需求；二是给产品组件和架构分配需求；三是给产品组件及架构分配设计约束；四是给交付的增量分配需求；五是文档化已分配需求之间的关系。

SP 2.3 Identify Interface Requirements（识别接口需求）

识别功能（或对象或其他逻辑实体）之间的接口，接口会决定在 TS 过程域中选择不同的解决方案。在产品架构定义时，需要识别产品或产品组件之间的接口。可以通过以下两步完成该实践：一是识别产品外部及产品内部接口（比如，在功能划分或对象之间）；二是开发已识别接口的需求。

SG 3 Analyze and Validate Requirements（分析并确认需求）

针对用户预期的环境分析和验证需求。

SP 3.1 Establish Operational Concepts and Scenarios（建立并维护系统操作概念及场景）

一般会产生以下工作产品：操作概念描述，产品或产品组件开发、安装、操作、维护和支持概念性描述，部署概念，用例，时间表场景，新需求。可以通过以下几步完成该实践：一是适当地开发包括操作、安装、开发、维护、支持和部署在内的操作概念及场景；二是定义产品或产品组件将要操作的环境，包括边界和约束；三是对操作概念及场景审查以精炼和发现需求；四是当选择产品或产品组件时，开发详细的操作概念，定义产品、最终用户和环境之间的交互，以满足操作、维护、支持和部署的需要。

SP 3.2 Establish a Definition of Required Functionality and Quality Attributes（建立并维护功能需

求和质量属性的定义）。

一般会产生以下工作产品：所需功能和质量属性的定义，功能架构图，活动图和用例，使用服务或方法标识的面向对象分析，架构的重要质量属性需求。可以通过以下几步完成该实践：一是确定关键任务和商业驱动；二是识别合适的功能和质量属性；三是基于关键任务和商业驱动确定架构的重要质量属性；四是分析及量化最终用户的功能要求；五是分析需求以识别逻辑或功能划分（比如，子功能）；六是基于已确定的标准（比如，相似功能、性能或耦合性）对需求分组，使需求分析更容易、更便于聚焦；七是给划分的功能、对象、人员或支持元素分配客户需求，以支持解决方案的整合；八是给功能或子功能分配功能和性能需求。

SP 3.3 Analyze Requirements（分析需求）

分析需求以保证他们的必要性和充分性。一般会产生以下工作产品：需求缺陷报告，为解决缺陷提议的需求变更，关键需求，技术性能度量。可以通过以下几步完成该实践：一是分析干系人的需要、期望、约束和外部接口，以消除冲突并且把它们根据相关主题组合在一起；二是分析需求以决定它们是否满足更高级别需求的目标（比如，商业目标等都可以称为更高级别需求）；三是分析需求以保证它们的完成性、可行性、可实现性和可验证性；四是识别与成本、进度、功能、风险或性能有重大影响的关键需求；五是识别需要在开发过程中跟踪的技术性能度量指标；六是分析操作概念及场景以精炼客户需要、约束和接口，并发现新需求。

SP 3.4 Analyze Requirements to Achieve Balance（分析需求以达到平衡）

分析需求在干系人需要和约束之间进行平衡。一般会形成需求相关的风险评估报告，可以通过以下几步完成该实践：一是使用证明模型、模拟和原型来分析平衡利益相关者的需要和约束；二是对需求和功能架构进行风险评估；三是研究产品生命周期概念对需求影响的风险；四是评估架构的重要质量属性需求对产品和产品开发成本及风险的影响。

SP 3.5 Validate Requirements（确认需求）

确认需求以保证最终产品将会在用户环境中按照预期运行。可以通过以下几步完成该实践：一是分析需求找到最终产品不能在用户环境按照预期适当的运行的风险；二是通过开发产品演示（比如原型、模拟、建模、场景、情节串联图板）及从相关干系人获得反馈来探索需求的充分性和完整性；三是当设计趋于完成时，在需求确认环境的上下文中对其进行评估，以识别确认问题及发现未阐明的需要及客户需求。

## 6.2 需求开发及管理简述

需求开发及管理的目的是，在用户和将处理用户需求的软件项目之间建立对用户需求的共同理解，并且在开发过程中保持需求的一致性、有效性、稳定性。

需求开发及管理主要包括的内容为：将分配给软件的系统需求文档化；进行软件需求分析及评审并建立软件需求基线；管理和控制需求基线及需求变更，保持软件需求和项目计划、工作产品及过程活动的一致性。

在公司里，对需求开发及管理会制定一定的准则，所有项目均需要遵守该准则。通常的准则有以下几点。

● 在需求获取时，通过整理获取的需求，从而明确需求来源、确认需求类型（功能需求或非功能需求）、明确需求的优先级，形成《用户需求说明书》，并得到用户的确认。

- 在每个软件项目的需求分析阶段，对给定的《用户需求说明书》进行分析以文档化的形式编制《软件需求规格说明书》（Software Requirement Specification，SRS）。
- SRS 中每一项需求的描述，都必须确保是正确的、最新的、完备的、必要的、可验证的、可追踪的和可测试的。
- SRS 必须通过相关组的评审，相关组包括：开发组、测试组、质量保证组、配置管理组、文档组及个人。只有相关组审批、确认后的 SRS，才能作为项目开发计划及后续项目工程和管理活动的基础。
- 经过评审确认的 SRS 任何变更，都应得到控制和管理，一旦需求发生变更，项目计划、过程活动、工作产品等要随之变更与需求变更保持一致，并重新提交相关组和个人复审。

## 6.3 需求开发及管理流程

需求开发及管理流程主要分为以下四个阶段。

（1）准备阶段。在项目初步计划书里明确需求收集及分析的进度安排及人员安排。

（2）需求收集阶段。立项阶段用户需求收集不充分或有不明确之处，继续进行用户需求收集，并转化为产品需求。

（3）需求分析阶段。对用户需求列表或/和用户需求说明书中的需求进行分析，给出详细的软件需求规格说明书。

（4）需求管理。评审通过的软件需求规格说明书，纳入基线，严格执行需求变更管理，对需求跟踪矩阵进行管理，要保证需求的双向跟踪。

整体工作流程如图 6-1 所示，注意需求获取活动一般在立项之前就开始，在立项之后还需要进行部分获取工作。

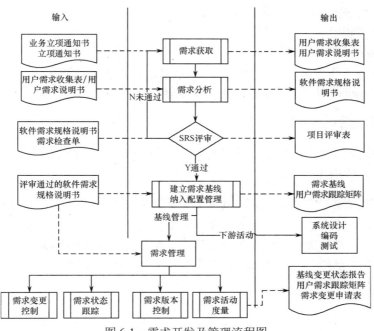

图 6-1　需求开发及管理流程图

## 6.4 需求获取

在进行软件需求获取之前,有必要了解一下系统工程与需求工程之间的区别及关联,具体来说有以下几个方面[①]。

(1) 为了了解软件所处的外部"系统",必须识别硬件、软件、人员、数据库、流程和其他系统要素的角色,对有效的需求进行提取、分析、说明、建模、确认和管理,这些是系统工程的基础。

(2) 切忌"只见树木,不见森林",这里的"森林"是系统,而"树木"是实现系统所需的技术要素(包括软件)。如果在理解系统之前就匆忙构造技术要素,毫无疑问将犯错误并让你的客户失望。在关注树木之前,必须先了解森林。

(3) 系统工程师通过和客户、未来用户及其他干系人一起工作以理解系统需求。

(4) 需求工程是帮助软件工程师更好地理解将要解决的问题。

(5) 需求工程首先定义将要解决的问题范围和性质;然后是引导、帮助客户定义需要什么;接下来是精练需求,精确定义和修改基本需求。

(6) 通过用例来表示所收集的用户需求,放进用户需求说明书中。

(7) 在用户收集精练之后,需要对用户需求进行确认,可以对照需求确认检查单来进行。

(8) 形成需求跟踪矩阵,开展需求管理,有助于项目组在项目进展中标识、控制和跟踪需求及变更需求。

需求常见的来源有以下几类:

(1) 访问并与有潜力的用户探讨;

(2) 把对目前的或竞争产品的描述写成文档;

(3) 用户招标文件;

(4) 对当前系统的问题报告和增强要求;

(5) 市场调查和用户问卷调查;

(6) 观察正在工作的用户;

(7) 用户任务的内容分析——开发具体的情节或活动顺序,确定用户利用系统需要完成的任务,由此可以获得用户用于处理任务的必要功能需求。

### 6.4.1 需求获取活动

需求获取的流程如图 6-2 所示。不同类型的项目,在需求获取时会有一定的差别,采用的方法也不一样,具体描述如下。

**说明** 如果立项后进行需求获取,则需要形成《用户需求说明书》;立项前的需求获取至少需要形成《用户需求列表》,然后由系分人员整理成《用户需求说明书》。在确认过的《用户需求说明书》的基础之上形成需求跟踪矩阵,一般由项目经理或其指定组员编写《用户需求跟踪矩阵》作为需求跟踪管理的基础。为了降低需求开发及管理过程实训的复杂度,在实训时不需要编写《用户需求说明书》。

---

[①] 此部分内容通过对 Roger S.Pressman 著.《软件工程——实践者的研究方法》(第 6 版),郑人杰,马素霞,等译.机械工业出版社,2007. 中相关内容整理编写。

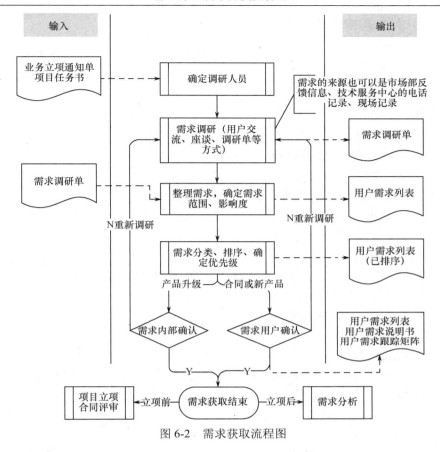

图 6-2 需求获取流程图

### 1．同类项目

（1）采取与用户会谈、现场调查等方法详细记录用户给定需求，形成《需求调研单》，然后进行需求风险识别、分类、筛选、优先排序，整理形成《用户需求列表》，并在此基础之上形成《用户需求说明书》。

（2）研发部经理/项目经理组织会议讨论确认需求项，需要与用户方（或产品研发提出部门）就《用户需求说明书》的需求项达成一致意见，由用户或高级经理签字确认。

### 2．新产品研发项目

（1）对市场上已存在的同类产品/或超前产品进行调研，或从行业标准、规则中提取需求信息，形成《需求调研单》，然后进行需求风险识别、分类、筛选、优先排序，整理形成《用户需求列表》，并在此基础之上形成《用户需求说明书》。

（2）研发部经理/项目经理组织会议讨论确认需求项，需要与用户方就《用户需求说明书》的需求项达成一致意见，由用户或高级经理签字确认。

### 3．产品升级类项目

（1）分析从技术支持部或实施服务人员处反馈的用户新需求、系统缺陷，进行需求分类、评估、识别优先级，并考虑系统升级问题，形成《用户需求列表》，并在此基础之上形成《用户需求说明书》。

（2）研发部经理/项目经理组织、讨论确定《用户需求说明书》，由研发部经理审核签字。

## 6.4.2 基于用例的需求获取

在使用用例技术来进行需求获取、精练及分析时,建议采用以下的步骤来操作,以方便更好地提炼出软件需求:

(1) 定义项目的视图和范围(用户需求列表);
(2) 确定用户类;
(3) 在每个用户类中确定适当的代表;
(4) 确定需求决策者和他们的决策过程;
(5) 选择你所用的需求获取技术;
(6) 运用需求获取技术,对作为系统一部分的用例进行开发并设置优先级;
(7) 从用户那里收集质量属性和其他非功能需求;
(8) 详细拟订用例使其融合到必要的功能需求中;
(9) 评审用例的描述和功能需求;
(10) 如果有必要,开发分析模型用以澄清需求获取的参与者对需求的理解;
(11) 开发并评估用户界面原型以帮助想象还未理解的需求;
(12) 从用户中开发概念测试用例;
(13) 用测试用例来论证用例、功能需求、分析模型和原型;
(14) 在继续进行设计和构造系统每一部分之前,重复步骤(6)~(13)。

在确定了参与者之后,需要对用例进行开发,用例开发得好坏对理解需求至关重要,在检查一个用例时,可以通过回答以下问题来判断该用例是否得到很好的描述。

(1) 谁是主要参与者、次要参与者?
(2) 参与者的目标是什么?
(3) 做事开始前有什么前提条件?
(4) 参与者完成的主要工作或功能是什么?
(5) 按照故事/业务场景所描述的还可能需要考虑什么异常?
(6) 参与者的交互中有什么可能的变化?
(7) 参与者将获得、产生或改变哪些信息?
(8) 参与者必须通知系统外部环境的改变吗?
(9) 参与者希望从系统获取什么信息?
(10) 参与者希望得知意料之外的变更吗?

用例可以按照 UML 的相关约定去描述,怎么开发用例是《系统分析与设计》相关课程的范畴,本书不作过多的讲解。但是,在此需要提醒一下读者,在对用例进行开发的过程中,应当避免用例陷阱:

(1) 太多的用例,注意合适的抽象级别;
(2) 用例冗余,使用"包含"关系,将公共部分分离出来写到一个单独的用例中;
(3) 用例中的用户界面设计,用例的重点是用户使用系统做什么,而不是关心屏幕上是怎么显示的;
(4) 用例中包含数据定义,比如数据类型、长度、格式和合法值等,这些应当放到数据字典里;

（5）试图把每一个需求与一个用例相联系，这是不可能的，需要使用规格说明书编写非功能需求、外部接口需求及一些不能由用例得到的功能需求。

## 6.5 需求分析

需求分析是提炼、分析和仔细审查已收集到的用户需求。目的在于开发出高质量和具体的需求，以便作出相对准确的项目估算并进行设计、构造和测试。在进行需求分析的过程中，需要从不同的视角检验需求，增加查明错误，消除不一致性，发现遗漏的概率。并且，创建分析模型之后，要不断改进，并分析评估其清晰性、完整性和一致性。根据需求分析使用的方法不同，一般包含的元素也不同，比如，基于用例（用户场景）表现系统时，主要元素有用例文本、用例图、活动图、泳道图；基于信息流来表现系统时，主要元素有数据流图、控制流图和处理说明。具体需求分析活动的流程如图 6-3 所示，其中，SRS 是软件需求规格说明书的简称。

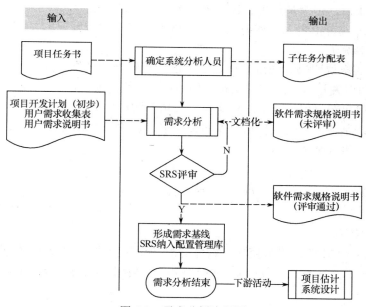

图 6-3　需求分析流程图

在进行需求分析时，常用的方法有以下三种。

（1）面向结构分析法。结合获取的《用户需求说明书》，可采用数据流图等分析模型，把系统功能需求、非功能需求按事件流、数据流分析方式，逐层细化到系统操作及操作数据的存储方式，如数据的输入、输出，并考虑外部接口。

结合数据流图和数据字典，详细说明系统功能间的输入、输出、系统活动及约束条件，编制需求规格说明书。

（2）面向对象分析法。使用 UML 辅助类图或其他分析方式来分析已获取的系统需求、用例模型、类图、数据字典等。结合图形化分析模型、类图、顺序图、关联图等进行说明，准确描述用户及系统的交互活动，编制需求规格说明书。

（3）快速原型分析法。分析已获取的用户需求，增量、迭代地明确用户工作流程、约束条件等，设定需求的优先级排序，在风险较小的基础上分析、设计和实现系统构架结构或用户界面架构。结合立项时所选用的生命周期，迭代进行分析活动，编制需求规格说明书。

## 6.6 需求评审

无论是《用户需求说明书》还是《软件需求规格说明书》在定稿之后均需要进行评审，并且在评审通过之后纳入配置管理，具体执行的步骤如下。

（1）《用户需求说明书》或《软件需求规格说明书》完成之后，由项目经理提出评审要求。评审之前项目经理准备评审相关资料，在高级经理或研发部经理的协助下，确定参加评审的人员，并把相关资料及评审通知一并发给参与评审的人员。

（2）按计划进行评审，指定仲裁者、主持人、记录员。通过评审对需求中存在的问题进行讨论，主要针对各评审员提交的《预审问题清单》中的问题，达成一致意见。

（3）评审结束后，记录员整理会议内容，形成《会议记录》。

（4）项目经理或者指定人员整理《项目评审表》汇总评审发现的缺陷及其修改意见，并提交相关人员签字确认。

（5）《用户需求说明书》通过评审之后，由项目经理或者指定人员编写《用户需求跟踪矩阵》供后继项目开发过程中对需求跟踪时使用；《软件需求规格说明书》评审通过后，项目经理或者指定人员更新《用户需求跟踪矩阵》，填写相应内容。

（6）建立需求基线，把《软件需求规格说明书》、项目评审表及相关文档纳入配置管理，在此基础之上建立需求基线。

## 6.7 需求管理

**1．需求变更控制**

建立项目级的 CCB 管理需求变更；软件需求基线的变更应受控制；保持项目计划及其他项目产品与需求一致；变更产生的影响应通知相关人员；由于需求引起的所有变更过程都应受到追踪直至关闭。

变更步骤：

（1）变更提出者填写《需求变更申请表》说明变更内容、变更影响范围；

（2）提交 CCB 审批，必要时召开变更评审会议；对于不影响需求基线的小范围的变更，可以由项目经理审批；

（3）变更完成后，由验证人和 QA 工程师跟踪验证变更引起相关内容的调整是否正确无误；

（4）由配置管理工程师把《需求变更申请表》纳入配置管理。

**2．需求版本控制**

为评审通过的软件需求文档确定版本号；每一个经过变更的软件需求文档应该在修订页中描述其修正版本的历史情况，包括已变更的内容、变更日期、变更人姓名和变更后的版本号；项目经理和 QA 工程师负责检查软件需求文档版本的一致性。

### 3. 需求跟踪矩阵

项目经理或指定专人对需求跟踪矩阵及时更新，一般在每次需求变更之后，必须更新需求跟踪矩阵；在每个阶段工作完成之后，也需要更新需求跟踪矩阵。

## 实训任务七：开发用户及软件需求

开发用户及软件需求主要完成是需求的开发，即完成系统需求的收集、软件需求的分析、需求的评审。此实训任务，主要形成的文档有《用户需求调查单》（学生实训过程中不使用）、《用户需求列表》（系分人员为主编制）、《用户需求说明书》（系分人员为主编制，测试人员协助）、《用户需求跟踪矩阵》（项目经理或指定专人负责填写并进行跟踪）、《软件需求规格说明书》（系分人员为主编制，测试人员协助），以及评审相关的表格及会议记录。

实训具体任务如下。

（1）对上几章实训中由系分人员编制的《用户需求列表》进行讨论，确定实训需要实现的需求列表，从而进一步明确项目范围。

（2）由系分人员和测试人员一起，编写《用户需求说明书》，使用用例来描述用户需求及业务流程。此后，对《用户需求说明书》在全组内讨论，达到一致的理解。

（3）由系分人员和测试人员一起，编写《软件需求规格说明书》，在完成之后对其评审。

（4）若有配置管理人员，则把评审通过的相关文档放进配置管理库，若没有专职的配置管理人员，则由项目组长负责评审通过之后工作产品的管理，放入配置管理库（该库的目录结构，请参见教材第 11 章 "软件配置管理"，由配置管理人员在实训时选定的配置管理工具中建立，建议使用微软的 Team Foundation Server 中的源代码管理作为配置管理工具）。

（5）文档人员在需求分析的基础之上，编写《用户操作手册》初稿（具体格式及编写指南请参见第 14 章 "系统实现与测试过程"实训中的《用户操作手册》编写指导）。若有专职的质量保证人员，则需要根据提供的文档模板及确定的开发流程对需求阶段的所有工作活动及工作产品进行检查验证，发现问题则需要填写《不符合项报告》，在此阶段实训结束时提交《QA 阶段审计报告——需求管理》。

（6）此实训大概需要 10 学时，其中《用户需求说明书》编写及讨论 4 学时；《软件需求规格说明书》编写及评审 6 学时，在实训授课时，部分工作可以由学生在课外完成。

**说明** 本章中用到《用户操作手册》的填写指导，请参见第 14 章；《不符合项报告》和《QA 阶段审计报告——需求管理》的填写指导请参见第 12 章《产品及过程质量保证》实训。

### 实训指导 19：如何在 TFS 中填写用户需求列表

《用户需求列表》是在对用户需求收集之后整理的基础之上形成的，在实训时，指导老师给出项目的初步描述，然后由同学通过网络、书籍等来收集与之相关的业务知识及需求，然后分项逐条填写进用户需求列表。

结合 TFS 来填写需求列表，可以在 TFS 中选择"新建工作项"的"需求"，或者在我的任务下选择"新建工作项"按钮，然后选择"需求"，如图 6-4 所示。

图 6-4 新建需求界面

在新建的需求工作项表格中,对每个字段进行填写,由于填写的是用户需求列表,所以此处的"类型"必须选择"用户需求"。具体内容如图 6-5 所示。

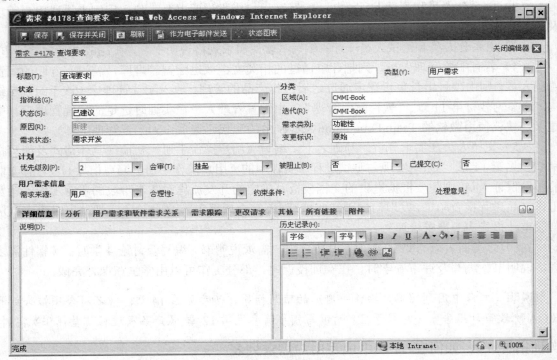

图 6-5 需求工作项填写主界面

填写说明如下。

● 标题:填写具体需求的名称。根据对用户需求的收集,以自然语言方式来描述需求。

● 类型:分为用户需求,软件需求共两种类型,如图 6-6 所示。在填写需求的时候,选择相对应的类型。

# 第 6 章 需求开发及管理

图 6-6 需求类型选择界面

- 指派给：可以选择该项目的主要负责人（系统默认是当前登录者）。
- 状态：选择已建议。
- 原因：选择新建。
- 需求状态：分为需求开发、详细计划、系统设计、实现与测试、系统测试、系统验收 6 种状态，如图 6-7 所示。指明该需求项当前处于什么阶段，在实训时根据项目所处阶段进行填写。

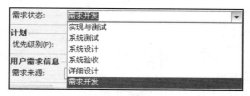

图 6-7 需求当前所处状态选择界面

- 区域：就是默认的当前的项目。
- 迭代：就是默认的当前的项目。
- 需求类别：分为安全性、标准规范、功能性、接口、可靠性、性能需求、用户文档及帮助 7 种类别，如图 6-8 所示。在填写需求的时候，选择相对应的需求类别。

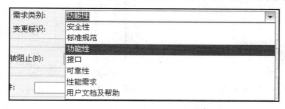

图 6-8 用户需求类别选择界面

- 变更标识：分为删除、修改、原始、增加 4 种状态。在填写需求的时候，选择相对应的需求变更标识。如果需求没有变更，则全部填写为"原始"，若有用户需求变更，使得《用户需求说明书》及《用户需求列表》变更，则根据变更的类型选择填写"增加、删除、修改"。
- 优先级别：分为 1、2、3、4 共 4 个级别。4 是最高级别，项目开发过程中应最先实现，由系分人员根据需求项的实际情况来填写。在填写需求的时候，选择相对应的优先级别。
- 会审：分为挂起、收到信息、详细信息、已会审 4 种状态，如图 6-9 所示。一般选择挂起。
- 被阻止：分为是、否两种类型，如图 6-10 所示。说明该需求是否需要。

图 6-9 是否会审选择界面

图 6-10 需求是否被阻止选择界面

● 已提交：分为是、否两种类型。如图 6-11 所示。

● 需求来源：分为测试、工程、公司高层、市场、研发、用户、其他 7 种来源，如图 6-12 所示。在填写需求的时候选择相对应的需求来源。在实训时，如果需求来源于指导老师，则填写"用户"，如果是自己查阅资料得到，则填写"其他"。

图 6-11  是否提交需求选择界面

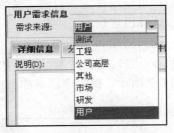
图 6-12  用户需求来源选择界面

● 合理性：分为合理、不合理两种类型，如图 6-13 所示。系分人员对该需求进行讨论之后，认为是否合理，然后再填写。

● 约束条件：表示实现该需求必须实现哪些需求，或者对系统硬件有何要求，本栏在由用户需求向软件产品需求转化的过程中由系统分析员填写，在《软件需求规格说明书》评审时确认。

● 处理意见：分为不实现、实现、暂缓实现 3 种意见；是由系分人员对这些需求进行讨论之后来填写，如图 6-14 所示。

图 6-13  需求合理性选择界面

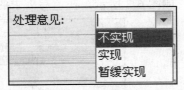
图 6-14  用户需求处理意见选择界面

● 详细信息：填写用户的具体需求。

● 分析：对用户的需求做一个分析，由系分人员对这些需求进行讨论之后来填写，如图 6-15 所示。

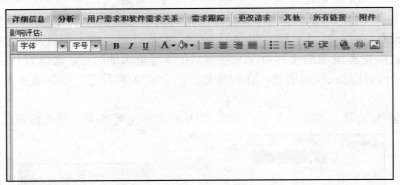
图 6-15  需求分析结果填写界面

● 所有链接：可以链接与需求有关的资料，例如，实现该需求的任务等工作项或文档，主要是方便对需求进行跟踪与管理。
- 附件：可以上传参考资料到 TFS 中。
- 其他：在图 6-16 界面中，为了方便工作安排，在对用户需求或软件需求评审时，可以指定对该需求的"行业专家"。在做项目估算时填写"初始估计"，这里的估计值是后续项目计划的基础，也是第 8 章详细估算的数据来源。其中初始估计的数值，应当是由三个行业专家按照 Delphi 方法计算得到，可以表示工作量，也可以表示规模（UCP 点数），具体根据项目组采用的估算方法来确定。在建立用户需求时，"用户验收测试"填写为"未就绪"；在建立软件需求时，由于软件需求不需要用户验收，所在"用户验收测试"填写为"已跳过"。

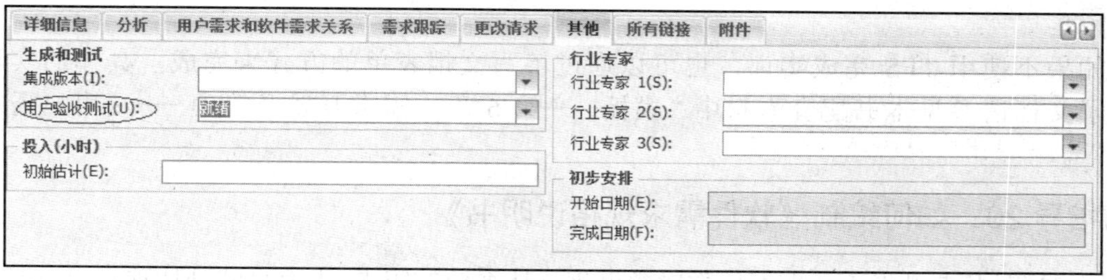

图 6-16 需求估算填写界面

在需求类别中，功能性需求肯定是存在的，其他的需求项根据实训项目的实际情况进行填写，没有的需求项，则不需要填写，下面对这些需求类别进行一一说明。

安全性需求项是表示系统安全方面的要求，比如用户访问必须登录；不同等级的用户，访问的功能不一样；不同的用户访问的数据不同，等等。

可靠性需求项可在以下几个方面对系统可靠性进行描述，这些需求可以根据用户现有系统及一些行业标准来得到，也可以由用户自己提出。

（1）平均故障间隔时间（MTBF）。通常表示为小时数，但也可表示为天数、月数或年数，表示系统平均多长时间出一次故障。

（2）平均修复时间（MTTR）。表示系统在发生故障后可以暂停运行的时间，即需要多长时间可以修复。

（3）最高错误或缺陷率。通常表示为每千行代码的错误数目（bugs/KLOC）或每个功能的错误数目（bugs/function-point）。

性能需求项用来描述系统的性能特征，比如：
- 对事务的响应时间（平均、最长）；
- 吞吐量，如每秒处理的事务数；
- 容量，如系统可以容纳的客户或事务数；
- 并发处理量，即同时可以有多少用户访问该系统；
- 资源利用情况，如内存、磁盘、通信等；

联机用户文档和帮助系统需求项主要用来描述提供给最终操作人员的需求，包括：用户对联机用户文档、帮助系统、关于声明的帮助等的需求。

接口需求项，此处规定为系统必须支持的接口和界面。它应该非常具体，包含协议、端口和逻辑地址等，以便于按照接口/界面需求开发并检验软件。应该从以下四个方面来描述。

（1）用户界面。说明软件将实现的用户界面。

（2）硬件接口。指出软件所支持的所有硬件接口，其中包括逻辑结构、物理地址、预期行为等。

（3）软件接口。说明软件系统中与其他构件之间的软件接口。这些构件可以是购入的构件、取自其他应用程序重新利用的构件，也可以是为此客户需求说明书范围之外的子系统而开发，但该软件应用程序必须与之交互的构件。

（4）通信接口。说明与其他系统或设备（如局域网、远程串行设备等）的所有通信接口。

规范标准，此处说明所有适用的标准及适用于所述系统的相应标准的具体部分。例如，其中可以包括法律、质量及法规标准；业界在可用性、互操作性、国际化、操作系统相容性等方面的标准。

如果不使用 TFS 完成实训，也可以通过填写文档表单的方式来完成，具体的实训模板电子文档请参见本书配套素材中"模板——第 6 章　需求开发及管理——《用户需求列表》"。

## 实训指导 20：如何编制《软件需求规格说明书》

该文档是从要开发人员编写软件的角度来描述系统的需求，主要目的是让项目组及其他相关组能更详细地理解将要开发的软件需求，可以认为此文档是系统设计、编码、测试的基础。它不是简单地对用户需求说明书中的需求项细化描述，而是从将要开发软件的角度对需求类别进行划分，形成系统概要设计的基础。

在实训过程中，如果选择面向对象的分析方法，应当至少完成每个功能性需求的用例图、活动图、用例的详细描述。表 6-1 给出了一个示例，可供参考。

表 6-1 　《软件需求规格说明书》示例

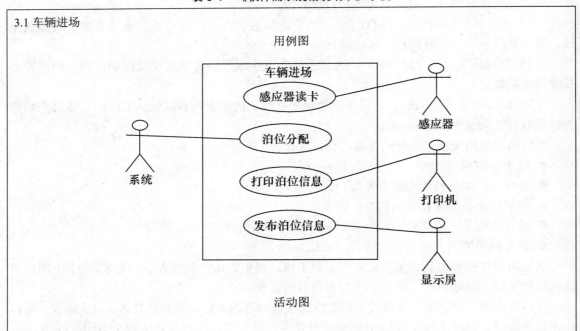

# 第 6 章 需求开发及管理

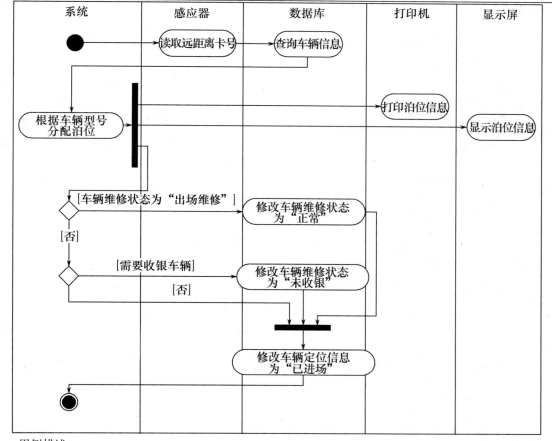

用例描述
- 用例编号

PIMSUC010
- 父用例编号
    用例名称
车辆进场
- 主参与者（Actor）
系统、感应器、打印机、显示屏
- 主要参与者联系渠道
感应器感应到车辆进场后将数据通过局域网发送给系统，系统通过串口控制打印机和显示屏协同工作。
- 次要参与者
门卫
- 次要参与者的联系渠道
门卫通过客户端对打印机进行操作。
- 前置条件
感应器感应到车辆进场。
- 后置条件
等待下一辆车辆进场。
- 优先级
中等优先级，必须在基础功能之后实现。
- 使用频率
频繁

> - 事件流
> - 基本流/场景
> 1. 车辆进入感应器感应范围。
> 2. 感应器读取远距离卡号。
> 远距离卡没有被正确识别——允许门卫输入车牌号，跳转到基本流 3。
> 3. 系统根据远距离卡号查询车辆相关信息：车牌号、车辆类型、收银状态、维修状态、线路名称、员工姓名、离场时间、系统时间。
> 4. 系统车辆查询结果为空——允许门卫输入车牌号、系统将车牌号、远距离卡号、车辆类型（<u>临时车辆</u>）插入数据库中，然后再跳转到基本流 3。
> 5. 系统追加显示该车车辆信息：线路名称、车牌号、司机姓名、车辆类型、离场时间、进场时间（系统时间）。
> 6. 调用泊位分配(PIMSUC080))。
> 7. 显示屏显示分配的泊位号。
> 8. 打印机打印分配的泊位号。
> 9. 系统根据维修状态判断是否<u>维修出场</u>，是则修改车辆维修状态为<u>正常</u>，并跳转到 11。
> 10. 系统根据收银状态判断其是否属于需要收银车辆，是则修改车辆收银状态为<u>未收银</u>。
> 11. 系统修改车辆定位信息为<u>已进场</u>。
> - 异常
> 1. 打印机打印失败——客户端列出最近进出场的 n 辆车（可定制），允许门卫对任意一辆车所分配的泊位进行重新打印。
> 2. 系统泊位分配失败——提示该车型泊位已满。若算法有误，允许其手工分配泊位，见泊位调整。
> 3. 数据库操作失败——客户端保存错误信息和相应 SQL 语句，提示数据库操作失败，请求联系管理员。
> - 特殊需求
> 系统，数据库，打印机，显示屏，感应器准备就绪。
> 打印机打印速率不低于 254mm/s。
> - 未解决问题清单
> 在系统繁忙的时候，数据库、感应器、打印机能否及时响应。

在《软件需求规格说明书》给定的文档中，对于一些章节的内容或场景在实训过程中可能遇不到，则可以不填写。在实际开发过程中，也可以根据项目的需求增加相关内容，比如在用例描述后增加"界面草图"、"数据字典（或实体字段描述）"等，目的是能更好地描述软件需求，为数据库设计、系统设计及测试提供基础和准则。当然对于事件流的描述也可以采用列表方式，把参与者的操作与系统的反应分开，以便更好地理解需求。

实训模板电子文档请参见本书配套素材中"模板——第 6 章　需求开发及管理——《软件需求规格说明书》"。

## 实训任务八：管理用户及软件需求

管理用户及软件需求主要是在后继项目开发过程中对需求的跟踪及需求变更的管理。此实训的开展时机由实训指导老师根据项目进展情况来确定，一般可以在设计完成之后做上一次需求变更。

在此实训任务中，主要形成的文档有《需求变更申请表》（提出需求变更的人员编写）、《用户需求跟踪矩阵》（由项目组长指定的专人负责在每个阶段填写）。

实训具体任务如下。

（1）在讨论通过《用户需求说明书》的基础之上，项目经理整理出来《用户需求跟踪矩阵》。

（2）在完成《需求规格说明书》评审之后，由项目组长指定人员对《用户需求跟踪矩阵》

进行更新,完成此次的需求跟踪。

(3)在概要设计、详细设计、代码编写、集成测试、系统测试等完成之后,均需要对用户需求跟踪矩阵进行更新。

(4)在开发过程中,如果对评审之后的需求有变更,则需要按需求变更流程执行,严格填写《需求变更申请表》。

填写《用户需求跟踪矩阵》大概需要2学时,主要是由项目组长完成。每次对需求的跟踪大概需要1学时,通常由项目组长或其指定人员完成。每次需求变更实训大概需要2学时,因为,除了填写所需的一些表单之外,还需要对需求的变更影响范围及各类需要调整的工作产品进行评估。具体实训用时,需要由需求变更的影响内容及范围确定。

## 实训指导21:如何使用TFS进行用户需求跟踪

在实训过程中,《用户需求跟踪矩阵》是在《用户需求说明书》得到评审或确认之后填写形成的,并且纳入到配置管理库中,由项目组长或指定专人每周进行跟踪,填写其中的相关内容。目的是,对用户的每个需求当前实现情况进行跟踪,对变更结果进行记录,保证用户需求在开发过程中得到满足。

建议:第一类学员相关专业的班级,若没有开设过软件工程课程,则不填写此表格,即不需要对用户需求进行跟踪;若已经开设过软件工程课程,需要填写此表格,以增加对需求管理的体会。第二、第三类学员相关专业的班级,需要填写此表格。

每一个用户需求都有相应的软件需求来支持。在TFS中,软件需求可以作为用户需求的子级直接创建,由此可以建立起用户需求与软件需求之间的关系,如图6-17所示。软件需求的填写方法与用户需求一样在填写时选择相应的内容,只是在类型处选择:软件需求。

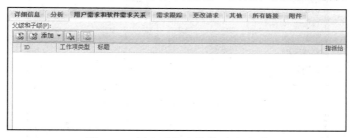

图6-17 用户需求和软件需求关系

对于用户需求的跟踪,首先是找到要跟踪的用户需求项,然后根据跟踪的阶段在需求跟踪选项卡里填写待跟踪的相关内容,如图6-18所示。

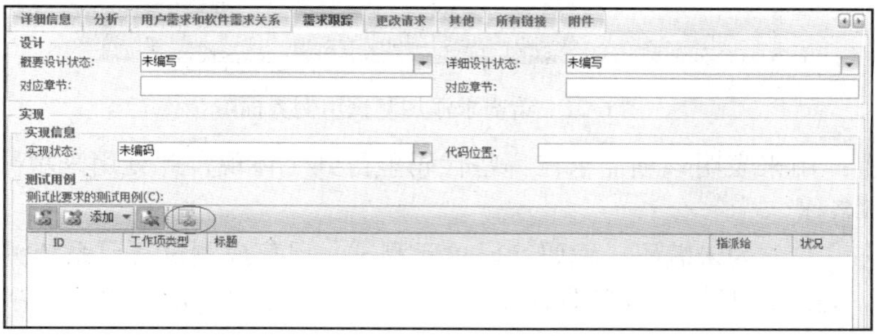

图6-18 用户需求跟踪主界面

填写说明如下。

- 概要设计状态：共分为未编写、编写、评审通过、修订 4 种状态。在初始时，为"未编写"状态，根据项目的进展来更新状态。如图 6-19 所示。是用来表明需求是否进行了概要设计或者在概要设计中是否得到了体现，若有了概要设计，是否通过了评审。
- 对应章节：若进行了概要设计，则需要在此填写该项需求是在哪些章节中得到了体现。
- 详细设计状态：填写方法和概要设计状态一致，如图 6-20 所示。

图 6-19　用户需求跟踪之概要设计状态选择界面　　图 6-20　用户需求跟踪之详细设计状态选择界面

- 对应章节：填写与概要设计类似。
- 测试用例：所有与该需求相关的测试用例。例如"单元测试用例"、"集成测试用例"、"系统测试用例"分别用来表明该需求项在测试用例编写过程中是否得到考虑，都以子级的方式链接在需求列表的测试用例，可以在建测试用例时来添加与具体需求的对应关系。可以依照实训指导 14 类似的方法，在某个需求上新建一关联的工作项，只是链接类型选"测试方"，工作项类型选"测试用例"，如图 6-21 所示。当然也可以在打开某个需求之后，在图 6-18 中点击用圈标注的地方，也可以出现图 6-21 所示界面。

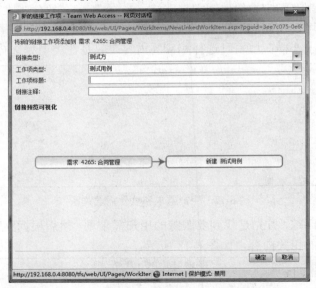

图 6-21　给需求添加测试用例界面

- 代码位置：用来表明该项需求在哪些代码里得到了体现，此处用来填写体现该需求的代码所在的文件名称。
- 实现状态：共分为未编码、编码、已单元测试、已集成测试、已系统测试 5 种状态，如图 6-22 所示。是用来表明该项需求是否已进行编码，当前编码的状态，在初始阶段，均为"未编码"状态。

图 6-22  用户需求跟踪之实现状态选择界面

在项目开发过程中,对需求要每周进行跟踪,根据跟踪的情况及时填写相关信息,并且更新需求的状态,直至需求关闭,其状态转换流程如图 6-23 所示。

状态图说明如下。

(1)当用户需求初建立的时候,"状态"为"已建议","原因"为"新建",学生实训时可以统一指派给项目组长(或指定的需求负责人、跟踪人)。

(2)当用户需求进过讨论或评审之后,对于某些不需要实现的需求,可以把"状态"直接由"已建议"改为"已关闭","原因"为"已拒绝"。由于软件需求是对用户需求的实现,通常不能直接关闭。

(3)当用户需求确认需要实现时,"状态"由"已建议"改为"活动","原因"为"已接受","指派给"负责此需求分析的系统分析人员。

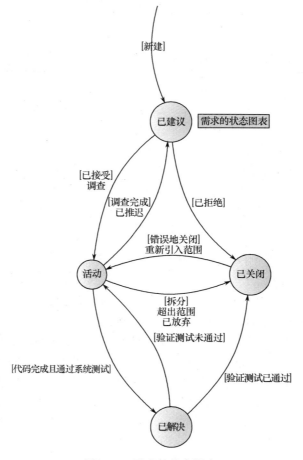

图 6-23  需求的状态图表

（4）当需求还需要调查的时候,"状态"由"已建议"改为"活动","原因"为"调查""指派给"负责调查需求的系统分析人员。当需求调查完成之后,"状态"由"活动"改为"已建议","原因"为"调查完成","指派给"为项目组长,由项目组长安排该需求的进一步工作。

（5）当需求因为某些原因需要延迟执行的时候,"状态"可以由"活动"改为"已建议","原因"为"已推迟","指派给"为项目组长,由其负责对需求进行跟踪。

（6）当对于需求所对应的功能模块代码已完成并通过系统测试时,"状态"由"活动"改为"已解决","原因"为"代码完成且通过系统测试",等待需求验收,"指派给"为验证人员（一般为用户代表,在学生实训时可以指派给实训指导老师）。对于用户需求,还需要在图 6-24 中把"用户验收测试"改为"就绪"。

（7）当需求的验证测试没有通过的时候,"状态"由"已解决"改为"活动","原因"为"验证测试未通过",同时填写验证测试发现的 Bug,"指派给"原来负责该需求的人员。对于用户需求,还需要在图 6-24 中把"用户验收测试"改为"失败"。

（8）当需求验证通过的时候,"状态"由"已解决"改为"已关闭","原因"为"验证测试已通过"。对于用户需求,还需要在图 6-24 中把"用户验收测试"改为"通过"。

（9）当需求在整个研发过程中有调整的时候,"状态"可以由"活动"直接改为"已关闭","原因"为"拆分"、"超出范围"或"已放弃"。

（10）当需求关闭之后,发现有问题,可以再次被激活。"状态"由"已关闭"改为"活动","原因"为"错误地关闭"或则"重新引入范围","指派给"为项目组长。

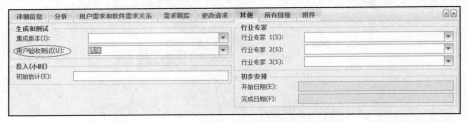

图 6-24 需求用户验收填写界面

## 实训指导 22：如何使用 TFS 完成需求变更

在开发过程中,由于用户想法或需要的改变、产品所处市场环境的改变,或者开发人员对需求理解的改变等各种情况,都有可能导致需求的变更,在需求变更时,可能会对《用户需求说明书》或《软件需求规格说明书》进行修改。由于需求是系统设计、工作量估算、系统编码、软件测试等的基础,所以必须对需求的变更加以严格控制。

建议：第一类学员相关专业的班级,若没有开设过软件工程课程,则在实训过程中不要增加需求变更的环节；若已经开设过软件工程课程,则可以增加需求变更的实训环节,以增加对需求管理的体会。第二类学员相关专业的班级,需要有需求变更的实训环节。

在 TFS 中,找到需要变更的需求,然后作为"影响者"直接创建。如图 6-25 所示,在其中通过单击"添加新的链接工作项"来操作。依据提示步骤来填写相关内容即可完成该需求的变更申请,创建完成之后如图 6-26 所示。当然,对于新增需求类的变更,由于没有原来可关联的需求,可以直接通过新建工作项方式来完成,只是工作项类型选择"更改请求"。

第 6 章　需求开发及管理

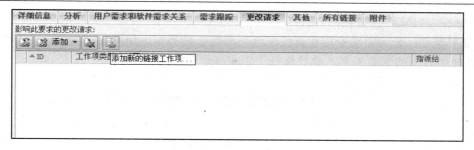

图 6-25　更改请求增加界面

图 6-26　添加更改请求后界面

在新建的更改请求工作项表格中，对相应的每个字段进行填写。如图 6-27 所示。

图 6-27　更改请求工作项主界面

填写说明如下。
- 标题：填写更改请求的简要描述文字。
- 指派给：可以选择该项目的主要负责人（系统默认是当前登录者）。
- 状态：选择已建议。
- 原因：选择新建。
- 区域：就是默认的当前的项目。

- 迭代：就是默认的当前的项目。
- 变更类别：分为需求变更和其他配置项变更 2 种类别，如图 6-28 所示。在填写变更的时候，选择相对应的变更类别。此处选择"需求变更"。

图 6-28　变更类别选择界面

- 优先级别：分为 1，2，3，4 共 4 种级别。4 是最高级，在项目开发过程中要最先实现，由系分人员根据需求项的实际情况来填写。在填写需求的时候，选择相对应的优先级别。
- 会审：分为挂起、收到信息、详细信息、已会审 4 种状态，若不需要会审时，一般选择挂起。
- 被阻止：分为是、否两种类型，说明该变更请求是否被阻止。
- 详细信息：填写具体的变更内容。
- 变更理由：填写变更理由，如图 6-29 所示。

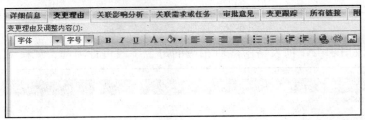

图 6-29　变更理由填写界面

- 关联影响分析：需要填写对体系结构的影响、对用户体验的影响、对测试的影响、对设计/开发的影响、对技术出版物的影响（即用户资料），如图 6-30 所示。

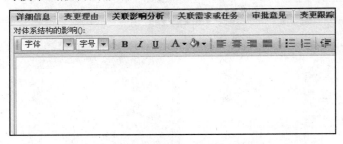

图 6-30　关联影响分析填写界面

- 关联需求或任务：可以通过添加的按钮来选择，如图 6-31 所示。

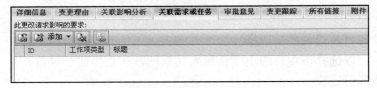

图 6-31　关联需求或任务填写界面

- 审批意见：此处一般是由 CCB 负责人或项目经理填写，如图 6-32 所示。

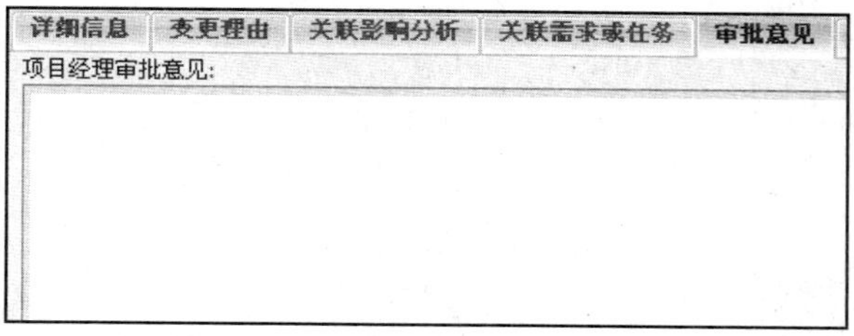

图 6-32 审批意见填写界面

● 变更跟踪：在提出变更时要估计因变更所需要花费的工作量，然后填写在"估计投入"处；待变更完成并变更验证之后，再将实际花费的工作量填写在"实际工作量"处。在需求变更之后，参与实训的项目小组成员需要对需求进行评审确认，然后在变更验证处的"变更后评审意见"填写意见。若实训小组中设有 QA 角色，在变更完成之后，由 QA 对与变更相关的所有文档、任务等进行验证。主要包括：《用户需求列表》、《用户需求说明书》、《软件需求规格说明书》、《用户需求跟踪矩阵》、相关设计文档、项目进度表等。在检查完成以后，在"QA 验证意见"处填写意见。如图 6-33 所示。

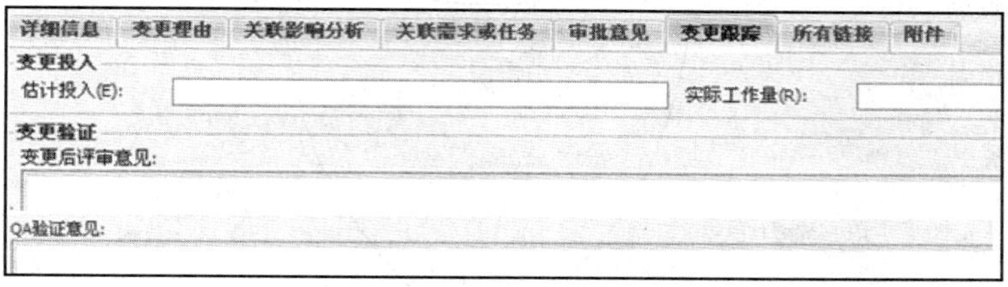

图 6-33 变更跟踪填写界面

● 所有链接：可以链接与需求有关的资料。
● 附件：上传更改请求相关资料到 TFS 中。

变更申请由申请变更的人员填写"需求变更申请"，在实训时，可能由系分人员填写；然后提交给项目组长在"项目经理审批"处签署意见，同时也可以对申请人填写的内容进行修改，以保证准确性。

变更申请填写之后，需要根据研发的管理流程对其进行跟踪，及时填写相关信息，更新其状态，直至关闭。具体的状态流程图如 6-34 所示，对于状态跟踪解释描述如下。

状态图说明如下。

（1）当更改请求初建立的时候，"状态"为"已建议"，"原因"为"新建"，填写变更请求的详细原因、影响分析等，"指派给"为项目经理或 CCB 负责人。

（2）当更改请求经过评审或讨论之后不需要的时候，"状态"直接由"已建议"改为"已关闭"，"原因"为"已拒绝"，并填写审批意见。

（3）当更改请求确认接受的时候，"状态"由"已建议"改为"活动"，"原因"为"已接受"，填写审批意见，然后"指派给"具体负责执行该变更的人员。

（4）当更改请求还需要调查的时候，"状态"由"已建议"改为"活动"，"原因"为"调查"，"指派给"为委派的调查人员。当更改请求调查完成后，填写调查的详细信息（比如影响分析、工作量估算等），"状态"由"活动"改为"已建议"，"原因"为"调查完成"，"指派给"为项目经理或 CCB 负责人。

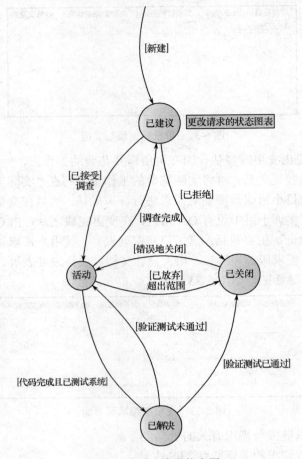

图 6-34 更改请求状态图

（5）当更改请求所对应的功能模块代码已完成并通过系统测试的时候，"状态"由"活动"改为"已解决"，"原因"为"代码完成且通过系统测试"，等待验证，"指派给"为验证人员，一般为 QA 工程师或项目经理。

（6）当更改请求的验证测试没有通过的时候，"状态"由"已解决"改为"活动"，"原因"为"验证测试未通过"，"指派给"原来负责该更改请求的人员。

（7）当更改请求验证通过的时候，"状态"由"已解决"改为"已关闭"，"原因"为"验证测试已通过"。

（8）当更改请求在整个研发过程中有调整的时候，"状态"由"活动"改为"已关闭"，"原因"为"超出范围"或"已放弃"，根据实际情况来选择。

（9）当发现更改请求被错误关闭的时候，"状态"可以由"已关闭"改为"活动"，"原因"为"错误地关闭"，"指派给"原来负责该更改请求的人员。

如果不使用 TFS 完成实训，也可以通过填写文档表单的方式来完成，具体的实训模板电子文档请参见本书配套素材中"模板——第 6 章 需求开发及管理——《需求变更申请表》"。

# 第 7 章 风险管理

本章重点：
- 风险基础知识；
- CMMI 对应实践；
- 风险管理概述；
- 风险管理流程；
- 风险跟踪；
- 风险管理实训。

风险，作为一门科学，始于 16 世纪文艺复兴时代，风险（Risk）一词源于古代意大利语"risicare"（敢于）。法国数学家、近代概率论的奠基人 B. Pascal 和瑞士数学家、变分学的创始人 D. Bernoulli 都曾经对风险的定义作出过重要贡献。健康的风险意识，规范的风险管理制度，会在很大程度上促进每个项目的成功。但是项目的风险管理能力需要有一个逐步提高的过程，主动的、自上而下的推动，有助于缩短这一过程。本章通过介绍风险及风险管理的基本知识，给出在软件开发项目中风险管理的流程及方法，为软件开发项目的成功提供一定的保障。

## 7.1 风险基础知识

风险是项目执行全过程中可能发生、一旦发生就会影响目标的实现并进而造成损失的事件或问题。其具有以下两个明显的特征：
- 不确定性，事件可能发生也可能不发生（必然发生的事件应该列入项目的约束条件）；
- 损失，事件一旦发生，就会造成（成本、进度和质量等方面的）损失甚至出现严重的恶性后果。

对于风险，还应认识到：风险与机会共存；收益和风险相伴。审时度势，权衡取舍；敢于进取，有备无患。所以作为一个成熟的项目管理者不能：
- 将风险管理看作是项目工作以外的额外活动；
- 将风险管理看作是本身职责范围以外、由他人负责的活动。

一个成功的项目管理者，应该将注意力集中在项目成功的关键因素上；类似地，一个公司要成功地管理风险，应将注意力集中在不断提高风险管理能力的关键因素上。构成风险管理能力的四大关键因素如下。

（1）人（People）。
- 风险管理涉及所有层次的人员，各有各的职责。
- 学习、培训和经验有助于提高个人风险管理能力。
- 机构应采取足够的激励措施，克服风险管理的障碍。
- 了解个人的风险偏好（Preference），用以预测个人行为。

（2）过程（Process）。
- 风险管理过程可划分为 2 个子过程、5 个过程元素：风险评估（含风险识别、风险分析）；风险控制（含风险策划、风险跟踪、风险应对）。
- 过程可以伸缩，以便适应不同类型和不同规模的项目。
- 过程应有必要的灵活性。
- 过程执行应讲究成本效益。

（3）基础设施（Infrastructure）。
- 决策者的价值观通过机构方针影响或约束人们的行为。
- 客户和部门管理者通过需求为项目设定预期目标。
- 运用资源应对风险。
- 分析风险管理的成本和收益。

（4）实施（Implementation）。
- 制订一个主动的、高质量的风险管理计划。
- 选择符合项目特性的方法和工具。

风险管理能力需要有一个逐步提高的过程。有人提出了"风险管理路线图[①]（Risk Management Map，RMM）"的概念，揭示了逐步提高风险管理能力的途径。风险管理路线图分为以下五步。

（1）业务分析。
- 信息获取。
- 限制条件。
- 分析工具。
- 报告汇总。

（2）风险识别。
- 风险分析基础。
- 潜在限制条件。
- 风险识别工具。
- 风险识别报告。

（3）风险评估和衡量。
- 风险评估对象。
- 风险评估障碍。
- 风险评估工具。
- 风险评估报告。

（4）风险规划和应对。
- 应对的风险相关事项。
- 风险应对的障碍。
- 风险应对方法。
- 风险应对策略。

---

① 详见《整合进行时——公司全面风险管理路线图》，华小宁、梁文昭、陈昊编著，复旦大学出版社。

（5）风险管理体系的全面实施。
- 风险管理体系的基本要素。
- 设计/实施风险管理能力。
- 公司全面风险管理体系的启动和监控。

## 7.2 CMMI 中对应实践

在 CMMI 中有一个专门的过程域对应于风险管理，即风险管理（Risk Management，RSKM）过程域，其目的是，在问题发生之前识别潜在的问题，以便策划风险处理活动，在项目或产品生命周期全过程中一旦需要就可启动风险处理活动以缓解对目标实现的不利影响。风险管理是一个连续的、预测未来的过程，是事务和技术管理过程的一个重要部分。风险管理应该解决那些可能危及关键目标实现的问题。应采用持续的风险管理方法，以便有效地预先采取措施缓解对项目会产生严重影响的风险。

尽管技术问题在项目早期或所有阶段都是主要关注的问题，但风险管理必须考虑来自内部和外部的引起成本、进度和技术风险的原因。尽早主动发现风险非常重要，因为风险发现越早，变更或纠正的成本越低，对项目的损害越小。

在 CMMI 中风险管理分为三个部分：定义风险管理策略；识别和分析风险；处理风险，包括必要时实施风险缓解计划。在风险管理过程域中，共有三个特定目标需要实现，与此对应的有 7 个实践，如下所述。

**SG1 Prepare for Risk Management**（准备风险管理）

为实施风险管理做好准备工作，通常是形成一个风险管理计划文档，为整个风险管理提供一个战略性的文件。

**SP1.1 Determine Risk Sources and Categories**（确定风险来源和类别）

通常是通过风险源清单和风险类别清单来完成该工作。常见的风险源包括：未确定的需求，不可预知的投入——估算不到位，不切实际的设计，不可得到的技术，不现实的进度估算和安排，人员或技术不足，成本或资金问题，子承包商能力的不确定或不足，买主能力不确定或不足，与现实的或潜在的客户或客户代表沟通不充分，打断操作的持续性。

**SP1.2 Define Risk Parameters**（定义风险参数）

目的是定义用于分析和分类风险参数，以及用于控制风险管理活动的参数。一般来说，需要定义以下三类内容。一是定义评价和量化风险概率和严重程度的一致准则；二是定义每个风险类别的阈值；三是定义阈值可扩展的边界。

**SP1.3 Establish a Risk Management Strategy**（建立风险管理策略）

目的是建立和维护用于风险管理的策略，此策略一般是在公司级的文档里或项目的风险管理计划文档里明确提出。

**SG2 Identify and Analyze Risks**（识别和分析风险）

识别和分析风险，以便决定其相关的重要性。

**SP2.1 Identify Risks**（识别风险）

识别并记录风险。一般需要完成以下几个活动：一是识别成本、进度和性能在产品生命周期各个阶段的风险；二是审查可能影响项目的环境因素；三是审查工作分解结构（WBS）的所有元素，以确保考虑到工作量的所有方面；四是审查项目计划的所有元素，以确保考虑到项目的所有方面；五是将风险的上下文环境、条件及潜在的后果形成文档；六是识别与每个风险相关的干系人。

SP2.2 Evaluate, Categorize, and Prioritize Risks（对风险进行评审、分类和排序）

目的是使用已定义的风险类别和参数，评价和分类每个已识别的风险，并对其进行排序。一般需要完成以下几个活动：一是使用已定义的风险参数，评价已识别的风险；二是按照已定义的风险类别，对风险进行分类和分组；三是确定每个风险的排序，以便于缓解风险影响。

SG3 Mitigate Risks（缓解风险）

目的是必要时处理和缓解风险，以减少对目标实现的负面影响。

SP3.1 Develop Risk Mitigation Plans（开发风险缓解计划）

目的是按照风险管理策略，开发重要风险的风险缓解计划。一般需要完成以下几个活动：一是定义当风险不可接受时启动风险缓解计划或应急计划的风险等级和阈值；二是确定负责处理每个风险的责任人或组；三是确定执行每个风险的风险缓解计划的成本——收益比；四是开发项目的整体风险缓解计划，用以权衡单个风险缓解计划和应急计划的实施；五是开发关键风险的应急计划。

SP3.2 Implement Risk Mitigation Plans（实施风险缓解计划）

目的是定期监督每个风险的状态，必要时实施风险缓解计划。一般需要完成以下几个活动：一是定期监督风险状态；二是提供跟踪风险处理措施直到关闭的方法；三是当被监控风险超出已定义的阈值时，调用所选的风险处理选项；四是建立每个风险处理活动的性能周期和进度，其中包含开始时间和预期结束时间；五是对每个计划提供持续的资源承诺，以实现风险处理活动的成功执行；六是收集有关风险处理活动的性能度量。

**说明** 阈值是专业技术人员根据经验或者是以往项目的参考数据制定的，用来衡量项目实际进展与计划所产生的偏差率，以此监控和指导项目的开发。例如，在监控周期中的进度或工作量的偏差率超出制定的阈值时，就给此阶段红色报警（体现在偏差率上）。每个资源模型定义一个或多个阈值。阈值是资源的具有缺省值的具名属性，可以在定制阶段修改它。通常，为阈值指定的值代表与性能有关的实体的一个重要参考标准，如果超过或未达到该值，管理员可能需要了解其情况。然而有些阈值用作参考值，以限制资源模型的作用域。

## 7.3 风险管理概述

在公司里无论是软件产品的开发，还是公司日常运营管理，均应当重视风险的管理，建立行之有效的风险管理及内控体系，有助于在市场经济中取得长远的发展。通常风险管理的目的有以下两点。

（1）规范公司风险管理过程，有效地进行项目风险的识别，制定管理策略并进行跟踪控制工作，确保项目顺利完成。

（2）主要内容包括：风险识别及分析；制定风险应对策略；风险跟踪及控制；作为项目计划的一部分或者单独编写风险管理计划，并经评审和控制。

应该承认，确实存在许多反对（或不）进行风险管理的理由，似是而非，简单的否定并非易事也于事无补。其实，所有风险中最大的风险可能就是由于传统文化的原因人们对风险管理缺乏应有的重视。只要看一下以下几种日常生活中普遍存在的现象（风险管理的障碍），就不难理解了：

- 不要成为有消极想法的人；
- 不要做拆台的人；
- 不要只提出问题，除非你有办法解决它；
- 不要说可能有问题，除非你能证明它；
- 不要指出问题，除非你愿意负责解决它。

此外，不妨罗列几条好像就是发生在我们身边的反对进行风险管理的理由。

- 顾客还没有成熟到坦然面对风险的地步。因此，向用户作出的有关进度、成本、报价及质量等的承诺只能投其所好，否则用户就不会给我们机会，或者别的竞争者抢走了机会。
- "成功管理"是最好的管理方法。上一次就是这样做的，也没有发生风险，并且成功了，没有必要搞什么风险管理。
- 是有几个项目出了问题，有损失，但公司还在向前发展，大不了赔点钱、余款收不回来，至多诉诸法律，等等。每个项目都要认真考虑风险，搞得什么事都不敢做。
- 如果风险不发生（这是完全可能的），绩效就是我的，如果不幸真的发生了，损失则是公司的。用户有什么要求都答应，合同签下来才是关键。
- 原来就这么做的，如果要控制风险，可能就会暴露已经存在的问题，决策者的面子往哪里摆，还不如照老样子做下去，说不定下半年就会发生奇迹。
- 风险管理承认不确定性的存在，而不确定性会成为低效率的理由。不承认不确定性，承诺一个确定的目标，反而会激发员工的效率。
- 每个部门都有存在的理由，每个项目都有可能成功，因此，一个部门也不能少，每个项目都要做。（结果是在低收益的项目上浪费了公司资源，付出了高收益项目的机会成本。）

上面这些现象，有技术方面的原因，也有过程方面的原因，还有机制或制度方面的原因，当然还有文化方面以至个人性格方面的深层次原因。但是，不管什么原因，应该看到：技术或过程方面的改进可能只需要几个星期，机制或制度的变化则需要几个月，而文化的变化则需要一年、两年甚至更长的时间。"焦头烂额座上客"的典故古代早就有了，距今已有数百、上千年了，至今仍然有很强的针对性而值得人们去思索。可见改变一种文化该是多么困难的事情。因此，要提高风险管理能力，首先就应从决策层开始，高度重视风险意识的培养，注重风险价值观的建设，特别要注意以下几点：

- 主动进行风险管理；
- 明确风险责任；
- 不因风险而责难普通员工；
- 与相关人员交流风险，使风险应对责任人了解风险；
- 从意外结果中吸取教训。

同时，为了确保公司战略目标和年度计划的实现，应该制定并不断完善风险管理机构方针，用以约束全公司各个层次人员的风险行为。例如，应明文规定如下。

- 公司、部门一级的年度计划，必须包含风险管理计划；每个项目的开发计划必需包括风险管理计划。
- 在制订年度计划或项目开发计划的同时，必须进行风险识别、风险分析及风险策划，针对首要风险明确风险责任，确定风险应对策略，制订风险应对行动计划。
- 公司和部门均应建立风险跟踪制度，跟踪风险和风险管理计划，定期（或事件驱动）

验证风险管理活动相对于风险管理计划的符合性。
- 在每周或每月的例会上应报告风险。
- 在每月或每季的里程碑会议上应评审风险。
- 每个项目组、每个部门以至全公司，应重视经验积累和共享，建立并维护风险数据库。
- 各级管理者不得以风险识别的结果评价员工个人的表现。

在软件开发项目中，对于风险管理除了遵循以上列举的公司级风险管理的方针外，还需要制定专门针对项目级风险管理的方针，具体如下：
- 每个项目指定一个风险管理人员（一般为项目经理），并制订风险管理计划（可以为项目开发计划的一部分）；
- 项目风险管理人员职责在风险管理计划中被明确分配；
- 在整个生命周期中按计划执行风险管理活动；
- 建立相应的配置管理库存储相关的风险记录；
- QA 经理、项目经理、QA 工程师定期审计风险管理活动。

## 7.4 风险管理流程

### 7.4.1 风险管理流程图

在项目风险管理流程中，主要分为：一是识别及分析风险，得到主要的风险列表；二是制定风险管理策略，形成风险管理计划；三是对风险进行跟踪控制，并在此过程中再识别分析可能出现的新风险。具体流程如图 7-1 所示。

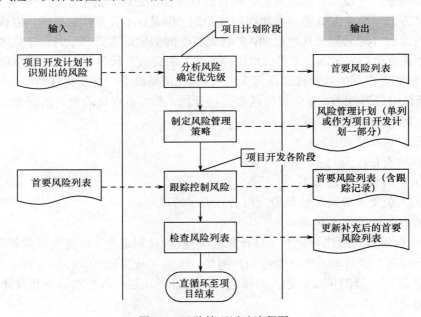

图 7-1 风险管理活动流程图

风险管理贯穿软件开发的整个生命周期，是项目经理日常工作的一个重要组成部分，在项目组中要形成了"识别——分析——跟踪——关闭"的循环，每周都要对风险进行专门的识别、分析及跟踪。

### 7.4.2 识别风险

风险识别是一门学科，具有比较强的专业性及管理能力要求，在项目开发过程中，一般可以从下面几个方面进行识别。

● 项目组在项目经理指导下展开风险研讨，必要时吸纳项目相关人员（包括市场人员）参加，对项目开发计划的工作分解结构（WBS）中所有工作要素中可能存在的风险进行识别。

● 对风险的识别可以参照机构提供的风险数据库，对库中罗列的风险项，逐一研讨其在本项目中显含或隐含的可能性。

● 对项目风险的识别，还可以参考其他项目或当前项目的早期阶段中识别出来的或发生过的风险。

● 项目经理负责将识别出来的风险项记录在项目的风险清单中，如果使用 TFS 作为实训平台，则在 TFS 中添加并填写一个"风险"工作项。

在公司管理或软件研发项目过程中，常见的风险类型有以下几类，具体的分类情况表 7-1 中给出了一些建议，供读者参考。

● 需求不明确，或需求分析有缺陷，致使最终产品不符合（客户或市场）需要，导致项目目标偏离或在中途作重大变动，延误产品发布时间；

● 对项目工作量估计不足，造成工作不能按计划执行，甚至放弃计划；

● 客户要求急，开发时间短，加班加点，放松了对过程的控制，导致缺陷不能及时发现，产品性能未达到要求，给后面的产品实施和维护工作带来了较大的压力；

● 测试手段和时间不足，不能充分覆盖所有需求项，导致交付的产品有较多缺陷不能发现。

表 7-1 风险分类表

| 产品工程 | | 开发环境 | | 项目约束 |
|---|---|---|---|---|
| 1. 需求<br>稳定性<br>完整性<br>清晰<br>有效性<br>可行性<br>先例<br>规模<br>2. 设计<br>功能<br>难点<br>接口<br>性能<br>可测试性<br>硬件约束<br>非开发软件 | 3. 编码和单元测试<br>可行性<br>单元测试<br>编码/实现<br>4. 集成和测试<br>环境<br>产品<br>系统<br>5. 工程特点<br>可维护性<br>可靠性<br>安全性<br>保密性<br>人的因素<br>特殊性 | 1. 开发过程<br>正规性<br>适合性<br>过程控制<br>熟悉程度<br>产品控制<br>2. 开发系统<br>容量<br>适合性<br>可用性<br>熟悉程度<br>可靠性<br>系统支持<br>交付能力 | 3. 管理过程<br>计划<br>项目组织<br>管理经验<br>项目接口<br>4. 管理方法<br>监控措施<br>人员管理<br>质量保证<br>配置管理<br>5. 工作环境<br>质量态势<br>合作<br>士气 | 1. 资源<br>进度<br>人员<br>预算<br>设备<br>2. 合同<br>合同类型<br>约束<br>依赖关系<br>3. 项目接口<br>用户<br>联合承包方<br>子承包方<br>主承包方<br>协同管理<br>供货商策略 |

### 7.4.3 分析风险

项目经理负责组织项目组成员对识别的风险项进行分析，评价风险发生的概率和影响度。

必要时，可以邀请相关同行参与风险分析活动。

项目经理组织项目组成员，结合项目管理经验和当前项目实际情况，确定各个风险项的影响估算情况。风险影响是反映风险严重性的一个重要指标，可以按这样的公式计算：风险影响 = 风险发生概率×影响度。

- 风险发生概率（P）。是指风险发生的可能性。其量化评价方法可按表7-2描述打分。

表7-2 风险发生率

| 定性表示 | 定量表示（P） | 说明 |
| --- | --- | --- |
| 很大 | 5 | 风险发生的可能性>80% |
| 较大 | 4 | 风险发生的可能性60%～80% |
| 一般 | 3 | 风险发生的可能性40%～60% |
| 不大 | 2 | 风险发生的可能性20%～40% |
| 很小 | 1 | 风险发生的可能性<20% |

- 影响度（C）。是指当风险说明中所预料的结果发生时可能会对项目产生的影响，一旦风险发生，其造成的损失包括成本、进度等多种损失。其量化评价方法可按表7-3描述进行打分。

表7-3 风险严重级别表

| 定性表示 | 定量表示（P） | 说明 |
| --- | --- | --- |
| 很严重 | 5 | 进度延误>30%，或成本超支>30% |
| 严重 | 4 | 进度延误20%~30%，或成本超支20%~30% |
| 一般 | 3 | 进度延误<20%，或成本超支<20% |
| 不太严重 | 2 | 进度延误<10%，或成本超支<10% |
| 不严重 | 1 | 进度延误<5%，或成本超支<5% |

根据以上两个指标的打分情况，可以按表7-4计算出风险影响量化的值，从而可以对风险进行优先级排序，其中表内的阴影部分表示风险影响比较大，应优先关注或处理。

表7-4 风险影响量化值计算表

| 风险影响 | | 风险可能性 | | | | |
| --- | --- | --- | --- | --- | --- | --- |
| | | 很大 5 | 较大 4 | 一般 3 | 不大 2 | 很小 1 |
| 风险后果 | 很严重 5 | 25 | 20 | 15 | 10 | 5 |
| | 严重 4 | 20 | 16 | 12 | 8 | 4 |
| | 一般 3 | 15 | 12 | 9 | 6 | 3 |
| | 不太严重 2 | 10 | 8 | 6 | 4 | 2 |
| | 不严重 1 | 5 | 4 | 3 | 2 | 1 |

软件项目常见的前5项风险清单如表7-5所示。

表7-5 软件项目常见风险列表

| 风险 | 风险陈述 | 风险背景 |
| --- | --- | --- |
| 资源不足，进度延误 | 过分乐观的进度，有限的成本，导致进度拖后、成本超支 | 人员配备不到位；没有时间进行必需的培训；无法达到进度要求的效率；将加班作为克服进度不够的标准选择；不充分的需求分析导致对产品功能需求的片面理解 |
| 需求不定 | 不明确的用户需求导致项目软件需求不完整、不确定 | 需求文档没有恰当地描述系统构成；接口文档未经确认或批准；需求细节来自现有代码；部分需求（如验收标准）不清楚；因客户方面人员变动引起需求变更或漂移 |
| 人员流失 | 项目骨干人员中途流失造成项目中断或失败 | 长期出差或长时间加班造成骨干人员有厌烦心理；激励不足缺乏激情；个人发展前景不明缺乏信心；团队内部沟通不畅心情不好；开发环境不好，工作难度过大；外界吸引再某出路 |

| 风险 | 风险陈述 | 风险背景 |
|---|---|---|
| 项目中途夭折 | 项目立项时对风险估计不足造成项目半途而废 | 用户原因中途中止合同；产品失去市场前景中途停止；竞争对手先行推出或产品功能不及竞争对手，只好停止；骨干流失、技术方案失误造成项目长期拖延；决策失误中途停止项目 |
| 效率低下 | 长时间的生产效率低下造成项目最终失败 | 开发环境不好，影响工作效率；过程管理不严格，造成大量返工；员工培训不够，个人能力欠缺；职责不清、分工不明，造成时间浪费；员工缺少工作激情，影响进度 |

### 7.4.4 制定风险应对策略

通常，应对风险的策略有多种，包括以下内容。
- 接纳风险（Acceptance），可以承担风险后果，并为项目计划留出必要的风险储备。
- 回避风险（Avoidance），不参加某些项目的投标，放弃某些项目，放弃项目的某些功能，放弃（项目的）某些目标，等等。

**注意** 回避风险的最大风险是丧失机会，付出机会成本。

- 防范风险（Protection），采取适当措施，减小风险发生可能性和/或风险后果。
- 缓减风险（Reduction），在接纳风险或防范风险的应对策略下，及时采取适当措施，减缓风险发生、防止风险进一步恶化、化解风险、减小风险后果，等等。
- 风险研究（Research），收集更多的信息，进一步研究后再定。
- 风险储备（Reserves），为项目进度、成本等留有充分的余地。
- 风险转移（Transfer），如通过外包、外购等方式转移风险。

实际选用何种策略，应视具体情况而定，常用的取舍准则，包括：

- 风险赔率：$风险赔率 = \dfrac{风险应对之前的风险影响 - 风险应对之后的风险影响}{实施风险应对计划的成本}$
- 分散风险（即不要把全部鸡蛋放在同一个篮子里），意指项目不应过多地依赖于一个供应商、一个客户、一种方法、一个工具及一个人，等等。

那么，在软件开发过程中的风险也应该引起足够重视，并制定相应的对策。在项目开发时，一般制定风险对策的步骤及内容如下。

（1）确定各个风险的责任人。
（2）确定风险处理方式。
- 规避：制定风险规避策略时，项目经理要向高级经理或研发部经理报告，并获得批准。如有必要，还需通知客户以达成一致。
- 转移：制定风险转移策略时，项目经理要向高级经理或研发部经理报告，并获得批准，如有必要，还需通知客户以达成一致。
- 对某些高优先级的风险不能进行规避和转移，必须承认风险发生的可能性时，可采取接受风险策略来处理风险。
- 减缓（降低）：减缓措施主要用在风险发生时。建议制定及时的、正面主动的、具体的应急方案解决问题，以便减少它对项目的影响。

（3）制订风险管理计划，纳入项目开发计划或单列，进行评审。

## 7.5 风险跟踪简述

### 7.5.1 风险跟踪

风险跟踪的目的包括：监视风险情景的事件和条件；跟踪风险转化指标及时提供预警报告；为触发机制提供通知及时启动风险行动计划；收集风险应对活动的结果；定期报告风险度量；提供风险状态的可视性。

在开发过程中，风险跟踪是一个日常性的工作，一般采用定期或事件驱动的方式来进行，项目组内所有组员均应当关注项目中的风险。在执行时，对风险的跟踪可按如下步骤进行。

（1）QA 工程师协助项目经理或指定人员按照项目开发计划，定期或事件驱动地以询问责任人的方式，对风险清单中每个风险项进行跟踪，在风险管理表中记录跟踪状态。

（2）项目经理须定期对"活动的"状态的风险重新进行评估，以确定其概率、影响度和优先级是否发生了变化，必要时需对首要风险管理表进行及时的变更。

（3）项目经理在项目执行的各个阶段，需要再次对风险进行识别，确定新风险项的概率、影响度、优先级并制定应对策略，必要时对风险管理计划和风险列表及检查表进行及时的变更，以确保风险管理的动态性和完整性。

（4）项目经理对照计划定期通报风险的情况，在定期的会议上通告相关人员目前的主要风险及它们的状态，与计划进行对照回顾风险状态，加强项目组内部交流。

### 7.5.2 风险应对

随着项目的进展，风险监控活动开始进行。项目管理者监控某些因素，这些因素可以提供风险是否正在变高或变低的指示。例如，频繁的人员流动被标注为一个项目风险，基于以往的历史和管理经验，人员流动的概率为 70% 时，被预测对于项目成本及进度有严重的影响。应该监控下列因素：

- 项目组成员对项目压力的一般态度；
- 项目组的凝聚力；
- 项目组成员彼此之间的关系；
- 与报酬和利益相关的潜在问题；
- 在公司内及公司外工作的可能性。

除了监控上述因素之外，项目管理者还应该监控风险缓解步骤的效力。如上例中，风险缓解步骤要求定义"文档的标准，并建立相应的机制，以确保文档能被及时建立"。如果有关键的人物离开了项目组，这是保证工作连续性的机制。项目管理者应该仔细地监控这些文档，以保证文档内容正确，当新员工加入该项目时，能为他们提供必要的信息。

风险管理及意外事件计划假设缓解工作已经失败，风险变成了现实。继续前面的例子，假定项目正在进行中，有一些人宣布将要离开。如果按照缓解策略行事，则有后备人员可用，因为信息已经文档化，有关知识已经在项目组中广泛进行了交流。此外，项目管理者还可以暂时重新将资源调整到那些需要人的地方去，并调整项目进度，从而使新加入的成员能够"赶上进度"。同时，要求那些要离开的人员停止工作，进入"知识交接模式"。

风险管理计划中的步骤将导致额外的项目开销。因此，风险管理的部分任务是评估何时由风险管理计划中的步骤所产生的效益低于实现它们所花费的成本。本质上是讲，项目计划者执行一个典型的成本－效益分析来估算项目开销变化情况。

对于一个大型项目，可能会标识出 30~40 种风险。如果为每种风险定义 3~7 个风险管理步骤，则风险管理本身就可能变成一个"项目"。经验表明：整个软件风险的 80%（即可能导致项目失败的 80%潜在的因素）能够由仅仅 20%的已知风险来说明。早期风险分析步骤中所实现的工作能够帮助计划者确定哪些风险在所说的 20%中。

# 实训任务九：管理项目中的风险

第一类学员可以不进行此章的实训，对于第二类学员，在实训时需要编写两个与风险相关的文档，分别为《风险管理计划》和《首要风险列表》（使用 TFS 作为实训平台时，在 TFS 中填写风险工作项清单并对其定期跟踪即可）。这两个文档由项目组长或指定专人来负责编写，在编写完成之后，整个小组内组织讨论，最终定稿，参加《项目开发计划书》（定稿版）的评审。其中的《首要风险列表》需要按照《风险管理计划》中确定的跟踪频率进行定期跟踪、更新。

《首要风险列表》是在项目初步计划时就开始填写，在项目详细计划时进行细化，并且在项目开发过程中进行跟踪更新。根据项目规模的大小，可以把风险管理计划作为《项目开发计划书》的一部分，不进行单列编写。

在做此工作的过程中，项目组其他组员继续完成技术预研、需求分析评审、详细计划的编制等工作。此章的实训估计用时，2 至 4 学时。

## 实训指导 23：如何编制《风险管理计划》

此计划主要是把风险管理的各类活动进行明确，其中包括：谁来负责风险管理，风险管理跟踪的频率，发现新的风险怎么提出及提出之后怎么组织人员评估，当风险转化为问题之后，项目组给公司报告的流程是怎么样的，等等。

由于学生实训项目均为小型项目，可以不填写该风险管理计划，把上面提到的一些内容放到项目开发计划中给予明确即可。

实训模板电子文档请参见本书配套素材中"模板——第 7 章 风险管理——《风险管理计划》"，具体包含的内容如下风险管理计模板所示。

**风险管理计划模板**

1. 引言
1.1 目的
[本条必须指明特定的风险管理计划的具体目的，还必须描述该计划所针对的软件项目及其所属的各个子项目的名称和用途。]
1.2 定义和缩写词
[本条应该列出计划正文中需要解释的术语的定义，必要时，还要给出这些定义的英文单词及其缩写词。]
1.3 参考资料
[本条必须列出计划正文中所引用资料的名称、代号、编号、出版机构和出版年月。]

## 2. 风险管理活动

### 2.1 识别风险活动

[对项目中可能遇到的风险进行识别,进行必要的说明后完成首要风险列表中的相应项填写。对每个风险利用风险值矩阵计算风险值,按优先级填写在首要风险列表中。此处需要写明在项目开发过程中风险识别的流程及管理活动。]

### 2.2 计划任务

[本条必须描述在软件生命周期各个阶段中的风险管理任务及要进行的检查工作。]

### 2.3 人或机构

[本条描述在软件生命周期各个阶段中进行风险管理的负责人或机构。]

### 2.4 风险跟踪及检查

[在软件生命周期各个阶段中,定期或事件驱动地对识别出来的风险进行跟踪检查,必要时不断完善风险列表及检查表,直到风险被解除。]

## 实训指导 24:如何在 TFS 中进行风险管理

《首要风险列表》需要填写在项目开发过程中发现的重要风险,并需要把全部的风险都填写进来,并进行定期跟踪、评估;在 TFS 下,即可以直接添加风险项,也可以从问题中通过"提升为风险"的方法来添加风险。

结合 TFS 来填写首要风险列表计划,可以在 TFS 中选择"新建工作项"的"风险",如图 7-2 所示。

图 7-2 新建风险界面

在新建的风险工作项表格中,对相应的每个字段进行填写。如图 7-3 所示。

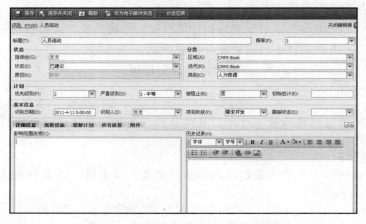

图 7-3 风险工作项主界面

填写说明如下。
- 标题：填写风险的名称，主要是风险的描述，填写时需要言简意赅，表达出风险的含义即可。
- 概率：依照表 7-2 中所描述，根据风险实际情况，填写风险的时候，选择相对应的概率。
- 指派给：该风险负责跟踪的人员（系统默认是当前登录者）。
- 状态：选择已建议。
- 原因：选择新建。
- 区域：默认的当前的项目。
- 迭代：默认的当前的项目。
- 类别：分为费用、管理、技术、人力资源、软硬件资源、商业、知识技能、其他 8 种类别，如图 7-4 所示。在填写风险的时候，选择相对应的类别。

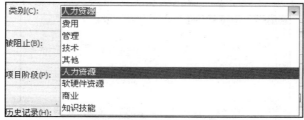

图 7-4　风险类别选择界面

- 优先级别：分为 1，2，3，4 共 4 种级别。
- 严重级别：分为 1-很低、2-比较低、3-中等、4-比较高、5-很高 5 种程度，如图 7-5 所示。依照表 7-3 中所描述，根据风险实际情况，填写风险的时候，选择相对应的严重级别。

图 7-5　风险严重级别选择界面

- 被阻止：分为是、否两种类型。说明该风险是否被阻止。
- 初始估计：填写处理该风险大概需要的工作量。
- 识别日期：填写该风险首次被提出的日期。
- 识别人：选择提出该风险的人员的姓名。
- 项目阶段：分为项目启动、项目计划、需求开发、系统设计、实现与测试、系统测试、客户验收 7 个阶段，如图 7-6 所示，是用来填写风险是在哪个阶段识别的。
- 跟踪状态：分为规避成功、规避失败、已识别、未识别、异常 5 个状态，如图 7-7 所示，在填写风险列表的时候，选择相对应的跟踪状态。下面对风险状态名词的解释如下。
- "规避成功"是指风险已识别出来，采取了规避措施，后期没有发生。
- "已识别"是指风险已识别出来，目前没有发生，但存在后期发生的可能性。
- "规避失败"是指风险已识别出来，采取了规避措施，但是后期项目该风险仍然发生。

- "未识别"是指存在于组织级"风险列表库"中的资源，后期项目中该风险仍然发生。
- "异常"是指不存在于组织级"风险列表库"中的资源，后期项目中该风险仍然发生。

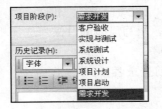

图 7-6　风险发现项目阶段选择界面

图 7-7　风险跟踪状态选择界面

- 详细信息：对风险所影响的范围做一个详细的说明。即该风险发生了，即转化为问题，对项目进度或项目中的子系统、功能模块产生什么样的影响。
- 规避措施：对当前风险采取什么样的措施，以避免其发生。在计划中填写如何避免，在触发器中填写当触发了那些条件时，该风险发生就需要实施缓解计划，如图 7-8 所示。

图 7-8　规避措施填写界面

- 缓解计划：当前风险发生，即转变成项目中实际的问题时，应当采取什么措施以降低由此对项目产生的影响。"缓解状态"分为缓解成功、缓解中、缓解失败 3 个状态，如图 7-9 所示，是用来表明，在采取了缓解措施之后，当前风险造成的影响是否消除，若消除，则填写"缓解成功"，否则填写"缓解失败"，在缓解的过程中，填写"缓解中"。在填写风险列表的时候，根据相应的状态选择。在应变计划里填写详细的方案。

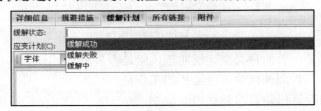

图 7-9　缓解计划填写界面

- 所有链接：可以链接与风险有关的资料。
- 附件：可能使用该功能上传当前风险相关资料到 TFS 中。

**说明**　"风险列表库"是每个公司或组织针对自身情况，制定出的本公司或组织可能会遇到的风险的汇总表。在本书的电子文档中，提出了某公司的风险列表库，供读者参考。

在风险首次提出之后，一般是每周对其进行一次跟踪，根据跟踪的情况来填写风险项中的相关内容，并且对风险的状态进行调整，风险的跟踪状态图表如图 7-10 所示。

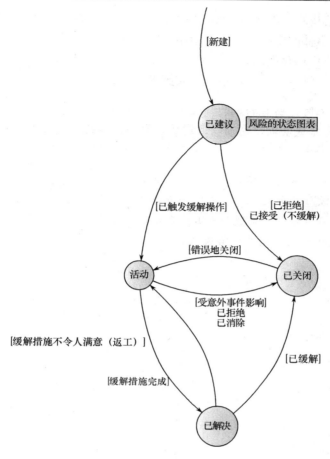

图 7-10　风险的状态图表

风险跟踪状态图说明如下。

（1）当风险初建立的时候，"状态"为"已建议"，"原因"为"新建"。

（2）当风险经过讨论之后确定不需要跟踪，"状态"可以直接由"已建议"改为"已关闭"，"原因"为"已拒绝"。

（3）当风险经过讨论之后确定该风险确实存在，并且需要跟踪，"状态"由"已建议"改为"已关闭"，"原因"为"已接受（不缓解）"，并且指派给负责跟踪解决该风险的人员（比如，人员不足的风险其负责人可能为人力资源主管）。

（4）当风险的触发条件达到的时候，"状态"由"已建议"改为"活动"，"原因"为"已触发缓解操作"，"指派给"为缓解措施的实施者。

（5）当风险的缓解措施实施完成之后，"状态"由"活动"改为"已解决"，"原因"为"缓解措施完成"，"指派给"风险管理负责人进行验证（一般为项目经理）。

（6）由验证人员对风险缓解情况进行评估，当风险的缓解措施达到效果的时候，"状态"由"已解决"改为"已关闭"，"原因"为"已缓解"。

（7）当风险的缓解措施不理想或未解决时，"状态"由"已解决"改为"活动"，"原因"为"缓解措施不令人满意（返工）"，"指派给"为缓解措施的实施者。

（8）当风险因某些原因需要停止缓解操作的时候，"状态"由"活动"改为"已关闭"，"原因"为"受意外事件的影响"、"已拒绝"或"已消除"。

（9）当发现风险仍然存在的时候，可以再次被激活。"状态"为"活动"，"原因"为"错误地关闭"，"指派给"为缓解措施的实施者。

**说明** 在项目结束时，所有的风险均应当处于"关闭"状态。

如果不使用 TFS 完成实训，也可以通过填写文档表单的方式来完成，具体的实训模板电子文档请参见本书配套素材中"模板——第 7 章　风险管理——《首要风险列表》"。

**说明** 若使用文档表单方式实训，在项目结束时，所有的风险应当处于"规避成功"、"缓解成功"、"缓解失败"三者之一。若风险一直是"已识别"状态，但没有发生，那么在项目结束时应当改为"规避成功"，若规避失败、未识别或异常，均表示风险发生了，那么就需要在项目结束前确定是缓解成功还是缓解失败。

# 第 8 章 项目估算及详细计划

本章重点：
- 软件估算简介；
- 常用的估算方法；
- 项目详细计划；
- 项目估算实训。

软件项目估算是一个专门的学科，在软件开发过程中，估算不足是造成软件项目失控最普遍的原因之一。因此，本章首先对常用的估算技术及方法进行简单介绍，然后讲解如何把软件估算技术应用到制订项目详细计划中去。

在开始讲解本章内容之前，送各位读者一句话，希望在以后项目开发过程中能有所帮助："向进度落后的项目增加人手，只会使进度更加落后。"——摘自《人月神话》。

## 8.1 软件估算简介

随着软件系统规模的不断扩大和复杂程度的日益加大，从 20 世纪 60 年代末期开始，出现了以大量软件项目进度延期、预算超支和质量缺陷为典型特征的软件危机，至今仍频繁发生。根据 Standish 组织在 1995 年公布的 CHAOS 报告显示，在来自 350 个机构的 8 000 个项目中，只有 16.2%是"成功的（succeeded）"，即能在给定的预算和限期内完成；31.1%是"失败的（failed）"，即未能完成或者取消；其余 52.7%被称为"被质疑的（challenged）"，虽然完成但平均预算超支 89%。2004 年，该组织的统计项目数累计达到 50 000 多个，结果显示，成功项目的比例提升到 29%，而被质疑的项目比例仍有 53%。虽然有些研究认为，CHAOS 报告中关于预算超支 89%的数据被夸大了，实际情况应该平均在 30%~40%。但有一点却能够取得共识：人们经常对软件成本估算不足，它与需求不稳定并列，是造成软件项目失控最普遍的两个原因。

那么什么是软件估算呢？软件估算是指根据软件的开发内容、开发工具、开发人员等因素对需求调研、程序设计、编码、测试等整个开发过程所花费的时间及工作量做的预测。软件估算已成为软件工程经济学（Software Engineering Economics）的重要组成部分。

估算不足与估算过多对公司都会产生影响，当估算过多的时候，肯定会使公司的整体成本增加；当估算不足的时候，产生的问题更严重，可用图 8-1 来表示。

一个良好的软件项目计划的建立，必须估算准备开发的软件项目的任务大小（即规模）、资源情况、投入成本、限制因素等，保证对这些内容进行充分的估算。最后，根据估算，才能制订出合理的项目开发计划。为了保证估算的准确性，可以考虑以下几点。

- 将估算拖延到项目的最后阶段，虽然是越往后估算，与实际值差距越小，但是这在实际软件开发过程中是不可能的。

- 基于已完成的类似的项目进行估算，这需要项目组所在的机构资产库里有类似的项目数据。
- 使用简单的"分解技术"来进行项目成本及工作量的估算，采用自顶向下或自下向上的方法对整个项目进行分解，之后再进行估算。
- 使用一个或多个估算模型或方法进行软件成本及工作量的估算，综合应用多种估算方法，这是在软件开发过程中比较行之有效的操作方法。

在开发过程中，软件估算包含的内容有：软件工作产品的规模估算；软件项目的工作量估算；软件项目的成本估算；软件项目的进度估算；项目所需要的人员、计算机、工具、设备等资源估算。

在估算过程中，通常影响估算准确性的因素有：适当地估算待建造产品的规格的程度；把规模估算转换成人的工作量、时间及成本的能力；项目计划反映软件项目组能力的程度；产品需求的稳定性及支持软件工程的工作环境。

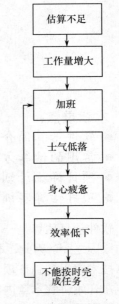

图 8-1 估算不足结果图

## 8.2 常用的估算方法

在进行软件估算时，无论使用什么样的估算方法，通常都会对估算数据进行统计学上的分析，然后得出更合理的估算结果。使用的最简单也是最有效的公式就是三点统计方法，具体是：产生一个三点或期望值估算，建立关于规模的乐观值、可能值、悲观值，然后采用以下公式进行计算：

$$EV = (S_{opt} + 4S_m + S_{pess})/6$$

式中：$S_{opt}$——乐观值；

$S_m$——可能值；

$S_{pess}$——悲观值。

在实际项目估算操作过程中，无论采用何种估算技术，不管有多高明，都必须与其他方法交叉使用，即使这样，直觉和经验也是必不可少的。

### 8.2.1 面向规模的估算

在面向规划的估算（LOC，代码行数来估算项目规模）法中的代码行数（Line Of Code）是指所有的可执行的源代码行数，包括可交付的工作控制语言语句、数据定义、数据类型声明、等价声明、输入/输出格式声明等。注释及机器自动生成的代码不能包括在代码行计算中。

LOC 估算法的缺点如下：

- LOC 依赖于程序设计语言。

- 对设计得很好、但较小的程序会产生不利的估算。
- 不适合非过程语言。
- 在估算时需要一些可能难以得到的信息。

在公司里，单元编码行的价值和人月均编码行数可以体现一个软件生产机构的生产能力。公司可以根据对历史项目的审计来核算公司的单行编码价值。因此，LOC 可以作为衡量工作量的一个指标。

## 8.2.2 类比法

适合一些与历史项目在应用领域、环境和复杂度相似的项目，通过新项目与历史项目的比较得到规模估计。类比法估算结果的精确度取决于历史项目数据的完整性和准确度。因此，用好类比法的前提条件之一是公司要建立较好的项目结束后的评价与分析机制，使得历史项目的数据分析是可信赖的。

应用前提：

（1）对以前项目规模和工作量的度量是准确的（这一点是国内大部分软件公司的软肋，做得大都不到位）；

（2）至少有一个以前的项目类型与新项目类似；

（3）新项目的开发周期、使用的开发方法、开发工具与以前项目类似，开发人员的技能和经验也不能差别太大。

基本步骤如下：

（1）整理出项目功能列表；

（2）从机构的历史项目库中，找到类似的历史项目数据；

（3）标识出每个功能列表与历史项目的相同点和不同点，特别注意历史项目做得不够的的地方，估算出新项目中每个功能的规模；

（4）计算出整个项目的规模。

优点：由于有类似的项目作为参考，估算结果较准确。

缺点：要依赖于历史经验；必须要有类似的项目可供参考。

**注意** 既然使用了该方法，那么历史项目中就有可重用的代码。对于可重用代码也需要进行规格及工作量的估算，具体操作方法为：由开发人员或系分人员详细考查已存在的代码，估算出新项目可重用的代码中需要重新设计代码的百分比、需要新编码或修改代码的百分比、重新测试代码的百分比，由此可计算出重用这些代码等价代码行数：

$$等价代码行 = \frac{重新设计\% + 重新编码\% + 重新测试\%}{3} \times 已有代码行$$

## 8.2.3 面向功能的估算

功能点估算方法（Function Point，FP）是 1975 年，由 IBM 的工程师 Allan Albrecht 首先提出。1979 年，IBM 正式向外界公布该方法；1984 年，国际功能点用户组成立。目前，功能点法已成为具有广泛影响的软件测量方法。FP 估算法是在需求分析阶段基于系统功能的一种规模估算方法，即功能点估算法。

基本步骤如下。

（1）通过研究系统需求，确定外部输入、外部输出、外部查询、内部逻辑文件和接口文件的数量。

（2）将这些数据进行加权乘，外部输入——4；外部输出——5；外部查询——4；内部逻辑文件——10；外部接口文件——10。

（3）估算者根据对复杂度的判断，总数可用 25%、0 或 −25% 来调整。

优点：对项目早期的规模估计很有帮助，能保持与需求变化的同步。

缺点：加权调整需要依赖个人经验。

● 功能点方法被广泛地认可在信息系统、数据库密集型、4GL（第四代语言）应用系统开发的规模测量中应用。

● 功能点与软件成本具有明显的成本估算关系。

● 功能点转化为代码行：

C——128 LOC/FP

C++——53 LOC/FP

VB——29 LOC/FP

Java——46 LOC/FP

VC++——34 LOC/FP

PL/SQL——13 LOC/FP

在转化为代码行数之后，就可以使用 IBM 模型，对工作量、人员数量、项目周期等进行估算。IBM 模型具体计算公式如下：

$E=5.2×L×0.91$，$L$ 是代码行数（以 KLOC 计），$E$ 是工作量（以人月计）。

$S=0.54×E×0.6$，$S$ 是人员需要量（以人计）。

$D=4.1×L×0.36$，$D$ 是项目持续时间（以月计）。

$DOC=49×L×1.01$，DOC 文档数量（以页计）。

### 8.2.4 面向用例的估算

用例点方法（Use Case Point，UCP）是由 Rational 公司（当前为 IBM 公司的下属公司）的 Gustav Karner 于 1993 年提出，在对用例的分析基础之上进行加权调整得出。

具体步骤如下。

（1）对每个用例、角色分别赋值加权乘积求和。

（2）计算未调整用例点（Unadjusted Use Case Point，UUCP）。

（3）考虑环境因子和技术因子对 UUCP 调整以得到调整用例点（Adjusted Use Case Point，AUCP）。

（4）根据 AUCP 和规模——工作量转换因子得到工作量。

优点。

（1）比较适用于面向对象的软件项目。

（2）经过调整可用于估算测试工作量。

缺点：加权调整需要经验。

UCP 计算的详细步骤如下：

（1）确定和计算技术复杂度因素值（Technical Complexity Factor，TCF） = 0.6 + （0.01×Total Factor），见表 8-1。

（2）确定和计算环境复杂度因素值（Environmental Complexity Factor，ECF） = 1.4 + (-0.03×Total Factor)，见表 8-2。

（3）将所有用例中的角色进行汇总分类，计算未平衡角色因素值（Unadjusted Actor Weight，UAW），见表 8-3。

（4）将所有用例分类，计算未平衡用例因素值（Unadjusted Use Case Weight，UUCW），见表 8-4。

（5）计算未平衡用例点数（Unadjusted Use Case Point，UUCP），UUCP = UAW + UUCW。

（6）确定本机构的工作效率因素（Productivity Factor），用来描述每一个用例点需要多少人时来完成，业界通常采用的数据是 15~30 之间，如果开发组没有历史数据，则可以采用 20。即每个 UCP 点，需要 20 人时来完成。

（7）计算用例点数（用此来表明项目的工作量，跟踪时用实际工作量与此处估算的工作量进行对比分析即可），UCP = TCP × ECF × UUCP×PF。

其中各个因素及数值的计算如表 8-1 至表 8-4 所示。

表 8-1 UCP 技术复杂度因素（TCF）表

| 技术因子 | 描述 | 权重 | 复杂度 | 计算后因素值 |
| --- | --- | --- | --- | --- |
| T1 | 系统分步式程度 | 2 | 0 | 0 |
| T2 | 系统性能目标要求度 | 1 | 0 | 0 |
| T3 | 终端用户使用效率要求度 | 1 | 0 | 0 |
| T4 | 内部处理流程复杂度 | 1 | 0 | 0 |
| T5 | 系统或代码复用程度 | 1 | 0 | 0 |
| T6 | 易于安装要求度 | 0.5 | 0 | 0 |
| T7 | 系统易于使用程度 | 0.5 | 0 | 0 |
| T8 | 移植性 | 2 | 0 | 0 |
| T9 | 系统易于扩展或升级要求度 | 1 | 0 | 0 |
| T10 | 并发性要求度 | 1 | 0 | 0 |
| T11 | 特殊安全功能特性要求度 | 1 | 0 | 0 |
| T12 | 为第三方系统提供直接系统访问 | 1 | 0 | 0 |
| T13 | 是否需要特殊的用户培训设施 | 1 | 0 | 0 |

表 8-2 UCP 环境复杂度因素（ECF）表

| 环境因子 | 描述 | 权重 | 影响度 | 计算后因素值 |
| --- | --- | --- | --- | --- |
| E1 | UML 精通程度 | 1.5 | 0 | 0 |
| E2 | 系统应用经验 | 0.5 | 0 | 0 |
| E3 | 面向对象经验 | 1 | 0 | 0 |
| E4 | 系统分析员能力 | 0.5 | 0 | 0 |

续表

| 环境因子 | 描述 | 权重 | 影响度 | 计算后因素值 |
|---|---|---|---|---|
| E5 | 团队士气 | 1 | 0 | 0 |
| E6 | 需求稳定度 | 2 | 0 | 0 |
| E7 | 兼职人员比例高低 | -1 | 0 | 0 |
| E8 | 编程语言精通程度 | 2 | 0 | 0 |

表 8-3  UCP 未平衡角色因素（UAW）表

| 角色类型 | 描述 | 权重 | 角色数量 | 计算结果 |
|---|---|---|---|---|
| Simple | 角色通过定义好的 API 接口与另一系统交互 | 1 | 0 | 0 |
| Average | 角色通过某种协议（比如 TCP/IP 等）与另一系统交互 | 2 | 0 | 0 |
| Complex | 系统的最终用户 | 3 | 0 | 0 |

说明 （1）角色不单纯的指使用系统的最终用户，也可以指本系统以外的其他系统。
（2）在 UCP 估算方法中将使用系统的最终用户定义为复杂(Complex)角色。

表 8-4  UCP 未平衡用例因素（UUCW）表

| 用例类型 | 描述 | 权重 | 用例数量 | 计算结果 |
|---|---|---|---|---|
| Simple | 满足以下任何一种情况的用例均算作简单用例：<br>1.用例中只含有一个简单用户界面或接口并且仅使用到一个单一数据库实体的用例；<br>2.用例操作步骤在 3 步以内的用例；<br>3.它的实现涉及 5 个类以内的用例。 | 5 | 0 | 0 |
| Average | 满足以下任何一种情况的用例均算作普通用例：<br>1.用例中含有多于一个用户界面或接口并且仅使用到 2 个以上数据库实体的用例；<br>2.用例操作步骤在 4～7 步以内的用例；<br>3.它的实现涉及 5～10 个类以内的用例。 | 10 | 0 | 0 |
| Complex | 满足以下任何一种情况的用例均算作复杂用例：<br>1.用例中含有多于一个复杂用户界面（或接口）或处理流程并且仅使用到 3 个以上数据库实体的用例；<br>2.用例操作步骤在 7 步以上的用例；<br>3.它的实现涉及 10 个类以上的用例。 | 15 | 0 | 0 |

说明 以上表格中的权重（Weight）均是设定值，不要改动，只需要填写深颜色处的数字即可。具体填写方式请参见实训指导中有关 UCP 估算指导的章节。

### 8.2.5 基于过程的估算

#### 1. 自顶向下法

首先对整个系统进行总工作量估算（根据立项报告或合同等），再将过程分解为相对较小的活动或任务，再估算每个任务的规模及完成任务所需的工作量，总工作量逐步分解到各组成部分的工作量，并考虑开发软件所需资源、人员、质量保证、系统安装等的工作量。

优点如下。

估算工作量小，速度快。

缺点如下。

对项目中的特殊困难估计不足，估算出来的工作量盲目性大，有时会遗漏被开发软件的某些部分。

比如，接到一个周期期限为 6 个月的项目，项目经理可能做如下估算。

一个月：需求分析。

一个月：系统设计。

两个月：编码。

两个月：联调、测试、改错。

再根据这个估算对每个阶段进一步估算和规划。

2．自底向上法

该方法是按组件或子功能划分，先对每个组件进行工作量估算，然后总计得到整个项目的规模和工作量。

优点：

估算各个部分准确性高；能提高参与人的责任心。

缺点：

缺少各个子任务之间相互联系所需的工作量，还缺少许多与软件开发有关的系统级工作量（配置管理、质量管理、项目管理等）。所以往往估算值偏低，必须用其他方法进行检验和校正。

## 8.2.6　Delphi 法详解

Delphi 估算法（Expert Judgment）是一种专家估算技术，在没有历史数据的情况下，这种方式适用于评定过去与将来新技术与特定程序之间的差别，但专家"专"的程度及对项目理解的程度是工作中的难点，但是这种方式对决定其他模型的输入是特别有用的。

具体步骤如下。

（1）协调人向各专家提供项目规格和估算表格。

（2）协调人召集小组会，各专家讨论与规模相关的因素。

（3）各专家匿名填写估算表格。

（4）协调人整理出一个估计总结，并返回专家。

（5）协调人召集小组会议，讨论差异较大的估算。

（6）专家复查估算，并提交另一个匿名估算。

（7）重复以上步骤，直到达到一个最低和最高估算的一致。

优点如下。

不需要历史数据；非常适合新的较为特别的项目估算。

缺点如下。

主观；专家的判断有时并不准确；专家自身技术水平不够时会带来误判。

需要估算的内容描述须含义明确，无二义性。规定统一的评价方法，如三点法，确定完成任务的三种可能估算值：乐观估算，最好情况下的估算值 $S_{opt}$ 悲观估算，最糟情况下可能的估算值 $S_{pess}$；正常估算，一般情况下任务完成估算值 $S_m$；最后估算值 EV，使用公式：$EV = (S_{opt} + 4S_m + S_{pess})/6$ 得出。结合三点法的 Delphi 法，称为 Wideband-Delphi。

在使用 Delphi 法进行估算,参与估算的群体中每人独立作出估算。估算的组织者要忠实于群体的回答,在任何情况下不表露自己的倾向。

表 8-5 及表 8-6 是关于 Delphi 用于软件规格估算和软件工作量估算的两个示例供大家参考。更详细的内容请参见配套素材"模板——第 8 章 项目估算及详细计划——《Delphi 估算表》"。

表 8-5 示例 1:软件规模估算的 Delphi 汇总表

| 项目名称及版本 | | | | 项目经理 | | | |
|---|---|---|---|---|---|---|---|
| 项目类型 | | | | QA 工程师 | | | |
| 项目组成员 | | | | | | | |
| 估算汇总人员 | | | | 估算日期 | | | |
| 估算内容 | | | | | | | |

| 序号 | 估算内容 | 估算单位 | 组员 1 | 组员 2 | 组员 3 | 组员 4 | 组员 5 | 估算结果 | | | | 备注 |
|---|---|---|---|---|---|---|---|---|---|---|---|---|
| | | | | | | | | 乐观值 | 悲观值 | 平均值 | 估算结果 | |
| 1 | | 页数 | 1.2 | 3 | 2.1 | 2.3 | 2.1 | 1.2 | 3 | 2.17 | 2.14 | |
| 2 | | 页数 | 1.2 | 2.1 | 2.1 | 2.3 | 2.1 | 1.2 | 2.3 | 2.1 | 1.98 | |
| 3 | | 代码行 | 1.2 | 2.1 | 2.1 | 2.3 | 2.1 | 1.2 | 2.3 | 2.1 | 1.98 | |
| 4 | | 页数 | 1.2 | 2.1 | 2.1 | 2.3 | 2.1 | 1.2 | 2.3 | 2.1 | 1.98 | |
| 5 | | 代码行 | 1.2 | 2.1 | 2.1 | 2.3 | 2.1 | 1.2 | 2.3 | 2.1 | 1.98 | |
| 6 | | 代码行 | 1.2 | 2.1 | 2 | 2.3 | 0.8 | 0.8 | 2.3 | 1.77 | 1.69 | |
| 7 | | 页数 | 1.2 | 2.1 | 2.1 | 2.3 | 2 | 1.2 | 2.3 | 2.07 | 1.96 | |
| 8 | | 页数 | 1.2 | 2.1 | 2.1 | 2.3 | 2.1 | 1.2 | 2.3 | 2.1 | 1.98 | |
| 11 | 项 | 合计: | 10.6 | 18.7 | 17.9 | 20 | 18.4 | | | | 17.23 | |

表 8-6 示例 2:工作量估算的 Delphi 汇总表

| 项目名称及版本号 | | | | 项目经理 | | | |
|---|---|---|---|---|---|---|---|
| 项目类型 | | | | QA 工程师 | | | |
| 项目组成员 | | | | | | | |
| 估算汇总人员 | | 估算单位 | 人时 | 估算日期 | | | |
| 估算内容 | | | | | | | |

| 序号 | 估算内容 | 组员 1 | 组员 2 | 组员 3 | 组员 4 | 组员 5 | 估算结果 | | | | 备注 |
|---|---|---|---|---|---|---|---|---|---|---|---|
| | | | | | | | 乐观值 | 悲观值 | 平均值 | 估算结果 | |
| 1 | 前期策划 | | | | | | | | | 0 | |
| 2 | CM 活动 | | | | | | | | | 0 | |

续表

| 项目名称及版本号 | | | | 项目经理 | | | | | |
|---|---|---|---|---|---|---|---|---|---|
| 项目类型 | | | | QA 工程师 | | | | | |
| 项目组成员 | | | | | | | | | |
| 估算汇总人员 | | 估算单位 | 人时 | | 估算日期 | | | | |

| 估算内容 |||||||||||
|---|---|---|---|---|---|---|---|---|---|---|
| 序号 | 估算内容 | 组员1 | 组员2 | 组员3 | 组员4 | 组员5 | 估算结果 ||| 备注 |
| | | | | | | | 乐观值 | 悲观值 | 平均值 | 估算结果 | |
| 3 | QA 活动 | | | | | | | | | 0 | |
| 4 | 测试工作量 | | | | | | | | | 0 | |
| 5 | 项目跟踪 | | | | | | | | | 0 | |
| 6 | 项目例会 | | | | | | | | | 0 | |
| 7 | 项目评审 | | | | | | | | | 0 | |
| 11 | 项 | 3.4 | 7.3 | 7.5 | 8.5 | 9.3 | | | | 7.26 | |

**说明** 以上表中，项目类型为"新产品研发类"、"合同定制类"、"产品升级类"三者之一。

## 8.3 项目详细计划

在软件需求规格说明书通过评审之后，进行项目计划的细化工作，通过项目计划细化形成详细的项目开发计划书。

对于中小型的项目，在 SRS（软件需求规格说明书）通过评审一周内，项目经理需要完成项目计划细化工作，对于大型项目，时间需要延长的，需要由高级经理批准。

项目详细计划完成的主要内容如下。
- 估计软件工作产品规模及项目的工作量。
- 根据工作量估计项目成本。
- 估计项目关键计算机资源及项目风险。
- 编写详细项目计划及相关的专项计划。
- 形成定稿的项目开发计划书并进行评审。

在具体进行项目详细计划时，一般可按以下步骤进行项目计划细化。
- 确定估计策略。
- 软件工作产品规模估计。
- WBS 细化。
- 项目工作量估计。
- 项目成本估计。
- 关键计算机资源估计。
- 项目风险估计。

### 1. 项目计划细化——确定估计策略

根据项目的类型、分配的软件需求、软件生命周期和风险估计状况等，结合以往项目的历史数据，制定估计策略。

在项目计划时，根据立项估计数据范围和需求分析的结果，再次估计项目的进度、工作量和成本范围。

识别出现成的可重用在本项目的工作产品（包括需求、设计代码、测试计划和用例等），估计修改和使用这些重用部分的工作量和规模。

在此过程中，会形成如下数据：本项目估计数据、实际数据和修改后的项目数据及相关修改信息；用来作为估计参考的其他项目实际数据；项目间的差异和差异解释。这些数据均需收集，并在项目完成后形成总结文档，作为评价本项目估计正确与否的依据，汇总到机构过程资产库中，为将来的项目估计提供实际数据参考。

### 2. 项目计划细化——规模估计

对已识别的项目工作产品及其活动作出规模估计，包括项目中的子系统数、需求数、代码行数、新产生的文档和重用已有的文档的页数等。

在适当的时候（比如，系统设计完成后），再次估计软件规模，包括新增加的软件部分和重用已有的软件部分（模块数、代码行数、页面数、界面数）。

可使用代码行估算（代码行数包括新增的和修改的代码，以及注释，不包括空格）或功能点分析法来估计软件规模，在估计过程中结合 DELPHI 方法估计软件规模。如果选用其他机构过程资产库里没有的估算方法，其估算过程必须经过 EPG 的批准；经批准的估算过程纳入机构的过程资产库。对于新研发类项目建议使用 UCP 法，对于产品升级类项目建议使用代码行估算。

记录项目规模估计所选择的开发语言、估计的工作分解对象、选定的估计方法、影响估算的风险、可重用的软件部分、参加估计人员、开发方法、所定的假设与推理条件等背景资料，估计过程中形成的数据及最终形成的估计结果，形成项目开发计划书中相应部分。

当项目开发计划发生重大偏离、有必要调整和项目任务细分时，采用原估算方法对软件规模进行重新估算，并修改项目开发计划书中相应部分或单独形成文档，以便为进行中和将来的项目提供参考依据。

### 3. 项目计划细化——WBS 细化

在项目细化阶段，WBS 一般细化到 3～5 级，根据不同项目由项目经理确定细分的级别，并且划分到每个任务，完成时间不超过 3 人天。

第 3 级——过程，把每个阶段划分为几个过程。

第 4 级——单元，把每个过程划分为单元（子系统、模块）任务。

第 5 级——任务，一般为低层的详细任务。

建议详细计划的分解粒度为一个人 3 天内可以完成的任务。根据项目大小，由项目经理确定划分的级别。

在小项目及需求明确且稳定的项目中，要在项目开始阶段制定完整的 WBS。分解的粒度以满足管理和估计的需要为准。

较大的项目，WBS 必须随着对要做的工作的深入了解而不断完善。一般的途径是在项目的尽早阶段定义出高层形式的 1～3 级的 WBS，然后在做详细计划时建立低层 4～5 级或更高级成分。

项目的 WBS 中还应该定义出管理和支持活动，如项目管理、配置管理、质量保证。所要遵循的指导原则与上述活动相同。大多数管理和支持活动是在项目的各阶段中持续执行的：它们随项目或阶段的启动而开始，随项目或阶段的结束而终止。只需把这些连续的工作细分到适当的程度以便于估计和监控即可。

### 4．项目计划细化——工作量估计

如果合适，以其他类似项目的历史数据作为估计的参考数值；在同一个项目中，工作量的单位必须一致，一般可采用"人日"、"人时"等单位。

根据工作分解结构图（WBS），采用 DELPHI 方法或其他方法对技术活动（包括开发过程中的需求、设计、编码、测试、支持活动、项目管理）进行估计。

估计时，记录工作量估计，所选择的开发语言、估计的工作分解对象、执行任务人员、开发方法、所定的假设与推理等背景资料，估计过程中形成的数据及最终形成的估计结果，形成项目开发计划书中相应部分。

当项目开发计划发生重大的偏离、有必要调整和项目任务细分时，按照步骤 5 的要求对工作量进行重新估计，并修改项目开发计划书中相应部分或单独形成文档，以便用于进行中和将来的项目提供参考依据。

### 5．项目计划细化——成本估计

可以根据以往经验，并以其他类似项目的历史成本数据作为估计的参考数值。项目经理根据本项目所需资源、工作量和工作环境要求等估计项目成本范围。

内容主要包括所需的成本内容、金额、到位时间等。

成本内容一般包括：直接的员工工资、管理费、差旅费、软硬件费用、资料费、里程碑活动经费等。将估算结果写入项目开发计划书中相应部分。

### 6．项目计划细化——关键计算机资源估计

可以根据以往经验、软件需求和其他可用信息识别关键计算机资源。关键计算机资源包括：开发环境、集成测试环境和用户环境中所用的计算机资源。

估计项目组分析项目开发、测试及用户使用产品所需要的软硬件资源。

估算关键计算机资源时，需要考虑工作产品的规模、软件的运行负载、通信量、内存容量等相关联因素，并预留一定的扩展。将估算结果写入项目开发计划书中相应部分。

### 7．项目计划细化——风险估计

根据风险管理章节（第 7 章）所讲知识进行风险估计，并把首要风险列表、风险规避措施、缓解方案及相关负责人、跟踪周期等写入开发计划中。具体内容及方法会在风险管理章节中讲解。

### 8．项目计划定稿

根据以上的估计，形成项目进度表，建议采用 MS Project 编制，便于软件生命周期全过程的跟踪和更新维护。项目经理在制订项目开发计划时，需要识别本项目与相关组和个人进行协调沟通的内容，在项目开发计划中注明。各个专项计划完成、定稿，或者并入开发计划。

项目组及相关组和个人参与项目开发计划的非正式评审，在充分讨论、分析的基础上，各方达成对计划进度、任务分配、项目规模估计等的一致意见，项目开发计划书定稿。

在项目详细计划时，除了形成主的项目开发计划之外，一般还会形成以下专项计划，以便更好地对整个项目进行管理。

- 根据配置管理章节（参见本书第 11 章）所讲内容形成配置管理计划。
- 根据软件产品及过程质量保证章节（参见本书第 12 章）所讲内容形成质量保证计划。
- 根据风险管理章节（参见本书第 7 章）所讲内容形成风险管理计划。
- 根据编码与测试相关章节（参见本书第 14、第 15 章）所讲内容形成测试计划（在项目后继阶段——详细设计完成之后——编写）。
- 根据项目团队的组成，以及项目要求，形成培训计划。

在项目开发计划及相对应的专项计划定稿之后，需要对这些计划一起进行正式的评审，作为项目后继工作开展的基础。在评审时一般遵循以下原则。

- 通过项目开发计划评审，使得对项目开发计划及专项计划达成一致的内部承诺和外部承诺。
- 建议开发计划进行正式评审，对于大型项目或合同类项目应当请主要负责人、市场部经理、客户代表参加。
- 达成承诺并得到批准后的项目开发计划书是项目跟踪和监督的基础，由项目经理提交给配置管理员，将其纳入配置管理库，形成计划基线；若使用 MS Project 编制项目进度表，则在项目进度表上设置比较基准，以方便计划数据与实际数据的比较分析。
- 项目经理在项目进展过程中对项目开发计划的内容进行跟踪并及时更新。

## 实训任务十：编制详细项目计划

本章实训主要是在通过评审的《软件需求规格说明书》的基础之上，对《项目开发计划书》（初步）进行细化，完成详细的项目开发计划及进度表，补充与完善《项目开发计划书》及《项目进度表》。最终把详细的项目计划及整合了风险管理的相关内容的计划进行评审，除此之外，由开发人员初步搭建起开发需要的技术框架，也可以在本书提供的框架基础之上进行修改，以满足实训项目的需要。

在做软件估算时，建议使用 UCP 方法，在此实训指导中也重点说明怎么通过 UCP 方法来制定详细的项目进度表。如果在做需求分析的时候，使用的不是面向对象方法即需求不是以用例来表达的，建议使用 DELPHI 方法进行估算，参照 8.2.6 节的内容完成估算即可。本书的配套素材里提供了 Delphi 方法的模板供大家在实训时参考，实训模板电子文档请参见本书配套素材中"模板——第 8 章　项目估算及详细计划——《Delphi 估算表》"。

在项目组长的主持下，每个小组完成软件规模及工作量的估算（所有组员参与该估算过程）。之后，结合实训所用的全部课时，项目组长为主细化完善项目开发计划及项目进度表，进行组内充分讨论，最终通过组内评审形成大家认可的项目开发计划。预计需要 4 学时。

### 实训指导 25：如何使用 UCP 方法进行估算

如果项目组在做需求分析时，使用的是面向对象的方法，可以采用 UCP 方法进行估算，但其有一个前提是需求相关的描述必须使用"用例"（Use Case），对用例的描述应当比较详细，方可使用该方法。

**1. 技术复杂度因素估算**

在填写技术复杂度因素表时，各小组需要根据自己所要开发的系统填写 Complexity（复杂度）所在列的值。此值范围是从 0～5，表示复杂度由低到高。至于所列出的各个项的复杂度，由组长与大家共同讨论决定，也可以采用 Delphi 法对每个项的复杂度进行估算。在填写复杂度之后，给出的模板会自动计算出 Calculated Factor（计算公式为：Weight×Complexity），其中的 Total Factor 为 13 个技术因素的总和，TCF 的计算公式为：0.6+(0.01×Total Factor)，由本书提供的 Excel 表模板自动计算得到。

#### 2．环境复杂度因素估算

在填写环境复杂度因素表时，各小组需要根据自己所要开发的系统填写影响度（Impact）所在列的值。此值范围是从 0 至 5，表示对应的环境项预期对系统影响度由低到高。至于所列出的各个项的影响度，由组长与大家共同讨论决定，也可以采用 DELPHI 法对每个项的影响度进行估算。在填写复杂度之后，给出的模板会自动计算出 Calculated Factor（计算公式为：Weight×Impact），其中的 Total Factor 为 8 个环境因素的总和，ECF 的计算公式为：1.4+(-0.03×Total Factor)，由本书提供的 Excel 表模板自动计算得到。

#### 3．未平衡角色因素估算

在填写未平衡角色因素表时，各小组需要根据自己所要开发的系统来确定与该系统相关的执行者/角色（Actor）的个数，根据模板里给出的分类，把各类个数填写进去（填写 Number of Actors）。给出的模板会自动计算出 Result（结果，计算公式为：Weight×Number of Actors），其中的 UAW 为 3 类角色结果的总和，由本书提供的 Excel 表模板自动计算得到。

这里需要注意：角色（Actor）不单纯指使用本系统的最终用户或操作员，也可以指本系统以外的其他系统，其含义与 UML 中对 Actor 的定义类似；在 UCP 估算方法中将使用系统的最终用户/操作员定义为复杂的角色，因为操作人员的操作方式是最容易多变的。

#### 4．未平衡用例因素估算

本书中提供的模板如表 8-7 所示。

表 8-7　未平衡用例因素表

| Use Case Type | Description | Weight | Number of Use Cases | Result |
|---|---|---|---|---|
| Simple | 满足以下任何一种情况的用例均算作简单用例：<br>1.用例中只含有一个简单用户界面或接口并且仅使用到一个单一数据库实体的用例；<br>2.用例操作步骤在 3 步以内的用例；<br>3.它的实现涉及 5 个类以内的用例 | 5 | 3 | 15 |
| Average | 满足以下任何一种情况的用例均算作普通用例：<br>1.用例中含有多于一个用户界面或接口并且仅使用到两个以上数据库实体的用例；<br>2.用例操作步骤在 4～7 步以内的用例；<br>3.它的实现涉及 5～10 个类的用例 | 10 | 1 | 10 |
| Complex | 满足以下任何一种情况的用例均算作复杂用例：<br>1.用例中含有多于一个复杂用户界面（或接口）或处理流程并且仅使用到 3 个以上数据库实体的用例；<br>2.用例操作步骤在 7 步以上的用例；<br>3.它的实现涉及 10 个类以上的用例 | 15 | 1 | 15 |
|  |  |  | UUCW | 40 |

在模板中按表 8-8 方式填写用例信息，即可自动计算 UUCW 的值。

表 8-8 用例信息表

| 用例名称 | 简单 | 普通 | 复杂 | UUCW | UAW Weight | UAW | UCP |
|---|---|---|---|---|---|---|---|
| 用户管理 | | | √ | 15 | 1 | 0.86 | 175.06 |
| 用户报表 | | √ | | 10 | 0 | 0.00 | 110.40 |
| | √ | | | 5 | 2 | 1.71 | 74.13 |
| | √ | | | 5 | 3 | 2.57 | 83.59 |
| | √ | | | 5 | 1 | 0.86 | 64.66 |
| 合计 | | | | 40 | | | 507.84 |

在填写过程中,每个小组根据用例分类的标准,对自己系统的各个用例进行分类,分别填写在表 8-8 中,那么表 8-7 的数据就会自动计算出来。对用例只需要在"简单"、"普通"、"复杂"处打钩即可,其中每个用例的 UUCW 会自动计算得到;然后小组再对用例与角度之间的关联情况进行分析,关联度分为四类:0——无关联(表示该用例与角色不关联)、1——轻度相关、2——相当相关、3——密切相关,然后填写 UAW Weight,会自动计算出每个用例的 UAW 计算公式为:

$$UAW_i = \frac{UAWWeight_i}{\sum UAWWeight} \times UAW$$

UCP 计算公式为:

$$UCP = (UUCW + UAW) \times TCF \times ECF \times PF$$

在得到每个用例的 UCP 之后,可以根据此来估算各个子系统或功能模块的工作量,方便项目的工作安排。

**注意** 每个用例的 UCP 之和与整个项目的 UCP 是相等的。

### 5. UCP 计算及工作量估算

通过以上四步,分别计算出了:TCF、ECF、UAW、UUCW,然后由各小组根据本小组参加实训人员的技术掌握情况及项目经验来确定小组的 PF(工作效率),如果大家均为新手,未参加过什么开发项目,建议使用 30 作为小组的 PF。那么,依据公式 UCP = (UUCW + UAW)×TCF×ECF×PF,则可计算出整个项目的 UCP。

之后,由项目组长组织大家填写表 8-9,以得到整个项目的各阶段工作量、成本等信息。

表 8-9 工作量估算表

| (类似项目的)人均生产率 | 20 | 人月成本/(元/人月) | 10000 | | | | |
|---|---|---|---|---|---|---|---|
| 需求开发工作量所占百分比 | 10% | 详细计划工作量所占百分比 | 10% | 系统设计工作量所占百分比 | 25% | 实现与测试工作量所占百分比 | 40% |
| 客户验收工作量所占百分比 | 5% | 项目结项工作量所占百分比 | 10% | | | | |
| 项目组平均人数 | 10.00 | 工作量容差 | 10% | 进度容差δ | 15% | | |
| 软件规模(UCP) | 508 | 项目总工作量/(人天) | 507.84 | 项目总成本/(元) | 236205 | 项目总工期/(天) | 86.3 |

（续）

| 需求开发工作量/（人天） | 详细计划工作量/（人天） | 系统设计工作量/（人天） | 实现与测试工作量/（人天） | 客户验收工作量/（人天） | 项目结项工作量/（人天） | | |
|---|---|---|---|---|---|---|---|
| 50.8 | 50.8 | 127.0 | 203.1 | 25.4 | 50.8 | | |
| 需求开发人数/（人） | 详细计划人数/（人） | 系统设计人数/（人） | 实现与测试阶段人数/（人） | 客户验收人数/（人） | 项目结项人数/（人） | 制表人 | |
| 5 | 3 | 5 | 10 | 3 | 10 | | |
| 需求开发工期/（天） | 详细计划工期/（天） | 系统设计工期/（天） | 实现与测试工期/（天） | 客户验收工期/（天） | 项目结项工期/（天） | 制表日期 | |
| 10.2 | 16.9 | 25.4 | 20.3 | 8.5 | 5.1 | | |

在填写此表时应注意以下事项。人均生产率即 PF，在公司里是按照本公司的历史数据得出的，反映整个公司的开发工作效率，在实训的时候各小组按本节中第一段的说明来填写；人月成本可以按 10 000 元/人月计算；整个项目划分多少个阶段，由项目组根据项目计划（初步）来确定，每个阶段占用的工作量百分比，建议采用模板里给出的值，但各项目组可以进行调整；项目组平均人数，即为参加实训的小组人数；每个阶段投入的人数，由各小组根据实际安排来填写，在把为白色部分的空格填写之后，其他数据均可计算得到。

其中，工作量容差是表示当实际工作量偏离计划工作量多少时，需要对项目进行重新估算；进度容差是指当项目实际进度与计划进度偏离多少时，需要对项目进度安排进行调整。这两个指标在公司里由各项目组根据公司批准的范围自行确定，在实训过程中，采用模板里给定的数据即可。

实训模板电子文档请参见本书配套素材中"模板——第 8 章 项目估算及详细计划——《UCP 估算表》"，在此文档中有包含五个表格，分别为：TCF、ECF、UAW、UUCW、工作量估算表，请按教材内容及本节讲的实训指导进行一一填写。

# 第 9 章 项目跟踪及控制

本章重点：
- CMMI 对应实践；
- 项目跟踪及控制简述；
- 项目跟踪及控制活动；
- 收集项目度量数据；
- 处理项目偏离；
- 项目跟踪及控制实训。

项目跟踪、监测和控制是项目管理的重要活动，贯穿项目生命周期的全过程。从 CMMI 的角度来说，项目监控，有以下两个特定目标。

（1）通过跟踪、监测，及时了解项目计划的实际执行情况（包括工作量、成本、进度、缺陷、承诺及风险等），评价项目状态，为项目组长及各级管理者提供项目当前真实情况的可视性，并用以判断项目是否沿着计划所期望的轨道健康地取得了进展。

（2）如果项目状态偏离了期望的轨道，如工作量或进度的偏离超过了允许的阈值，则应采取纠正措施，改进过程性能，使项目的规模、工作量、进度、成本、缺陷及风险得到有效控制，必要时修正项目计划，最终将项目调整到计划所期望的轨道上。

项目跟踪的内容，包括活动跟踪、缺陷跟踪、变更跟踪和争议问题（Issues）跟踪。项目生命周期各个阶段均包括若干项活动，一项活动又由若干个任务组成，这些应当在工作分解结构（WBS）里明确。

## 9.1 CMMI 中对应实践

在 CMMI 中有一个专门的过程域（PA）对应于项目监督与控制（Project Monitoring and Control，PMC），其目的是提供对项目进度的理解，以便当项目性能显著偏离计划时采取适当的纠正措施。通过定期评审和里程碑评审两种方式，监测项目实际性能（计划参数、风险、承诺、资料、相关方参与情况等），管理纠正措施。

在 CMMI 标准中，项目跟踪与控制分为两个部分：按照项目计划监控项目；管理纠正措施直到关闭。在项目监督与控制过程域中，共有两个特定目标需要实现，对应的有 10 个实践，具体内容如下。

**SG1 Monitor the Project Against the Plan**（按照项目计划监控项目）

按照项目计划来监控项目实际的进度及性能，通常是通过对个人周报、项目周报、里程碑报告/阶段进度报告等的评审或数据收集分析来执行。

**SP1.1 Monitor Project Planning Parameters**（监控项目计划的要素）

在项目开发过程中，需要按照项目计划来监控与之相关要素的实际值，通常是形成项目性能记录、项目偏差记录、成本性能报告等文档，参照项目计划，可以通过监控项目进度、项目成本、消耗的工作量、工作产品及任务的属性、使用的资源、项目组成员的知识和技能等方面来完成。

SP1.2 Monitor Commitments（监控承诺）

按照项目计划的规定监控承诺的实现情况，对于尚未满足的承诺，特别是不满足就会造成严重风险的承诺必须进行重点监控。

SP1.3 Monitor Project Risks（监控项目风险）

按照项目计划的规定监控风险，形成项目风险监控记录，针对项目当前状态和发生的事件，定期评审风险管理计划；当出现新情况时，评审并修改风险管理计划；向项目相关各方通报风险状态。

SP1.4 Monitor Data Management（监控数据管理）

按照项目计划监控项目数据的管理，项目中形成的各类记录及文档、工作产品等都属于此范围。

SP1.5 Monitor Stakeholder Involvement（监控干系人的参与）

按照项目计划监控项目相关各方的参与情况。

SP1.6 Conduct Progress Reviews（执行进度评审），参见 4.1 节。

SP1.7 Conduct Milestone Reviews（执行里程碑评审），参见 4.1 节。

SG2 Manage Corrective Action to Closure（管理纠正措施直到关闭）

当项目性能或者结果明显偏离计划时，采取纠正措施，并对这些纠正措施进行管理，直到关闭。

SP2.1 Analyze Issues（分析问题）

收集和分析问题，并决定解决问题的纠正措施，形成需要纠正的问题清单，并附上纠正措施。需要通过两个步骤来达到：一是收集问题，二是分析问题以决定是否有必要采取纠正措施。

SP2.2 Take Corrective Action（采取纠正措施）

针对问题采取纠正措施。一般是通过以下几种方式来达到：决定并记录解决已认定问题的纠正措施；与项目相关各方一起评审拟采取的纠正措施并达成协议；协商内部和外部承诺的变更。

SP2.3 Manage Corrective Actions（管理纠正措施）

对采取的纠正措施进行管理，跟踪直至关闭，并且把结果形成记录。

## 9.2 项目跟踪及控制简述

本书讲的项目跟踪及控制是项目管理的最基本的监控，更严格的定量化监控则作为 CMMI4 级的要求（过程性能定量管理、软件质量定量管理），至于缺陷原因分析和缺陷预防更是 CMMI5 级的要求。风险监控及偏离范围的确定应属于 CMMI3 级的范围，详见风险管理相关章节。在软件开发过程中，对于整个项目进展及其他参数进行跟踪与控制，一般可以遵循以下方针。

● 项目组应按照项自定义过程开展项目软件开发活动。

● 项目经理负责，依据经评审、批准的项目开发计划书进行项目跟踪和监督。

● 项目组全体成员必须按时如实填写个人工作周报/工作日志；项目经理汇总形成项目组周报，跟踪过程度量数据，了解并掌握项目状态及存在的主要问题。

● 项目经理主持召开项目例会，会上交流、讨论项目状态、进度偏离的处理、QA 工程师发现的不符合项处理等，并形成会议记录。

● 定期或事件驱动形成阶段进度报告，汇总并分析包括规模、工作量、进度、风险、成本等在内的度量数据，根据分析结果评价项目当前状态。

● 高级经理负责里程碑评审，当项目的实际偏离项目开发计划过大时，应采取措施改进过程，必要时修改和调整项目开发计划，注意项目开发计划调整或相关约定的修改应及时与相关组和个人协商确认；如果涉及外部用户或其他部门的相关组，则应请高级经理协助解决。

项目跟踪及控制目的是通过跟踪，及时了解项目开发计划的实际执行情况，评价项目状态，采取监督措施，改进过程效能，使项目的规模、工作量、进度、成本、关键计算机资源及风险得到有效控制，必要时调整或变更项目开发计划。项目跟踪的主要内容为：规模跟踪、工作量跟踪、进度跟踪、争议问题跟踪、成本跟踪、风险跟踪、关键计算机资源跟踪。

在实际执行项目跟踪与控制活动时，需要将各项跟踪结果文档化，并进行分析、汇总，达到项目过程可控的目的。项目跟踪与控制的整体流动流程如图 9-1 所示，在此过程中各类人员的职责如下。

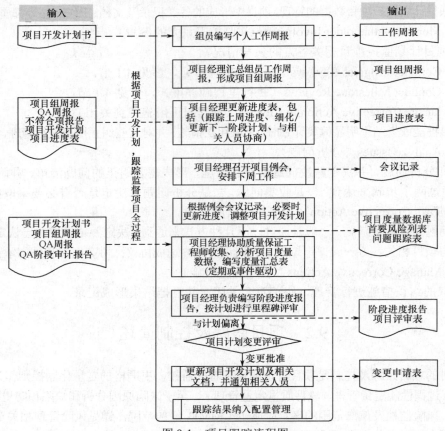

图 9-1　项目跟踪流程图

● 项目经理：负责项目跟踪监测和控制；汇总项目组成员的个人工作周报，编写或确认项目周报；主持项目例会和日常评审活动；编制、提交项目状态报告；根据需要及时采取纠正措施包括调整项目计划。

● 项目组员（包括配置管理工程师）：每周填写个人工作周报、参加项目例会；完成项目组长指派的其他监控任务。

● QA 工程师：验证各项监控活动与规范、规程的符合性，提交审核报告。

● 研发部经理：主持里程碑评审；批准涉及里程碑计划变更的项目计划变更，确认涉及发布计划变更的项目计划变更；解决跟踪过程中项目经理不能解决的争议问题。

- 项目相关各方（干系人）：提交必要的工作周报；参与承诺监测活动；参加里程碑评审；承诺项目计划变更引起的职责分工的改变。
- 高级经理：参加里程碑评审，签署评审结论；批准涉及发布计划变更的项目计划变更；解决跟踪监控过程中项目经理和研发部经理不能解决的争议问题。

## 9.3 项目跟踪活动

由图 9-1 可见，在项目跟踪时通过多种方式来进行，原则上是以从底向上的方式进行跟踪，即先是个人对工作完成情况进行跟踪，然后再对项目组整体进行跟踪。常用的方式主要有：个人工作周报、项目组周报、召开项目例会、举行里程碑评审。然后根据这些跟踪方式收集的数据，再对项目进度进行更新，有时还可能需要调整项目计划。具体讲解如下。

**1. 个人工作周报**

项目组成员（包括测试人员、配置管理员）每周五（不同公司此时间可能规定不同）及时按个人工作周报模板总结本周的活动结果，编写个人工作周报提交项目经理和 QA 工程师。个人工作周报的主要内容如下。

- 每天及时填写的工作日志，及工作量汇总（使用 TFS 作为实训平台时，在 TFS 上及时更新自己所完成的工作项状态，并且填写相关内容）；本周工作小结用于描述本周工作任务的完成情况，并记录各项工作任务的规模、工作量（使用 TFS 作为实训平台时，不需要填写）。
- 问题反馈和建议（使用 TFS 作为实训平台时，通过增加"问题"工作项来完成）。
- 下周个人工作安排（使用 TFS 作为实训平台时不需要填写）。

QA 工程师利用"QA 周报"每周一报告本项目上周的质量保证工作情况；配置管理员利用"CM 周报"每周五下午报告本项目本周配置管理工作情况。

**2. 项目组周报**

项目组周报由项目经理每周五（有些公司可能规定为周一）根据项目组成员、配置管理员提交的个人工作周报，汇总本周项目任务完成情况；项目经理在项目过程中跟踪结果与计划相比较；对这些内容分析形成周报。项目组周报主要内容如下。

- 本周工作小结。汇总项目组各成员提交的个人工作周报，收集本周所有任务的度量数据（包括任务的估计规模和实际规模、估计工作量和本周工作量及剩余工作量、完成状态等）；并用简要文字总结本周的实际工作情况及工作成果。
- 建议与问题反馈。汇总项目组成员提交的建议与问题，并总结以前"已识别"问题的解决情况和建议的落实情况。
- 下周工作计划。根据项目开发计划中 WBS 列举的工作任务及对本周工作完成情况分析，安排项目组下周工作任务。
- 变更。汇总在本周任务执行过程中发生的所有变更请求记录及其相应的变更控制表。
- 跟踪风险。每周更新"首要风险列表"；跟踪关键计算机资源；跟踪成本（即工作量），完善项目度量数据库；跟踪项目组发现的问题，更新"问题跟踪表"。

跟踪步骤一般建议为：跟踪规模——跟踪工作量——跟踪风险——跟踪进度——跟踪关键计算机资源——跟踪成本——跟踪问题，将跟踪结果与估计相比较，进行分析，将结果写入项目组周报。

### 3. 项目例会

项目经理每周一安排时间（通常为刚开始上班的时间）进行项目组内部交流讨论，例会的时间可以根据实际情况而定。对于大型项目，周会的召开需要形成一个层次结构，比如先召开项目领导小组的周会，再召开各个小组的周会。周会的形成并不一定非要面对面坐在一起召开，可以采用多种灵活的方式来进行。但是，无论通过何种形式召开周会，均需要达到以下几个目的。

- 对项目中存在的争议问题（包括技术上、管理上）进行讨论，形成处理结果。
- 通报项目的总体进度，以及项目跟踪的结果，如风险、成本、进度等，对跟踪发现的问题达成一致的处理意见。
- 讨论并确定下一阶段的工作安排及下周的工作任务。
- 涉及项目开发计划的调整或者相关的变更请求，需要在例会中讨论达成一致意见。
- 讨论解决 QA 工程师发现的不符合项。

项目例会可以按如下方式进行召开，各公司会有各公司的规定，以下给出的是某公司对项目例会召开的规定。

- 项目经理负责在每周一召开项目例会，如果遇到特殊情况不能按期召开例会，则需在例会之前通知相关人员并说明理由；项目经理可以决定将项目例会延期或者通过电子邮件等其他方式进行沟通，保证项目组成员每周就项目存在的问题、进展情况及风险有进行讨论，达成一致意见。
- 项目经理在会前指定会议记录人，并将本周有变化的"首要风险列表"或"问题跟踪表"等相关资料交给记录人，保证例会讨论的内容能被详细、准确记录。

在项目例会上需要完成以下内容。

- 项目组成员各自分别讲述上周的工作任务完成情况、未完成的工作及其原因、工作中发现的问题及解决方法等。
- 项目经理根据汇总的项目组周报内容，总结上周的工作完成情况，让项目组员及时了解项目状态。
- 讨论识别出项目组内和相关组间的争议问题和潜在问题。
- 讨论 QA 工程师例行检查发现的不符合项，确定解决方法，指定专人解决。
- 例会上讨论并确定项目经理根据项目组周报内容更新后的项目开发计划，主要是下一阶段和或近几周的工作进度表。
- 项目例会结束后，项目经理或指定专人形成会议记录、更新项目进度表（有变动时）、更新各类跟踪表（包括"首要风险列表"、"问题跟踪表"等）。

问题跟踪应采集的度量数据则包括在生命周期不同阶段发现的问题检测阶段、问题个数、问题类型、问题注入阶段、问题严重程度分类及问题状态（已提交、关闭）等。

争议问题跟踪则包括争议问题状态及因争议问题引起的活动的工作量。此处顺便说明一下什么叫争议问题。项目组成员按项目计划进行工作时，随时都可能遇到许多开发计划之外的问题，例如，对标准的理解、对规程的理解、对各类项目文档的理解及在工作过程中遇到的各种困难或疑问，用户或其他项目相关组也可能提出许多计划外的问题，这些问题统称争议问题（Issues）。项目组长应及时处理争议问题，否则会影响项目进度。记住，没有解决的争议问题会给项目带来风险。

### 4. 里程碑评审

在项目进行到重要的阶段或里程碑阶段，项目经理需要对项目情况进行总结，形成"阶段进度报告"。一般在里程碑评审之前完成，在评审时用于评审当前的项目状态，与项目开发计划进行比较，及时发现、解决项目过程中存在的问题。

高级经理、研发部经理等高层领导通过里程碑评审确认项目前期阶段的工作成果，并对下一阶段项目安排和活动内容达成一致意见，从而更好地进行项目过程控制。工作步骤如下。

- 项目经理及 QA 工程师在重要阶段和里程碑处跟踪项目进度，在《项目度量数据库》形成《项目参数图表分析》分析进度情况，主要包括：项目工作量按阶段分布、项目工作量按类别分布、工作量偏差趋势分析、项目进展盈余分析、项目进度成本偏差趋势分析、项目进度成本性能指标趋势分析等。递交给研发部经理和高级经理。
- 配置管理员利用"基线计划及跟踪表"跟踪报告项目的里程碑状态，递交给项目经理，研发部经理和高级经理。
- 在里程碑评审之前，项目经理需要负责完成"阶段进度报告"，并且组织正式评审，以便确定当前项目状态并对项目下一阶段达成共识、得到承诺，里程碑评审后，形成"项目评审表"，具体评审过程参见第 4 章"项目评审管理"。

"阶段进度报告"完成后，发送给高级经理、研发经理、QA 工程师等相关组和个人，并交配置管理员纳入配置管理。"阶段进度报告"包含的主要内容如下。

- 报告时间及所处的阶段名称。
- 项目进度（本阶段主要活动说明、实际与计划比较分析结果、进度性能指数）。
- 工作中遇到的问题及策略（说明项目过程中遇到的问题及采取的解决措施），数据来源于项目组周报。
- 本阶段完成的工作产品（说明本阶段完成的工作产品清单）。
- 风险管理状态、质量保证状态、配置管理状态、需求管理状态等。
- 下阶段工作安排。
- 特殊问题。

另外，对于项目过程出现意外情况，需按项目停止申请原则进行：里程碑评审时，发现项目出现意外情况，必须暂停或终止时，由项目经理填写"项目停止申请表"，说明问题，提交相关人员签字后，项目方可暂停或停止研发，直至问题解决，重新编制项目开发计划进行。

在里程碑阶段形成的阶段进度报告提交之后，需要执行里程碑评审，相当于项目进展过程中的一种阶段性总结活动。所谓里程碑（milestone），实际上就是项目进展过程中的若干个时间点，这些时间点是在项目计划阶段定义的，并且得到项目相关各方的同意和承诺，在这些时间点上按计划规定进行一次较全面的评审活动，即里程碑评审。较全面的含义包括以下两个方面。

- 参加评审的人员较全面，除了项目组成员和 QA 工程师、测试工程师之外，重要的还要有高层管理者、用户代表及其他项目相关各方的代表参加。
- 评审的内容较全面。

里程碑评审，应根据项目组提交的项目状态报告，逐项评价项目状态，并提出改进建议和可采取或应采取的纠正措施，例如：

- 是否按计划完成了工作产品？
- 规模变化是否正常？
- 实际工作量与计划工作量比较，偏离是否正常？

- 实际进度与计划进度比较，偏离是否正常？
- 缺陷分布、缺陷密度、缺陷修复率是否正常？
- 变更是否得到有效控制？
- 争议问题是否得到及时处理？
- 承诺是否兑现？
- 风险管理有哪些变化？
- 培训是否有效？

**注意** 里程碑和基线（baseline）是两个不同范畴的概念。基线是一项或若干项配置项的组合，为了配置管理中有效控制配置项的完整性，在项目进展过程中可以设置若干个基线，并分别定义每个基线由哪些配置项组成。如需求基线，由需求文档、需求规格说明书组成；而策划基线，则除了两个配置项外还增加了项目计划等配置项。由于实际上，基线设置往往与里程碑相匹配，所以两个概念容易混淆。

**说明** 进度性能指数用来衡量项目能否准时交付，是进行里程碑评审的主要目的，通过项目分段进行控制，最终希望控制项目的交付具体时间，这也是项目跟踪的最终目的，可以如下定义：进度偏离值（百分比）=（现计划结束日期－初始计划结束日期）/现计划项目周期。其中：现计划项目周期=（现计划结束日期-实际起始日期）+1；单位：天。

### 5. 更新进度表

项目经理根据周报中汇总的上周各项工作任务的完成情况，更新 WBS 中的项目进度，标注各个任务完成百分比；可以使用项目管理的工具来完成此项工作。对于未完成的工作，检查估计剩余工作量和估计完成时间。

- 如果估计完成时间超出进度表中浮动范围，但不涉及里程碑点或发布时间点，项目经理需要与项目组员进行沟通，分析任务的难点、商量具体完成时间，若完成时间不能改变，则根据情况做相应的任务调整。
- 如果进度延迟涉及里程碑点或产品发布点，经与组员协调确认不能按期完成，则项目经理应与研发经理协商，获得解决方法。

进行项目工作量偏差分析，工作量性能指数（SPI）=(实际工作量总和+估计剩余工作量)/计划工作量总和。

- 如果 SPI > 1.0，则表明到当前报告时间为止，工作量估计偏低，超过 1.2，需要重新进行项目规模（工作量）估算，调整项目开发进度。
- 如果 SPI < 1.0，则表明到当前报告时间为止，工作量估计偏高，低于 0.8，需要重新进行项目规模（工作量）估算，调整项目开发进度。

问题优先级识别，项目经理识别并分析本周发现的问题的严重程度，得出初步的解决策略，在项目例会中进行讨论，填写"问题跟踪表"。

## 9.4 处理项目偏离

项目例会和里程碑评审结束后，项目经理将项目实际实施情况和计划进行比较，采取措施调整更新项目进度，必要时进行项目开发计划变更。

**1．计划更新（修订）**

（1）项目经理根据项目组周报、QA 周报和项目例会讨论结果，将项目实际实施情况和计划进行比较，采取措施调整项目进度。

（2）估算值与实际值偏离较大时，需要对项目的活动重新进行估算，更新估算结果。

（3）项目计划更新的内容包括：不涉及本里程碑进度的任务调整和细化，下阶段的任务细化，人员调整等。

（4）项目计划的更新频率可以是每周或由项目经理根据事件驱动决定。

（5）项目计划的更新由项目经理在项目开发库中实时进行，并定期纳入受控库进行管理。

（6）项目计划的更新没必要生成新版本。

**2．计划变更**

在涉及里程碑进度调整时，必须执行计划变更。导致计划产生的变更有两类：配置变更和项目变更。配置变更有对需求、设计、代码等的变更。项目变更有以下内容。

（1）生命周期模型改变。

（2）规模、工作量、成本预算或进度的变更，估算值与实际值偏离较大时，需要对项目的活动重新进行估算，更新估算结果。

（3）度量极限数据小于预定数据。

计划变更内容（项目软件开发计划文档，补充对下列内容的重新估算）。

（1）成本，规模，关键计算机资源，风险评估，成员人数分配等。

（2）新计划的交付日期，工作任务，在项目各个阶段中计划的工作量。

（3）项目质量保证计划、CM 计划、测试计划、需求跟踪表等相关文档。

（4）其他需要被更新以维护各个工作产品间一致性的工作产品。

（5）版本修订控制。

项目需要为变更后形成基线的 WBS 保存比较基准。计划变更权限如下。

（1）项目变更由研发经理/CCB 评审和批准计划变更。

（2）软件过程变更由 EPG 评审和批准。

（3）由配置变更引起的计划变更需经过项目经理/CCB 评审并且批准。

计划变更必须按照配置管理过程——变更控制实行，通知所有相关组别，包括项目经理、研发部经理、高级经理和 QA 工程师。项目经理、高级经理要保证客户或客户代表得到通知，并得到客户的批准。变更后的项目开发计划书获得项目组内部、项目组外部和机构外部的承诺。批准的变更和更新的项目开发计划（含更新后的项目进度表）应该通知给所有受影响的组或个人。变更后的项目开发计划由项目经理统一提交给配置管理员进行配置管理。项目的开发和跟踪活动以变更/更新后的计划为基础。

# 实训任务十一：项目跟踪及控制

本章实训的内容需要在整个实训项目的开发周期内使用，每个组员每周填写《个人工作周报》，具体上交的时间及方式由实训指导教师规定，若使用 TFS 开展实训，则只需要对自己负责的工作项进行及时跟踪即可，不需要填写《个人工作周报》；项目组长除了填写《个人工作周报》之外，还需要填写《项目周报》；对于发现的问题，需要由项目组长填写《问题跟踪表》并进行跟踪；在项目设定里程碑之前，以组长为主编写《阶段进度报告》；对项目开发过程中的各类评审，应当按照第 4 章的"项目评审管理"执行，并形成相关的文档记录；除评审之后，其他会议，需要由项目组长指定人员编写《会议记录》。若项目组设有 QA 工程师，则QA 工程师需要填写 QA 周报，请参见本书第 12 章 "产品及过程质量保证"的实训。

根据项目计划时是否设置里程碑来确定是否编写《阶段进度报告》；根据项目开发过程中是否遇到问题来确定是否编写《问题报告》。

## 实训指导 26：如何使用 TFS 进行工作跟踪

项目组成员每天在工作结束前应对当天工作情况通过 TFS 进行跟踪，主要是对自己负责的各类工作项完成情况进行更新。本节主要是对任务的完成情况进行跟踪，任务的安排是由项目组长通过实训指导 18"如何使用 TFS 和 Pregect 2007 制订项目进度计划"中的方式来完成的，对于项目组成员负责的其他工作项，比如问题、Bug 等，按照各自章节描述的方法进行跟踪。

对于一些不需要或者无法在项目进度表（因为项目进度表是对主体进度进行计划和跟踪的）里体现的任务，需要由项目经理通过新建任务工作项的方式来添加任务。比如，返工、纠正措施、缓解措施、其他等，在计划里是没有办法做进去的，只能根据项目实现情况及时新建任务来做。在 TFS 中选择"新建工作项"的"任务"，或者在"我的任务"下单击"新建工作项"按钮，然后选择"任务"，如图 9-2 所示。

图 9-2 新建任务界面

在"新建任务"窗口中，需要根据时机对每个字段进行填写，具体内容如图 9-3 所示。
任务工作项填写说明如下。
- 标题：填写任务的名称。
- 任务类型：分为 CM 工作、QA 工作、测试、返工、缓解措施、纠正措施、培训、项目管理、研发工作、其他 10 种类型，如图 9-4 所示。在填写任务的时候，根据任务的属性选择相对应的类别。
- 指派给：承担该任务的人员（系统默认是当前登录者）。
- 状态：选择已建议。

# 第 9 章 项目跟踪及控制

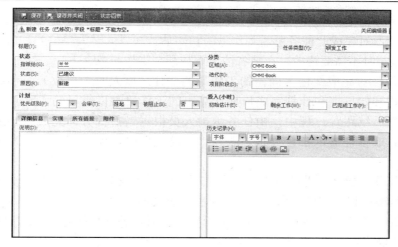

图 9-3 任务工作项填写主界面

- 原因：选择新建。
- 区域：默认的当前项目。
- 迭代：默认的当前项目。

图 9-4 任务类型选择界面

- 项目阶段：分为项目计划、需求开发、系统设计、系统测试、实现与测试、客户验收/结项 6 种类型，如图 9-5 所示。在填写任务的时候，选择任务相对应的阶段。

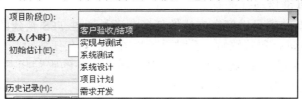

图 9-5 任务项目阶段选择界面

- 会审：分为挂起、收到信息、详细信息、已会审 4 种状态，一般选择挂起（见图 9-6）。

图 9-6 会审选择界面

- 被阻止：分为是、否共两种类型，说明该任务是否被阻止。
- 初始估计：对完成此任务所需工作量的初始估计（以人时为单位），此值在新建任务时填写，后续跟踪时不需要修改，在缺省情况下与剩余工作一致。
- 剩余工作：对完成此任务尚需的工作量的估计（以人时为单位），在缺省情况下是根据工作的计划开始日期和计划完成日期计算出的工作日乘以每日的人时（一般为 8 人时/日）得到的；在后续跟踪过程中，由任务承担人员根据当前任务的完成情况来填写还需要多少工时才能完成该任务。在任务状态改为"已解决"时，此处应当填写为零，表示任务已经完成。
- 已完成工作：已经为此执行的工作量（以人时为单位），缺省情况下为零，在后续跟踪过程中，填写截止到跟踪日，已经花费的所有工时之和。
- 详细信息：对工作任务做一个详细的说明，在对任务安排的时候，尽量要把任务描述清晰，不要产生歧义。
- 实现：在"需要评审"处根据情况选择"是"或"否"；在"需要测试"处根据情况选择"是"或"否"；在"集成版本"处有就填写集成的版本号，没有就选择"无"。对每个任务都需要在计划安排处填写"开始日期"和"完成日期"；在对任务进行跟踪时，需要在计划跟踪处要填写"实际开始日期"和"实际完成日期"。与任务有关的所有的父级和子级都连接在"所有父级和子级"处。如图 9-7 所示。

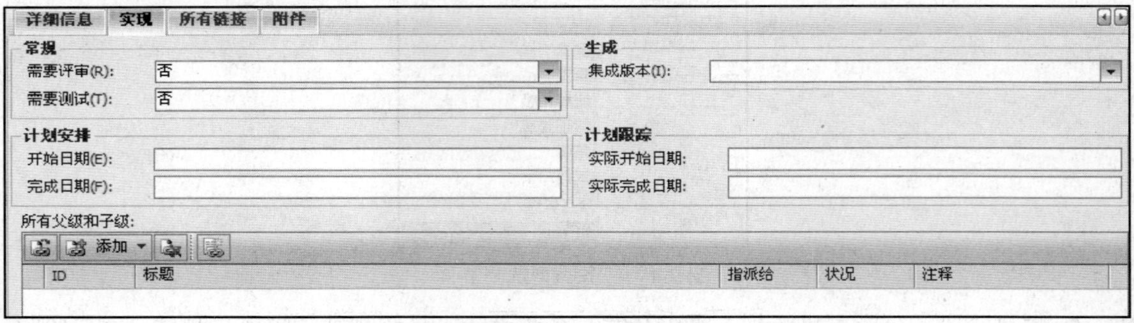

图 9-7 任务实现填写界面

- 所有链接：可以链接与任务有关的资料。

无论是通过 Project 的项目进度表安排的任务，还是通过 TFS 新建的任务，在日常工作中均需要对正在做的任务进行每日跟踪，及时更新相关信息。在任务跟踪过程中，任务的状态转换需要与其内容的填写相关，但是以状态转换为主线，任务的跟踪状态图表如图 9-8 所示。

任务跟踪状态图说明如下。

（1）当任务初建立时，"状态"为"已建议"，"原因"为"新建"，指派给承担该任务的人员。

（2）当任务经过讨论决定不需要做时，"状态"直接由"已建议"改为"已关闭"，"原因"为"已拒绝"。

（3）当任务开始需要执行的时候，由任务承担人员把"状态"由"已建议"改为"活动"，"原因"为"已接受"，"指派给"为任务执行者。此时需要填写或修改任务的"初始估计"值，并且填写任务的"实际开始日期"为当天日期。

第 9 章 项目跟踪及控制 · 161 ·

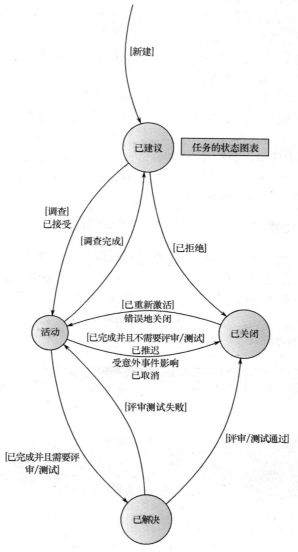

图 9-8 任务的状态图表

（4）对于一些任务，可能描述不清楚，此时需要对其调查，那么"状态"由"已建议"改为"活动"，只是"原因"要选为"调查"，指派给调查该任务的人员，一般为任务安排人员；当任务调查完成的时候，"状态"由"活动"改为"已建议"，"原因"为"调查完成"，"指派给"承担该任务的人员。此时需要填写或修改任务的"初始估计"值。

（5）当任务完成之后，"状态"由"活动"改为"已解决"，"原因"为"已完成并且需要评审/测试"，"指派给"为项目经理，由项目经理对任务完成情况进行验证。此时需要把任务的"剩余工作"填写为零，把"已完成工作"填写为该任务所有花费工时之和，并且填写任务的"实际完成日期"为当前日期。

（6）当任务评审/测试（项目经理验证）没有通过的时候，"状态"由"已解决"改为"活动"，"原因"为"评审/测试失败"，"指派给"任务承担人员。

(7) 当任务已经完成且不需要评审和测试的时候,"状态"直接由"活动"改为"已关闭","原因"为"已完成并不需要评审/测试",但在实训时不建议使用该路径来关闭任务。此时需要把任务的"剩余工作"填写为零,把"已完成工作"填写为该任务所有花费工时之和,并且填写任务的"实际完成日期"为当前日期。

(8) 当任务因为其他原因需要由活动直接被关闭的时候,"状态"可以由"活动"直接改为"已关闭","原因"为"已推迟"、"剪切"、"已取消"或"受意外事件的影响",根据具体情况来选择要填写的原因。

(9) 对于已关闭的任务,若发现有问题,可以再次被激活,"状态"由"已关闭"改为"活动","原因"为"错误地关闭"或"已重新打开",根据实际情况选择填写原因,"指派给"为任务承担人员(一般是原来承担该任务的人员)。

## 实训指导 27:如何使用 TFS 汇总产生《项目组周报》

每周项目组长在收到每个组员的工作周报之后,或者在项目组成员在 TFS 填写任务跟踪基础之上,对本周工作完成情况进行统计,并且对下周工作计划进行安排,编写整个项目组的周报。周报具体内容如表 9-1 所示,但是在填写过程中需要注意以下内容。

表 9-1 工作量估算表

报告周期:YYYY-MM-DD{MON.}~YYYY-MM-DD{FRI.}　　　　项目名称:
本周投入人数:　　　　N 人　　　　　　　　　　　　　　项目经理:　　XXX

| 1.项目问题及风险(描述项目存在或可能存在的问题及风险) | | | | | |
|---|---|---|---|---|---|
| 9.5.3 中填写的内容 | | | | | |
| | | | | | |
| 2.项目已完成工作(100%完成的工作) | | | | | |
| No | 任务编号 | 任务名称 | 任务分类 | 计划完成日期 | 实际完成日期 | 本周投入工作量(人时) |
| 1 | | | | | | |
| 2 | | | | | | |
| 3 | | | | | | |
| 3.项目下阶段工作描述 | | | | | |
| No | 任务编号 | 任务名称 | 责任人 | 计划开始日期 | 计划完成日期 | 备注 |
| 1 | | | | | | |
| 2 | | | | | | |
| 4.工作量统计 | | | | | |
| 项目研发 | 0 | 项目评审 | 0 | 测试 | 0 |
| 项目管理 | 0 | 返工 | 0 | 培训 | 0 |
| 配置管理 | 0 | 其他 | 0 | | |

工作类型与个人工作周报里的类型要一致,由各个小组根据实际情况进行修改,但必须保持一致性。项目研发,是指项目进度表中定义的软件开发或集成活动;项目管理,包括制订计划和管理评审及周例会、编写周报等管理活动;项目评审,是指对研发工作产品进行技术评审相关的活动;测试,包括单元测试、集成测试及系统测试活动;返工,是指对同行评审识别的缺陷或测试发现的缺陷进行修复的活动;配置管理,是指从事配置管理活动所花费的工作量;培训,是指项目内部开展的技术管理相关培训任务。其中的任务编号应当与 WBS 编号一致,计划完成日期也与项目进度表里的一致。"投入的工作量"一栏,在模板里用的是"人时",在实训时,各小组可以根据实际情况修改成"人天",但应当保持与项目策划里工作量估算处的单位一致。

本表中各类工作量统计是自动计算出来的,在填写周报时不需要手动填充。"项目问题及风险"根据项目本周实际情况来填写,可以把每个组员提交个人工作周报里的内容整理之后填写,对于新发现的问题应当整理进《问题跟踪表》,指定专人对问题负责,以保证发现的问题得到解决并关闭。

实训模板电子文档请参见本书配套素材中"模板——第 9 章 项目跟踪及控制——《项目组周报》"。

如果项目组成员使用 TFS 对承担任务进行跟踪,则此表格中的大部分内容可以由 TFS 直接得到,省去了手工统计的麻烦。若想得到本周已完成工作,在团队资源管理器或 Web Access 中建立一个满足一定条件的查询即可。以在团队资源管理器中的操作为例进行说明:右击"工作项",选择"新建查询",如图 9-9 所示。

图 9-9 团队资源管理器中新建查询界面

在新建的查询中,可以根据想查询的数据来设置条件。如图 9-10 所示,其上面的具体含义如下。

语句之间的关系由"与"和"或"组成,语句由"字段+运算符+值"组成。

查询语句为:"团队项目=@项目 与 工作项类型=任何 与 状况=已关闭 与 实际完成日期>@今天-7 与 实际完成日期<@今天-1"。

语句的意思为:要查询在当前的团队项目中,一周内工作项类别为"所有的",同时工作项状况为"已关闭的"所有记录。当然也可以只查询本周完成的任务,此时条件就可以改为:"团队项目=@项目 与 工作项类型=任务 与 剩余工作=0 与 实际完成日期>@今天-7 与 实际完成日期<@今天-1"。其中,实际完成日期也可以直接填写日期,时间的范围就是本周。如图 9-10 所示。

在查询下阶段(周)工作计划的时候只需要将查询语句稍加改动即可,注意查询条件应当满足如下含义,具体组合在实训时按照图 9-10 的方式来设置。①按计划下周要开始的任务;②本周已开始,但还没有完成的任务;③按计划应当已经开始,但还未开始的任务,并且又未被阻止。由此可见这三类任务有一个共同点，就是状态均不能为"已关闭"。根据这样的规则，可以定制满足条件的查询语句，如图 9-11 所示。

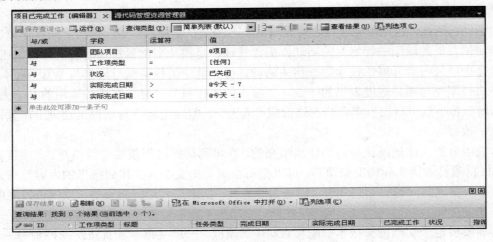

图 9-10  项目本周已完成工作查询

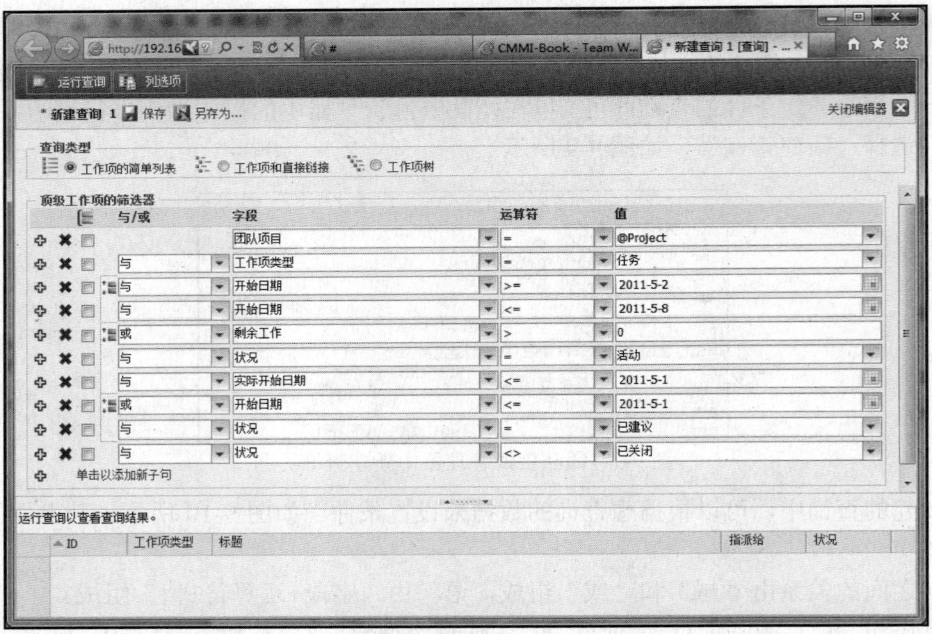

图 9-11  查询条件定制界面

在定义查询条件时，要注意对查询条件进行分组，以便完成"与"和"或"的组合，形成丰富的查询结果。在查询创建完成之后，可以根据实际需要来定义需要显示的数据，可以通过"列选项"来选择，如图 9-12 所示。

在"列选项"中，选择需要的字段。例如，任务编号，任务名称，责任人，计划开始日期，计划完成日期，等等。如图 9-13 所示。

对于定义好的查询，可以保存到"我的查询"或"团队查询"处，给其起一个直观的名称，这样，下周再查询时，只需要对其中的日期范围进行调整即可。

第 9 章 项目跟踪及控制

图 9-12 列选项标识

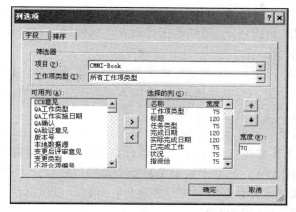

图 9-13 列选项界面

对于查询的结果，可以使用多种方式导入到 Excel 中去，当然也可以拷贝到 Excel 中去。对于有兴趣的同学，也可以在项目门户网站上通过新建 Excel 报表的方式来产生满足条件的 Excel 报表，只是此时要求 IE 应当是 7.0 或以上版本，并且本地要安装 Excel 2007 及以上版本。

## 实训指导 28：如何在 TFS 中填写周报问题

在开发过程中，项目组可能会遇到各种各样的问题，为了保证发现的问题肯定得到解决，并有专人负责，需要填写《问题跟踪表》，并对问题解决情况进行跟踪。

如果不使用 TFS 来对任务进行跟踪，通常是由每个项目组成员填写到各自的《个人工作周报》中，然后再由项目经理汇总到《问题跟踪表》对各类问题进行跟踪。在实训过程中，此表由项目组长或指定专人负责。如果使用 TFS 对工作进行跟踪，则不需要填写该表，只需要在项目组成员发现问题时，新建一个"问题"工作项即可。具体的填写方式与"实训指导 14：如何在 TFS 中填写及跟踪评审问题"类似，只是在填写时"问题类型"选择"周报问题"即可。那么项目经理就可以使用上节中讲到的定义查询的方法得到需要跟踪的问题，省去了填写问题跟踪表的工作。

如果不使用 TFS 完成实训，也可以通过填写文档表单的方式来完成，具体的实训模板电子文档请参见本书配套素材中"模板——第 9 章 项目跟踪及控制——《问题跟踪表》"。

## 实训指导 29：如何使用 TFS 汇总产生《阶段进度报告》

本报告是由项目经理在里程碑评审之前主持编写，把上一阶段的各类工作进行汇总分析，给出当前项目所处的实际状况，以方便在里程碑评审时管理层对项目有一个准确认识，决定项目将来的去向。阶段进度报告主要由以下内容组成。

**1. 报告时间及所处的开发阶段**

项目在编写阶段进度报告时所处的阶段、本报告时间编写的内容包含的时间段等内容。

## 2. 工程进度

### 2.1 本阶段的主要活动

描述本阶段开展的主要活动，主要来源于本阶段的工作结构分解，把项目进度表中的主要活动或任务写在此处。

### 2.2 实际进展与计划比较

描述人员信息（实际和计划），主要是指计划人员到位情况和实际人员到位情况的对比分析，并且把差异的原因写出。

工作量信息（实际和计划），主要是指本阶段根据估算得到的计划工作量及实际统计投入的工作量情况进行对比分析。可以通过对 TFS 中本阶段的工作项的计划工作量（初始估计）和实际工作量（已完成工作）查询汇总得到。

项目规模和计算机资源（实际和计划），主要是指本阶段估算出来的规模与实际规模的比较分析，对于编码阶段尤其重要；对于计算机资源计划到位情况与实际到位情况进行对比分析。

开发进度（实际和计划），此处不只是填写整个阶段进度与计划进度的对比情况，还需要把该阶段中重点活动或任务计划进度与实际进度进行对比，以找出差异的地方及原因。

## 3. 工作遇到的问题及采取的对策

说明项目过程中遇到的问题（技术、人员管理、组间协调等），以及遇到这些问题时采用的处理方法。可以把《问题跟踪表》里与本阶段相关的问题在此处列出。如果使用 TFS 作为实训平台，可以通过 TFS 里的查询功能来汇总得到满足条件的数据，省去手工整理的工作，具体操作方法如下。

在新建的查询中，根据需要来设置条件。阶段进度报告的问题对应的查询语句："团队项目=@项目 与 工作项类型=问题 与 问题类型=周报问题 与 创建日期>2011-4-25 与 实际完成日期<2011-5-25"，时间的范围就是一个工作阶段。如图 9-14 所示。

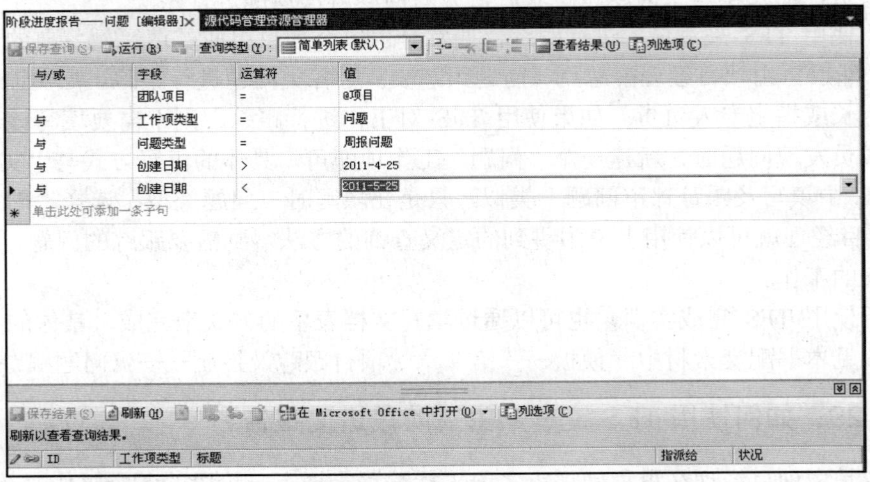

图 9-14 阶段进度报告——问题查询界面

## 4. 本阶段完成的成果清单

说明到目前阶段为止的项目成果，列表说明，这里的成果即包含各类技术文档、管理文档，也包含源程序。如果使用 TFS 对配置管理计划进行跟踪，则可以查询实际完成日期处理本阶段的所有配置项,否则只能通过对配置项计划跟踪表整理得到。

### 5. 风险管理状况

提供相关的风险追踪情况,如果不使用 TFS 进行风险管理,则可以把首要风险列表作为附表说明,但重点是关注当前还未规避成功或已发生的风险。若使用 TFS 做风险管理,则可以通过查询的方法得到本阶段的风险管理情况,应当满足的条件为:本阶段关闭的风险及截止到本阶段结束还在活动的风险,具体操作如下。

在新建的查询中,根据需要来设置条件。阶段进度报告的风险对应的查询语句:"团队项目=@项目 与 工作项类型=风险 与 状态=活动 或 状态=已关闭 与 风险识别日期>2011-4-25 与 风险识别日期<2011-5-25",时间的范围就是一个工作阶段。具体条件设置如图 9-15 所示,当然也可以根据风险的具体需要来查询本阶段还未规避成功或已发生的风险。

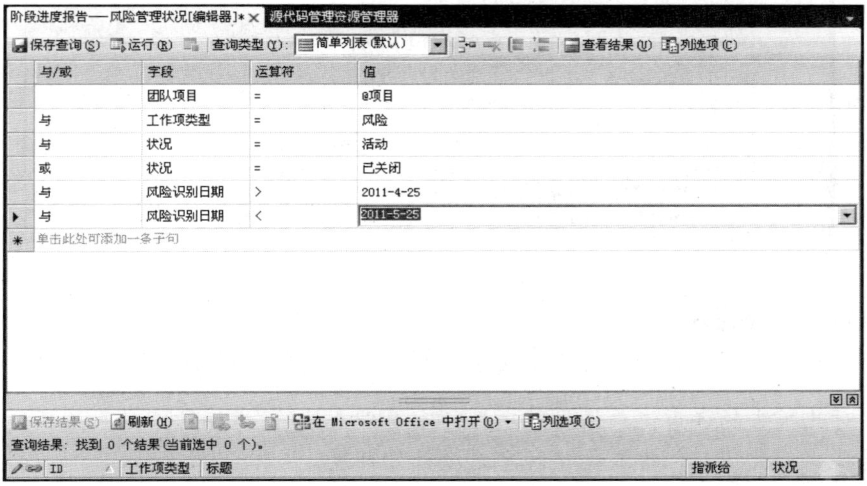

图 9-15 阶段进度报告——风险管理状况查询界面

### 6. 质量保证状况

提供相关的质量保证情况,如经过几次评审,几次审计,评审和审计完成情况。QA 阶段工作报告可以作为附表说明。该部分可以和 QA 人员协商完成,在实训时若没有专职的 QA 人员,则此内容也不填写。

### 7. 配置管理状况

提供相关的配置管理情况,如配置项入库统计,变更情况统计、配置管理计划执行情况,存在的问题及改进建议等,此处的基线生成情况可以参见《基线计划及跟踪表》;对于配置库的审计情况,可参见《配置审计报告》。

### 8. 需求管理状况

提供相关的需求管理状况,如果不使用 TFS 进行需求管理及跟踪,则可以采用需求追踪矩阵表作为附表说明。如果使用 TFS 完成需求的管理和跟踪,则可以通过查询来得到需求当前的状况,具体操作如下。

在新建的查询中,根据需要来设置条件。在查询类型处选择"工作项和直接连接"可以将用户需求和相关的软件需求都查询出来。阶段进度报告的需求管理状态对应的查询语句:"团队项目=@项目 与 工作项类型=需求 与 状态=任何 与 要求类型=用户需求",连接工作项的查询语句:"工作项类型=需求 与 要求类型 = 软件需求"。如图 9-16 所示。

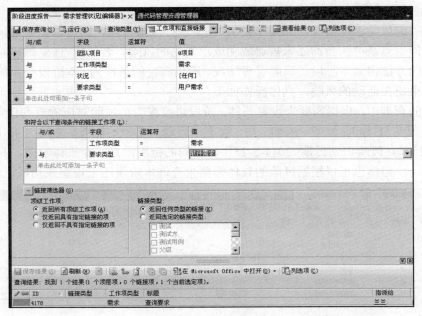

图 9-16 阶段进度报告——需求管理状况查询界面

**9.下阶段的工作计划**

描述下个阶段的工作安排,可以用文字说明,也可采用 Project 作为附表说明。

**说明** 对此报告的评审记录请按照项目评审管理来执行,根据评审结果来决定项目是继续研发,还是需要加大投入,抑或是按既定进度计划研发。

实训模板电子文档请参见本书配套素材中"模板——第 9 章 项目跟踪及控制——《阶段进度报告》"。

# 第 10 章 系统设计

本章重点：
- CMMI 中对应实践；
- 系统设计简述；
- 关于设计模式；
- 概要设计活动；
- 详细设计活动；
- 设计方法简介；
- 系统设计实训。

系统设计是把软件需求规格说明转化为软件系统的最重要的技术开发环节。通常，软件设计的技术难度要比编程、测试高。所以程序员、测试员称为"员"，而设计师尊称为"师"。在公司里，设计师的地位和收入通常高于程序员和测试员。

设计的好坏决定了软件系统的优劣。可以断言"差的设计必定产生差的软件系统"，但是不能保证"好的设计必定产生好的软件系统"。因为在设计之前有需求开发工作，在设计之后还有编程、测试和维护工作，无论哪个环节出了差错，都会把好事搞砸了。[①]

## 10.1 CMMI 中对应实践

系统设计在 CMMI 中是放到技术解决方案（Technical Solution，TS）过程域的，共有 6 个实践与此相对应。就整个 TS 来说，其目的为：针对需求进行设计解决方案，并实现之。这些解决方案、设计和实现应当单独或适当地组合的一起，并且是围绕着产品、产品组件和产品相关的生命周期来进行的。本章所讲解的内容主要是与解决方案的设计、选择有关的内容，与之相关的 6 个实践如下。

SG1 Select Product Component Solutions（选择产品组件解决方案）

目的是从候选的解决方案中选择产品或产品组件的解决方案。

为了能从成本、进度和技术性能的角度出发选择适合于当前软件的解决方案，必须对候选方案进行分析。在选择方案时需要确定一定的准则，一般涉及成本、效益和风险等。

SP1.1 Develop Alternative Solutions and Selection Criteria（开发候选方案和制定选择准则）

需要从以下几个方面进行考虑：成本（开发、制造、采购、维护、支持等的功能），性能，产品组件的复杂程序和有关的生命周期过程，产品操作的稳定性和使用条件、操作模式、操作环境和产品生命周期过程中的各种变化，产品的扩展和进化、技术限制、风险、需求和技术的发展变化，最终用户和操作人员的能力及限制，现有产品的特点（可能会被选择作为本项目的

---

① 林锐，刘兴文，徐继哲等. IT 公司研发管理：问题、方法和工具. 北京：电子工业出版社，P161.

解决方案构成部分或全部）。形成的工作产品一般为：候选方案评价准则、候选方案、新技术评估报告、对市场现有产品的评价结果等。

SP1.2 Select Product Component Solutions（选择产品组件方案）

根据选择准则来选择产品组件解决方案。选择最能满足准则的产品组件，即把需求分配给产品组件。通常形成的工作产品有：产品组件选择决策及理由，需求与产品组件之间的关系文档，解决方案、评估及理由记录。

SG2 Develop the Design（开发设计）

目的是开发产品或产品组件的设计。

产品或产品组件的设计，必须提出适当的内容，这不仅是为了实现，也是为了产品生命周期后续阶段，如修正、重新采购、维护、维持及安装。设计文件提供给相关的干系人，以方便对设计人员相互了解，并维护产品开发与后续的生命周期阶段设计上的改变，形成完整的设计描述，记录于技术相关数据（文档）中。

SP2.1 Design the Product or Product Component（设计产品或产品组件）

产品设计包含两阶段，在执行上可能相互重叠：概要设计与详细设计。概要设计建立产品功能与架构，包含产品组成区块、产品组件界定、系统状态与模式、主要的内部接口，以及外部产品接口。详细设计完整的定义产品组件的结构与功能。主要由以下几个活动组成：①建立并维护设计准则，以评估设计；②界定、开发或获取适合于产品的设计方法，选择适合的方法并在一定的工具支持下可以对设计提供很大的帮助，一般常用的技术和方法包含：原型法、结构化设计方法、面向对象设计方法、E-R 模型、设计复用、设计模式等；③确保设计遵循所应用的设计标准与准则；④确保设计遵循已分配的需求；⑤设计文档化。

SP2.2 Establish a Technical Data Package（建立技术数据包）

目的是建立并维护技术数据包。完备的技术数据包为开发者提供了开发产品或产品组件的综合性描述，还提供有关产品类型的以下信息：产品架构描述、分配的需求、产品组件的描述、产品相关生命周期过程描述、关键产品特性、必需的物理特征和约束、接口需求、用于确保实现需求的验证准则等。

SP2.3 Design Interfaces Using Criteria（使用准则设计接口）

目的是使用已建立的准则来设计产品组件接口。一般形成的工作产品有：接口设计规格说明、接口控制文档等。主要由以下几个工作组成：①定义接口准则，这些准则一般是机构过程资产的一部分；②识别与其他产品组件相关的接口；③识别与外部相关的接口；④识别产品组件与产品相关生命周期过程之间的接口；⑤应用准则来设计接口候选方案；⑥记录已选取的接口设计与选取。

SP2.4 Perform Make, Buy, or Reuse Analyses（执行自制、购买或再用之分析）

目的是根据已建立的准则，评估产品组件是要开发、购买还是再用。技术状况是对开发或采购产品组件作出选择的重要理由。在开发工作很复杂时，可能以采购现有组件为佳，而拥有先进工具及充足人员情况下则支持自己开发。毕竟，有时购买现有的组件，可能不够完备或不能完全满足系统的需要。一旦作出采购现有组件（或外包开发）的决定，就要在供应商协议中落实。

## 10.2 系统设计简述

系统设计的目的是把软件需求（即《软件需求规格说明书》）从实现的角度进行"翻译"，

能够被开发人员（程序员）顺利地实现。一般分为概要设计和详细设计两部分。从另外一个角度来看，系统设计分为用户功能设计及软件技术架构设计两块内容。在本书中，软件技术架构设计放到技术预研阶段时完成，本章讲述的重点是用户功能（或需求实现）的设计。

概要设计的目的，一是分析与设计具有预定功能的软件系统体系结构（即模块结构），确定子系统、功能模块的功能及其间的内、外接口，确定数据结构；二是设计整个系统使用的技术架构。

详细设计的目的是在给定的技术架构下，设计系统所有模块的主要接口与属性、数据结构和算法，指导模块编程。

从管理的角度来说，对于系统设计应当遵循以下的方针。

- 在每个软件项目的设计阶段，根据《软件需求规格说明书》设计系统的整体架构并形成概要设计说明书。
- 对概要设计说明书中的每一项功能，详细分解，确定具体算法及数据结构（或数据库结构），形成详细设计说明书，为模块编程提供基础。
- 概要设计说明书和详细设计说明书必须通过相关组的审查，相关组包括：开发组、测试组、质量保证组、配置组、文档组及个人。只有相关组审批、确认后的概要设计说明书和详细设计说明书，才能作为项目开发计划及后续项目工程和管理活动的基础。
- 经过评审确认的概要设计说明书和详细设计说明书的任何变更，都应得到控制和管理，一旦需求发生变更，项目计划、过程活动、工作产品等要随之变更，与需求变更保持一致，填写"配置项变更控制表"，并重新提交相关组和个人复审。

## 10.3 关于设计模式[①]

设计模式（Design Pattern）是一套被反复使用、多数人知晓的、经过分类编目的、代码设计经验的总结。使用设计模式是为了可重用代码、让代码更容易被他人理解、保证代码可靠性。毫无疑问，设计模式于己、于他人、于系统是多赢的，设计模式使代码编制真正工程化，设计模式是软件工程化的基石，如同大厦的一块块砖石一样。

1995 年，由 Erich Gamma、Richard Helm、Ralph Johnson 和 John M. Vlissides 著作的 *Design Patterns: Elements of Reusable Object-Oriented Software*（该书的中译本已于 2000 年出版）一书总结的设计模式如下。

**1. Creational Patterns（构造型模式）**

（1）Abstract Factory（抽象工厂），提供一个创建一系列相关或相互依赖对象的接口，而无须指定它们具体的类。适用于：一个系统要独立于它的产品的创建、组合和表示时；一个系统要由多个产品系列中的一个来配置时；当要强调一系列相关的产品对象的设计以便进行联合使用时；当提供一个产品类库，而只想显示它们的接口而不是实现时。

（2）Builder（建造器），将一个复杂对象的构建与它的表示分离，使得同样的构建过程可以创建不同的表示。适用于：当创建复杂对象的算法应该独立于该对象的组成部分及它们的装配方式时；当构造过程必须允许被构造的对象有不同的表示时。

---

① 本节内容根据互联网资料整理编辑而成。

（3）Factory Method（工厂方法），定义一个用于创建对象的接口，让子类决定将哪一个类实例化。Factory Method 使一个类的实例化延迟到其子类。适用于：当一个类不知道它所必须创建的对象的类的时候；当一个类希望由它的子类来指定它所创建的对象的时候；当类将创建对象的职责委托给多个帮助子类中的某一个，并且你希望将"哪一个帮助子类是代理者"这一信息局部化的时候。

（4）Prototype（原型），用原型实例指定创建对象的种类，并且通过拷贝这个原型来创建新的对象。适用于：当要实例化的类是在运行时刻指定时，例如，通过动态装载；为了避免创建一个与产品类层次平行的工厂类层次时；当一个类的实例只能有几个不同状态组合中的一种时。

（5）Singleton（单例），保证一个类仅有一个实例，并提供一个访问它的全局访问点。适用于：当类只能有一个实例而且客户可以从一个众所周知的访问点访问它时；这个唯一实例应该是通过子类化可扩展的，并且客户应该无需更改代码就能使用一个扩展的实例时。

2．Structural Patterns（结构型模式）

（1）Adapter（适配器），将一个类的接口转换成客户希望的另外一个接口。该模式使得原本由于接口不兼容而不能一起工作的那些类可以一起工作。适用于：使用一个已经存在的类，而它的接口不符合需求；创建一个可以复用的类，该类可以与其他不相关的类或不可预见的类（即那些接口可能不一定兼容的类）协同工作；使用一些已经存在的子类，但是不可能对每一个都进行子类化以匹配它们的接口。

（2）Bridge（桥梁），将抽象部分与它的实现部分分离，使它们都可以独立地变化。适用于：不希望在抽象和它的实现部分之间有一个固定的绑定关系，如这种情况可能是因为，在程序运行时刻实现部分应可以被选择或者切换；类的抽象及它的实现都应该可以通过生成子类的方法加以扩充，这时 Bridge 模式使你可以对不同的抽象接口和实现部分进行组合，并分别对它们进行扩充；对一个抽象的实现部分的修改应对客户不产生影响，即客户的代码不必重新编译；想对客户完全隐藏抽象的实现部分。

（3）Composite（合成），将对象组合成树形结构以表示"部分—整体"的层次结构。它使得客户对单个对象和复合对象的使用具有一致性。适用于：表示对象的部分—整体层次结构；用户忽略组合对象与单个对象的不同，用户将统一地使用组合结构中的所有对象。

（4）Decorator（装饰），动态地给一个对象添加一些额外的职责。就扩展功能而言，它比生成子类方式更为灵活。适用于：在不影响其他对象的情况下，以动态、透明的方式给单个对象添加职责；处理那些可以撤销的职责；当不能采用生成子类的方法进行扩充时。一种情况是，可能有大量独立的扩展，为支持每一种组合将产生大量的子类，使得子类数目呈爆炸性增长。另一种情况可能是因为类定义被隐藏，或类定义不能用于生成子类。

（5）Façade（外观），为子系统中的一组接口提供一个一致的界面，Façade 模式定义了一个高层接口，这个接口使得这一子系统更加容易使用。适用于：要为一个复杂子系统提供一个简单接口时。子系统往往因为不断演化而变得越来越复杂。大多数模式使用时都会产生更多更小的类。这使得子系统更具可重用性，也更容易对子系统进行定制，但这也给那些不需要定制子系统的用户带来一些使用上的困难。此模式可以提供一个简单的缺省视图，这一视图对大多数用户来说已经足够，而那些需要更多的可定制性的用户可以越过 Façade 层。客户程序与抽象类的实现部分之间存在着很大的依赖性。引入 Façade 将这个子系统与客户及其他的子系统分离，可以提高子系统的独立性和可移植性。需要构建一个层次结构的子系统时，使用 Façade 模式定义子系统中每层的入口点。

（6）Flyweight（享元），运用共享技术有效地支持大量细粒度的对象。适用于：一个应用程序使用了大量的对象；完全由于使用大量的对象，造成很大的存储开销；对象的大多数状态都可变为外部状态；如果删除对象的外部状态，那么可以用相对较少的共享对象取代很多组对象。

（7）Proxy（代理），为其他对象提供一个代理以控制对这个对象的访问。适用于：在需要用比较通用和复杂的对象指针代替简单的指针的时候。

3. Behavioral Patterns（行为型模式）

（1）Chain of Responsibilty（责任链），为解除请求的发送者和接收者之间的耦合，而使多个对象都有机会处理这个请求。将这些对象连成一条链，并沿着这条链传递该请求，直到有一个对象处理它。适用于：有多个对象可以处理一个请求，哪个对象处理该请求由运行时自动确定；想在不明确指定接收者的情况下，向多个对象中的一个提交一个请求；可处理一个请求的对象集合应被动态指定。

（2）Command（命令），将一个请求封装为一个对象，从而使你可用不同的请求对客户进行参数化；完成请求排队或记录请求日志，以及支持可取消的操作。

（3）Interpreter（解释器），给定一个语言，定义它的文法的一种表示，并定义一个解释器，该解释器使用该表示来解释语言中的句子。适用于：当有一个语言需要解释执行，并且可将该语言中的句子表示为一个抽象语法树时，可使用解释器模式。

（4）Iterator（迭代器），提供一种方法顺序访问一个聚合对象中的各个元素，而又不需暴露该对象的内部表示。适用于：访问一个聚合对象的内容而无需暴露它的内部表示；支持对聚合对象的多种遍历；为遍历不同的聚合结构提供一个统一的接口。

（5）Mediator（协调器），用一个中介对象来封装一系列的对象交互。中介者使各对象不需要显式地相互引用，从而使其耦合松散，而且可以独立地改变它们之间的交互。适用于：一组对象以定义良好但是复杂的方式进行通信。产生的相互依赖关系结构混乱且难以理解；一个对象引用其他很多对象并且直接与这些对象通信，导致难以复用该对象；想定制一个分布在多个类中的行为，而又不想生成太多的子类。

（6）Memento（备忘录），在不破坏封装性的前提下，捕获一个对象的内部状态，并在该对象之外保存这个状态。这样以后就可将该对象恢复到保存的状态。适用于：必须保存一个对象在某一个时刻的（部分）状态，这样以后需要时它才能恢复到先前的状态；如果用一个接口来让其他对象直接得到这些状态，将会暴露对象的实现细节并破坏对象的封装性。

（7）Observer（观察者），定义对象间的一种一对多的依赖关系，以便当一个对象的状态发生改变时，所有依赖于它的对象都得到通知并自动刷新。适用于：当一个抽象模型有两个方面，其中一个方面依赖于另一方面，将这两者封装在独立的对象中以使它们可以各自独立地改变和复用时；当对一个对象的改变需要同时改变其他对象，而不知道具体有多少对象有待改变时；当一个对象必须通知其他对象，而它又不能假定其他对象是谁时。换言之，你不希望这些对象是紧密耦合的。

（8）State（状态），允许一个对象在其内部状态改变时改变它的行为。对象看起来似乎修改了它所属的类。适用于：一个对象的行为取决于它的状态，并且它必须在运行时根据状态改变它的行为；一个操作中含有庞大的多分支的条件语句，且这些分支依赖于该对象的状态，这个状态通常用一个或多个枚举常量表示。

（9）Strategy（策略），定义一系列的算法，把它们一个个封装起来，并且使它们可相互替换。本模式使得算法的变化可独立于使用它的客户。

（10）Template Method（模板方法），定义一个操作中的算法的骨架，而将一些步骤延迟到子类中。Template Method 使得子类可以不改变一个算法的结构即可重定义该算法的某些特定步骤。适用于：一次性实现一个算法的不变的部分，并将可变的行为留给子类来实现；各子类中公共的行为应被提取出来并集中到一个公共父类中以避免代码重复；控制子类扩展。

（11）Visitor（访问者），表示一个作用于某对象结构中的各元素的操作。它使你可以在不改变各元素的类的前提下定义作用于这些元素的新操作。适用于：一个对象结构包含很多类对象，它们有不同的接口，而对这些对象实施一些依赖于其具体类的操作；需要对一个对象结构中的对象进行很多不同的并且不相关的操作，而想避免让这些操作"污染"这些对象的类；定义对象结构的类很少改变，但经常需要在此结构上定义新的操作。

## 10.4 概要设计活动

概要设计一般包含功能模块设计、数据库设计、模块接口、过程设计和界面设计等内容，但在开始设计之前，必须确定项目组概要设计所使用的模板、设计的要求、设计通过准则等内容。由项目经理安排概要设计人员及制订进度计划。具体流程如图 10-1 所示。

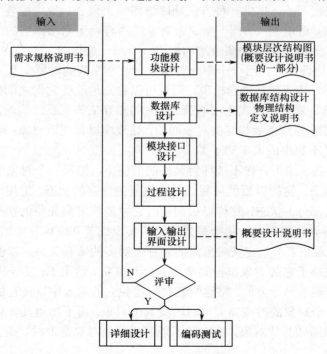

图 10-1 系统概要设计流程图

项目经理确定参与概要设计的人员，并讨论确定阶段准出准则，通盘考虑并跟踪上游顺延下来的进度、技术难度等风险、问题，与相关人员沟通，制订阶段计划。必要时，请高层参与问题解决。评估、确认需求分析结果，并对可重用的软件或功能模块进行测试，通盘考虑整个系统结构、功能扩展性。主要完成以下的设计工作。

**1．系统体系结构设计**

● 用选定的工具和开发计划设定的交付方式（如小版本渐进交付）及设计方法，结合设计原则（如功能模块化等），将系统分解为若干子系统、功能模块，并确定子系统、功能模块及其间的关系。

● 确定子系统、功能模块间的约束、假设和依赖（如系统运行环境和开发、测试环境等，并考虑系统并发性和分布性要求），设定子系统、功能模块的优先级排序。

● 结合以上内容，对系统的模块逻辑实现和集成方法进行设计，降低使软件难以实现、测试（必要时测试人员参与讨论）、维护因素，形成高内聚、低耦合的系统体系结构，建议考虑采用三明治或变体实现和集成方法。

● 定义错误处理和恢复策略，对可能出现的故障进行分解，进行优先级排序并确定处理对策。

● 确定项目数据库设计规则以便于系统统一，其中包括：库命名、逻辑设计、物理设计、安全性设计及优化、管理规则等。

● 数据库设计一般要经过"逻辑设计→物理设计→安全性设计→优化"等步骤，通常要迭代进行。

**2．逻辑设计**

逻辑设计要完成：分析软件系统模块及其之间的数据操作，使用抽象数据类型设计，转换数据对象的属性及其关联、接口等内容，设计并完善数据字典及其约束条件，实现数据的变量封装结构设计。在面向结构设计方法中，创建与数据库相关的数据流图或实体关系图；在用面向对象方法中，则分析类信息传递内容，并创建类图。

**3．物理设计**

物理设计主要完成：设计表结构，与实体关系图或类图相结合；对表结构进行规范化处理。

**4．安全性设计**

安全性设计考虑数据库的登录访问限制、用户密码加密、操作访问权限等系统安全设计；分析并优化数据库的"时—空"（即性能、容量等）效率，尽可能"提高处理速度"并且"降低数据占用空间"。

● 分析"时—空"效率的瓶颈，找出优化对象（目标），并确定优先级。

● 消除对象（目标）间的对抗性，必要时给出折中方案。

● 给出优化的具体措施，如逐步评估、优化数据库环境参数，对表格进行反规范化处理等，坚持信息隐蔽等原则，加强数据设计可维护性。

**5．接口设计**

接口（包括用户界面）设计是指与用户、测试人员交流界面设计需求，明确用户界面、接口设计规则，包括标准控件的使用规则，通用界面（包括主界面和子界面等）、接口设计原则等。接口设计原则如下。

● 扩展子系统或功能模块及其之间的关系和限制条件，实施系统所需的接口设计，并消除冗余后，完善系统的数据流图，必要时形成功能说明和操作方式。若面向对象方法，则为子系统包、类间的属性、方法等设计。

- 由测试人员参与完善测试接口设计。
- 结合系统错误处理和数据验证方法，验证接口设计结果，并逆向需求求证。

### 6. 界面设计

界面设计主要完成：分析需求说明中对用户界面的需求，实施用户界面设计，包括界面及其关系、工作流程等，必要时采取原型设计，并请用户或同行评估后细化改进。

### 7. 整合及评审

- 根据设计方法及其设计结果，项目经理负责采用指定的概要设计说明书、数据库设计说明书模板（必要时结合数据字典或类图）描述设计体系结构内容。
- 根据设计结果由文档人员完善、更新、充实用户手册（草稿）相应内容。
- 指定需求跟踪人负责跟踪系统设计结果，更新《用户需求跟踪矩阵》（填写 TFS 中的需求工作项的"需求跟踪"相关内容），若发现问题，在 TFS 中填写"其他问题"（问题工作项中类别为"其他问题"），提交项目经理或高层经理寻求解决方案。
- 测试人员负责对系统设计结果进行可测试性验证，在验证过程中若发现问题，则在 TFS 中填写关联的问题（类别为"评审问题"）工作项。
- 项目经理或用户委派专人负责组织对设计工作产品的评审或同行评审，按项目评审过程执行，在此过程中务必解决概要设计对应的所有问题并关闭。

## 10.5 详细设计活动

详细设计的根本目标是确定应该怎么具体地实现所开发的系统，应当对目标系统的实现方法、算法进行精确描述，从而在编码阶段可以把这个描述直接编写成用某种程序语言书写的程序。因此，详细设计的结果基本上决定了最终程序代码的质量。详细设计不仅仅是逻辑上正确地实现每个模块的功能，更重要的是设计出的处理过程应该尽可能简明易懂。在开发过程中，详细设计的活动流程如图 10-2 所示。

具体执行步骤如下：

- 项目经理确定详细设计人员，并通盘考虑上游顺延下来的进度、技术难度风险、问题，制订阶段工作计划，确定阶段准出准则。
- 项目经理配合详细设计人员对概要设计方案进行评估，项目组间或组内达成共识。
- 结合设计方法、工具、需求文档和软件系统体系结构设计文档，逐步细化设计每个功能模块的主要接口与属性，必要时还须细化每个用户界面；若采用面向对象方法，则为设计类的函数和成员变量，并明确对象之间的相互关系。
- 细化设计每个功能模块的数据结构与算法（若存在的话），并提高其效率，确认并完善重用软件及模块单元的算法和处理流程，确保系统一致性。
- 处理数据流程并充分考虑系统限制，逐步完善系统集成方案。
- 指定需求跟踪负责人对需求状态进行跟踪，完善需求跟踪矩阵（填写 TFS 中的需求工作项的"需求跟踪"相关内容），若发现问题，在 TFS 中填写"其他问题"（问题工作项中类别为"其他问题"），提交项目经理或高层经理寻求解决方案。
- 重复执行以上步骤直到达到准出准则。
- 整合及评审。

● 项目经理负责或指定专人负责组织整合设计内容，编制详细设计说明书，指定专人完善用户手册。

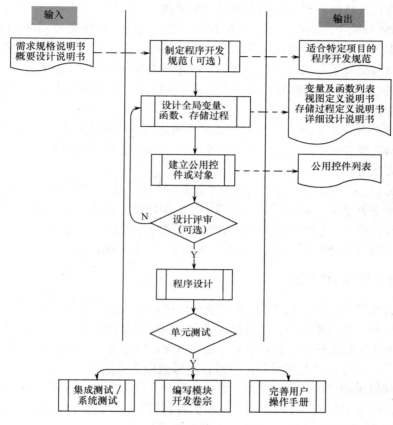

图 10-2　系统详细设计流程图

● 项目经理负责组织对阶段工作产品的验证和评审，按项目评审过程执行，在此过程中务必对概要设计对应的所有问题解决并关闭。

## 10.6　设计方法简介

对大多数软件系统而言，60%以上的软件费用都用于软件维护，因此，优秀软件设计的一个主要特点就是容易维护。所谓优秀设计，就是权衡了各种因素，从而使得系统在其整个生命周期中的总开销最小的设计。

### 10.6.1　面向结构（数据流）设计方法

结构程序设计的概念最早由 E.W.Dijkstra 提出。1965 年他在一次会议上指出："可以从高级语言中取消 GO TO 语句"，"程序的质量与程序中所包含的 GO TO 语句的数量成反比"。1966 年 Böhm 和 Jacopini 证明了，只用 3 种基本的控制结构就能实现任何单入口单出口的程序。这 3 种基本的控制结构是"顺序"、"选择"和"循环"。从而引起大家对程序设计思想、方法和风格的争论，最终认为，应当创立一种新的程序设计思想、方法和风格，以显著地提高软件生产效率和降低软件维护代价。1972 年 IBM 公司的 Mills 进一步提出，程序应该只有一个入口和一个出口，从而补充了结构程序设计的规则。[①]

1971 年 IBM 在两个项目中使用了结构程序设计，代码行数分别为 8300 行和 40 万行。而且在设计过程中用户需求又曾有过很多改变，但是这两个项目都按时、高质量完成。并且表明，软件生产率比以前提高了一倍，结构程序设计技术成功地接受了实践的检验。

在软件开发过程中，使用结构化设计方法时，可以按如下讲解的步骤来实施，分别完成系统的概要设计和详细设计。

结合需求规格说明及系统不同层次的数据流图并利用最高输入/输出抽象点，把整个系统分解为模块并确定模块功能，确定每个功能模块的输入、转换和输出数据流，并考虑各方面数据接口、存储方式等。

迭代逐步分解各系统模块，直到确定每个功能模块只执行一个行为为止，同时细化数据结构化设计，完善数据字典以确保系统能获得所需的输出结果，从而完成系统构架设计。

在详细设计的时候，对每个功能模块中的函数进行详细的算法设计，理想情况下应当达到伪代码的程度，以方便开发人员在详细设计的基础之上进行编码。

### 10.6.2　面向对象设计方法

使用面向对象的方法进行设计时，有几条准则可以作为指导方针。一是模块化；二是抽象，实际上类就是一种抽象数据类型；三是信息隐藏，实现对象的封装性，分离了接口与实现；四是松耦合，对象之间紧密程度尽量降低；五是强内聚，类内部属性和方法应该是高内聚的，一个类应该只有一个用途；六是可重用，从设计阶段就应当考虑。

结合需求规格说明（包括用例模型、类模型）和系统选用的编程语言，信息隐藏、责任驱动的设计原则，确定用户类（包括子类）及类的各种行为，并使用设计模型及相应的列表，确定每个对象的客户（模块）关联，并给予必要的方法设计。

迭代逐步检查对象及其方法，直到系统中每个对象拥有所有必需的方法，从而完成系统构架设计。给出详细的类图，包括 Actor 与类及各类之间的关系图、类的属性、方法等。

详细设计用来设计类的每个方法及决定它们实现什么；详细设计与具体实现语言必须关联。

在进行详细设计时，应当注意把整个系统拆分为若干个子系统来进行。详细设计的文档，可以使用伪代码方式来编写，必须注意保持与整体技术框架的一致性，注意检查与概要设计内容的一致性。

## 实训任务十二：完成系统设计

实训的软件项目进展到此时，从课程进度上来说，需求分析应当完成定稿，开发人员搭建的技术框架也已经完成，测试人员也均已到位并且对需求也能准确理解。此实训主要完成以下几类工作。

---

① 引自《软件工程导论》（第四版），张海藩编著，清华大学出版社。

（1）技术框架评审，由开发人员主讲，全组人员参与，对开发所使用的技术框架进行评审，形成统一的开发思路，保证开发人员与系分人员思路的一致性，保证设计思想与实现思想的一致性。然后完成整个系统的技术框架设计，比如，确定是用 WinForm 还是用 B/S，确定是以直接两层调用数据库，还是三层来实现系统，等等。并由开发人员给出在此框架下至少一个与业务无关的功能演示，比如操作员的增加、修改、删除、查询等，也可以参照本书附录中提供的框架来实现。

（2）项目组长制定整个设计的进度安排及详细的人员分工，并让所有组员清楚自己所负责的内容及需要完成的时间。

（3）以系分人员为主，测试人员为辅，完成整个系统的体系结构设计，实现系统功能的划分（概要设计的一部分）。

（4）以系分人员为主，测试人员为辅，设计系统的数据库表结构，建议详细描述表结构中各个字段的含义，以提高设计与开发的沟通效率，减少编程时理解的不一致问题（数据库设计）。

（5）以系分人员为主，测试人员为辅，设计系统每个功能模块关联的类框架，只包含类的属性、方法及方法参数，不涉及方法实现的算法，并画出详细的类图，找出设计中的冲突及不一致性，提高整个系统的耦合度（概要设计的一部分）。

（6）以系分人员为主，测试人员为辅，设计系统每个功能模块的界面；然后由项目组长主导，完成概要设计的评审（用户界面设计）。

（7）由系分人员负责完成每个类的详细设计，对类的方法中使用到的算法进行描述，以达到开发人员能按设计编码之目的（模块设计）。

（8）开发人员对设计的可行性进行验证，并及时提出修改意见；在每完成一个类的详细设计之后，开发人员完成相关代码的编写。

（9）测试人员根据后两章讲解的内容，准备相关测试用例，搭建单元或集成测试框架。

本章实训的7、8、9三个任务考虑到开发过程中的并发性，与第14章"系统实现与测试过程中的实训任务"、第15章"制定测试方案及编写测试用例"内容上存在一定程度的交叉，所以，在实际操作过程中也可以不把详细设计与编码及单元测试严格分开。本章实训用时可以根据教师所选案例的复杂性及功能多少来确定，建议在24学时以上，否则学生很难掌握相关设计方法、思路及设计活动的内容。在学时安排上，可以使用一部分上机学时，使用一部分课外学时的方法来解决。

## 实训指导30：如何编写《概要设计》

在实训时，编写该文档应当注意与《软件需求规格说明书》的一致性，在完成此文档之后，项目组长需要指定专人更新《用户需求跟踪矩阵》以保证所有的需求均在设计时得到了实现。下面对此文档中各部分怎么填写进行详细说明。

### 1．系统软件概述

说明系统"是什么"， 描述系统的主要功能。此处各小组把所选择案例的功能列表填写进来，注意，对每个功能应当有个大体的功能描述，不能只填写功能名称。

### 2．影响设计的约束因素——需求约束

概要设计人员从需求文档如《软件需求规格说明书》中提取需求约束，此处的内容应当均来自于《软件需求规格说明书》。

本系统应当遵循的标准或规范如下。

（1）运行平台的约束。

(2) 软件、硬件环境（包括运行环境和开发环境）的约束。

(3) 接口/协议的约束。

(4) 用户界面的约束。

(5) 软件质量的约束，如模块性、正确性、明确性、简单性、可维护性、可验证性、可移植性、可伸缩性、可扩展性、可兼容性、可靠性、准确性、安全性、可用性、健壮性、易用性、效率（性能）、清晰性等。

### 3．影响设计的约束因素——隐含约束

有一些假设或依赖并没有在需求文档中明确指出，但可能会对系统设计产生影响，设计人员应当尽可能地在此处说明。如对用户教育程度、计算机技能的一些假设或依赖，对支撑本系统的软件硬件的假设或依赖等。

【例 10-1】笔者在公司里从事过医院管理信息系统的开发及安装，其中有一个挂号收费系统，在某一客户使用过程中，挂号窗口的操作人员对键盘上大写英文字母不能识别，我们就把打印出来的小写字母贴在键盘上让用户使用。试想，如果开发的系统使用的对象是类似这样的操作人员，我们在设计时对一些操作界面及操作方式应当做什么样的考虑？这可以认为是隐含约束中的一类问题。

### 4．设计策略

设计策略用于指导设计和实现

本节描述设计人员设计的方法，如面向对象方法、结构化方法或是数据库设计的 ER 方法，等等。还包括大的实现设计决策，如基于中间件的架构、分布式的结构、多层架构的实现，等等。

还可能是某些非产品性的目标的实现策略，如可扩展策略（即可扩展性在设计时是怎么考虑的？）、可移植策略（可移植性在设计时是怎么考虑的？）、可复用性策略（软件复用在设计时是怎么考虑的？）、可测试性策略，等等，这些策略和性能、安全、可靠等非功能属性不同，是非需求性的，也需要在本节说明。

### 5．系统的软件架构

系统的软件架构主要包括以下内容。

将系统分解为若干子系统，绘制物理图和逻辑图，说明各子系统的主要功能；在实训时，由于所选的案例大部分都不会包含几个子系统，所以此处可以不填写；说明"如何"及"为什么"（how and why）如何分解系统。实训时也不填写。

说明各子系统或软件的各个部分如何协调工作，从而实现原系统的功能。在实训时，各小组把自己在技术预研时形成的技术框架相关的说明及框架图放到此处。图 10-3 和图 10-4 就是技术框架的一个示例。

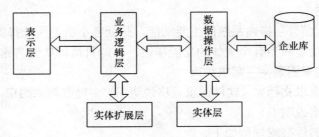

图 10-3　技术框架示例 1

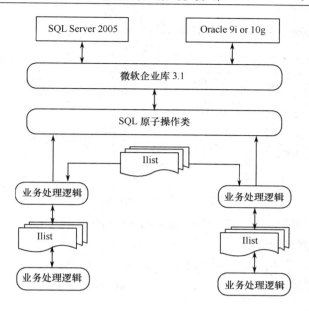

图 10-4　技术框架示例 2

**说明**　XXX 实现时将遵循以下的选择：整个系统基于 n 层应用开发模式；业务逻辑层基于 MS.NET 平台实现；数据库操作采用微软公司库 4.1 实现。

### 6．子系统的结构与模块功能

主要包括如下内容。

（1）将子系统分解为功能模块（Module），功能关系图（重点表达各个功能模块之间的关系），说明各模块的主要功能。比如，在增加一个操作员时，需要先选择该操作员所在的部门，就要用到部门查询的功能等。在绘制功能关系图时，可以使用 Visio 等工具，或者直接使用 Word 也可以。图 10-5 为一个系统功能分解的示例。

图 10-5　系统功能分解示例

**说明**　在编写概要设计时，除了功能分解之外，还应当把各个功能之间的关系描述清楚。

（2）说明各模块如何协调工作，从而实现原系统的功能。如果使用面向对象的设计方法，此处可以把各个模块相关的类图填写进来，然后对类图进行说明。图 10-6 为一个示例。

**注意**　在编写概要设计时，还需要对图进行说明。

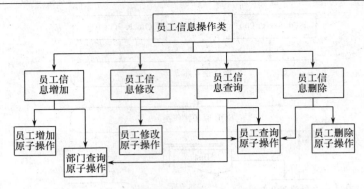

图 10-6 类框架图示例

（3）说明"如何"及"为什么"（how and why）如此分解子系统。

**7．系统接口、数据库设计规划**

此处说明系统接口、数据库设计的初步规划方案。在实训时，除了系统内部接口之外，一般案例很少有外部接口，此处内容可以不填写，并于数据库的初步规划，可以放进数据库设计文档一并描述。

实训模板电子文档请参见本书配套素材中"模板——第 10 章　系统设计——《概要设计》"。

## 实训指导 31：如何进行数据库设计

在实训时，编写数据库设计文档应当注意与《软件需求规格说明书》的一致性，应当在仔细分析《软件需求规格说明书》中数据字典及用例输入、输出的基础之上进行设计。比如，在软件需求规格说明书里对某个用例的详细描述中包含了输入的各种数据，如果要把这些输入结果保存进表中，则需要保证输入与表结构的一致性，在设计表结构时不能漏掉相关的输入数据。下面对此文档中各部分怎么填写进行详细说明。

**1．数据库环境说明**

主要是写清楚开发时所使用的数据库系统，比如 SQL Server 2005、Oracle 10g 等；对数据库结构设计时使用的工具，比如 Power Design、Rational Rose 等；对数据库编程时使用的工具，也就是写数据库脚本、编写存储过程、视图、函数、触发器等数据库对象时使用的工具，比如 SQL Server 2000 下的查询分析器，SQL Server 2005 下的 SQL Server Management Studio，Oracle 下的 iSQL Plus 等工具，当然也可以使用普通的文本编辑器；数据库服务器的详细配置，在实训时根据各项目组实际使用的计算机情况进行来编写，包含硬件配置及软件配置。

**2．数据库的命名规则**

要求完整并且清楚的说明本数据的命名规则。若本数据库的命名规则与教师提供的标准不完全一致，请作出解释。在本书的配套素材里包含了某公司制定的数据库中各对象的命名规则，供实训时参考，两个文档名分别为《规范——SQL 编码》、《规范——PLSQL 规范》。

**3．逻辑设计**

数据库设计人员根据需求文档，创建与数据库相关的那部分实体关系图（ERD）。如果采用面向对象方法（OOAD），这里的实体相当于类（Class），也就是创建与数据库相关部分的类图。

**4．物理设计**

主要是设计表结构。一般地，实体对应于表，实体的属性对应于表的列，实体之间的关系成为表的约束。逻辑设计中的实体大部分可以转换成物理设计中的表，但是它们并不一定是一一对应的，需要数据设计人员（即实训小组里的系分人员）对表进行拆分、归并等处理。之后需要对表结构进行规范化处理（使用第一、二、三范式），但是在实际数据库表结构设计时，考虑到效率等因素，不要太范式化。本书的附录里包含了某公司使用的数据库设计注意事项，可供各小组在实训时参考。

5．数据库对象设计

数据库对象设计主要对象包括视图、触发器、存储过程、函数、索引等。在概要设计阶段，可以只完成这些对象的名字及参数设计，并且描述每个对象的作用。然后，在详细设计阶段，再对这些对象用到的算法及编写的内容进行设计，最好使用伪代码进行编写，以更好地指导开发人员编写相关 SQL 脚本。

6．安全设计

此处需要设计人员对数据库平台的安全性有比较深的理解，在公司里开发过程中，可以在数据库管理员（DBA）的辅助下完成该设计，主要包含的内容如下。

（1）防止用户直接操作数据库的方法。比如，用户只能用账号登录到应用软件或工具，通过应用软件或工具来访问数据库，而不能提供其他可以操作数据库的途径。

**注意**　此处给初学 SQL Server 的同学提个建议，在对数据库进行操作的时候，要养成通过查询分析器（SQL Server 2000）及在 SQL Server Management Studio 中新建查询来操作数据库的习惯，不要直接将数据库中的对象改来改去。一是防止直接打开表时，一不小心更改其中的数据，二是培养编写 SQL 语句的能力。

（2）用户账号密码的加密方法。要设计对用户账号的密码进行怎样的加密处理，确保在任何地方都不会出现密码的明文。比如，在使用 Visual Studio 2005 进行开发的时候，可以使用自带的工具对配置文件里的数据库连接参数进行加密，以防止通过明文来知道怎么连接到数据库。

（3）角色与权限。确定每个角色对数据库表的操作权限，如创建、检索、更新、删除等。每个角色拥有刚好能够完成任务的权限，不多也不少。在应用时再为用户分配角色，则每个用户的权限等于他所兼有角色的权限之和。

实训模板电子文档请参见本书配套素材中"模板——第 10 章　系统设计——《数据库设计》"。

## 实训指导 32：如何编写《用户界面设计》

在实训时，该工作可以在概要设计的后期或详细设计的前期来完成，编写该文档也应当注意与《软件需求规格说明书》的一致性，应当在仔细分析《软件需求规格说明书》中数据字典及用例输入、输出的基础之上进行设计。在开始编写之前，项目小组需要讨论确定用户界面设计的规范，比如字体大小、操作习惯、页面布局方式等。在制定本项目组的界面设计规范时，可以参考本书的配套素材里给定的某公司制定的与界面设计有关的规范，两个文档分别为：《规范——Web 页面设计和排版》、《规范——WinForm 界面设计》。在进行界面设计时，建议各小组在编程环境下直接进行，以方便设计与编码的无缝结合，减少整个项目组的工作量。界面的设计需要与《概要设计》里的功能模块划分对应，先把各个功能模块对应的界面之间的关系理清，然后再设计主界面、二级界面、三级界面。对于界面及界面上各个元素的命名，应当遵循项目组确定的编码规范。实训模板电子文档请参见本书配套素材中"模板——第 10 章　系统设计——《用户界面设计》"。主要包含的内容如以下用户界面设计模板所示。

**用户界面设计模板**

1. 应当遵循的界面设计规范

结合用户需求和机构的《软件用户界面设计指南》,阐述软件用户界面设计应遵循的规范(原则、建议等)。

2. 界面的关系图和工作流程图

给所有界面视图分配唯一的标识符;绘制各个界面之间的系统图和工作流程图。

3. 主界面

(1)绘制主界面的视图。(2)说明主界面中所有对象的功能和操作方式。

4. 子界面 A

(1)绘制子界面 A 的视图。(2)说明子界面 A 中所有对象的功能和操作方式。

5. 子界面 B

(1)绘制子界面 B 的视图。(2)说明子界面 B 中所有对象的功能和操作方式。

6. 美学设计

(1)阐述界面的布局及理由。(2)阐述界面的色彩及理由。

7. 界面资源设计

(1)图标资源。(2)图像资源。(3)界面组件。

## 实训指导 33:如何编写《模块设计》

在实训时,该文档是在详细设计阶段来完成的,必须注意与《概要设计说明书》、《数据库设计》及《界面设计》中内容的一致性。在分析及设计时,一般会采用面向过程方法及面向对象方法,在该模板里提供了针对这两个方法的填写说明,实训模板电子文档请参见本书配套素材中"模板——第 10 章 系统设计——《模块设计》"。主要包含的内容如以下模块设计模板所示。

**模块设计模板**

1. 模块命名规则

模块设计人员确定本软件的模块命名规则(例如类、函数、变更等),确保模块设计文档的风格与代码的风格保持一致。可以从机构的编程规范中摘取或引用。

2. 模块汇总

2.1 模块汇总表

这里模块是指相对独立的软件设计单元,例如对象类、函数包等。

| 子系统 A | |
|---|---|
| 模块名称 | 功 能 简 述 |
| … | … |
| 子系统 B | |
| 模块名称 | 功 能 简 述 |
| … | … |

注:

2.2 可复用模块列表

如果在《概要设计》中说明了可复用策略,则需要在此处列出符合该策略的模块名称列表。并在后续模块设计中有所考虑。
- ◆ 模块 1
- ◆ 模块 2
- ◆ 模块 3
- ◆ ….

2.3 模块关系图

类结构图，参考《概要设计》文档。

3. 子系统 A 的模块设计

（面向过程开发过程中）

3.1 模块 A-001

| 模块名称 | |
|---|---|
| 功能描述 | |
| 接口与属性 | 用专业的设计（开发）工具来设计本模块的接口与属性，说明函数功能、输入参数、输出参数、返回值等。在此处粘贴即可 |
| 数据结构与算法 | 不论是采用经典的还是专用的数据结构与算法，都应该做必要的描述。不仅用于指导程序的实现，还可以让人清楚地了解该对象类是如何设计的 |
| 补充说明 | |

3.2 模块 A-002

| 模块名称 | |
|---|---|
| 功能描述 | |
| 接口与属性 | 用专业的设计（开发）工具来设计本模块的接口与属性，说明函数功能、输入参数、输出参数、返回值等。在此处粘贴即可 |
| 数据结构与算法 | 不论是采用经典的还是专用的数据结构与算法，都应该做必要的描述。不仅用于指导程序的实现，还可以让人清楚地了解该对象类是如何设计的 |
| 补充说明 | |

4. 子系统 A 的模块设计

（面向设计对象开发过程中）

4.1 模块 A-001

| 模块名称 | |
|---|---|
| 功能描述 | |
| 类属性和类方法 | 用专业的设计（开发）工具来设计本模块的接口与属性，说明函数功能、输入参数、输出参数、返回值等。在此处粘贴即可 |
| 重要的算法 | 不论是采用经典的还是专用的数据结构与算法，都应该做必要的描述。不仅用于指导程序的实现，还可以让人清楚地了解该对象类是如何设计的 |
| 补充说明 | |

4.2 模块 A-002

| 模块名称 | |
|---|---|
| 功能描述 | |
| 类属性和类方法 | 用专业的设计（开发）工具来设计本模块的接口与属性，说明函数功能、输入参数、输出参数、返回值等。在此处粘贴即可 |
| 重要的算法 | 不论是采用经典的还是专用的数据结构与算法，都应该做必要的描述。不仅用于指导程序的实现，还可以让人清楚地了解该对象类是如何设计的 |
| 补充说明 | |

……

# 第 11 章　软件配置管理

本书重点：
- CMMI 中对应实践；
- 软件配置管理基本概念；
- 软件配置管理活动；
- 产品发布流程；
- 软件配置管理实训。

软件配置管理（Software Configuration Management，SCM）是 ISO9001 和 CMMI Level2 中的重要组成元素。它在软件产品开发的生命周期中，提供了结构化的、有序化的、产品化的管理软件工程的方法，是软件开发和维护的基础。软件配置的概念源于美国空军，为了规范设备的设计与制造，美国空军于 1962 年制定并发布了第一个配置管理的标准"AFSCM375-1，CM During the Development & Acquisition Phases"。

软件配置管理是指通过技术及行政手段对软件产品及其开发过程和生命周期进行控制、规范的一系列措施和过程，它通过控制、记录、追踪对软件的修改和每个修改生成的软件组成部件来实现对软件产品的管理。软件配置管理可以协调软件开发使得混乱减到最小，是一种标识、组织和控制修改的技术，目的是使错误达到最小并最有效地提高生产效率。软件配置管理使软件产品变为受控的和可预见的，它控制这样几个问题：
- 谁做的变更？　　　　（WHO）
- 软件有什么变更？　　（WHAT）
- 什么时间做的变更？　（WHEN）
- 为何要变更？　　　　（WHY）

通过实施软件配置管理，可以达到可重用过程制度化，包括：满足机构的政策方针、计划和过程描述文档化、分配适当资源（包括资金、人员和工具）、确定责任和权限、培训相关人员、通过不同级别的管理方法和纠正活动检测状态。

置于软件配置管理之下的工作产品包括发送给用户的软件产品（如软件需求文档、软件代码）、用于内部使用的软件工作产品（如项目过程描述）和用于创建工作产品的工具等（如操作系统、数据库、开发工具）。

软件配置管理还用于建立和维护软件工作产品基线。基线是由配置项及相关实体组成的，包括组成软件产品的相关版本、设计、代码、用户文档等。它是软件生命周期中各开发阶段末尾的特定点，即里程碑。通过正式的技术评审而得到的软件配置的正式文本才能成为基线，它的作用是使各个阶段工作的划分更加明确化，使本来连续的工作在这些点上断开，以便于检验和肯定阶段成果。基线是配置项继续发展的一个固定基础。

实施软件配置管理不论是对软件开发者、测试者、项目经理、QA 工程师，还是客户都将会获得很多好处：有助于规范团队各个角色的行为，同时又为各个角色之间的任务传递和交流提供无缝的接合；能帮助项目经理更好地了解项目的进度、开发人员的负荷、工作效率和产品质量状况、交付日期等信息。

## 11.1  CMMI 中对应实践

在 CMMI 中有一个专门的过程域与本章相关，即配置管理（Configuration Management，CM）。其目的是通过配置标识、配置控制、配置状态报告和配置审计等活动，建立和维护工作产品的完整性。应纳入配置管理的工作产品包括：提交给客户的产品，指定的内部工作产品，获得的产品、工具，以及被用于构建和描述这些工作产品的其他项。工作产品的配置可以划分为不同等级的粒度，有时可以将一个配置项进一步分解成配置部件和配置单元。基线为配置项的持续变更提供稳定的基础。借助于配置管理系统的配置控制、变更管理和配置审计功能，使基线变更和工作产品发布得到监督和控制。本过程域不仅应用于项目的配置管理，而且应用于机构工作产品的配置管理，比如机构标准过程集、机构过程资产和复用库。共有 7 个实践与之相对应，分别介绍如下。

SG 1 Establish Baselines（建立基线）

建立已识别工作产品的基线。

SP1.1 Identify Configuration Items（识别配置项）

标识将要置于配置管理之下的配置项、组件和相关的工作产品。项目开发阶段（从软件需求评审开始到产品发布为止）各项工程和管理活动所生成的、应纳入配置管理的全部工作产品均应作为配置项，包括：硬件、设备、有形资产、软件、文档等。会产生一个配置项列表，可以通过以下几步完成该实践：一是根据一个文档化的准则，选择配置项及组成配置项的工作产品；二是给配置项分配唯一标识；三是确定每个配置项的重要特征；四是确定何时把配置项置于配置管理之下；五是标识每个配置项的拥有者/负责人。

SP1.2 Establish a Configuration Management System（建立配置管理系统）

建立和维护配置管理和变更管理系统，控制工作产品的完整性。一般会产生如下工作产品：配置管理系统及受控的工作产品，配置管理系统访问控制规程，变更请求数据库。可以通过以下几步完成该实践：一是建立某种机制来管理配置管理的多种控制层次；二是进行访问控制，以保证通过授权方可访问配置管理系统；三是存储和检索配置管理系统中的配置项；四是在配置管理系统的控制层次之间共享和传输配置项；五是存储和恢复配置项的存档版本；六是存储、更新和检索配置管理记录；七是从配置管理系统创建配置状态报告；八是保留配置管理系统的内容；九是必要时修订配置管理结构。

SP1.3 Create or Release Baselines（建立或发布基线）

创建或者发布基线，供内部使用或提交给客户。一般会形成基线和基线描述两种工作产品，可以通过以下几步完成该实践：一是在创建或者发布配置项的基线之前，获取来自配置控制委员会（Configuration Control Board，CCB）的授权；二是创建或者发布来自于配置管理系统中配置项的基线；三是记录包含于基线中的配置项集合；四是使得最新基线集合可以方便使用。

SG 2 Track and Control Changes（跟踪并控制变更）

跟踪和控制配置管理下工作产品的变更。

SP2.1 Track Change Requests（跟踪变更申请）

变更申请不只是关于新的或变更的工作产品，还包括工作产品中的错误及缺陷。对变更申请应进行分析，以确定变更会对工作产品、相关工作产品、预算和进度产生的影响，一般是通过变更申请表/单来完成该工作。可以通过以下几步完成该实践：一是将变更请求录入变更请求数据库；二是分析变更的影响及变更请求中提出的处理建议；三是对变更请求分类并排定优先级别；四是评审将在下一个基线中解决的变更请求，受变更影响的项目组成员应参加评审，并取得他们的认可；五是跟踪变更请求的状态直到关闭。

### SP2.2 Control Configuration Items（控制配置项）

主要是控制配置项的变更，一般会形成配置项的修订历史和基线的存档两种工作产品。可以通过以下几步完成该实践：一是在产品整个生命周期内控制配置项的变更；二是在被变更的配置项进入配置管理系统之前获得合适的授权；三是以适当的方式将受变更的配置项检入和检出配置管理系统，确保配置项的正确性和完整性；四是执行评审以确保变更没有对基线产生预想不到的影响（如确保变更没有危害系统的安全性）；五是在必要时，记录对配置项的变更和变更的理由。

### SG 3 Establish Integrity（建立完整性）

建立和维护基线的完整性。

### SP3.1 Establish Configuration Management Records（建立配置管理记录）

建立和维护描述配置项的记录。一般会形成以下工作产品：配置项的修订历史记录，变更日志，变更请求文字说明，配置项的状态，基线间的差别。可以通过以下几步完成该实践：一是尽量详细地记录配置管理活动，以便了解每个配置项的内容、状态及先前版本；二是确保项目相关各方能访问并知道配置项的配置状态；三是确定基线的最近版本；四是确定组成特定基线的配置项的版本；五是描述相邻基线之间的差别；六是必要时修订每个配置项的状态和历史（比如变更和其他纠正措施）。

### SP3.2 Perform Configuration Audits（实施配置审计）

执行配置审计以维护配置基线的完整性。一般会形成以下工作产品：配置审计结果报告，纠正措施。可以通过以下几步完成该实践：一是评估基线的完整性；二是确保配置管理记录正确地识别配置项；三是评审配置管理系统中配置项的结构和完整性；四是确保配置管理系统中配置项的完备性和正确性；五是确保与配置管理标准和规程的符合性；六是跟踪执行源自审计的纠正措施直到关闭。

## 11.2 配置管理基本概念

该概念在 20 世纪 60 年代末 70 年代初提出，当时加利福利亚大学圣巴巴拉分校的 Leon Presser 教授在承担美国海军的航空发动机研制合同期间，撰写了一篇名为 *Change and Configuration Control* 的论文，提出控制变更和配置的概念，这篇论文同时也是他在管理该项目（这个过程进行过近一千四百万次修改）的一个经验总结。

Leon Presser 在 1975 年成立了一家名为 SoftTool 的公司，开发了配置管理工具：Change and Configuration Control（CCC），这是最早的配置管理工具之一。由此可见，软件配置管理在国外已经有 40 多年历史，在国内软件配置管理的发展却是在 21 世纪这几年的事，在 20 世纪 90 年代，国内的软件公司很少会重视软件的配置管理。

配置管理包含版本控制、工作空间管理、并行开发控制、过程管理、权限管理、变更管理等内容。软件配置管理是在贯穿整个软件生命周期中建立和维护项目产品的完整性，基本目标是：
- 软件配置管理的各项工作是有计划进行的；
- 被选择的项目产品得到识别，控制并且可以被相关人员获取；
- 已识别出的项目产品的更改得到控制；
- 使相关组和个人及时了解软件基准的状态和内容。

为了更好地理解配置管理，需要了解以下几个基本概念。

### 1. 配置库

决定配置库的结构是配置管理活动的重要基础。一般常用的是两种组织形式：按配置项类型分类建库和按任务建库。

按配置项的类型分类建库的方式经常为一些咨询服务公司所推荐，它适用于通用的应用软件开发机构。这样的机构一般产品的继承性较强，工具比较统一，对并行开发有一定的需求。使用这样的库结构有利于对配置项的统一管理和控制，同时也能提高编译和发布的效率。但由于这样的库结构并不是面向和各个开发团队的开发任务的，所以可能会造成开发人员的工作目录结构过于复杂，带来一些不必要的麻烦。

而按任务建立相应的配置库则适用于专业软件的研发机构。在这样的机构内，使用的开发工具种类繁多，开发模式以线性发展为主，所以就没有必要对配置项严格地分类存储，人为增加目录的复杂性。因此，特别是对于研发性的软件机构来说，还是采用这种设置策略比较灵活。

配置库的日常工作是一些事务性的工作，主要保证配置库的安全性，包括：对配置库的定期备份、清除无用的文件和版本、检测并改进配置库的性能等。

在项目开发过程中，配置库可分开发区、受控区和测试区三个区域，其各自存放的内容及存取的规定如下。

（1）开发区。开发区存放项目组所遵循的过程标准、参考资料、所有未经批准的配置项、已经批准但未纳入基线的配置项，此区域中的配置项由项目经理负责和控制，项目总结束后删除。

（2）受控区。受控区存放基线。此区域的配置项由项目经理或 CCB 评审批准后，由配置管理员从开发区更新而来，此区属配置管理员所有。

（3）测试区。该区仅为临时区，不作详细规定，测试通过后需删除该区。测试内容也可由配置管理员从受控区获取（get latest）到指定的路径进行测试。

在图 11-1 中，给出了某公司研发部门在开发过程中对这三个区的使用控制流程图，供各位读者参考。此公司使用的配置管理工具为 Visual SourceSafe，BUG 管理使用的是 Test Director，在构造工作站上编写了用于自动构造的脚本，每天晚上可以完成自动构造。各位读者在使用时，可以根据自己使用的配置管理工具和开发工具进行调整，以最大限度地方便项目开发使用。

软件工程师按以下原则使用配置库。
- 只能访问开发区。
- 在添加配置项后，按公司版本的约定打标识，给定一个初始版本。
- 签入/签出不需要更新标识。
- 当工作产品完成之后，签入后，按公司版本约定打标识。

- 如果需要再修改，则签出。
- 修改完成后签入，三级或四级版本号加一，按公司版本约定打标识。
- 依次类推，直到该配置项完全定稿。

**注意** 文档类工作产品必须保持与封面上版本的一致性

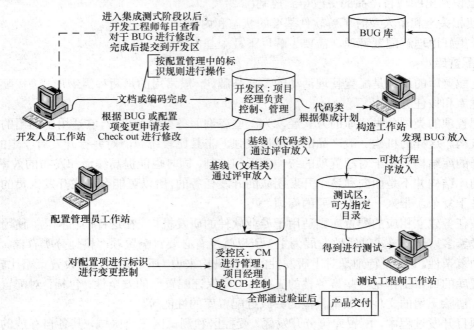

图 11-1 配置管理库使用建议流程图

配置管理工程师按以下原则使用配置库。
- 拥有配置库的全部权限，建立配置库并分配操作权限。
- 把评审通过的配置项根据评审后确定的版本，打上版本标识。
- 根据审计过的版本控制表生成基线，从开发区把配置项移到受控区；之后，锁定该版本的工作产品。
- 负责配置库的日常维护及备份。
- 发布时定期或事件驱动从配置库生成配置状态报告。

测试工程师按以下原则使用配置库。
- 测试工程除了对测试区域及公共区域有权限外，其他区域均无操作权限。
- 当一个系统/变更测试通过之后，通知配置管理员，由配置管理员根据测试结果对相关配置项打标识。

## 2. 基线

基线是软件文档或源码（或其他产出物）的一个稳定版本，是进一步开发的基础，只有经过授权后才能变更。建立一个初始基线后，以后每次对其进行的变更都将记录为一个差值，直到建成下一个基线。

基线，由一个或若干个通过（正式）评审并得到确认的配置项组成，是项目进入下一个生命周期阶段的出发点（或基准）。项目组在完成配置项的标识之后，应该按照机构标准、结合项目具体情况，定义项目基线，说明每个基线的配置项组成。注意，对某一个特定的基线而言，其配置项组成是随着项目进展而逐步增加的，并且组成基线的任何一个配置项的变更都会引起基线的变更。因此，跟踪、控制基线变更、确保基线的完整性是配置管理的一大要点。

（1）建立基线的原因如下。
- 重现性，及时返回并重新生成软件系统给定发布版本的能力，早些时候重新生成开发环境的能力。
- 可追踪性，建立项目工作产品之间的前后继承关系，确保设计满足要求、代码满足设计及使用正确的代码编译系统。
- 报告，来源于基线之间内容的比较，有助于调试并生成发布说明。

（2）建立基线有以下优点。
- 为开发工作提供了一个定点和快照。
- 新项目可以从基线提供的定点建立，作为一个单独分支，新项目将与随后对原始项目所进行的变更进行隔离。
- 各开发人员可以将建有基线的工作产品作为他在隔离的私有工作区中进行更新的基础。
- 当认为更新不稳定或不可信时，基线为团队提供一种取消变更的方法。
- 重新建立基于某个特定发布版本的配置，可以重现已报告的错误。

（3）常用基线建立的时机。
- 需求基线（SRS_BL），在需求分析阶段结束后，《用户需求说明书》、《软件需求规格说明书》经过了评审。
- 计划基线（PLN_BL），详细计划经过评审。
- 设计基线（DESIN_BL），在概要设计和详细设计阶段结束后，设计阶段工作产品经过了评审。
- 实现基线（CODE_BL），代码和集成测试计划、用例、报告等工作产品经过了评审。
- 测试基线（TEST_BL），系统测试计划、用例、报告等工作产品经过了评审。
- 发布基线（RELEASE_BL），通过软件系统验收测试与正式的配置审核，产生了作为最终产品交付用户的配置项的集合。

### 3. 工作空间

工作空间是指项目组为开发人员提供的独立工作空间。工作空间是被设计用来防止用户之间相互干扰的。它提供了在配置管理下能在可调对象上持续的工作空间。工作空间是通过版本状态模型来获得的。这就意味着属性"状态"是和构件的版本相联系的。依靠那种状态（例如状态"忙"或"冻结"），构件或者被认为是一个私有的工作区或者被认为是一个公有的库。"忙"构件是可调的并且不能被其他人所使用，像"冻结"就是一个对公共使用来说能获得的但不可调的例子。构件被提交给公共库的同时使得它们在被适当的用户证明后，对公共用途来说是可获得的。在效力上，工作区提供工作的独立性且建立在一个全局的、长期的不可调对象的库和一个为可调对象且私有的短期的库之间的区别。

在公司里，一般对每个人的工作空间可以建立以下约定。
- 开发人员在项目结束后在本地机器删除所有项目资料。
- 严格按照开发环境的描述安装相关软件，搭建自己的工作平台。
- 及时备份半成品，在开始修改配置项之后检查当前配置项的状态/版本号。

● 不随意安装未经过批准的软件。
**4．变更控制**

对于大型的软件开发项目，无控制的变更将迅速导致混乱，使整个项目无法顺利进行下去而失败。变更控制就是通过结合人为的规程和自动化工具，以提供一个变化控制的机制。本文所涉及的变更控制的对象主要指配置库中的各基线配置项。变更管理的一般流程如下。

- 由开发人员或系统分析人员提出变更需求。
- 由 CCB（配置控制委员会）或项目经理审核并决定是否批准。
- 配置管理员根据 CCB 或项目经理的决定开放相应的权限，并形成记录备案。
- 变更申请人员执行相应的变更。

在这里，将要涉及的变更控制分为两类：一类是基线的变更控制，另一类是软件版本的变更控制。

（1）基线的变更控制。基线的变更是指在一个软件版本的开发周期内对基线配置项的变更，主要包括基线的应用和更新等活动。基线变更所涉及的操作主要包括基线标签的定义和标签的使用。基线标签属于严格受控的配置项，它的命名必须严格按照相关的命名规范来进行。基线在建立时，按照角色职责的分工，须经 CCB 同意并正式地将该基线的标识和作用范围通知系统集成员，由后者负责执行；基线一旦划定，由该基线控制的各配置项的历史版本均处于锁定或严格受控状态，任何对基线位置的变更请求都必须按变更控制流程，提交 CCB 批准，然后由系统集成员执行。

（2）软件版本的变更控制。软件版本的命名规范应事先制定，并按照开发计划予以发布使用。在软件版本的演进过程中既需要从以前的版本中继承，又需要相对的独立性。所以在对于一个子版本（例如某特定用户的定制版本）就需要对一系列配置项从统一的开发起始基线所确定的版本上建立新的分支，然后在此分支上开发新的版本。因此，在这样的变更控制流程中，受控的对象还应该包括特定的分支类型，以及工作视图的选取规则，同时配置管理员将在这一过程中担负更多的操作职责。

## 11.3　配置管理活动

对于软件配置管理，一般软件公司会制定一定的组织方针，这些方针是所有软件开发类项目进行配置管理时必须遵循的。以下关于配置管理机构方针是本书讲解的重点。

- 项目组软件配置管理应有专人负责（称配置管理员）；一般中小型项目，由项目经理或指定专人担任配置管理员，负责项目配置管理。大规模项目，则应建立配置管理小组（CM 组），在项目经理领导或授权下负责项目配置管理。
- 配置管理贯穿软件生命周期全过程，但分两个阶段：从需求到产品发布的开发阶段，配置管理由项目经理或指定专人负责；发布后进入产品维护阶段，由负责该产品技术支持部门指定的配置管理员负责。
- 在整个开发阶段，各类工作产品（配置项）及其变更是项目配置管理的重点；而开发环境、测试环境和运行环境的描述文档则只作为配置项纳入配置管理，受到控制。
- 在产品维护阶段，配置管理的重点则包括变更控制、版本控制和基线管理。
- 项目启动后就应该开始配置管理活动，包括：定义、标识配置项，定义基线，建立配置库和基线库，确定访问权限，控制配置库/基线库的检出（Check out）和检入（Check in）。

- 在项目计划阶段,应编写配置管理计划(CM 计划),与项目开发计划一起提交评审;在产品发布后进入维护阶段,也应编写 CM 计划。
- 按评审确认的 CM 计划建立基线、审计配置库和基线,及时报告配置状态。
- 每一个产品的所有配置项的变更均应得到管理和控制。
- (每一个项目组的)软件产品最终集成(产品发布基线,或产品发布后的产品维护阶段定期生成的基线),由项目配置管理员负责实施,由技术支持的配置管理员负责监督。

在软件开发过程中,配置管理活动一般包含内容有:配置管理计划制订及跟踪;版本管理;确定配置项标识规则;变更管理;发布管理;工作空间管理;报告配置状态;配置审计。

在执行配置管理活动的时候,一般可以按如图 11-2 所示流程进行。隐含在其中比较重要的一块内容是识别配置项。配置项一般可以按以下三类进行划分。

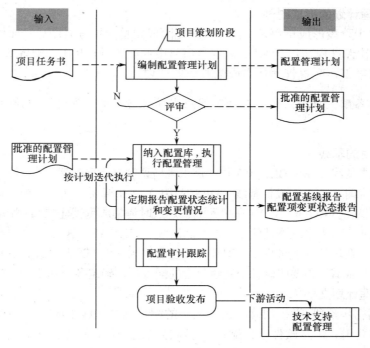

图 11-2 配置管理活动流程图

- 代码类配置项(源代码、可执行代码及相关的数据文件)的划分由项目组结合项目具体情况确定(例如,一个单元或模块的代码作为一个配置项),代码类配置项的命名必须结合软件产品的特征,而版本编号则应符合机构统一规定。
- 开发环境、测试环境和运行环境描述,单独成文,并作为单独的配置项进行管理。
- 文档类配置项,比如:需求类文档、计划类文档、设计类文档、测试用例/方案文档、测试报告、用户手册等。实际执行时项目组应该遵照机构标准并结合项目具体情况加以适当裁剪。

但是以下几点可以作为配置项识别时的参考标准。

- 可能被两个或两个以上组使用的工作产品。
- 无论是因为错误还是因为需求变更而导致变更的工作产品。
- 工作产品相关依赖,其中一个变更会导致另外一个变更。

- 对项目非常重要的工作产品（环境类文档应当属于这一类）。

在标识配置项的同时，应给每一个配置项确定一个唯一的标识符（即名称），并且为了更好地管理配置项的变更，除了标识符外还应标示版本号。因此，机构应制定配置项标识命名规则，以便统一管理，规则应包含以下内容。

- 文档类配置项命名规则。
- 文档版本编号规则。
- 代码类配置项命名规则。
- 单元（模块）源代码和执行码版本编号规则。

### 11.3.1 编制配置管理计划

**1．配置管理计划的形成时间**

项目计划初步阶段形成草稿，项目计划细化阶段定稿，并与项目开发计划一起评审。首先根据《机构标准软件过程》中的列表，识别本项目中的配置项，并作为配置管理计划的一部分。在项目经理的指导下，配置管理员完成配置管理计划。

**注意** 此处各配置项纳入配置库的时间应当保持与项目开发计划中此配置项形成时间一致、名称一致。

**2．定义项目的基线**

一般分为需求基线（SRS_BL）（在软件需求规格说明书批准时建立）；计划基线（PLN_BL）（在项目计划批准时建立）；设计基线（DESIN_BL）（在概要设计、详细设计和数据库设计批准时建立）；编码基线（CODE_BL）（在单元测试通过时为集成测试建立）；测试基线（TEST_BL）（在集成测试时通过时为系统测试建立）；产品基线（RELEASE_BL）（在系统测试通过时为产品发布时建立）。在项目开发过程中，建议必须包含需求基线和产品基线，其他基线可以由项目经理根据实际情况裁剪。需要明确各个基线包含的配置项，确定各个基线的生产时间。

**3．配置管理计划文档化**

在项目计划初步阶段，必须明确与需求相关的配置项及基线生成时间、配置库结构及权限；确定职责和所需资源；确定软件项目配置项；确定基线条数、基线包含配置项、建立时间、审计人；确定要执行的活动及活动的进度安排；明确配置库目录及存取权限/方式；确定系统的开发环境、测试环境、运行环境；配置库的备份方式。

另外，配置管理计划与项目计划书一起提交评审，具体过程第 4 章"项目评审管理"讲解的内容执行。并作为配置管理工作的基础，在评审通过后变为受控项。若配置管理计划需要变更，则按"变更控制"执行。

为了更好地标识配置项的版本，在《配置管理计划》中可以包含版本号的定义规则。可以按以下方式来定义版本号。

软件版本号可定义分为四节，<X>.<Y>.<Z>.[<R>]。

- <X>——一位整数，代表主发布版本号，一般从 1 开始编号。
- <Y>——一位整数，代表次版本号，一般从 1 开始编号。
- <Z>——两位整数，一般从 0 开始编号，代表次发布版本号。
- <R>——三位整数（可选），一般从 0 开始依次递增，代表备选发布版本号，如 2.1.5.001

表示 2.1.5 版的第 1 号补丁。

以上各版本号不足时补零，整个系统版本号在发布时另外按该规则标识，与开发过程中配置项版本号无关。

版本号的前两节是在项目立项时确定的，在整个项目过程中不能修改，后两节在项目中根据进度进行增长；若配置项在第一次评审通过，则<Z>处应当打 1，评审之前打 0。

其他工作产品（比如各类文档等）版本号定义分为三节：V<X>.<Y>.<Z>；

- <X>——一位整数，代表主版本号，一般从 1 开始编号。
- <Y>——一位整数，代表次版本号，一般从 1 开始编号。
- <Z>——两位整数，一般从 0 开始编号，代表修改次数。

【例 11-1】编写一个《软件需求规格说明书》，在第一次形成该文档时版本编号为 V0.1.0，每次修改第三位加 1，在第 10 次修改时，变成 V0.2.0，以此类推，直到定稿提交评审（可能为正式评审也有可能为非正式评审）时，版本改为 V1.0.0，评审通过之后批准的版本改为 V1.0.1。以后再修改该文档，第三位按照前面方式加 1 进行标识。若在修改之后，纳入到新的基线，则主版本号改为 V2.0.0，其他次要修改，则不需要更改主版本号。

## 11.3.2 配置管理审计

配置管理的审计活动一般分为两类：一是对基线的审计，二是对配置库的审计。基线审计是为了检查基线的正确性及一致性；配置库审计是为了保证配置库的完整性、可用性。

基线审计一般按以下步骤进行。

（1）项目经理在基线生成之前填写《基线计划及跟踪表》。

（2）由指定专人（一般为 QA 工程师、机构级的 CMG 组长或资深工程师，在配置管理计划中明确）根据基线计划及跟踪表对配置库进行审计。

（3）审计出的问题修改之后，由 CCB 批准后，配置管理员生成基线，并打基线标识。

配置库的审计一般由配置管理员完成，配置库审计的时机及内容如下。

- 在里程碑处或基线生成之后进行。
- 由配置管理员或项目经理指定负责人对配置库进行审计，填写配置审计报告。
- 主要内容包括配置库结构是否正确；是否能正常签入、签出；基线库的建立手续是否齐全；配置项版本历史信息是否正确。
- QA 工程师根据相关规程对配置管理过程进行审计，填写《QA 阶段审计报告》中的"QA 配置管理过程审计报告"，以确保配置管理活动按照要求开展。

## 11.3.3 变更控制简述

变更控制作为配置管理的主要内容之一，在操作过程中有严格的控制流程，以保证配置项的一致性、有效性。一般变更控制的内容如下。

- 确定变更批准人的责任范围和权限。
- 建立变更控制流程，实施变更控制。
- 对配置项变更进行管理。
- 对基线变更进行管理。
- 设立两个变更授权机构：CCB、项目经理。

● CCB 成员为项目级的，可因项目的不同而有所不同，由高级经理在《项目任务书》中定义。

变更控制活动遵循的流程为：提出变更申请（填写《配置项变更申请表》）——评估变更影响范围（更新《配置项变更申请表》）——评审变更申请（更新《配置项变更申请表》）——执行变更任务（更新《配置项变更申请表》——验证变更结果（更新《配置项变更申请表》）——更新配置库，其中根据配置项的类型及变更影响的范围来确定是由项目经理审批变更，还是有 CCB 评审变更。具体操作流程如图 11-3 所示，详细的操作步骤及方法在其他章节中讲解。

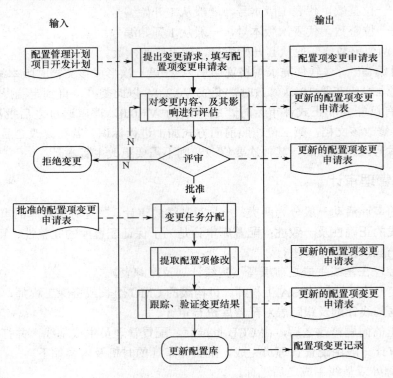

图 11-3　变更控制流程图

**说明**　本流程图描述了纳入基线库后的配置项变更控制，对于普通配置项的变更，由项目经理自行批准，可以不填写变更控制表，不适用于本流程。

在项目计划阶段就需要针对变更控制制订相关的计划，比如所需资源、控制流程等。变更控制需要做的工作如下。

● 在项目立项时，根据项目规模和特点，确定变更授权机构及其职责，并纳入立项报告及计划阶段的配置管理计划。

● 确定变更等级：变更等级一般由项目经理判断，并在配置管理计划中描述各自控制的变更，建议若是影响需求基线和产品基线的变更及严重影响项目进度、成本、产品质量的重大变更则提交 CCB 控制；其他变更（如文字编辑、格式调整）由项目经理控制。

在进行变更控制时，一般会有以下要求。

● 对评审定稿配置项（简称受控项，代码类指通过集成测试之后）和基线（有重大缺陷）的所有变更在实施前均要通过变更授权机构的评审和批准；变更过程必须记录在《配置项变更申请表》并关闭。

● 变更控制流程适用于开发过程中所有配置项变更,非以上提到的项可不填写《配置项变更申请表》,但需在修订页中说明。

● 对于受控项,不论是项目经理还是 CCB 控制变更,其提请变更的流程相同,配置管理员只负责受控项标识更新和配置项变更状态报告的填写,不参与其他活动;所有《配置项变更申请表》由项目经理负责提交配置管理员纳入受控库;配置管理员提交配置项变更记录给相关受影响人员。

### 11.3.4 变更控制活动

在项目开发过程中,遇到需要变更的工作产品(比如需求变更、设计变更等)时,一般可以按以下流程来操作。

(1) 变更申请人填写配置项变更申请表说明问题来源或修改原因;变更对其他配置项的影响,估计变更对项目造成的影响等。对于代码类变更,可以记录在 BUG 管理工具里,而不填写专门的配置项变更申请表,但在项目经理分配 BUG 时,必须分析变更所需花费的工时、工作量、成本及变更带来的风险,并填写在 BUG 管理工具中。如果代码类变更,对里程碑有影响,则必须填写配置项变更申请表。

(2) 项目经理收到变更申请后,评估变更带来的影响,分析变更所需花费的工时、工作量、成本及变更带来的风险等,并将评估结果写入"审批意见"栏;然后提交变更授权机构(比如 CCB),对于不需要通过 CCB 的变更申请,则项目经理签署意见之后,即可执行变更。

(3) 变更控制人判断变更的大小采取合适的评审方式:签字或评审。若采取签字方式,变更控制人在变更控制栏填写审核意见,若采取评审方式,遵照评审规程执行;然后顺次执行以下步骤。

(4) 如果变更被拒绝申请,项目经理通知变更申请人,由项目经理提交配置管理员入库,变更结束。

(5) 如果变更被批准,项目经理负责通知受影响的人员更改相关配置项,并指定项目组成员实施变更。

(6) 修改人根据被批准的配置项变更申请表,根据标识规则从开发区里 Check out 配置项实施变更;修改完后 Check in 并进行标识,在配置项变更申请表中进行变更描述,必要时可用附件。

(7) 文档类对象,由验证人验证修改结果并更新配置项变更申请表的状态(已更改),由配置管理员更新配置项变更状态报告,并在开发区处更新配置项标识;基线变更,由项目经理填写版本控制表,审计人员审计通过并 CCB 签字批准,交配置管理员生成基线。

(8) 变更实施且被 QA 工程师验证签字后,由项目经理抄送相关人员(包括研发部经理、测试人员、文档人员、配置管理员、QA 工程师等)并将配置项变更表交给配置管理员纳入 CM 库,同时更新《配置项计划表》中配置项状态,填写《配置项计划表中》配置项变更记录。

变更产生的所有相关文档都纳入配置管理范畴;配置项变更申请表可以是电子表格或纸质文档,形式不限;将受控项变更处理结果汇总在《配置项计划表》的配置项变更记录中。

### 11.3.5 产品构造

产品构造一般应在集成测试、系统测试前,以及产品交付客户前进行;对于一些小的项目,根据项目具体情况,也可考虑只构造一次,即产品交付前。

产品构造还需遵守以下原则。

- 在构造产品之前,需要制订集成计划。
- CCB 审定软件受控区构造的产品的生成。
- 不论为内部或外部使用,有软件受控区构造的产品仅仅由软件受控区中的配置项和单元组成。

项目经理根据整个项目进展情况,制订每次构造的集成计划。在集成之前一天(具体时间长短不同,公司或项目有不同的要求及规定)把集成计划提交给相关人员,相关开发人员必须把集成计划中列出的配置项按时提交并标识;若不能按时提交,则及时上报项目经理。一般产品构造的步骤如下。

(1)构造人员在本地机器或者其他目标计算机上为产品建立一个目录。若目录原来存在,则需要把目录清空。

(2)配置管理员将软件产品需要的配置项从配置管理库上的开发区中复制到这个路径下,然后对软件产品 Build。

(3)配置管理员把集成的结果填写在集成计划中,然后提交给项目经理。

(4)测试工程师从指定的位置得到构造后的产品进行测试,并把测试出的问题记录到 BUG 管理工具中;若测试通过,则通知配置管理员,由配置管理员根据集成计划中的配置项列表,按照标识规则改变配置项的标识。

(5)如果软件产品需要修改,则从开发区把配置项按标识规则打上标识后,检出(Check out)到目标计算机上,在相关人员修改好后检入(Check in),并按标识规则打上标识;重复以上步骤,直至无错误。

(6)若为产品发布构造,则需要把提交给客户的软件产品拷贝到光盘、硬盘等介质上。

### 11.3.6 配置管理的管理活动

一般管理配置管理的活动有以下两种。

**1. 跟踪配置管理活动**

(1)项目经理根据项目实际规模来确定配置库的备份策略,包括确定配置库备份的频率及备份方式、路径等,并对这些策略以文档化的方式写进配置管理计划;配置管理员根据配置管理计划,对配置库进行备份,并将备份操作形成记录。

(2)配置管理员在工作周报中汇报每周配置管理的工作情况,提交 CMG(配置管理组)组长、项目经理及相关组或个人。

(3)配置管理员定期或事件驱动,负责配置管理状况(基线跟踪表、配置审计报告、配置管理问题清单、配置项变更记录、产品发布清单等)相关报告的编写,并报告给 CMG 组长、QA 工程师、高级经理/研发部经理、项目经理及相关组或个人。

**2. 验证配置管理活动**

项目的 QA 工程师负责依据软件质量保证过程和项目的质量,保证计划验证配置管理活动的执行符合配置管理计划和本过程。

## 11.4 产品发布流程

在开发过程中发布分为以下几类。
(1)产品发布,产品的对外发布,整个项目结项。

（2）产品基线发布，产品对内发布，之后可以安装试点或进行 Beta 测试/用户测试（研发部经理/高级经理负责）。

（3）其他基线发布，如计划基线、需求基线、设计基线、编码基线、测试基线等（项目经理负责）。

其中，产品发布的流程如图 11-4 所示。

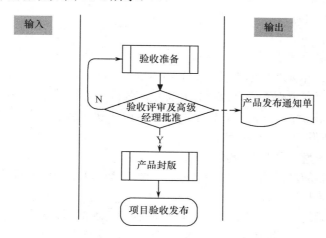

图 11-4 产品发布流程图

除了产品发布、产品基线发布外，其他基线发布的步骤遵循以下原则。

● 先由项目经理确认受影响的相关人员（如项目组成员、测试人员、配置管理员、QA 工程师）。

● 配置管理员将最新的基线报告、配置项变更报告（记录）、版本控制表定期或事件驱动发布给受影响的组和个人。

● 由项目经理确认受影响的组和个人都收到最新的基线报告、配置项变更报告（记录）、版本控制表。

● 基线发布。

产品基线的发布遵循的步骤如下。

（1）先由项目经理提出产品基线发布申请，由高级经理/研发部经理确认受影响的相关人员（如项目组成员、测试人员、配置管理员、QA 工程师、相关业务部门）。

（2）配置管理员将最新的基线报告、配置项变更报告（记录）、版本控制表定期或事件驱动发布给受影响的组和个人。

（3）由项目经理确认受影响的组和个人都收到最新的基线报告、配置项变更报告（记录）、版本控制表。

（4）举行产品基线发布评审，由高级经理/研发部经理主持，评审通过之后，基线发布。

相比较起来，产品发布是相当严格的活动，在产品发布前一般需要准备：发布必须得到批准；产品基线发布前已完成了验收评审；所有发布的配置项是置于配置控制下；创建了产品发布清单。

一般产品发布的具体步骤如下。

（1）发布前准备。项目经理负责将版本控制表、产品发布申请表内容填写完整，并检查以下内容：
① 软件产品是否测试通过。
② 配置管理数据库是否经过审计、审计发现的问题是否得到解决。
③ 检查项目评审表验收结论，是否通过验收评审。

（2）产品发布申请。将版本控制表、产品发布申请表及产品发布通知单提交研发部经理或高级经理审核签字。

（3）产品封版。
① 责任人：配置管理员。
② 封版内容：配置管理数据库受控区的内容。
③ 封版的实现：锁定配置管理库（LOCK），备份配置管理库、产品基线。
④ 封版标识：将封版内容刻成光盘并唯一标识（建议标识方法：部门名+系统名，如 SI-ZYTK 表示软件研发部一卡通产品）。
⑤ 封版媒介：光盘、硬盘等介质上。
⑥ 约束：封版后的产品将不得随意改动，如需改动，必须遵照变更控制流程执行。
⑦ 产品版本升级见标识规则。
⑧ 存放：封版后的光盘一式二份，配置管理员提交本部门、总工程师办公室各一份；各部门指定专人统一管理，并将相关信息记录在 CM 产品发布清单上。

（4）产品发布。
① 内部发布：由项目经理填写产品发布通知单以书面形式在所属部门发布产品；配置管理员填写产品发布清单。
② 外部发布：各产品部配置管理员将母盘的安装目录、用户文档目录下的内容刻成光盘提交给用户并填写产品发布清单。

## 实训任务十三：执行软件配置管理

在实训时，对于未设置配置管理员（CM）角色的实训小组，可以不开展本章的实训。但考虑到项目小组的团队开发，建议即使不使用本章的实训内容，也需要为项目准备一个配置库，把相关的工作产品放进相应位置，以方便项目组协作开发。此时配置库的目录设置如表 11-1 所示。

表 11-1 配置库目录设置表

| | 开发计划/Dev_plan | |
|---|---|---|
| | 1 | 项目开发计划书 |
| | 2 | 项目进度表 |
| 文档类 Doc | 3 | 立项报告 |
| | 测试 Test | |
| | Plan | （单元、集成、系统）测试计划 |
| | Case | （单元、集成、系统）测试用例 |
| | Report | （单元、集成、系统）测试分析报告 |

（续）

| 分类 | 子类 | | 内容 |
|---|---|---|---|
| 文档类 Doc | 需求/Requirement | | |
| | 1 | | 需求规格说明书/用户需求列表/用户需求说明书 |
| | 2 | | 需求跟踪表 |
| | 设计/Design | | |
| | Preliminary | | 概要设计说明书 |
| | | | 数据库结构设计 |
| | Detailed | | 详细设计说明书 |
| | 用户文档/User_docs | | |
| | 1 | | 用户操作手册 |
| | 2 | | 安装手册 |
| | 验收/Acceptance | | |
| | 1 | | 项目开发总结报告 |
| 过程类 Process | 工作汇报/Work_report | | |
| | 1 | | 个人工作周报 |
| | 2 | | 项目组周报 |
| | 3 | | 阶段进度报告 |
| | 工作考核/Exam | | |
| | 1 | | 开发组成员考核表 |
| | 变更及跟踪/Changes and Track | | |
| | 1 | | 变更控制表 |
| | 2 | | 风险列表 |
| | 评审/Review | | |
| | 1 | | 项目评审表 |
| 代码类 Codes | 源代码 Source | | |
| | 预研代码 PreSource | | |
| | 编码规范及说明（CodeDoc） | | |
| 环境类 Environment | 开发环境 Dev | | |
| | 运行环境 Runtime | | |

**说明** 对于未设置配置管理员角色的项目组，由项目组长在使用的配置管理工具中建立该库的目录，小组各成员在把自己负责的各类工作产品放到对应目录下即可。同时，各组员应熟悉所选择的配置管理工具。

若实训时在项目组里设置了配置管理员角色，则除了建立配置库之外，还需要完成以下内容的实训。

（1）在项目组长的协助下，以配置管理员为主，编写《配置管理计划》，并进行组内评审。

（2）由配置管理员搭建配置管理环境，并且为每位成员分配相应的权限，把前面各个章节实训中产生的配置项放入相应的配置库目录中。

（3）配置管理员每周对配置库执行备份、检查、版本控制等活动，若定版之后的工作产品有变更，项目组相关人员执行变更管理流程。

（4）在配置管理计划中规定时机点设置基线，并对基线变更进行控制。

（5）在里程碑点完成配置库审计、基线审计等工作，保证配置库中数据的一致性、有效性。

（6）其他组员继续完成技术预研、需求分析评审、详细计划的编制等工作。

估计用时：编写《配置管理计划》及建立配置库、搭建配置管理环境、熟悉配置管理工具，需要4～6学时。

### 实训指导34：如何编制《配置管理计划》

该文档主要由项目组内指定的配置管理人员来编写，其中的各类与进度有关的内容（比如配置项计划表、基线计划及跟踪表等），需要与整个项目计划的进度安排一致，比如《软件需求规格说明书》纳入到配置库，至少应当是在该文档第一次产生时，也就是要进入需求分析阶段之后方可；如果纳入到基线，则至少应当在该文档通过评审之后，需要与项目进度表中的《软件需求规格说明书》评审活动的时间相对应。

模板中第2章 2.2"岗位与角色"，其中配置管理员可以设置专职人员，也可以由组内开发人员兼任；由于实训的规模限制，可以不设置CCB，相关的职责可以由授课老师来担任。

模板中第4章 "配置库结构与权限"中，配置库列表写明配置库所在位置即可，在实训中一般为教师配置好的服务器位置；人员权限，需要把每个可能访问该配置库的人员均填写进来，不只包含项目组内成员。

模板中第7章"配置库备份计划"，如果使用的是VSS，则可以由各小组自己对所使用的配置库进行备份，若使用TFS并且放在一台统一的服务器上，则可写由教师指定人员专门备份，各小组没有办法自己进行备份。

实训模板电子文档请参见本书配套素材中"模板——第11章 软件配置管理——《配置管理计划》"。

### 实训指导35：如何使用TFS编制配置项计划及跟踪

在《配置项计划表》中包含了开发过程中所有可能产生工作产品，具体在一个项目开发过程开展哪些活动，产生哪些工作产品，是由各项目组在项目计划时确定的。这里应当保持与开发计划中确定的工作产品对应，开发计划中的工作产品名来源于《机构标准软件过程（裁剪指南）》，并应当与这里的配置项名称一致。在项目开发过程中，配置管理员应当根据项目进程来修改该表格，保持与所使用配置管理库中的一致性。

配置项变更记录填写说明（如果以TFS作为实训平台，可以通过工作项之间的连接来查询配置项变更情况，不再需要单独填写配置项变更记录）。

对于不使用TFS的项目组，可以通过填写文档表格，实训模板电子文档请参见本书配套素材中"模板——第11章 软件配置管理——《配置项计划表》"，在此文档中包括配置项计划（完成配置项计划及跟踪）和配置项变更记录两个表格。

如果使用TFS做实训平台，在编制配置管理计划时，根据PDP（项目定义过程）来完成配置项计划的填写，然后在后续对其进行跟踪即可。具体操作方法为：在TFS中选择"新建工作项"的"配置项"，如图11-5所示。

图11-5 新建配置项界面

在"新建配置项"窗口中,对相应的每个字段进行填写。如图 11-6 所示。

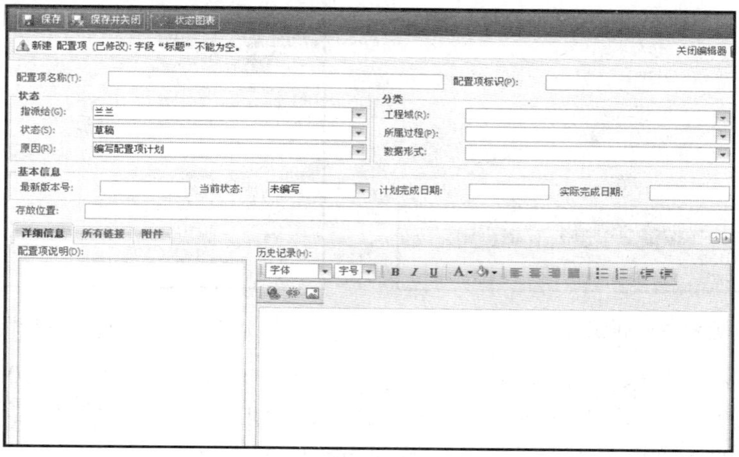

图 11-6 配置项工作项填写主界面

配置项填写说明如下。
- 配置项名称:填写配置项的名称。
- 配置项标识:指各工作产品英文标识,对于代码类的工作产品,配置项标识可以使用代码产生的程序集名称。对于文档类的工作产品,使用文档编号,建议由小组简称+项目简称+文档简称+文档序号组成。比如,GROUP1-CRM-SRS-001,表示第一项目组(GROUP1)做的客户关系管理系统(CRM)中第一份软件需求规格说明书(SRS-001)。注意,由于同类文档可以存在多个,所以添加了文档序号一段,比如一个系统由 4 个子系统构成,在编写软件需求规格说明书时可能会分成 4 个子系统来写,那么在此时就会出现 4 个《软件需求规格说明书》,只是配置项中的文档编号是从 001 到 004,对于其他类型的文档也用类似的方法来编写。在企业里,此标识是由企业的编码规范来确定的。
- 指派给:由于配置项计划主要是由配置管理工程师来负责跟踪的,所以此处选择该项目的配置管理负责人(系统默认是当前登录者,如果未设置专门的配置管理工程师,则可以由项目组长兼任)。
- 状态:选择草稿。
- 原因:选择编写配置项计划。
- 工程域:分为工程过程、项目管理、支持过程 3 个域,如图 11-7 所示。在填写配置项计划的时候,根据配置项所属的过程域来选择填写。
- 所属过程:分为度量分析、风险管理、技术评审、结项管理、客户验收、里程碑评审、立项管理、配置管理、实现与测试、系统测试、系统设计、项目规划、项目监控、需求开发管理,质量保证 15 个过程,如图 11-8 所示。在填写配置项计划的时候,根据配置项所属的过程来选择填写。
- 数据形式:分为电子文档、纸质文档、其他 3 种形式。根据配置项的实际保存形式来选择填写,如图 11-9 所示。
- 最新版本号:根据制定好的版本号编制规范来进行编号。在配置计划时统一填写为 V1.0.0.000(文档评审后的统一版本,程序集第一次发布的统一版本),如果有变更,则把变更后的版本填写在此处。

图 11-7 配置项所属工程域选择界面

图 11-8 配置项所属过程选择界面

● 当前状态：分为未编写、草稿、变更中、发布 4 个状态，如图 11-10 所示。在文档刚加入配置库时，改为"草稿"状态；之后如果要修改，则改为"正在修改"；对于发布后的配置项，要变更则改为"变更中"。无论配置项当前处于"草稿"、"正在修改"还是"变更中"，均可以改为"发布"状态。在填写配置项计划及对其进行跟踪时，根据实际来选择填写。

图 11-9 配置项数据形式选择界面

图 11-10 配置项状态选择界面

● 计划完成日期：填写配置项计划计划完成的日期。
● 实际完成日期：填写配置项计划实际完成的日期，在配置项完成定版之后填写，做配置项计划时不需要填写。
● 存放位置：填写电子配置项存放的目录或非电子文档存放的具体位置，例如，纸质文档或光盘等存放在文档室 XX 柜 XX 层。
● 详细信息：填写该工作产品在项目过程中的作用及对其他工作产品的作用等，只有其他类的配置项需要填写此项。
● 所有链接：可以链接与配置项有关的资料。

在配置项计划编写后之后，需要配置管理工程师根据配置项的入库情况、定版情况、变更情况等及时对其进行跟踪，修改配置项的状态，填写相关内容。配置项的跟踪状态图如图 11-11 所示，具体操作描述如下。

状态图说明如下：

（1）当配置项初建立的时候，"状态"为"已建议"，"原因"为"编写配置项计划"。
（2）当配置项计划不需要的时候，"状态"为"已关闭"，"原因"为"计划作废"。
（3）当配置项计划完成需要评审的时候，"状态"为"提交"，"原因"为"计划完成提交评审"，"指派给"为项目经理。
（4）当配置项计划评审未通过的时候，"状态"为"草稿"，"原因"为"配置项计划未通过"，"指派给"为配置管理人员。
（5）当配置项计划评审通过的时候，"状态"为"定稿"，"原因"为"计划评审通过"，"指派给"为项目经理。

（6）当配置项计划定稿后到项目结束的时候，"状态"为"已关闭"，"原因"为"项目结束"。

（7）当配置项计划定稿之后仍然有更改的时候，"状态"为"提交"，"原因"为"计划变更，重新编写"，"指派给"为配置管理人员。

（8）当配置项计划提交后因为别的原因需要被关闭的时候，"状态"为"已关闭"，"原因"为"计划取消"或者"受意外事件的影响"，根据具体原因填写。

（9）当配置项计划被关闭之后，发现有问题，可以再次被激活。"状态"为"提交"，"原因"为"错误地关闭"。

### 实训指导 36：如何通过 Excel 编写及修改配置项计划

在实训过程中，配置项计划、基线计划等类型的工作项，单个添加比较麻烦，对其中某些内容单个进行修改工作量也很大时，可以使用 Excel 与 TFS 结合，提高编写速度，同时也可以方便批量修改其中的内容，具体操作方法描述如下。

打开 Excel 2007 或 Excel 2010，找到"团队"菜单，单击后出现如图 11-12 所示的界面，在其上单击"新建列表"按钮。

根据后续出现的操作提示，选择需要连接的 TFS 服务器，以及对应的项目后，出现如图 11-13 所示的界面，在此界面上选择"输入列表"单选项后单击"确定"按钮，出现如图 11-14 的界面。

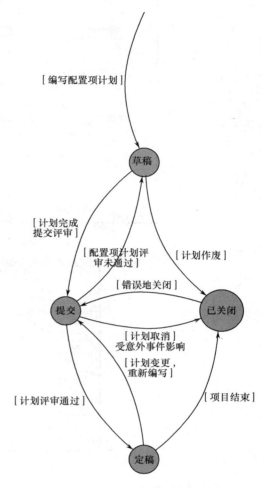

图 11-11 配置项状态图

图 11-12 Excel 连接 TFS 界面

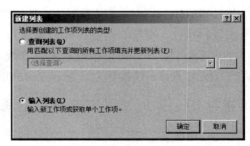

图 11-13 在 Excel 中创建新列表界面

在图 11-14 中可以看到其中部分内容与 Project 2007 连接到 TFS 之后的界面一样，当然，其操作效果也是一样的，比如发布、刷新、选择列等。只是 Excel 与 TFS 连接起来之后，功能更强大一些，更方便对 TFS 中的工作项进行管理、查询、统计、汇总。通过"选择列"来选择配置项所需要填写的所有内容，如图 11-15 所示。

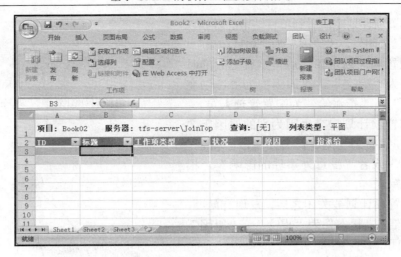

图 11-14 连接到 TFS 后 Excel 界面

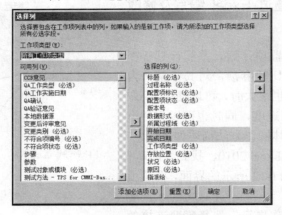

图 11-15 配置项编辑列选择界面

在图 11-15 中单击"确定"按钮以后,则可以在 Excel 中逐条添加配置项,在配置项计划列表填写完成之后,单击图 11-14 中的"发布",即可发布到 TFS 中去,然后把该 Excel 保存为一个方便记忆的文件名。与 Project 类似,如果在 TFS 中对某个配置项进行了跟踪修改,通过图 11-14 中的"刷新"功能,即可把跟踪的内容更新到 Excel 文件中。

对于其他工作项,如果想批量编辑修改、做一些统计分析,形成查询报表等,都可以使用类似的方法与 Excel 连接起来,通过 Excel 的强大功能来完成。

### 实训指导 37:如何使用 TFS 编制基线计划及跟踪表

此文档由配置管理工程师与配置管理计划一起填写,并进行评审,保持与《配置项计划表》及《配置管理计划》、《项目开发计划书》的一致性;之后对基线实际进度进行跟踪,填写相关的跟踪记录。此模板里除了基线计划及跟踪表之外,还包含两个表,分别为《CM 审计报告》和《配置审计问题清单》,由配置管理员在项目的每个里程碑点对配置库进行审计时填写。

如果使用 TFS 作为实训平台,则可以通过 TFS 里的基线工作项来完成对基线的计划和跟踪,其中的配置审计问题清单可以通过 TFS 里的"问题"工作项来填写并进行跟踪,在填写时把"问题类型"选择为"配置审计问题"即可。

通过 TFS 填写基线计划，需要在 TFS 中选择"新建工作项"的"基线"，如图 11-16 所示。

在新建的基线项界面中，对相应的每个字段进行填写。如图 11-17 所示。

图 11-16　新建基线界面　　　　　　　　图 11-17　基线工作项填写主界面

基线计划填写说明如下。

● 基线名称：填写基线的名称。由各个小组根据本组选择的开发过程的阶段来进行裁剪，然后确定相应的基线。

● 基线标识：是给每个基线确定的一个英文标识名，比如需求基线可以把标识定义为：SRS_BL。

● 指派给：基线跟踪负责人，一般为配置管理工程师（系统默认是当前登录者）。

● 状态：选择草稿。

● 原因：选择编写基线计划。

● 基线类别：分为需求基线、计划基线、设计基线、实现基线、测试基线、发布基线 6 个，如图 11-18 所示。在填写基线计划的时候，选择相应的类别。基线的多少可以根据项目的规模及类型进行调整，但从项目管理及软件开发的角度建议至少包含：需求基线、计划基线、发布基线。

● 当前状态：分为未编写、草稿、变更中、发布 4 个基线状态，如图 11-19 所示。在填写基线计划的时候，选择相应的状态。

● 计划完成日期：填写基线计划完成的日期。指该基线计划建立的时间，应当注意与项目进度计划的一致性。

● 实际完成日期：填写基线计划实际完成的日期。是建立该基线的实际时间，在编写基线计划阶段不需要填写，在项目开发过程中填写。

● 批准人：一般为该项目的项目经理。也是在建立基线时填写，在实训时填写为项目组长或实训指导教师均可。

● 详细信息：填写基线所包含的大体内容的一个简述。

图 11-18　基线类别选择界面　　　　　图 11-19　基线当前状态选择界面

● 配置项列表：该基线包括的配置项在这里添加链接，如图 11-20 所示，此处是基线的主要内容，需要把当前基线包含的配置项全部填写进来。在打基线之前，通过图 11-20 中的添加功能，添加对应的配置项，在注释处填写对应配置项的版本，如图 11-21 所示。在基线计划阶段可以均填写成 V1.0.0，而在实际打基线之前，根据实际情况来填写配置项的版本号。注意，这里不能使用配置项自身的版本号，那样的话，所有基线版本就可能一样，不能体现出基线的本意。

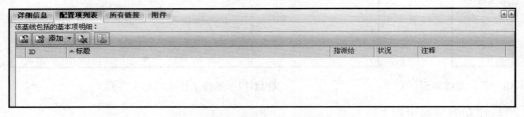

图 11-20　配置项列表填写界面

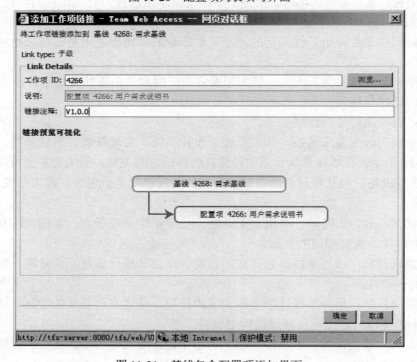

图 11-21　基线包含配置项添加界面

● 所有链接：可以链接与基线有关的资料。

在基线计划制订完成之后，与配置管理计划一起进行评审，然后在项目开发过程中根据项目实际进度，对基线进行跟踪，并及时更新状态和相关内容。基线的跟踪状态图表如图 11-22 所示。

基线跟踪状态图说明如下。

（1）当基线初建立的时候，"状态"为"草稿"，"原因"为"编写基线计划"。

（2）当基计划不需要的时候，"状态"直接由"草稿"改为"已关闭"，"原因"为"计划作废"。

（3）当基线计划完成的时候，"状态"由"草稿"改为"提交"，"原因"为"计划完成提交评审"，"指派给"项目经理组织评审。

（4）当基线计划评审未通过的时候，"状态"由"提交"改为"草稿"，"原因"为"基线计划未通过"，"指派给"为基线原来的编写人员，重新编写基线计划。

（5）当基线计划评审通过的时候，"状态"由"提交"改为"定稿"，"原因"为"计划评审通过"，"指派给"为基线跟踪人员，一般为配置管理工程师。

（6）当基线计划定稿后一直处于跟踪阶段，在跟踪时主要是填写"当前状态"、"实际完成日期"、"批准人"等内容；到项目结束的时候，"状态"由定稿改为"已关闭"，"原因"为"项目结束"。

（7）当基线计划定稿之后需要更改的时候，"状态"由"定稿"改为"提交"，"原因"为"计划变更，重新编写"，"指派给"为基线跟踪人员。

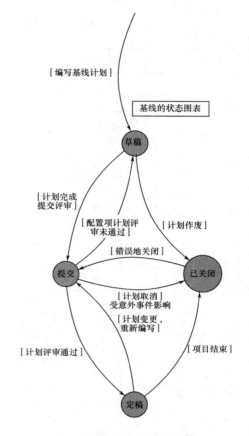

图 11-22　基线的状态图表

（8）当基线计划提交后因为其他原因需要被关闭的时候，"状态"由"提交"改为"已关闭"，"原因"为"计划取消"或"受意外事件的影响"，根据具体原因填写。

（9）当基线计划被关闭之后，发现有问题，可以再次被激活。"状态"由"已关闭"改为"提交"，"原因"为"错误地关闭"，"指派给"为基线跟踪人员。

基线与配置项的关系如表 11-2 所示，供填写基线计划时参考，该表格同时也是通过手工填写基线计划的主要内容。

对于基线列表的说明如下。

"阶段"的划分要根据《项目开发计划书》里确定的阶段进行调整；"配置项名称"及"配置项标识"由各个小组根据本组选择的开发过程的阶段来进行裁剪，但必须保证在《配置项计划表》里存在，并且一致。

表 11-2 项目基线计划及跟踪表模板

| | 基线名称 | | | 需求基线 | 计划基线 | 设计基线 | 实现基线 | 测试基线 | 发布基线 |
|---|---|---|---|---|---|---|---|---|---|
| | 基线标识 | | | SRS_BL | PLN_BL | DESIGN_BL | CODE_BL | TEST_BL | RELEASE_BL |
| 阶段 | 计划时间 | | | | | | | | |
| | 实际时间 | | | | | | | | |
| | 批准人 | | | | | | | | |
| | 创建人 | | | | | | | | |
| | 描述 | | | | | | | | |
| | 配置项名称 | 配置项标识 | 版本号 | | | | | | |
| 需求开发 | 用户需求说明书 | | 1.0.0 | N | I | | | | |
| | | | 2.0.0 | | | C | | | |
| | 软件需求规格说明书 | | 1.0.0 | N | I | | | | |
| | | | 2.0.0 | | | C | | | |
| | 需求列表 | | 1.0.0 | | | | | | |
| 项目计划 | 项目计划书 | | 1.0.0 | | N | | | | |
| | | | 2.0.0 | | | C | | | |
| | 项目进度表 | | 1.0.0 | | N | | | | |
| | | | 2.0.0 | | | C | | | |
| 系统设计 | 初步设计方案 | | 1.0.0 | | | N | | | |
| | 概要设计说明书 | | 1.0.0 | | | N | | | |
| | 数据库设计说明书 | | 1.0.0 | | | N | | | |
| | 模块设计说明书 | | 1.0.0 | | | N | | | |
| | 用户界面设计说明书 | | 1.0.0 | | | N | | | |
| 实现与测试 | 实现与测试计划 | | | | | | | | |
| | 系统集成说明书 | | | | | | | | |
| | 集成测试用例 | | | | | | | | |
| | 集成测试报告 | | | | | | | | |
| | 用户操作手册 | | | | | | | | |
| | 安装说明 | | | | | | | | |
| | 代码 | | | | | | | | |
| | 可执行程序 | | | | | | | | |

| | | | | | | | | | 续表 |
|---|---|---|---|---|---|---|---|---|---|
| 系统测试 | 系统测试计划 | | | | | | | | |
| | 系统测试用例 | | | | | | | | |
| | 系统测试报告 | | | | | | | | |
| 客户验收 | 提交给客户的工作产品 | | | | | | | | |
| | 用户操作手册 | | | | | | | | |
| | 安装说明 | | | | | | | | |
| | 可执行程序 | | | | | | | | |

关于基线中配置项版本号的填写说明，N 表示首次纳入基线管理的工作产品；C 表示纳入基线管理后，通过变更修改的工作产品，版本号要有变化；I 表示纳入基线管理后，本次基线没有修改的工作产品，版本号也不变化。在配置项版本变更后至更新当前基线状态，不更新历史基线。比如软件需求规格说明书在需求基线时版本为 1.0.0，在做设计时发现需求分析做得不详细，需要对软件需求规格说明书进行变更，变更之后版本号为 2.0.0，那么在打设计基线时软件需求规格说明书的版本为 2.0.0，设计说明书的版本为 1.0.0，由此表明，当前的设计是在 2.0.0 版本的软件需求规格说明书的基础之上编写的。

当纳入基线库的工作产品发生变更时，严格按照配置项变更控制过程执行变更，变更后建立新的基线。基线须经 CCB 审核批准后建立，并置于配置管理之下；项目配置管理员做基线创建记录，并通知所有项目组成员、QA 人员和其他受影响的组和个人，同时更新《基线计划与跟踪表》。实训时基线的审核批准可由实训指导教师或项目组长负责。

实训模板电子文档请参见本书配套素材中"模板——第 11 章　软件配置管理——《基线计划及跟踪表》"，此文档中包含三个表格，分别为：基线计划及跟踪表、CM 审计报告、配置审计问题清单。

## 实训指导 38：如何使用 TFS 完成配置审计

### 1．配置审计的时机

周例会之前、创建基线之前和产品发布之前，问题 ID 与配置审计问题清单中问题 ID 对应。

### 2．功能审计

审计配置项标识是否符合标准、版本历史是否填写正确、版本是否可追溯、配置项是否完整、配置库是否染毒，等等。

### 3．物理审计

网络是否畅通、磁盘空间是否够用、配置库权限是否分配合理正确。

### 4．基线审计

组成基线的配置项是否完整、版本状态是否一致、变更时是否同时更新了本基线相关受影响的配置项。

在实训过程中，如果每个项目组都有单独的配置库，则需要按以上的规定执行配置审计，并填写《CM 审计报告》和《配置审计问题清单》，把审计过程中发现的问题、问题的解决情况详细记录在这两个文档中。至于什么时间执行配置审计,可以在配置管理计划中给予明确;每次执行配置审计工作用时,可以作为 CM 工作的一部分填写在《CM 周报中》。

如果用 TFS 作为实训平台,则可以完成对配置审计的填写及配置审计问题的关联跟踪,具体操作方法为:在 TFS 中选择"新建工作项"的"配置审计",如图 11-23 所示。

在新建的配置审计工作项中,需要对相应的每个字段进行填写。如图 11-24 所示。

配置审计工作项填写说明如下。

● 配置审计名称:填写审计的名称,比如,第一周例会审计、需求基线审计、产品发布审计等。

图 11-23  新建配置审计界面

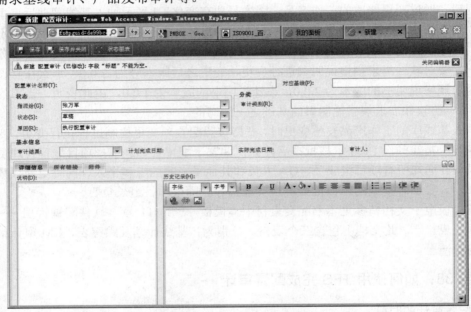

图 11-24  配置审计工作项主界面

● 对应基线:填写与配置审计对应的基线,当该审计是基线创建前的审计时需要填写此处内容。

● 指派给:可以选择该项目的主要负责人(系统默认是当前登录者)。

● 状态:选择草稿。

● 原因:执行配置审计。

● 审计类别:分为功能审计-配置库结构,功能审计-配置库权限,功能审计-配置项命名,功能审计-冗余配置项,基线审计-对应变更是否关闭,基线审计-配置项是否完全一致,基线审计-是否按计划创建,基线计划-是否稳定,物理审计-备份,物理审计-配置服务器 10 个类别,如图 11-25 所示。在填写配置审计的时候,选择相应的类别。

● 审计结果:分为通过、未通过两个结果,如图 11-26 所示。在填写基线计划的时候,选择相应的状态。

第 11 章 软件配置管理

图 11-25 审计类别选择界面

图 11-26 审计结果选择界面

- 计划完成日期：根据配置管理计划或基线计划配置审计计划完成的日期，应当注意与项目进度计划的一致性。
- 实际完成日期：填写配置审计实际完成的日期。
- 审计人：一般为该项目配置管理工程师或项目经理，也是在建立配置审计时填写，在实训时填写为项目组长或实训指导教师均可。
- 详细信息：填写配置审计的说明。
- 所有链接：可以链接与配置审计有关的资料，这里主要是把配置审计中发现的问题在此处显示出来，在审计过程中，可以通过"添加"子级的方式来添加对应配置审计问题，也可以在新建问题时与配置审计关联起来。

在配置审计填写好之后，需要提交给 QA 对配置审计情况进行验证，QA 验证之后没有问题该配置审计方可关闭，具体跟踪状态图如图 11-27 所示。

状态图说明如下。

（1）当配置审计初建立的时候，"状态"为"草稿"，"原因"为"执行配置审计"。

（2）当配置审计不需要的时候，"状态"直接由"草稿"改为"已关闭"，"原因"为"审计作废"。

（3）当配置审计完成的时候，"状态"由"草稿"改为"提交"，"原因"为"配置审计完成"，"指派给"为 QA 工程师对配置审计执行过程进行验证。

（4）当配置审计验证未通过的时候，"状态"由"提交"改为"草稿"，"原因"为"配置审计验证未通过"，"指派给"为原来配置审计的人员。

（5）当配置审计评审通过的时候，"状态"由"提交"改为"已关闭"，"原因"为"配置审计验证通过"。

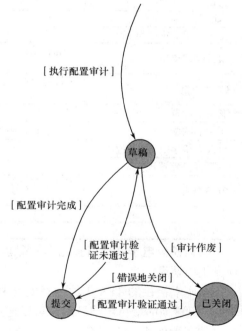

图 11-27 配置审计的状态图

（6）当配置审计被关闭之后，发现有问题，可以再次被激活。"状态"由"已关闭"改为"提交"，"原因"为"错误地关闭"，"指派给"为 QA 工程师。

## 实训指导 39：如何使用 TFS 进行配置项变更

当纳入基线的配置项变更时，必须提前填写《配置项变更申请表》，其他未被纳入基线但正式评审的配置项，根据变更内容的多少及对项目影响的大小由项目组长确定是否需要填写《配置项变更申请表》。但是，无论什么情况下的变更，均需要把变更前后版本号，变更的内容，变更人等填写进《配置项计划表》及《配置项变更记录》表中。《配置项变更申请表》包含的内容如表 11-3 所示。

其中，变更申请是在变更之前由变更申请人填写；变更申请的审批意见是以项目经理及 CCB 签字审批，对于不影响用户需求及里程碑点的变更，则只需要项目经理签字审批即可。所有的变更，均需要 QA 对变更整个执行过程进行验证，并填写验证意见，以确保变更控制过程与开发规范的一致性。

表 11-3 配置项变更申请模板

{ 项目名称 }

配置项变更申请[第 N 号]

| | |
|---|---|
| 配置项变更申请 | |
| 申请变更的配置 | 输入名称、版本、完成日期等信息 |
| 需要变更的内容及其理由 | |
| 变更对其他配置项的影响 | |
| 估计变更将对项目造成的影响 | |
| 申请人签字 | 签字，日期： |
| 变更申请的审批意见 | |
| 项目经理审批 | 审批意见：<br><br>签字，日期： |
| CCB 审批 | 审批意见：<br><br>签字，日期： |
| 变更后配置项 | |
| 变更后的配置项 | 输入名称、版本、完成日期等信息 |
| 更改人签字 | |
| 重新评审配置项 | |
| CCB 签字 | 审批意见：<br><br>签字，日期： |
| 变更结束 | |
| QA 验证意见 | 签字，日期： |

实训模板电子文档请参见本书配套素材中"模板——第 11 章 软件配置管理——《配置项变更申请表》"。

在本书提供的 TFS 实训过程模板中提供了"变更请求"工作项，如果使用 TFS 作为实训平台，配置项的变更申请及跟踪可以通过"变更请求"工作项来完成，具体的填写及跟踪流程与需求变更申请一致，请参见"6.9.2 实训指导 22：如何使用 TFS 完成需求变更"。

## 实训指导 40：如何使用 TFS2010 进行源代码管理

Team Foundation Server（简称 TFS）是可使团队在生成产品或完成项目时加强协调与合作的一套工具和技术。TFS 可增强团队成员之间的交流，跟踪工作状态，支持团队角色，制定团队过程并可以集成团队工具。其功能主要包括：工作项管理（BUG 管理，需求管理，任务管理等）、项目管理、集成 Microsoft Project and Excel、变更管理（变更追踪，变更历史）、构建服务器、报表服务及分析服务、项目门户、项目创建及导航（项目创建向导，自定义开发流程定义编辑器）。可以很好地解决在项目开发过程中，各个组员及各类角色之间的沟通问题，整个项目管理问题，项目过程中任务、需求、BUG 等跟踪的管理等问题。

TFS 在团队项目发生更改时能通过电子邮件向你发送警报，需要配置 POP3 及 SMTP 服务器，当然也可以使用 Exchange Server 中的邮箱服务（作者现在公司里使用的就是 Windows Server 2008 R2 的活动目录+Exchange Server 2010+TFS 2010+WSS 构建一个平台，以此来完成整个研发的管理、跟踪与控制）。但是，由于普通商业邮件服务器不支持匿名收发邮件，所以不能配置 TFS 及 WSS 中的自动报警和通知功能。当工作项状态发生更改、签入、生成完成或生成状态更改时，可以发送警报。通过这一功能，可以很好地解决项目开发过程中的变更管理。

所有团队成员都通过在 Visual Studio IDE 中使用"团队资源管理器"来处理团队项目。"团队资源管理器"连接到一台 Team Foundation 服务器并显示该服务器中的团队项目。通过使用"团队资源管理器"，每个团队成员都可以找到并更新工作项、查看报告、管理文档和处理产品生成。其中的"源代码管理"使团队可以管理项目的所有源代码文件。通常用于源代码文件，但可以添加非源代码文件，例如重要的项目文档。

### 1. TFS 源代码管理简介

TFS 源代码管理提供了标准的源代码版本控制功能，该功能可以伸缩，以便为数以千计的开发人员提供支持。除了典型的源代码管理功能外，Team Foundation 还是企业级的软件配置管理产品，它为开发团队提供集成的版本控制、问题跟踪和过程管理。 主要包括以下功能：

- 完整的版本控制功能集；
- 签入（一次签入一个更改）；
- 强大的分支和合并功能；
- 搁置功能；
- 签入策略。

使用源代码管理资源管理器可以查看并管理 TFS 源代码管理，如团队项目、文件夹和文件。在使用源代码管理资源管理器之前，必须熟悉团队项目和工作区。使用源代码管理资源管理器可以完成以下任务：

- 浏览团队项目和工作区，以标识 TFS 源代码管理下的内容；
- 确定是同步项还是将其复制到本地计算机的工作区；
- 撤销或签入挂起的更改；
- 获取文件夹和文件的最新版本或特定版本；
- 签出文件夹和文件进行编辑；
- 锁定和取消锁定文件夹和文件；
- 删除、取消删除、重命名和移动文件夹和文件。

**什么是工作区？**

- "工作区"是源代码管理服务器上的文件和文件夹在你的客户端上的副本。添加、编辑、删除、移动、重命名或以其他方式管理任何受源代码管理的项时，更改将保留在工作区中（即标记为挂起的更改）。
- 工作区是一个隔离的空间，可以在其中编写和测试代码，而无需顾虑修改对所签入源的稳定性可能有何影响，或者团队成员所做的更改对你可能有何影响。挂起的更改隔离在工作区中,直到将它们签入源代码管理服务器中。

● 可以通过使用"获取最新版本"命令使你的工作区与服务器上最新签入的更改同步。

### 2. TFS 源代码管理操作指导

在连接到 TFS 服务器之后,如果在本地没有设置工作区,则需要首先设置工作区,才能使用 TFS 的源代码管理,工作区是服务器中文件和文件夹的本地副本。一个工作区包含一系列工作文件夹映射。每个映射将服务器中的一个文件夹与磁盘上的一个本地文件夹相关联。创建工作区的步骤如下。

(1) 在 VS2010 连接到 TFS 后,打开"团队资源管理器",把所属项目组打开,然后双击"源代码管理",在出现的界面单击"工作区——CHENLIANG",如图 11-28 所示。

图 11-28 工作区设置界面

出现管理工作区界面,如图 11-29 所示。

如果已有工作区,则单击"编辑…"按钮,否则单击"添加…"按钮,此处单击"编辑…"按钮,出现界面如图 11-30 所示。

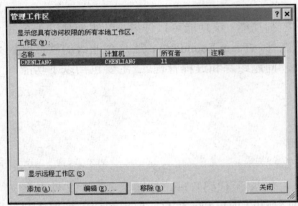

图 11-29 管理工作区操作步骤 1

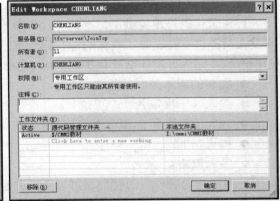

图 11-30 管理工作区操作步骤 2

在此处可以给工作区命名,并且设置工作文件夹,设置好之后单击"确定"按钮即可。注意,由于实训时机器有还原功能,必须把本地文件夹设置到不能还原的硬盘或位置,并在该位置以自己的学号或姓名建立目录,不能直接把本地文件夹设置为整个硬盘或整个公用目录。这样会导致其他学员不能使用同一台计算机实训。

在设置工作区时,有两种情况可导致 工作区(O): CHENLIANG 处灰掉,不能设置。一是,当前连接到 TFS 的账户权限不足;二是,在 VS2010 集成开发环境中的"工具—选项"处,配置管理工具选择的不是 TFS。如图 11-31 所示。

在此图中选择了 TFS,并且建议对源代码管理环境做如图 11-32 所示设置。

建议在此处选择"打开解决方案或项目时获取所有内容"、"关闭解决方案或项目时签入所有内容",同时在"编辑"处选择"提示以独占方式签出"。以上设置完成之后,就可以使用 TFS 的源代码管理器,其中可以使用的功能如图 11-33 所示。

其中,获取最新版本是把当前服务器上最新的版本获取到本地设置的工作区内;获取特定版本是可以根据条件来获取特定的版本,包含的条件如图 11-34 所示。

# 第 11 章 软件配置管理

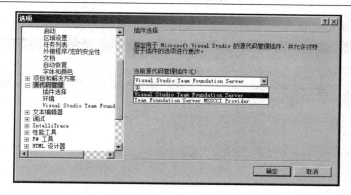

图 11-31　VS2010 中选择配置管理工具界面

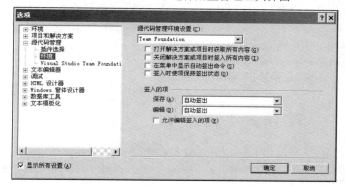

图 11-32　VS2010 中源代码管理环境设置图

图 11-33　VS2010 源代码管理器中设置
　　　　过源代码管理之后示例图

图 11-34　在源代码管理器中获取特定版本示意图

（1）把解决方案添加到源代码管理。在连接到 TFS 的 VS2010 中打开解决方案，然后在右击出现的快捷菜单里选择"将解决方案添加到源代码管理…"，在出现的界面中，选择解决方案存放的目录,单击"确定"按钮,出现如图 11-35 所示界面。

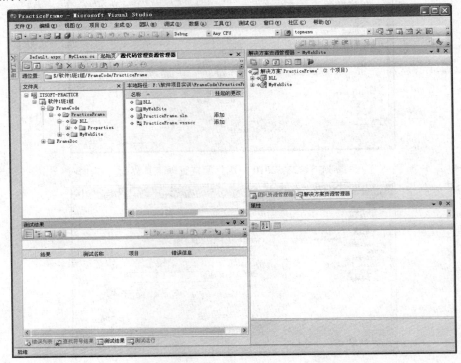

图 11-35 解决方案添加到源代码管理器后界面

其中的"+"号表示是新添加的配置项,然后在该配置项上右击鼠标,出现如图 11-33 所示的界面,在其中选择"签入挂起的更改…"即可提交到服务器,供整个小组使用,在签入时,会出现如图 11-36 所示的对话框,在该对话框中单击"签入"按钮即可完成配置项往配置库里的添加。

可以在此界面中填写对签入的描述,比如,新建解决方案,修改了 XXX 类等,以方便以后对历史版本查阅。也可以与工作项关联,在签入的同时,完成某一项任务,这样就不需要再单独去跟踪任务工作项,如图 11-37 所示。

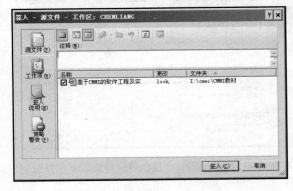

图 11-36 配置项签入界面

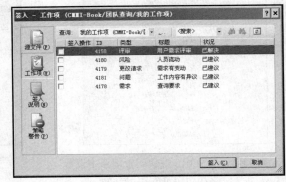

图 11-37 签入配置项与任务关联示例图

也可以设置"签入说明",在签入说明里填写"代码审阅者"、"安全性审阅者"、"性能审阅者",可以对源代码更好地进行管理。如果设置了策略,签入的时候若不满足,则会出现的"策略警告"里。

在签入之后,其他组员就可以签出进行编辑(其他组员编辑之前,先把最新版本获取到本地工作区),或者直接编辑,由于给了源代码管理环境设置,在编辑的时候会自动给出如图 11-38 所示的提示。

该操作之后,在源代码管理器里可以看到如图 11-39 所示的状况。

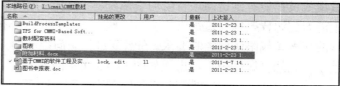

图 11-38　配置项签出对话框　　　　图 11-39　配置项签出后状态示例

在完成修改工作之后,再签入挂起的更改,方法如上所述。

(2)把普通文件或文件夹添加到源代码管理器。可以使用源代码管理器左上角提供的快捷菜单中的几个快捷方式来操作,其中,是完成在当前选择的目录下添加新文件夹,为了保持整个项目组文件存放的一致性,请组长在实训的时间按照配置管理计划里确定的库目录来建立配制库,注意,当在此处操作添加新文件夹之后,会自动在本地工作区中建立;是往选定的目录中添加文件或文件夹,单击之后出现的界面如 11-40 所示。

注意,此处需要把要添加的文件或文件夹存放在本地工作区与源代码管理器相对应的目录下,否则添加可能会出错。

在把普通文件添加到源代码管理器之后,就可以像源代码一样进行签入、签出操作,以完成对普通文件的版本管理。

(3)从源代码管理器中删除文件和文件夹。选择要删除的文件或文件夹,右击,如图 11-41 所示。

图 11-40　普通文件或文件夹添加　　图 11-41　源代码管理器中删除
　　　　源代码管理器操作界面　　　　　　　　文件或文件夹操作界面

删除成功之后在源代码管理出现的情况如图 11-42 所示。

这时,实际上本地工作区目录下的对应文件也物理上被删除。之后就可以通过使用"签入挂起的更改…"来提交删除;通过使用"撤销挂起的更改…"来撤消删除操作。

图 11-42　成功删除后状态示例

(4) 设置文件或文件夹的访问权限。在开发过程中,从保密的角度来说,并不是所有项目组成员都能看到访问项目组的全部资料,比如,编码人员不能看到测试用例资料,文档人员不能看到源代码等。这里就需要对一些特定目录进行访问权限控制,这正是 CMMI 中配置管理的配置库权限访问控制要求。在需要进行访问控制的文件或文件夹上右击,在出现的快捷菜单里,选择"属性…",出现如图 11-43 所示的界面。

图 11-43　设置文件或文件夹访问权限操作界面

通过添加相关用户或组来完成权限控制的设置。

(5) 管理变更集。变更集是 Team Foundation 存储与单个签入操作相关的下列所有内容的逻辑容器,这些内容包括:文件和文件夹修订、指向相关工作项的链接、签入说明、注释、策略遵从性及签入的所有者名称和日期/时间等系统元数据。在签入一组挂起的更改时,Team Foundation 会在源代码管理服务器中创建一个新的变更集,并为它分配一个唯一的"变更集编号"。变更集编号按顺序递增。例如,变更集 #3 后面是变更集 #4,依此类推。两个变更集不能具有相同的签入日期/时间。由于此特性,变更集还用于表示服务器状态的特定时间点。

首先要查找到变更集,在源代码管理资源管理器中,右击某一项,然后单击"获取特定版本",出现如图 11-44 所示的界面,将"类型"选择为"变更集",然后单击右边的 ⬚，就可以在出现的对话框中查找到与该项相关的所有变更集,界面如图 11-45 所示。

其次是查看某个变更集的详细信息，比如，此处选择13256#变更集，单击"详细信息…"按钮，出现如图11-46所示的界面。

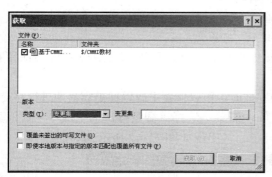

图11-44  设置文件或文件夹访问权限操作界面　　图11-45  变更集详细信息界面

图11-46  查找变更集操作界面

在该界面中，不但能查看变更集的详细信息，还可以直接打开文件或文件夹，并且与历史版本进行比较，请大家实训时仔细研究。

（6）管理搁置集。搁置功能可以暂时保留一批挂起的更改，并可以选择从工作区中移除这些挂起的更改。搁置集是搁置操作的结果。可以在以后将搁置集中的更改还原到的工作区或其他用户的工作区。与变更集不同，搁置集是非版本化的实体。如果你或其他用户取消搁置某一搁置集中包含的项、编辑若干文件、重新搁置该搁置集这一系列操作，则 Team Foundation 不会为用于以后比较的目的而创建这些项的新版本，并且不论谁、何时或采用哪种方式修订这些项的记录，原始搁置集将被完全替换。注意，可以删除搁置集但不能删除变更集。

可以将变更集链接到某一工作项，以便当用户在该工作项窗体的"链接"选项卡上单击该变更集的链接时，自动将该变更集检索到当前工作区中。搁置集不支持此功能。可以通过创建和强制执行签入策略来禁止用户创建不符合已制定的团队标准的变更集，强烈建议用户不要这样做。搁置集不支持此功能。

在未准备好或者无法签入一组挂起的更改时，可以搁置挂起的更改。主要有以下五种搁置方案。

● 中断：当有挂起的更改未准备好签入但需要从事其他任务时，可以搁置这些挂起的更改以保留它们。

● 集成：当有挂起的更改未准备好签入但需要与其他团队成员共享这些更改时，可以搁置这些挂起的更改并让你的团队成员对它们取消搁置。

● 评审：当有挂起的更改已准备好签入，但必须经过代码评审时，可以搁置这些更改并通知该搁置集的代码审阅者。

● 备份：当正在做的工作要执行备份但未准备好签入时，可以搁置更改并将其保留在 Team Foundation 服务器上。

● 移交：当正在做的工作要由其他团队成员完成时，可以搁置更改以便更容易地进行移交。

在修改之后的文件或文件夹处右击，从出现的快捷菜里选择"搁置挂起的更改…"（注意，如果当前文件或文件夹没有更改，则此菜单不可用），出现如图 11-47 所示的界面。

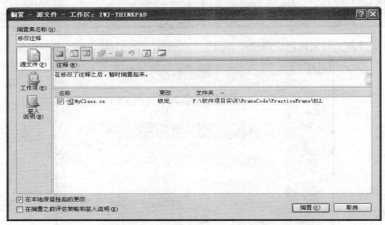

图 11-47 搁置集操作界面

单击"搁置"按钮，这样就创建了一个搁置集。想查找或取消一个已有的搁置集，操作方法为：选择"文件"→"源代码管理"，然后选择"取消搁置"。出现如图 11-48 所示的界面。

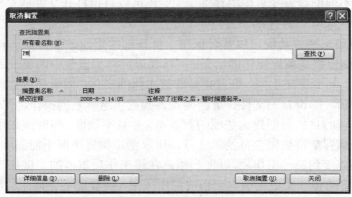

图 11-48 取消搁置集操作界面

在此界面上可以查看某一个搁置集的详细信息，也可以根据所有者名称来查找搁置集。

（7）使用标签。标签是一种标记，你可以选择将其附加到源代码管理服务器中一组原本无关的文件和文件夹版本，以便于将这些版本集中检索到工作区供开发或生成使用。常见的标签类型是里程碑标签，如"M1"、"测试版 2"或"候选发布 0"。可以将标签与分支、合并、区分及获取文件和文件夹的特定版本等操作结合使用。

在要打标签的文件或文件夹上右击，选择"应用标签…"，出现如图 11-49 所示界面，输入标签名称及对标签的注释。

图 11-49　添加标签操作界面

应用标签之后，可以在"获取特定版本…"处选择"标签"，然后单击"查找"按钮来查找，出现的界面如图 11-50 所示。

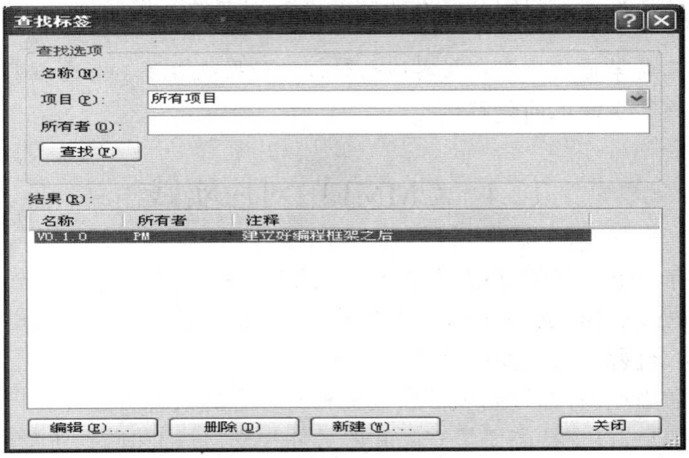

图 11-50　查找标签操作界面

# 第 12 章　产品及过程质量保证

本章重点：
- CMMI 对应实践；
- PPQA 简述；
- PPQA 活动内容；
- 质量保证实训。

过程和产品的质量保证活动贯穿项目生命周期的全过程，其目的有二。
- 客观评价项目组执行的过程及其工作产品或服务相对于适用的过程描述、标准和规程的符合性和不符合性。
- 客观分析不符合项，跟踪不符合项直到解决。

所谓客观，有以下几层含义。
- 过程和产品质量保证活动的执行者，习惯上独立于项目组，由专职的 QA 工程师承担。项目组与 QA 工程师不能是领导与被领导的关系。
- 评价的标准是由 EPG 制定的机构标准过程集 OSSP 及相关的过程资产；项目组实际执行的过程，可能与机构标准有差异，但必需符合机构制定的"裁剪指南"的规定。
- 评价、审计活动的计划及活动内容（检查单）事先制订并公开。

显然，EPG 和过程改进管理部门是标准的制定者，产品研发部门和项目组是标准的执行者，而 QA 工程师及其管理部门则是标准的监督者，三者的互相促进、互相制约的关系。

说明　对于第二类学员的班级，在实训的时候，如果设置了 QA 工程师角色，本章的内容可以调整到第 6 章及第 7 章之间讲解。

## 12.1　CMMI 中对应实践

在 CMMI 中有一个专门的过程域对应于产品及过程质量保证，即产品及过程质量保证（Process and Product Quality Assurance，PPQA），其目的是向项目组成员和管理部门提供对（项目实际执行的）过程及其工作产品的客观评价。

在项目整个生命周期内，通过向项目组成员和管理者提供有关过程和相关工作产品不同程度的可视性和反馈信息，以支持高质量产品和服务的提交。过程和产品质量保证过程域的实践，确保计划的过程被实施，而产品验证过程域（VER）的实践确保满足指定的需求。这两个过程域有时会从不同的角度出发处理相同的工作产品，项目组应该注意尽量减少重复工作量。

过程和产品质量保证评估活动的客观性，是项目成功的关键。客观性是通过独立性和使用标准来实现的。质量保证人员习惯上独立于项目组，但也有的机构将质量保证纳入过程而强调同行评审。质量保证应该开始于项目的早期，比如在建立计划、过程、标准时，有利于项目更好地符合机构方针和项目需求。

SG1 Objectively Evaluate Processes and Work Products（客观评价过程和工作产品）

已执行的过程及其相关工作产品相对于所用的过程描述、标准和规程的符合性得到客观的评价。

SP1.1 Objectively Evaluate Processes（客观评价过程）

基于采用的过程描述、标准和规程，客观地评价指定的已执行过程。一般会产生以下工作产品：评价报告，不符合项报告，纠正措施。可以通过以下几步来完成该实践：一是创建鼓励员工参与确定和报告质量问题的环境（项目管理的一部分）；二是建立和维护评价准则；三是采用准则评价已执行过程，看是否遵循过程描述、标准和规程；四是识别在评价过程中发现的每一个不符合项；五是识别经验教训，以便改进过程。

SP1.2 Objectively Evaluate Work Products（客观评价工作产品）

基于采用的过程描述、标准和规程，客观地评价指定的工作产品。一般会产生以下工作产品：评价报告，不符合项报告，纠正措施。可以通过以下几步来完成该实践：一是基于文档化的采样准则，选择将被评价的工作产品；二是建立和维护工作产品评价标准；三是在工作产品评价过程中使用已建立的标准；四是根据过程描述、标准或规程规定的工作产品可评估的时间评估选定的工作产品，包括：发布给客户前、发布给客户过程中、增量、单元测试时、集成时等；五是识别在评价过程中发现的每一个不符合项问题；六是总结经验教训，以便改进过程。

SG2 Provide Objective Insight（提供客户的认识）

不符合项得到客观的跟踪和沟通，并确保得到解决。

SP2.1 Communicate and Resolve Noncompliance Issues（沟通并确保解决不符合项）

通过项目组内部或与管理者之间的沟通，确保解决不符合项和经趋势分析而发现的质量问题。一般会产生以下工作产品：纠正措施报告，评价报告，质量趋势报告。可以通过以下几步来完成该实践：一是尽可能多的项目组成员参与解决不符合项；二是记录项目组内不能解决的不符合项；三是把项目组内不能解决的不符合项提交给上层管理部门；四是分析不符合项，以判断是否存在应该指出并处理的质量趋势；五是确保项目相关各方及时地意识到评价的结果和质量趋势；六是定期地与负责接收和管理不符合项的管理部门一起评审不符合项和趋势；七是跟踪应解决的不符合项。

SP2.2 Establish Records（建立记录）

建立和维护质量保证活动的记录，一般会产生以下工作产品：评价日志，质量保证报告，纠正措施状态报告，质量趋势报告。可以通过以下几步来完成该实践：一是尽量详细地记录过程和产品质量保证活动，以便尽可能了解其状态和结果；在必要时修订质量保证活动的状态和历史。

## 12.2 PPQA 简述

结合 CMMI 的相关实践可以看出 QA 工程师的作用如下。

- 帮助产品研发部门和项目组选择合适的过程描述、标准和规程，遵循裁剪指南，定义项目过程。
- 按计划进行质量保证活动（如评审 Review、检查 Inspection 和审计 Audit），客观评价项目组实际执行的过程及其工作产品相对于适用过程、标准和规程的符合性和不符合性。
- 分析不符合项及质量趋势，向项目组和上级管理者报告审计结果和发现的问题，跟踪问题的最终解决。

可见，执行及产品质量保证的工程师应该具备比较好的项目管理能力、执行能力和专业水平。可惜，实际上许多公司往往不太重视这一点。当然，这里也有一些认识上的问题，举例如下。

● 软件产品质量与软件过程质量是两个不完全一样的概念。软件产品的质量目标决定了软件过程的质量目标；软件过程的质量为软件产品的质量提供了保证。好的过程质量不等于就一定有好的软件质量，不好的软件过程则很少能产生好质量的软件产品。

● 软件质量工程师与 QA 工程师的工作侧重点有所区别：软件质量工程师的很大一部分工作由软件测试工程师承担，另外一部分则由参与各类工作产品评审、同行评审和审批的人员承担；QA 工程师的主要工作目标是保证过程和产品相对于标准的符合性，QA 工程师不是与项目组相对立的监督者，而只是从独立、客观的角度将项目工程活动过程及其结果的实况反映给项目组及各级管理者（所谓"眼睛和耳朵"的作用），让管理者及时了解过程及产品与标准之间存在的偏差，及时纠正，因此是管理者特别是项目组长的协助者。

● "QA 工程师不保证质量"，也就是说，QA 工程师发现不符合项，并跟踪不符合项问题的解决，但纠正不符合项本身是项目组的责任。

● QA 工程师的活动也有一个质量保证问题，包括：
  ◇ 未发现不符合项；
  ◇ 只注意发现、不重视分析；
  ◇ 纠正不符合项的建议未能妥善兼顾产品质量、成本进度、用户满意和项目组员满意等多方面因素；
  ◇ 不善沟通，与项目组相对立；
  ◇ 未能兼顾严格执法与适度灵活的关系，等等。

在公司里执行产品及过程质量保证活动时，一般会制定一些必须遵循的方针，针对本书案例的研发机构，制定的质量保证方针如下。

● 高级经理为每个项目指定 QA 工程师负责项目的 QA 活动，进行过程检查与监督。

● 在项目计划阶段，QA 工程师编制质量保证计划，计划经高级经理确认后，作为项目开发计划的一部分，一起提交评审、确认和批准并纳入配置管理。

● QA 工程师的活动应坚持独立、客观的原则，以既定的质量保证计划、标准和规程为基准，客观地评价和报告软件过程活动和工作产品相对于规范、规程和标准的符合性和不符合性。

● QA 工程师审计主要针对生成工作产品的活动过程而不是产品所采用的技术，并将审计结果及时报告相关组和个人，并有向上级直接报告的渠道。

● QA 工程师的主要职责是检查软件过程活动和工作产品的偏离、不符合项，并按规定的方式、步骤报告跟踪不符合项直至关闭。

● 高级经理或 QA 经理及时处理项目组内部解决不了的不符合项问题，并定期审查 QA 工程师的活动和结果。

质量保证的目的是为了有效地实施软件项目的质量保证工作，客观验证软件过程活动和工作产品对适用标准、规程和需求的遵从性，保证项目过程活动和工作产品的可视性，让管理者及时了解实际过程活动情况，确保项目质量与计划保持一致。质量保证内容如下。

● 制订项目的质量保证计划；按计划执行 QA 活动。

● 客观验证软件过程活动和工作产品相对于标准、规程和需求之间的遵从性，以及不符合项的报告、解决、跟踪直至关闭。

- 质量保证计划随着项目开发计划的变更及时更新维护；
- 高级经理/研发部经理、QA 经理定期监督、检查 QA 活动。

在项目开发过程中，QA 相关的活动可以用图 12-1 来表示。

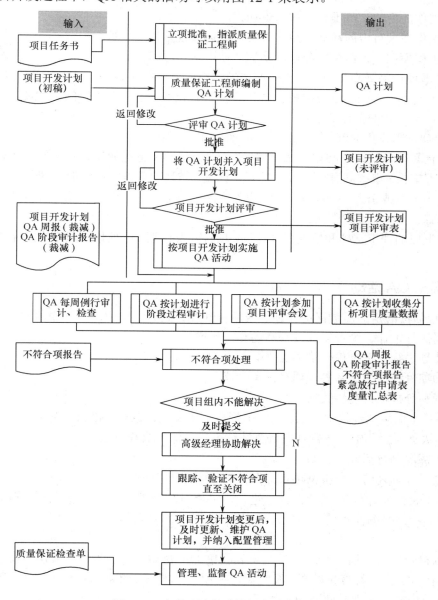

图 12-1 产品及过程质量保证活动流程图

## 12.3 PPQA 活动内容

### 12.3.1 制订质量保证计划

项目立项审批通过后，QA 经理为项目指派 QA 工程师。在项目立项后的两周内（根据项目规模的大小而定，小规模的项目可以一周），QA 工程师在项目开发计划初稿的基础上，编制项目的质量保证计划初稿。

质量保证计划的主要内容如下，详见《质量保证计划》模板。
- QA 工作的目的、范围、工作职责和权限。
- QA 工作在项目中的活动资源（人员、培训、设备和工具等）。
- QA 工程师在项目组中的各项活动的活动内容和时间表。
- 确定本项目每周 QA 例行检查时间；确定 QA 工程师或 QA 经理独立向上报告的途径、与相关项目组或个人的通报方式；确定须进行的过程检查、过程检查表的内容及依据标准；确定项目进行质量检查的工作产品；
- 确定项目需收集的度量表格；确定检查结果的保存方式。

在项目计划阶段，根据细化的《项目开发计划》，QA 工程师调整质量保证计划，完成后提交 QA 经理审核；审核同意后并入项目开发计划，作为项目开发计划的一部分与项目开发计划一起提交相关组或个人评审，QA 工程师关注评审中提出的问题和意见，必要时对质量保证计划进行修订。

评审后形成的评审文档和质量保证计划、项目开发计划，由项目经理递交给配置管理员纳入配置管理。

### 12.3.2 实施 QA 活动

QA 工程师按既定的质量保证计划（或项目开发计划），完成以下工作内容：
- 每周例行审计、检查软件过程活动和工作产品；
- 按计划进行软件过程/工作产品的阶段审计；
- 协助项目经理组织并参与项目评审会议；
- 收集和分析项目度量数据。

整个项目生命周期过程中，QA 工程师形成三类文档：QA 周报、不符项报告、QA 阶段审计报告，从立项后开始，一直到项目总结结束。具体的执行方法如下。

**1. QA 每周例行活动**

- 在项目计划之前，则根据项目开发计划/质量保证计划初稿进行，项目开发计划书评审通过后根据项目开发计划/质量保证计划进行，每周对项目进行例行检查，形成 QA 周报，有不符合项时，则同时编写不符合项报告提交项目经理、高级经理、项目组成员，以及相关组或个人。
- 每周检查完毕，填写 QA 活动度量表收集 QA 每周检查总人时、解决不符合项花费总人时、验证花费总人时等度量数据，及时填写在项目指定的度量数据存放位置（本版中去掉了度量分析章节内容，实训时此活动不执行）。
- 把 QA 周报和不符合项报告提交配置管理工程师纳入配置管理。
- 检查的依据为 QA 周报模板中的检查要点，检查要点详见《QA 周报》模板。

**2. QA 阶段审计**

审计，是质量保证活动的一项基本形式。实际执行时，QA 审计活动往往与基线审计、里程碑评审相关联，只是目的、内容有区别，如表 12-1 所示。

表 12-1　QA 阶段审计对照表

| 时间点 | 策划阶段结束 | 设计阶段结束 | 集成测试结束 | 系统测试结束 | 技术归档结束 |
| --- | --- | --- | --- | --- | --- |
| 基线建立 | ✓ | ✓ | ✓ | ✓ | ✓ |
| 基线审计 | ✓ | ✓ | ✓ | ✓ | ✓ |
| QA 审计 | ✓ | ✓ | ✓ | ✓ | ✓ |
| 里程碑评审 | ✓ | ✓ | ✗ | ✓ | ✗ |

在生命周期不同阶段的 QA 审计活动，有不同的重点。

- 项目计划阶段结束 QA 审计内容。需求阶段的工作是否按计划进行；验证《用户需求说明书》和《软件需求规格说明书》是否符合模板要求；验证软件需求评审、需求规格说明书同行评审过程是否符合规程。项目计划是否按计划进行；《项目（开发）计划》是否符合模板要求；《项目（开发）计划》的评审过程是否符合规程。
- 设计阶段结束 QA 审计内容。概要设计和评审是否按计划进行；《概要设计说明书》是否符合模板的要求；评审过程是否符合规程；详细设计和同行评审是否按计划进行；《详细设计说明书》是否符合模板要求；评审过程是否符合规程。
- 编码阶段结束 QA 审计内容。编码和代码同行评审是否按计划完成；验证代码同行评审的过程是否符合规程。
- 测试阶段结束 QA 审计内容。测试阶段工作是否按计划完成；测试计划、测试规格说明书、测试记录、测试报告是否符合模板要求；测试计划和测试规格说明书的同行评审过程是否符合规程；集成测试用例和规程是否符合模板要求；测试报告的确认/批准是否符合规程。
- 项目总结阶段结束 QA 审计内容。验证最终产品生成过程是否符合规程；验证各类手册（维护手册、用户手册）是否符合模板要求，同行评审的过程是否符合规程；验证项目总结报告是否符合模板要求，评审过程是否符合规程。
- 配置管理（各阶段均涉及）的 QA 审计内容。配置项的标识、状态和存放的路径是否符合规程的要求；配置状态报告填写是否及时；配置项的变更是否受控，变更是否留有记录，如需求是否有变更，因变更引起的相关约定是否已通过协商，并按改变后的约定执行，变更后的工作产品是否纳入配置管理，并保留变更记录；《项目开发计划》的变更是否符合规程等；基线生成表和审计报告是否符合模板，基线生成过程和基线审计过程是否符合规程。

QA 阶段审计的具体执行过程如下。

- 根据项目开发计划中裁剪的项目过程和生命周期，在各个生命周期阶段结束之前进行 QA 阶段审计，尤其在基线审计后，里程碑评审前 QA 阶段审计更加关键，审计不通过则项目无法继续开展。
- QA 阶段审计主要审计的内容为项目开发过程中的过程活动及其过程中的产生的相关工作产品，验证其是否符合机构制定的标准、规程和模板的要求。QA 工程师按项目开发计划/质量保证计划进行阶段审计，审计要点详见《QA 阶段审计报告》中的各阶段检查表，不同的软件过程阶段采用不同的阶段检查表。
- QA 工程师在检查后，及时将 QA 阶段审计报告和不符合项报告（有不符合项时生成），递交给项目经理、项目组成员、研发部经理、高级经理，以及相关组或个人；必要时，QA 工程师协助项目经理向项目组成员或相关人员说明发现的不符合项问题，取得共识并采取相应措施。
- 填写度量数据（本版中去掉了度量分析章节内容，实训时此活动不执行）。

**3. 协助并参与项目评审**

按项目开发计划/质量保证计划参加项目评审会议，客观公正地验证评审会议是否按照机构制定的规程、标准进行，将评审过程及审核结果记录到 QA 周报，若发现不符合项时，则记录到不符合项报告中。具体步骤如下。

在评审会议之前，进行评审资料预审，检查工作产品是否符合规程、标准或文档模板的要求，并填写预审问题清单反馈给项目经理。

● 参加评审会议，检查评审过程是否符合规范，如评审相关人员是否参加；评审是否指定了主持人、记录员；主持人是否已经熟悉评审产品/过程活动的相关内容等。

● 评审会议后，检查项目经理提交的《项目评审表》中的缺陷记录等是否填写正确，并签字确认。

● 在指定的复审日期检查《项目评审表》中的缺陷是否按时解决并经过验证人验证，确认后填写 QA 工程师意见。

● 填写项目度量数据库中与评审相关的数据（本版中去掉了度量分析章节内容，实训时此活动不执行）。

● 在正式评审结束后，在每周例行检查时对项目评审过程是否符合机构制定的规范进行评价，形成 QA 周报，发现评审中产生的问题，持续改进评审流程。

**4. 收集和分析项目度量数据**（本版中去掉了度量分析章节内容，实训时此活动不执行）

QA 工程师协助制定项目的度量目标、度量数据的来源、收集频度、度量标准及所需资源等，经评审通过后，由项目经理和 QA 工程师负责实施。

项目经理侧重于收集和分析项目规模、进度、工作量、成本、风险等方面的度量数据。QA 工程师则侧重于收集和分析项目评审、缺陷、QA 活动工作量等方面的度量数据。具体步骤如下。

● 根据项目开发计划/质量保证计划定期收集项目度量数据，填写项目度量数据库。

● 填写完成后，检查度量数据是否收集正确，保证数据的完整性和正确性。如发现当前度量汇总表不能完整收集本项目度量数据，则填写变更申请表，提交高级经理审核。

● QA 工程师按计划执行每周例行检查、阶段审计、不符合项报告验证等活动后，及时填写项目度量数据库中的 QA 活动度量表。具体内容详见 QA 活动度量表。

● QA 工程师在项目评审缺陷验证解决后，填写项目度量数据库中的项目评审度量表。

● QA 工程师定期或事件驱动分析度量数据，形成文档提交项目经理、研发部经理、高级经理及其他相关人员通报度量结果，以取得支持决策和采取有效的纠正措施，同时为过程持续改进提供基础。

## 12.3.3 不符合项处理

QA 工程师在每周例行检查、阶段审计或参加项目评审过程中发现的不符合项，须按照以下步骤进行及时处理。

● 及时记录不符合项，并进行编号。
● 识别不符合项的严重等级。
● 不符合项的分类。
● 不符合项的处理。
● 特殊情况处理。

具体的处理步骤如下。

（1）QA 工程师在审计或评审结束后，及时整理形成 QA 阶段审计报告或 QA 周报，有不符合项时同时填写不符合项报告，提交项目经理、研发部经理、高级经理或相关组及个人。

（2）QA 工程师协助项目经理识别不符合项报告中的不符合项，对不符合项取得共识并进行分类，并进行编号。

（3）根据不同情况对不符合项进行分类处理，结果可以有（解决、不能解决、拒绝）。

（4）不符合项处理过程如下。

- 项目经理根据不符合项报告，及时与项目组成员及相关人员进行分析商量，及时采取措施，确认问题的修改方式、责任人，修改完成日期和再次审核日期，记录到《不符合项报告》中。
- QA 工程师进行不符合项处理的跟踪、验证，确认不符合项是否已经关闭。
- 一般在项目组内进行沟通，达成一致处理意见，若在项目组内不能解决时，QA 工程师需要提交研发部经理/高级经理协助解决。
- 高级经理/研发部经理收到 QA 工程师提交的不符合项报告后，应及时和项目组进行沟通、协调，制订限期整改计划，并反馈给 QA 工程师，QA 工程师跟踪直至不符合项得到解决。
- 收集项目度量相关数据，在项目度量数据库中的 QA 活动度量表中记录不符合项的检查、解决、验证的总工作量（本版中去掉了度量分析章节内容，实训时此活动不执行）。

在实际开发过程中，比较常见的不符合项有以下几种。

- 没有根据个人周报、项目组周报及时更新项目进度表。
- 没有进行需求、成本、关键计算机资源等内容的跟踪。
- 评审发现的缺陷、不符合项没有按时解决处理。
- 配置项的放置、标签方法等没有按规程处理。
- 没有按计划完成工作且没有文档化的陈述。
- 没有按计划进行评审且没有具体的理由；评审没有按规范、没有评审记录。
- 没有按期举行项目例会、没有会议记录。

维护质量保证计划

对质量保证计划进行维护管理和变更控制，保持质量保证计划和项目开发计划的一致性。具体步骤如下。

- 当项目开发计划发生变更时，QA 工程师对质量保证计划进行相应的变更控制，保持与项目开发计划一致。
- 质量保证计划的变更必须得到高级经理和项目经理的确认。
- 调整并确认后的质量保证计划，QA 工程师需要及时通知相关组或个人。（如配置管理员，项目组成员，研发部经理或高级经理）。
- 变更后的质量保证计划由 QA 工程师提交配置管理员纳入配置管理。

QA 工程师的日常工作、项目组对 QA 活动的支持、项目经理和 QA 经理对 QA 工程师工作的监督，可以很好地保证 QA 工程师有效地开展活动。一般至少包含以下内容。

- 为项目组提供有关质量保证的培训。在项目初期或进展过程中，为使 QA 活动能够有效实施，根据实际情况，由项目经理协助 QA 工程师对项目组成员或相关人员进行有关 QA 工程师的义务和活动的培训，可以包括不符合项处理、跟踪监督等内容。
- 高级经理或 QA 经理定期检查 QA 工程师的活动。定期评审项目软件质量保证过程与方针；定期检查 QA 工程师提交的 QA 周报、QA 阶段审计报告、不符合项报告等 QA 活动是否按照质量保证计划和机构制订的 QA 规程及其他相关规程执行。

# 实训任务十四：执行质量保证（可选）

本章相关的实训内容主要是由承担 QA 角色的人员来填写，其他组员可以熟悉产品及过程质量保证包含的知识点，协助 QA 人员完成相关实训。由于该质量保证活动贯穿整个项目生命周期，实训的时间分布在项目的各个阶段，故本章没有单独的实训时间要求。

### 实训指导 41：如何编制《质量保证计划》

《质量保证计划》应当严格保证与《项目开发计划书》的内容一致性，一般是由 QA 人员为主，项目组长辅助编写，然后再提交整个项目组讨论通过。在实训时"高级经理"的职责可以由指导老师承担。实训模板电子文档请参见本书配套素材中"模板——第 12 章　产品及过程质量保证——《质量保证计划》"。具体包含的内容如表 12-2 所示。

表 12-2　质量保证计划模板

1. 目的、范围
说明质量保证计划的目的、适用范围，以及与项目的其他计划之间的关系。
2. 参考资料
注明此质量保证计划编制参考文件。
3. 角色与职责
以表格的方式描述本过程需要的角色。该角色在该规程中所从事的相应活动，其职责和工作范围在主要步骤中描述，项目组赋给 QA 经理的其他职责可以有个附加说明。可以依照如下示例进行编写。

| 编号 | 角色名称 | 人员列表 | 到位日期 | 职责描述 |
|---|---|---|---|---|
| 1 | 项目经理 | | | 检查项目成员相关工作。<br>负责解决项目 QA 发现的不符合项。<br>参与制订《质量保证计划》。<br>参与计划评审。<br>接受 QA 相关培训 |
| 2 | 项目组成员 | | | 接受项目 QA 的工作检查。<br>解决不符合项问题。<br>参与 QA 计划的评审。<br>接受 QA 相关培训 |
| 3 | QA 经理 | | | 协调和解决项目组内不能解决的问题。<br>定期审查质量保证活动和结果。<br>项目质量保证工作师与项目经理产生不一致时，负责协调解决。<br>审批《质量保证计划》。<br>监督检查项目 QA 的工作过程 |
| 4 | QA 工程师 | | | 参与项目计划的制订，并负责制订和维护《质量保证计划》。<br>根据《质量保证计划》，执行检查和评审工作，识别和记录存在的不符合项到《不符合项报告》里，并跟踪问题直到关闭。<br>定期将《QA 周报》、《不符合项报告》通报给项目经理、QA 经理，以《不符合项报告》向高级经理报告活动的结果 |

续表

| | | | | 参与里程碑审计工作，以《QA 阶段审计报告》向项目经理、研发部经理、高级经理报告结果。<br>根据项目计划的要求参与评审活动，并跟踪缺陷的直到解决。<br>按计划收集分析项目度量数据。<br>对已提交的《不符合项报告》中的不符合项实施跟踪，直到关闭。<br>项目 QA 本身应该参加 QA 方面的专业培训；必要时在项目组内组织相关的培训。<br>发现的过程问题及时向 EPG 反映，用于过程改进 |
|---|---|---|---|---|
| 5 | 配置管理员 | | | 对该过程产生的文档进行配置管理 |

4．QA 活动资源

所需设备和工具，比如：

Microsoft Word 、Excel 文档编辑器

Microsoft Visio 图表编辑器

Microsoft Project 项目管理工具

TestDiector7.2 缺陷管理平台

5．主要工作内容

5.1　QA 活动内容和进度安排

识别本项目的软件过程和各过程中的工作产品。各种质量活动（检查、评估、评审）的详细时间安排、活动方式。可以从以下几个方面说明。每周例行的检查，QA 周报、不符合项报告；QA 阶段审计安排；按项目计划参加过程中的相关评审会议，对评审产生的缺陷进行跟踪直至关闭，并形成 QA 周报提交相关人员。

具体内容可以参见《质量保证计划跟踪表》（参见本书附带的电子文档模板），并且根据项目采用的开发过程对此跟踪表进行修改，以满足项目开发实际跟踪的需要。

5.2　QA 度量数据收集

定义开发各阶段应提交的质量记录，质量记录的收集、整理和分发的过程和相关人员职责。根据项目组周报和项目状态报告，定期收集度量数据；度量数据的表格填写方式和填写内容详见教材中的相关章节。

5.3　不符合项处理

描述评估、审计和评审发现问题的不符合项报告的处理流程与相应人员职责。QA 周报和 QA 阶段审计报告发现的《不符合项报告》及时提交项目经理、项目组成员、SPI 经理及相关人员，若项目组内部无法解决则提交研发经理/高级经理协助解决。

5.4　培训

此处需要说明：为有效地开展 QA 活动，必须进行培训安排（包括培训内容、培训时间、参加人员等）。在项目初期或进展过程中，为使 QA 活动能够有效实施，根据实际情况，由项目经理协助 QA 人员对项目组成员或相关人员进行有关 QA 义务和活动的培训。

培训内容如下：

（1）项目经理协助 QA 工程师在项目周期中开展 QA 活动培训，说明本项目中 QA 角色、职责、权限和价值、与项目组之间的关系、QA 活动计划、工作重点、检查要点等。

（2）在解决不符合项处理的问题上，QA 人员可以根据项目实际进展情况组织项目组成员进行不符合项的处理过程培训。

（3）必要时，可以在项目组内组织其他的相关规程的应用培训。

6．附加说明

描述本项目的质量保证计划中需要特别注明的内容。

## 实训指导 42：如何使用 TFS 填写 QA 工作日志

如果项目组设置了专门的 QA 工程师，该人员应当对产品及过程执行日常检查和阶段检查，检查的结果可以填写在《QA 周报》中，也可以直接填写到 TFS 的 QA 工作日志中。若使用 TFS 来填写 QA 工作日志，则可以比较方便地把一些数据查询统计出来，既方便管理又减少了管理工作量。具体操作方法为：在 TFS 中选择"新建工作项"的"QA 工作日志"，如图 12-2 所示。

在新建的 QA 工作日志工作项填写界面中，对相应的每个字段进行填写。包含的具体内容如图 12-3 所示。

QA 工作日志工作项填写说明如下。

- 日志标题：填写日志的名称。

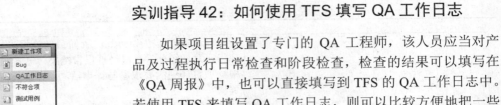

图 12-2 新建 QA 工作日志界面

- 项目阶段：表示当前项目所处的阶段，分为项目计划、项目启动、需求开发、实现与测试、系统设计、系统测试、用户验收、项目结项 8 个阶段，如图 12-4 所示，根据实际情况选择填写。

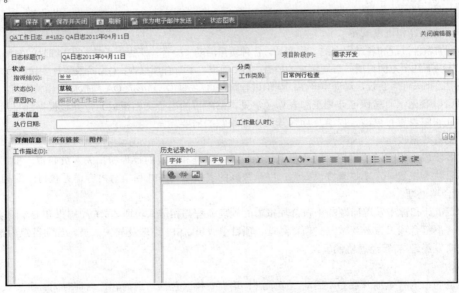

图 12-3 QA 工作日志工作项填写主界面

- 指派给：初始时为填写 QA 工作日志的 QA 工程师。
- 状态：选择草稿。
- 原因：选择编写 QA 工作日志。
- 工作类别：分为编写 QA 报告、变更活动检查、不符合项验证、参与评审、参与项目计划制订、参与周例会、里程碑审计、培训辅导活动、日常例行检查、制订质量保证计划、其他 11 项类别，如图 12-5 所示。在填写 QA 日志的时候，选择相应的类别。
- 执行日期：填写做这项工作的实际执行日期。
- 工作量：填写做这项工作所花费的人时。

● 详细信息：填写对工作的描述。
● 所有链接：可以链接与 QA 检查相关的资料，此处主要是填写执行该工作发现的不符合项列表或问题列表。

图 12-4　项目阶段选择界面　　　　图 12-5　QA 工作类别类别界面

QA 工作日志的填写分为草稿、提交、验证后定稿、项目结束时关闭几个环节，具体跟踪状态流程图如图 12-6 所示，具体解释如下。

QA 工作日志跟踪状态图说明如下。

（1）当 QA 工作日志初建立的时候，"状态"为"草稿"，"原因"为"编写 QA 工作日志"，此时指派给 QA 工程师本人即可。

（2）当 QA 工作日志不需要的时候，"状态"直接由"草稿"改为"已关闭"，"原因"为"日志作废"。

（3）当 QA 工作日志完成的时候，"状态"由"草稿"改为"提交"，"原因"为"日志填写完成提交检验"，"指派给"为 QA 经理（学生使用时可以指派给实训指导老师）。

（4）当 QA 工作日志验证未通过的时候，"状态"由"提交"改为"草稿"，"原因"为"日志验证未通过"。"指派给"为原来填写该 QA 日志的 QA 工程师，并且在"详细信息"处描述验证发现的相关问题。

（5）若 QA 工作日志验证通过，则"状态"由"提交"改为"定稿"，"原因"为"日志验证通过"，"指派给"为 QA 人员。

（6）当 QA 工作日志定稿之后仍然需要更改的时候，"状态"可以再由"定稿"改为"提交"，"原因"为"验证有误，重新提交日志"，"指派给"为 QA 人员。

（7）当 QA 工作日志在项目结项被关闭的时候，"状态"由"定稿"改为"已关闭"，"原因"为"项目结项"。

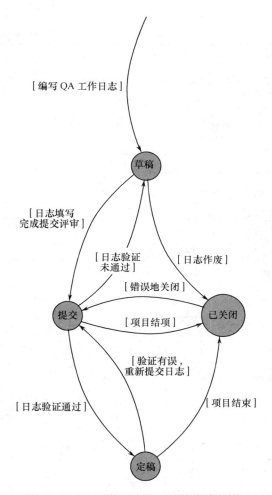

图 12-6　QA 工作日志的跟踪状态流程图

（8）当 QA 工作日志被关闭之后，发现有问题，可以再次被激活，"状态"由"已关闭"改为"提交"，"原因"为"错误地关闭"，"指派给"为 QA 人员。

（9）当项目结项时，对于未关闭的 QA 工作日志，可以统一进行关闭，"状态"由"提交"改为"已关闭"，"原因"为"项目结项"。

## 实训指导43：如何使用 TFS 生成《QA 周报》

QA 人员每周将每周 QA 活动中做的事情及发现不符合项详细填写进《QA 周报》，并且根据此文档每周更新《质量保证计划跟踪表》，如果有新发现的不符合项，则需要及时填写进《不符合项报告》。实训模板电子文档请参见本书配套素材中"模板——第 12 章 产品及过程质量保证——《QA 周报 YYYY 年 MM 月 DD 日》"。具体包含的内容如表 12-3 所示。

表 12-3 QA 周报模板

QA 周报

YYYY-MM-DD

| 项目名称及版本号 | | | | | |
|---|---|---|---|---|---|
| 项目经理 | | 项目 QA | | | |
| 项目类型 | | 所处阶段 | | | |
| 周起止日期 | | | | | |
| 序号 | QA 工作实施日期 | QA 工作内容 | 工作量（人时） | 备注 | |
| 1 | | | | | |
| 2 | | | | | |
| 3 | | | | | |
| 本周活动次数总计[次] | | 0 | 本周活动总计[人时] | 0 | |
| 本周按状态统计的不符合项数目 | 本周新 | 不能解决 | 解决 | 拒绝 | |
| 项目组存在问题及改进建议 | | | | | |

QA 周通用检查要点

| 通用分类 | | 检查要点 | 是（符合） | 否 | 不适用 | 建议修改意见 |
|---|---|---|---|---|---|---|
| 进度检查（A） | 1 | 本周的项目工作任务是否已按计划完成？ | √ | | | |
| | 2 | 项目进度表上的任务完成情况是否每周更新？ | | √ | | |
| | 3 | 项目周报的内容是否与跟踪的进度相一致？ | | | | |
| | 4 | 本周的日常管理工作是否按计划完成？ | | | | |
| | 5 | 项目组周报、项目组个人周报是否按时完成？ | | | | |
| | 6 | 工作产品是否按计划进行了评审？ | | | | |
| | 7 | 会议记录的工作安排是否按计划完成？ | | | | |
| 配置管理（B） | 1 | 规定的工作产品是否在计划时间内放入配置管理库？ | | | | |
| | 2 | 配置人员是否及时按《配置管理计划》增加、管理配置项？ | | | | |
| | 3 | 基线建立和审计是否按项目计划进行？ | | | | |

续表

| | | | | | | |
|---|---|---|---|---|---|---|
| 工作产品检查（C） | 1 | 项目例会是否邀请相关人员参加讨论？项目例会是否形成会议记录？ | | | | |
| | 2 | 工作产品及其相关文档是否与过程相符合，内容是否完整、一致？ | | | | |
| | 3 | 工作产品如有模板时，是否按模板要求填写？ | | | | |
| | 4 | 有变更（包括新增）的相关文档的版本页的更新记录是否及时、是否与评审、变更记录保持一致？ | | | | |
| 项目跟踪（D） | 1 | 是否按计划对项目规模进行跟踪、分析，并有文档化记录？ | | | | |
| | 2 | 是否按计划对项目工作量、进度进行跟踪、分析，并有文档化记录？ | | | | |
| | 3 | 是否按计划对关键计算机资源进行跟踪，并有文档化记录？ | | | | |
| | 4 | 是否按计划形成新的风险跟踪表对项目风险进行跟踪？发现风险发生时是否及时采取风险应对措施？ | | | | |
| | 5 | 是否按计划对成本进行跟踪，并有文档化记录？ | | | | |
| | 6 | 是否按计划对人员投入状况进行跟踪，并有文档化记录？ | | | | |
| | 7 | 跟踪结果发现偏离时是否按规程进行处理？ | | | | |
| | 8 | 是否及时通过《需求跟踪矩阵》进行需求跟踪？ | | | | |
| | 9 | 项目组是否保存了用于跟踪的初始基线？ | | | | |
| | 10 | 项目计划是否有变更？有变更是否按规程得到有效控制和管理并保留文档化的变更记录？ | | | | |
| | 11 | 项目计划变更后，其他相关配置项（质量保证计划、测试计划等）的变更是否与计划保持一致，并保留有文档化的变更记录？ | | | | |
| 项目评审（E） | 1 | 在评审前是否准备好评审相关资料？ | | | | |
| | 2 | 是否提前一个工作日发送了评审通知，并为每个参与者分配了角色？ | | | | |
| | 3 | 评审活动及评审发现的缺陷是否有文档化的记录？ | | | | |
| | 4 | 缺陷是否在指定期限内由指定人员解决，并经过相关人员验证？ | | | | |
| | 5 | 评审相关的度量数据是否被收集？ | | | | |

| 项目评审(E) | 6 | 里程碑评审过程是否符合机构制定的相关规程？ | | | |

填写说明：
1. 高级经理或研发部经理根据此检查表定期检查工作产品/活动；并记录每次QA检查需要的工作量。
2. 将审计过程中发现的不符合项填写到不符合项报告中，可以在"备注"栏中标注不符合项的编号。
3. QA经理提交不符合项报告给项目经理或相关人员，及时相互沟通检查发现的不符合项，取得共识，并汇总检查结果。
4. QA跟踪、验证不符合项，直至解决关闭。
5. QA周报填写完成后，填写文档编号，然后生成文件名：[项目名称_]QA周报_日期，提交项目经理、高级经理、研发部经理及相关人员。
6. "所处阶段"分为以下几种，但可以根据项目实际阶段划分调整模板：项目启动、需求开发、项目计划、系统设计、实现与测试、系统测试、客户验收、项目结项。
7. "QA工作内容"分为以下几种，可以根据项目实际情况进行调整。参与项目计划的制订、制订质量保证计划、日常例行检查、编写QA周报、参与周例会、里程碑审计、参与评审、不符合项验证、缺陷验证、变更活动检查、培训辅导活动、其他。

如果使用TFS作为实训平台，QA的工作日志通过TFS进行填写和跟踪，那么可以在TFS中通过查询来汇总QA的工作周报，填写其中的大部分内容。

"QA工作内容"处可以通过满足如下条件的语句查询得到："团队项目=@project"与"工作项类型=QA工作日志"与"状况=[任何]"与"创建日期=@Today-7"，时间的范围就是这一周具体可以根据实际查询需要来调整。如图12-7所示。

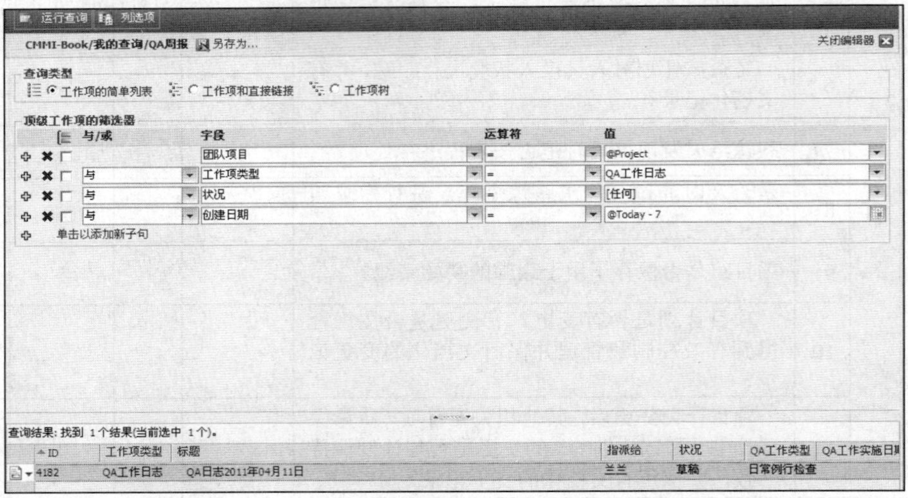

图12-7 QA周报中QA工作查询界面

"项目组存在问题及改进建议"处，可以通过查询QA人员提出的周报问题来得到，具体查询条件及填写方法与前面其他章节一样，就不再一一讲解。

## 实训指导44：如何使用TFS对不符合项进行跟踪

QA工程师在执行日常检查或阶段检查过程中，如果发现有与体系文件规范不一致之处，就需要填写一个不符合项，并且提交给项目经理去解决，并且定期还要给高级经理提交不符合项报告。原来使用文档方式来填写，跟踪及共享都比较麻烦，增加了不少工作量，现在在TFS

中定制了一个不符合项工作项类型，以提高不符合项的跟踪处理效率。具体操作如下：在 TFS 中选择"新建工作项"的"不符合项"，如图 12-8 所示。

在"新建不符合项"窗口中，对相应的每个字段根据要求填写。具体包含的内容如图 12-9 所示。

不符合项填写说明如下。

● 不符合项描述：填写对不符合项的概括性描述，要言简意赅。

● 编号：根据公司自己制定的编码方式填写，比如：PIMS-NCR-001，表示 PIMS 项目中的每一个不符合项。只是在填写时，需要保证编号不重复。

● 指派给：该项目的项目组长（系统默认是当前登录者）。

● 状态：选择已建议。

● 原因：选择新建。

● 跟踪状态：分为不能解决、解决、拒绝提出、4 种状态，如图 12-10 所示。在填写不符合项的时候，选择"提出"。

图 12-8　新建不符合项界面

图 12-9　不符合项工作项填写主界面

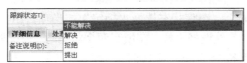

图 12-10　跟踪状态选择界面

● 紧急程度：分为轻微、严重、一般 3 种程度。在填写不符合项的时候，根据不符合项对项目的影响情况来选择相应的程度，如图 12-11 所示。

● 发现阶段：分为项目计划、项目启动、需求开发、实现与测试、系统设计、系统测试、用户验收、项目结项8个阶段。如图12-12所示，在填写不符合项的时候，选择相应的阶段。

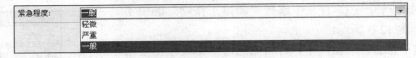

图 12-11  紧急程度选择界面

● 详细信息：填写对不符合项的说明，此处需要对不符合项进行详细的描述。
● 处理意见：在填写不符合项时可以由 QA 工程师提出初步处理意见，然后再由项目组长给出具体处理意见，负责解决不符合项的项目组成员在不符合项解决之后，再把实际处理措施填写进来，如图12-13所示。

图 12-12  发现阶段选择界面

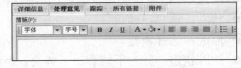

图 12-13  处理意见填写界面

● 跟踪：由项目经理来填写"目标解决日期"及"初始估计"；负责解决不符合项的项目组成员来填写"实际解决日期"和"实际花费"；QA 工程填写"确认意见"，"验证工作量"，如图12-14所示。

图 12-14  跟踪填写界面

● 所有链接：可以链接与不符合项相关的资料，此处会链接到当前不符合项是哪次检查发现的。

不符合项在提出之后，由 QA 负责对其进行跟踪，直至关闭为止，如果对不符合项的处理意见不一致可以提交高级经理协助解决。不符合项的跟踪状态图表如图12-15所示。

状态图说明如下。

（1）当不符合项初建时，"状态"为"已建议"，"原因"为"新建"，"指派给"项目组长，跟踪状态选择"提出"。

（2）当项目组长认为不符合项不是问题时，"状态"由"已建议"直接改为"已关闭"，"原因"为"已拒绝（不是问题）"，跟踪状态选择"拒绝"；当项目组长认为不符合项无法解决时，跟踪状态选择"无法解决"，其他选择一样。在填写两个状态时，还需要详细信息处填写相关说明。

（3）当项目组长认为不符合项需要解决时，"状态"由"已建议"改为"活动"，"原因"为"提交到项目组"或"调查"，"指派给"为任务执行人员。当不符合项调查完以后，"状态"由"活动"改为"已建议"，"原因"为"项目组调查完成"，在处理意见处填写调查情况（处理措施）指派给项目组长，由其安排人员去解决不符合项。

（4）当不符合项解决完以下，"状态"由"活动"改为"已解决"，"原因"为"不符合项已解决","指派给"为 QA 人员去验证。

（5）当不符合项验证通过以后,"状态"由"已解决"改为"已关闭","原因"为"已验证并已接受解决方法"。

（6）当不符合项验证不通过的时候,"状态"由"已解决"改为"活动","原因"为"验证未通过,需要返工","指派给"原来负责解决此不符合项的人员。

（7）当不符合项提出后发现有误的时候,"状态"由"活动"改为"已关闭","原因"为"不符合项提出有误"。

（8）当不符合项被关闭之后,若发现有问题,可以再次被激活。"状态"由"已关闭"改为"活动","原因"为"错误地关闭"、"已重新打开"或"已再次发生","指派给"为任务执行者。

### 实训指导 45：如何使用 TFS 生成《不符合项报告》

不符合项报告是一个汇总跟踪的表格,每周或定期对该表格进行填写,把新增的不符合项填写进该报告,对有处理结果的不符合的状态、结果及所花费的各类工作量进行更新。如果出现被拒绝的不符合项时,需要把该文档发给高级经理或研发部经理,让其协调项目组进行解决。在实训时主要是与指导老师进行沟通,以解决 QA 人员与项目组之间的分歧。在项目结束时,该报告需要由指导老师签署意见（对应模板上的"高级经理/研发部经理意见"处）。实训模板电子文档请参见本书配套素材中"模板——第 12 章产品及过程质量保证——《QA 不符合项报告》"。具体包含的内容如表 12-4 所示。

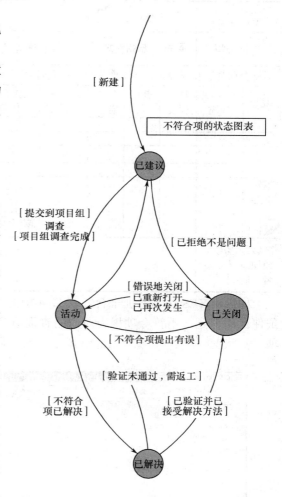

图 12-15　不符合项的状态图表

填表说明如下。

（1）此报告在每周例行检查/阶段审计后,发现不符合项时,由项目 QA 人员负责填写。

（2）紧急程度分："微"、"一般"、"严重"3 种。

（3）QA 人员负责跟踪不符合项的解决情况,解决情况分"解决"、"不能解决"、"拒绝"3 种。

（4）在此表格中项目经理或指定专人需要填写各不符合项的解决预计工作量、实际工作量、验证工作量,方便收集不符合项度量数据。

（5）在备注处可以填写对应的 QA 周报文档名称或 QA 阶段审计报告文档名称,以方便查找关联。

表 12-4 不符合项报告模板

| 项目名称及版本号 | | QA人员 | | | 项目经理 | | | | | | |
|---|---|---|---|---|---|---|---|---|---|---|---|
| 项目类型 | | ●新产品研发项 | | | ○合同类项目 | | | ○产品升级类项目 | | | |
| 不符合项列表及跟踪记录（工作量单位：人时） | | | | | | | | | | | |
| 编号 | 不符合项描述 | 紧急程度 | 责任人 | 处理意见 | 预计完成日期 | 预计工作量 | 实际工作量 | 验证工作量 | 实际完成日期 | QA确认 | 状态 | 备注说明 |
| | | | | | | | | | | | |
| | | | | | | | | | | | |
| | | | | | | | | | | | |
| 不符合项总数：1 | | | | | | 预计总工作量：0.00 | 实际总工作量：0.00 | 验证总工作量：0.00 | 解决数：0 | 拒绝数:0 | 不能解决数:0 |
| 高级经理/QA经理意见（签名、时间） | | | | | | | | | | | |

如果用 TFS 作为实训平台，表 12-4 中的"不符合项列表及跟踪记录"可以通过设定查询条件自动得到。不符合项报告对应的查询语句："团队项目=@项目 与 工作项类型=不符合项 与 状况=任何"。如图 12-16 所示。然后显示相应的查询字段。

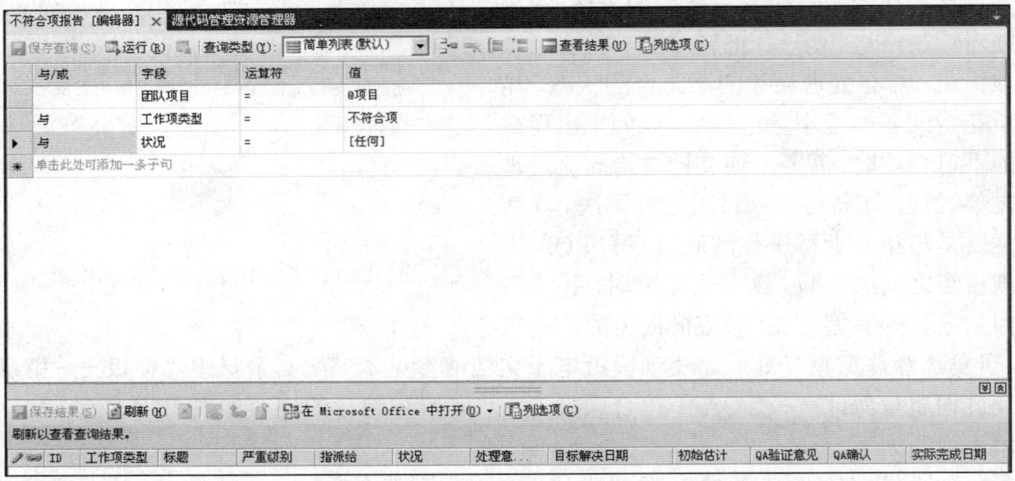

图 12-16 不符合项报告查询界面

## 实训指导 46：如何编写《QA 阶段审计报告》

实训过程中，里程碑评审之前，或者完成某一阶段工作之后。由 QA 主导，整个项目组成员均参与阶段审计过程中，根据模板上给的各个阶段的检查点对上一阶段的工作及过程进行检查。最后由 QA 对检查结果进行汇总，填写《QA 阶段审计报告》。若在检查过程中发现不符合项，由 QA 来填写或更新《不符合项报告》；在检查过程中若发模板中某些过程活动或工作产品在项目策划被裁剪,则填写为"不适用";若发现对模板进行了修改,则可以作为新增加的检查列表进行记录,最终汇总到《QA总结报告》,作为整个组织过程改进的来源之一。各个阶段的审计要求,请参见本书附的电子文档。实训模板电子文档请参见本书配套素材中"模板——第12章 产品及过程质量保证——《QA阶段审计报告》"。

### 实训指导47:如何使用TFS生成QA总结报告

《QA总结报告》目的是对QA活动进行汇总,并且对QA检查过程发现的关键问题总结,给出这些关键问题的解决方案。同时,对整个项目中的经验进行总结。QA人员对整个项目进行过程中所产生的度量数据进行整理分析,从而对项目组作出QA方面的总结和评价,生成《QA总结报告》。填写《QA总结报告》中的"活动次数"、"活动时间",收集QA人员每周工作量等度量数据,供以后参考。QA人员将检查过程中识别出的未包含在组织级检查列表库中的不符合项总结出来填写在《QA总结报告》中提交给项目组长及指导老师。

实训模板电子文档请参见本书配套素材中"模板——第12章 产品及过程质量保证——《QA总结报告》"。具体包含的内容如表12-5所示。

**说明** 其中白色部分由QA工程师在统计汇总填写,然后即可自动统计计算出相关数据及报表。问题类型分为"过程问题"和"工作产品问题"两类。

表12-5 QA总结报告模板

| 项目名称 | | 报告日期 | |
|---|---|---|---|
| 项目经理 | | QA人员 | |
| 开始日期 | | 结项日期 | |
| 不符合项统计表 | | | |
| 不符合项总数 | | 高级经理协助 | |
| 工作量类别统计分析 | | | |
| 工作内容 | 工作量 | 百分比 | |
| 项目启动 | 3.0 | 8.1% | |
| 需求开发 | 3.0 | 8.1% | |
| 项目计划 | 4.0 | 10.8% | |
| 系统设计 | 5.0 | 13.5% | |
| 实现与测试 | 6.0 | 16.2% | |
| 系统测试 | 4.0 | 10.8% | |
| 客户验收 | 5.0 | 13.5% | |
| 项目结项 | 7.0 | 18.9% | |
| 合计 | 37.0 | 100.0% | |
| | | | |
| 按工作类别统计分析 | | | |

续表

| 工作类别 | 工作量 | 百分比 |
|---|---|---|
| QA 常规检查 | 10.0 | 16.7% |
| 变更过程检查 | 20.0 | 33.3% |
| 培训和辅导 | 30.0 | 50.0% |
| 合计 | 60.0 | 100.0% |

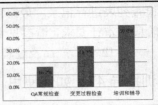

关键问题列表与对策

| 序号 | 问题描述 | 产生原因 | 解决方案/办法 |
|---|---|---|---|
| 1 | | | |
| 2 | | | |
| 3 | | | |
| 4 | | | |
| 5 | | | |
| 6 | | | |

新增检查问题列表

| 序号 | 问题类型 | 过程/工作产品名称 | 问题 |
|---|---|---|---|
| 1 | 过程问题 | | |
| 2 | | | |
| 3 | | | |
| 4 | | | |
| 5 | | | |
| 6 | | | |

经验总结

| 1 | |
|---|---|
| 2 | |
| 3 | |
| 4 | |
| 5 | |
| 6 | |

若使用 TFS 作为实训平台，该报告中的大部分内容可以通过定制查询的方式来得到，具体讲解如下。

（1）不符合项总数可以查询得到。

（2）工作量类别统计分析中的各阶段工作量，可以通过对 QA 工作日志查询得到列表之后，再根据"项目阶段"进行分组汇总。

（3）按工作类别统计中的工作量，可以通过对 QA 工作日志查询得到列表之后，再根据"工作类别"进行分组汇总，只是把其中的变更活动检查、培训辅导活动、日常例行检查过滤出来。

（4）关键问题列表与对策、新增检查问题列表都可以在参照 TFS 不符合项列表的基础之上总结得到。

# 第 13 章 软件测试简介

本章重点：
- 软件测试基本概念；
- 软件测试分类；
- 自动化测试；
- 常见测试工具；
- BUG 管理流程。

软件的质量很重要，当前大家都对此有了一定的认识。但是，怎样才能保证软件的质量呢？雇用高水平的程序员能解决此问题吗？答案是否定的。不过，只要条件允许，设置专门的软件测试部门和机制对保证软件质量是十分必要的，通过改进软件开发过程及加强软件测试对提高软件质量是很重要的。

软件测试有自己一套完整的、严格的理论与实践体系，测试人员工作重点与程序员不一样，对他们的技能要求及培养也不一样。在某种意义上来说，测试人员除了受了软件测试相关培训之外，还应当有更广的知识技能要求，对所要测试的软件结构、功能、要求及应用领域有深入的认识。对于软件测试，应当清醒地认识到，测试只能证明软件有错，而不能保证软件程序没错。

1983 年 IEEE 给软件测试给出的定义为：使用人工或自动的手段来运行或测定某个软件系统的过程，其目的在于检验它是否满足规定的需求或弄清预期结果与实际结果之间的差别。是帮助识别开发完成（中间或最终的版本）的计算机软件（整体或部分）的正确度（Correctness）、完全度（Completeness）和质量（Quality）的软件过程；是 SQA（Software Quality Assurance，软件质量保证）的重要子域。简单地说，软件测试是为了发现程序中的错误而执行的过程[1]。

## 13.1 软件测试基本概念

### 13.1.1 软件测试背景[2]

1947 年，哈佛大学制造的 Mark II，需要大批程序员定期维护，某日运行过程中突然停止了工作，大家爬上去找原因，把其腹内的一组继电器接通后，可以开始工作了。缺陷（BUG）产生了，然后被消灭了。

软件测试是伴随着软件的产生而产生的。早期的软件开发过程中，测试的含义比较狭窄，将测试等同于"调试"，目的是纠正软件中已经知道的故障，常常由开发人员自己完成这部分工作。对测试的投入极少，测试介入也晚，常常是等到形成代码，产品已经基本完成时才进行

---

[1] 引自百度百科，http://baike.baidu.com/
[2] 本节内容使用互联网相关资料整理编写得到。

测试。

直到 1957 年，软件测试才开始与调试区别开来，作为一种发现软件缺陷的活动。由于一直存在着"为了让我们看到产品在工作，就得将测试工作往后推一点"的思想，测试仍然是后于开发的活动。潜意识里，测试的目的是使自己确信产品能工作。所以，20 世纪 60 年代，在软件工程理论建立之前，大家对测试的理解是：为表明程序正确而进行测试。

1972 年，在美国北卡罗来纳大学举行了首届软件测试正式会议。1979 年，Glenford Myers 在《软件测试艺术》（*The Art of Software Testing*）一书中作出了当时最好的软件测试定义："测试是为发现错误而执行的一个程序或者系统的过程。"

1980 年，在美国俄勒冈计算机会议上软件测试被正式确认为软件工程的一部分。1981 年，Bill Hetzel 开设 "Structured Software Testing" 公共课。1982 年，在美国北卡罗来纳大学召开首次软件测试的正式会议。1983 年，Bill Hetzel 在《软件测试完全指南》（*Complete Guide of Software Testing*）一书中指出："测试是以评价一个程序或者系统属性为目标的任何一种活动。测试是对软件质量的度量。" Myers 和 Hetzel 的定义至今仍被引用。

1988 年，David Gelperin & Bill Hetzel 在 *Communications of the ACM* 发表 *The Growth of Software Testing*，介绍系统化的测试和评估流程。20 世纪 90 年代，测试工具终于盛行起来。人们普遍意识到，工具不仅仅是有用的，而且要对今天的软件系统进行充分的测试，工具是必不可少的。1996 年提出测试能力成熟度 TCMM（Testing Capability Maturity Model），测试支持度 TSM（Testability Support Model），测试成熟度 TMM（Testing Maturity Model）。

2002 年，Rick 和 Stefan 在《系统的软件测试》（*Systematic Software Testing*）中对软件测试做了进一步定义："测试是为了度量和提高被测软件的质量，对测试件进行工程设计、实施和维护的整个生命周期过程。"

近 20 年来，随着计算机和软件技术的飞速发展，软件测试技术研究也取得了很大的突破。测试专家总结了很好的测试模型，比如著名的 V 模型、W 模型等，在测试过程改进方面提出了 TMM（Testing Maturity Model）的概念，在单元测试、自动化测试、负载压力测试及测试管理等方面涌现了大量优秀的软件测试工具。

### 13.1.2　软件测试著名案例[①]

**1. 狮子王案例**

1994 年的秋天，Disney 为孩子们发布了它的第一个多媒体 CD-ROM 游戏《狮子王动画书》。虽然在这个市场上，已经有公司涉足多年，可是狮子王却是 Disney 进入这个市场的第一次尝试。为了赢得市场，Disney 不惜美元为这款产品做广告和推广活动。这些活动无疑是成功的，这款游戏成了那个假期孩子们必买的游戏。然而，12 月 26 号，圣诞节的第二天，Disney 的客户支持电话开始响个不停，很快，电话支持人员就淹没在了家长们的抱怨声中，因为他们的孩子无法运行游戏而开始哭个不停。大量的报道接着出现在了报纸和电视新闻上。事后的调查发现，Disney 没有在市场上卖的众多 PC 平台上去测试这款软件。软件只能在类似开发人员开发软件的平台上运行，而不是大多数普通人所使用的。现在我们很明确地知道了，Disney 没有做配置测试。

---

① 本节的案例均来自于互联网资料，并由作者整理编辑而成。

### 2. Intel 浮点除法软件缺陷

1994 年，Intel 发布的一批奔腾中央处理器，存在以下问题：在计算器中输入 (4195835/3145727)×3145727-4195835，得到的计算结果不为零。这个软件缺陷被刻录在 CPU 中，并在生产过程中反复制造，问题是 Intel 的测试人员在实验室时发现了该缺陷，只是没有在发布之前得到重视并修改。最终，Intel 道歉并拿出 4 亿美元招回更换芯片，并产生了很大的负面影响。

### 3. 美国航天局火星登陆

1999 年美国"极地登陆号"登陆后毁坏，通过分析认定出现错误动作的原因极有可能是某一个数据位被意外更改。原因是，登陆器经过了多个小组测试，其中一个小组测试脚落地过程，另一个小组测试此后的着陆过程。前一个小组不去注意着陆数据位是否置位，这不是他们负责的范围；后一个小组总是在开始测试之前重置计算机、清除数据位。双方独立工作都很好，但从未集成在一起过，从而导致在实际环境下工作时出错。

### 4. 爱国者导弹防御系统

美国爱国者导弹防御系统是美国前总统里根星球大战计划的一部分。第一次使用这个系统是在海湾战争中（1991 年），用来对付伊拉克的飞毛腿导弹。虽然有很多吹捧这个系统成功的故事，它却没能防住所有的导弹，包括在沙特多哈炸死 28 名美军的一枚。专家发现问题出现在软件错误上，系统时钟一个很小的记时错误经过了 14 个小时的积累，最终导致了跟踪系统不再精确，在多哈的那次袭击中，系统已经运行了 100 小时。

## 13.1.3 软件缺陷

所有的软件问题可以统称为软件缺陷，但为了能更严格地定义软件缺陷，避免开发组内产生不同的认识，可以从以下 5 点来定义软件缺陷。

- 软件未达到产品说明书（简称，SPEC）标明的功能。[①]
- 软件出现了产品说明书指明不会出现的错误。
- 软件功能超出产品说明书指明范围。
- 软件未达到产品说明书虽然未指出但应达到的目标，此条的目的是抓住产品说明书上遗漏之处。
- 软件测试员认为软件难以理解、不易使用、运行速度缓慢，或者最终用户认为不好。

**说明** 这里的产品说明书可以理解为包含：《用户需求说明书》、《软件需求规格说明书》等在内的各类资料。只要是项目组共同评审或协定通过，对开发的产品进行定义和描述的文档、资料、口头约定（不建议养成口头约定的习惯）等均可以称之为 SPEC，并不是单指某一个《产品说明书》。

在软件开发过程中必定会产生缺陷，而且缺陷不可被全部消除。产生软件缺陷的原因很多，一般可以归纳为以下几点。

- 软件模型或者说业务建模制定不正确，更直观地理解是，SEPC 本身不明确或有错误，没有能很好地描述要开发的软件，这类原因占了 70%左右，并且很难以纠正。

---

[①] 此定义参照《软件测试》一书，Ron Patton 著，周予滨、姚静译，机械工作出版社，2006 年，第 1 版。

- 软件庞大，功能十分复杂。
- 编程过程出错，此类原因导致的错误大概占20%，一般来说比较容易纠正。
- 个别功能要求改变而影响到其他部分。
- 与要开产的软件对接的第三方软件有缺陷。
- 人为因素，常见的因素包括：项目组管理方法、项目进度要求时间紧、项目组配备人力不足、组内及组外沟通不充分等几种情况。

修正不同阶段产生的缺陷，需要投入的费用是不要一样的，一般来说同样的一个缺陷越到软件开发的后期，修正所花费的费用越大，表 13-1 给出了一个不同阶段修正同一个缺陷所花费用比率。

表 13-1 Bug 发现阶段修正花费对照表[①]

| | 纠错阶段 | 单位费用 |
| --- | --- | --- |
| 1 | 功能需求搜集分析/软件设计阶段 | 1 单位费用 |
| 2 | 编程或分块测试阶段 | 5 单位费用 |
| 3 | 整体或系统测试阶段 | 10 单位费用 |
| 4 | 早期用户试用或 Beta 测试阶段 | 15 单位费用 |
| 5 | 软件推出市场后 | 30 单位费用 |

### 13.1.4 软件测试的原则[②]

为了能够更好地进行软件测试，提高测试的整体效率，降低项目的整体成本，在执行软件测试过程中可以参照以下几点原则。

（1）完全测试程序是不可能的，不可能找出软件的所有缺陷，这是因为：
- 输入量太大；
- 输出结果太多；
- 软件实现途径太多；
- 软件说明书没有客观标准，从不同的角度来看，软件缺陷的标准不同。

（2）软件测试是有风险的行为，如果决定不去测试所有的情况，那就是选择了风险。软件测试人员要学会的一个主要原则是如何把无边无际的可能减少到可以控制的范围，以及如何针对风险制定作出明智抉择，去粗存精。

（3）测试无法显示潜伏的软件缺陷，软件测试工作与防疫员的工作极为相似，可以报告已发现的软件缺陷，却无法报告潜伏的软件缺陷，更不可能保证找到全部的缺陷。

（4）软件缺陷就像生活中的寄生虫一样，两者都是成群出现的。发现一个，附近就会有一群，原因如下。
- 程序员怠倦，第一天编写代码还不错，第二天就会烦燥不安了，那么一个软件缺陷很可能会表明附近有更多的软件缺陷。
- 程序员往往会犯同样的错误，每个程序员都有自己的偏好及编码习惯。
- 某些软件缺陷是大灾难的征兆，一开始某些缺陷似乎毫无关联，但其有可能是由一个极其严重的原因造成的。

---

① 引自互联网资料。
② 本节内容引自于《软件测试》一书，Ron Patton 著，周予滨、姚静译，机械工作出版社，2006年 第1版。

（5）杀虫剂怪事，与农药杀虫是一样的，软件对测试方法及技术也有免疫力，只有发明新的杀虫剂（测试技术或方法）去找虫子。

（6）并非所有软件缺陷都能修复，主要原因如下。

● 没有足够的时间，所有项目都有工期的要求，而又不可能投入足够多的开发及测试人员。

● 不算真正的软件缺陷，有些缺陷可能是由于错误的理解、测试错误或说明书变更等引起的，有时也会把缺陷当作附加功能来对待。

● 修复的风险太大，在紧迫的产品发布进度压力下，修改软件将冒很大的风险，可能会导致更多的软件缺陷出现。不去理睬未知软件缺陷，以避免出现未知新缺陷的做法也许是安全之道。

● 不值得修复，有时不常出现的软件缺陷和在不常用功能中出现的软件缺陷可以放过。

（7）难以说清的软件缺陷，因为开发小组使用的最佳工作方式千差万别，大家对缺陷的理解也不一致。

（8）产品说明书不断变化，整个行业变化太快，同时软件变得更庞大、更复杂，功能越来越多，这些都会导致用户描述和定义软件的产品说明书一变再变。

（9）软件测试员在小组中不受欢迎，软件测试员的任务是检查和批评同事的工作，挑毛病，公布发现的问题。为了保持小组成员和睦，可以采纳以下建议。

● 早点找出软件缺陷。

● 控制情绪，试想，你给别人编写的程序找出了很多缺陷，如果自己情绪再不能得到很好的控制，那么很容易与程序员产生对应，这样既对项目组不利，对测试出的缺陷修复也不利；

● 不要总是给程序员报告坏消息。

（10）软件测试是一项讲究条理的技术专业，当前软件行业已经发展到强制使用专业软件测试员的阶段了，因为生产低劣软件的代价太高。虽然并不是所有的软件开发公司如此来做，但大多数软件都采用井然有序的开发方式，把软件测试员当作必不可少的核心小组成员。

## 13.1.5　软件的版本

在整个软件开发的生命周期中，可能会出现各种版本，每个公司对版本的定义也不一样，通常情况下有以下的几个版本是比较通用的。

（1）Alpha 版——公司内部测试的版本，该版本的特征如下。

● 软件的所有功能已基本实现。

● 所有的功能已通过测试，一般情况下推向市场前不再增减（一般为集成测试）。

● 已找到的缺陷中，严重级别的已修正并通过复测。

● 软件性能测试可提供基本数据。

（2）Beta 版——对外发布公测，该版本的特征如下。

● 次严重缺陷基本完成修正并通过复测。

● 完成测试计划中的每一项具体测试（一般为系统测试计划）。

● 一段时间内缺陷的发现率低于修正率。

● 所有相关文件（用户指南、软件说明、版本说明等）得到最后修正。

（3）发布版——正式发布版本，一般在 Beta3 之后软件正式发布，该版本的特征如下。

● 缺陷发现率低于修正率，此距离逐渐拉开并一直保持稳定的一段时间。

- 测试部门对所有已修正的缺陷重新测试并通过。
- 技术支持部门对产品的提出认为可行。
- 所有用户反馈都已妥善处理。
- 所有文件准备就绪。
- 得到测试部门认可。

**说明** 除此之外，大家还会常听说 CTP 版本，即 Community Test Preview 社区测试预览版，可以理解为处于 Alpha 版与 Beta 版之间的一个版本，主要是供各类技术社区里的爱好者使用，并提供反馈意见的一个版本。RC 版本，即 Release Candidate 发行候选版。RTM 版本，即 Release to Manufacturing 零售版。RTM 将紧随最后一个 RC 版本出现并将代码最终发布给客户。

### 13.1.6 优秀软件测试员必备

要想成为一名优秀的软件测试员需要艰苦的努力过程，应当具备的一个基本素质是：打破沙锅问到底，一般可以从下几方面去努力。

- 探索精神。软件测试员不会害怕进入陌生环境。有较强的学习能力，可以用最快的速度成为一个新的行业的专家。
- 故障排除能手。软件测试员善于发现问题的症结，喜欢猜谜。可以迅速地通过事物的表面现象发现事物的本质，能够从琐碎的现象中发现内部的联系和规律。
- 不懈努力。软件测试员总是不停尝试。他们可能会碰到转瞬即逝或者难以重建的软件缺陷；他们不会心存侥幸，而是尽一切可能去寻找。只要出现过的缺陷，就说明一定是存在的，找不到只能说明没有能够真的重现当时的环境和全部的操作细节。测试人员要能够敏感地察觉到细微的变化，并立即开始在大脑中努力重现之前的整个场景。把残存的瞬间记忆整理在纸上，通过分析，把这些碎片整理起来，最终找到缺陷重现的场景和规律。牢记：在做这样的事情之前给自己制定一个规则，如只花费 N 多时间来努力重现这个缺陷，如果超过这个时限还没有找到，那么就把当前的工作整理成一份文档保留下来，然后去按计划继续进行下面的工作，直到再次"偶遇"这个缺陷。
- 创造性。测试显而易见的事实，那不是软件测试员；他们的工作是想出富有创意甚至超常的手段来寻找软件缺陷。虽然创造性是必需的，但是还是更建议把大多数时间放在熟悉真实用户的工作上，测试的基础是现实中已经存在的场景，在冥思苦想新的场景的时候，先同用户沟通一下，试图发现一些新的场景效率会更高一些。有很多事实并不是那么显而易见的。
- 追求完美。他们力求完美，但是知道某些目标无法企及时，不去苛求，而是尽力接近目标。做任何事情都应当有一个策略，分配给每项任务一个指标或者一部分资源（也就是说如果这件事情成功，那么它带来的收益值得付出最大成本），当这部分资源耗尽时，就停止这项任务。
- 判断准确。软件测试员要决定测试内容、测试时间，以及看到的问题是否算作真正的缺陷。要不断地提高自己的专业素养，除了行业知识、测试专业知识以外，还要尽可能地去学习一些软件行业的基础知识，例如操作系统、数据库、程序设计开发、计算机网络等。
- 老练稳重。软件测试员不害怕坏消息，必须告诉程序员，你的孩子很丑，知道怎样和不够冷静的程序员怎样合作。

● 表达能力。软件测试员要善于表达观点，表明软件缺陷为何必须修复，并通过实际演示力陈观点。测试工作开展的好坏，很大程度上就靠沟通能力和展示自己工作的能力了。

● 在编程方面受过教育。一个有过开发经历的测试人员，对系统的领悟能力和学习速度同没有开发经历的测试人员是截然不同的。

## 13.2 软件测试分类

按软件测试特性可以把软件测试分为白盒测试、灰盒测试和黑盒测试三种，其特征及包含的内容如下。

● 白盒测试。测试人员直接在软件的源程序上进行测试、修改、复测。要求测试工程师对软件的内部结构及逻辑有深入的了解，并掌握写成该源程序的语言。分为：语句测试；分支测试；路径测试；条件测试；目测。

● 灰盒测试。介于白、黑两者之间，是两者的结合。要求测试工程师对软件程序结构有一定了解，但了解的程度又不需要达到白盒测试的深度。

● 黑盒测试。测试人员不必深入了解软件的内部设计，只是从一个终端用户的角度，根据产品说明书的指标，从外部测试软件的各项功能及性能。黑盒测试主要是功能测试。

按软件开发过程可以把软件测试分为单元测试、集成测试、系统测试、用户验收测试及回归测试。回归测试一般是在缺陷修改之后执行，保证原缺陷不再重现，并且缺陷的修改不影响其他功能。此分类一般可以使用 V 模型来表示，如图 13-1 所示。

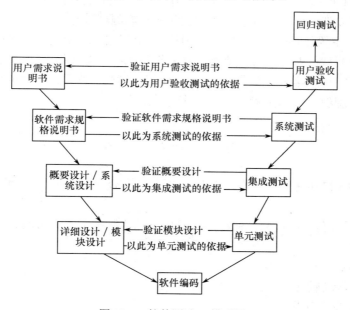

图 13-1  软件测试 V 模型图

用此种方法分类时，各阶段的用时差别比较大，根据国外的统计数据，每功能点（此概念请参见第 8 章）测试用时如图 13-2 所示，供大家参考。

**说明** 域测试可以理解为交付测试，意思是在软件投入使用以后，针对某个领域所作的所有测试活动，对应这里的用户验收测试。

按软件测试要求可以把软件测试分为基本功能测试、全面测试和基准测试。按此方法分类的各种测试解释如下。

- 基本功能测试（Smoke test）。只对软件的关键功能做测试，而不必卷入细致的测试，不必面面俱到。

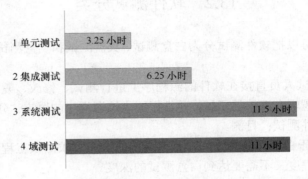

图 13-2 各类测试用时表

- 全面测试（Sanity test）。不仅对软件关键功能进行测试，还要覆盖软件的全部功能，是回归测试的主要组成部分。
- 基准测试（Benchmark test）。对指定的一个或一组程序及数据在不同的计算机上执行测试，以测定其在标准情况下、特定配置下的工作性能，并将其执行速度、完成需时等加以比较。

按软件特性可以把软件测试分为功能测试和非功能测试。

- 功能测试。主要包括等价区间测试，把输入空间划分几个"等价区间"，在每个区间中只需要测试一个典型值即可；边界值测试；随机测试；状态转换测试；流程测试等。
- 非功能测试。主要包括安装/卸载测试；使用性测试；恢复测试；兼容性测试；安全测试；性能测试；强度/压力测试；容量测试；任意测试等。

## 13.3 自动化测试

一般认为使用（自动化测试）工具来进行的测试叫自动化测试，一般不需要人干预。自动化测试有以下优点。

- 一旦积累了一套自动化测试的程序，日后自动化测试节省大量的时间和资源。
- 没有时间限制——一般安排在下班后。
- 可以反复执行。
- 保证测试执行过程的一致性及准确性。
- 有较高的功能测试覆盖率。
- 模拟操作，进行压力测试，这是手测很难实现的。

自动化测试并不能完全取代手测，与任何事物一样，自动化测试也有它的不完美之处，其缺点也是显而易见的。

- 并非所有的测试都可用自动化测试来实现，比如使用性测试、兼容性测试等。
- 没有创造性，只能安排设计好的用例去测，碰到新问题不会应变。
- 受具体项目资源限制，受时间及人力的限制，因为自动化测试编程很费时；受资金预算的限制，商用测试软件价格比较高；对软件测试员要求比较高。

综上所述，自动化测试与手测各有优缺点，应该是互补、并存的。根据自动化测试的特点，建议以下测试可以优先考虑采用自动化测试。

- 回归测试，每次有新版本发布前都必须执行，在整个开发过程中需要多次执行，很适合编写成自动化测试程序。
- 涉及大量不同数据输入的功能测试。如各种各样的边界值测试，需要大量时间去完成的网页连接测试等。
- 用手测完成难度较大的测试，如性能测试、压力（负荷）测试、强度测试等。如对于一个网站，要测试 1 万个用户在某一时间内同时登录时，服务器运行是否正常及速度是否仍然可以接受，这是手测很难完成的。

为了实现软件测试自动化，首先要有一套自动化测试的软件或工具。在使用 Visual Studio 2005 进行授课时，建立使用 VSTS 2005 for Tester 版本，来支撑部分自动化测试工作。但是，一般自动化测试可按如下步骤进行。

（1）编写测试用例。
（2）分析、验证测试用例。
（3）对已有测试用例归类，制订测试自动化计划方案。
（4）编写自动化测试程序。
（5）尽量用"数据驱动"来提高测试覆盖率。
（6）将测试用例编写成自动化测试程序。
（7）执行测试程序，记录并反馈 BUG。
（8）不断完善自动化测试系统或程序。

## 13.4　BUG 管理流程

### 13.4.1　微软研发中的 BUG 管理[①]

微软有一个研发框架叫 MSF（微软解决方案框架），在此解决方案中，有一个小组模型，对在研发过程中的小组角色进行了分工。在开发过程中主要有三个角色：PM（程序规划经理）、Dev（软件开发工程师）、Tester（软件测试工程师）。在研发过程中，三者分工明确、接口清晰。

- PM 来定义需求、书写每个功能特性的设计文档（SPEC）。
- Dev 写代码来实现这些 SPEC。
- Tester 来测试 Dev 做出来的东西是否符合 PM 定义的 SPEC。

在这个过程中形成了"三权分立"，开发人员不能否决测试人员提出的 BUG，当开发人

---

① 整理自《程序员》杂志，2005 年合订本。

员与测试人员对 BUG 认识不一致的时候，就以 SPEC 为准来确定 BUG 是否修改；若大家就 SPEC 理解不一致，则需要 SPEC 的负责人即 PM 给出权威解释。

微软不少项目都使用完善的研发管理工具，其中 BUG 管理系统（原来叫 Raid 系统，现集成在 TFS 中）居于核心地位。整个软件研发过程中，特别是在测试产品、修复 BUG 的中后期，团队中所有人都生活在 Raid 中。

- Tester 只要发现问题就立即新建一个 BUG 予以跟踪并指派给相关的开发小组长（Dev Leader）。
- 开发小组长会判断这个 BUG 属于某个特定的开发人员并指派他处理。
- 开发人员会根据 BUG 的详细描述信息找到问题所在，修改程序解决这个 BUG，并把 BUG 返回给当初的测试人员；或者有争议的时候，把 BUG 指派给这个需求定义者 PM，要求澄清说明。
- 测试人员在看到某个 BUG 被解决后，就去验证这个 BUG 是否真的不存在了，根据最初的发现步骤去证实问题真的解决了就关闭这个 BUG；否则，可以激活这个 BUG，返回给当初的开发人员做进一步处理。
- 当测试人员与开发人员无法达成一致意见时，由对应的 PM 出面做协调，判断这个 BUG 的严重程度，对用户可能的影响。根据产品的进度和项目资源作出评估，是否真的需要解决这个问题。
- 管理团队利用 BUG 管理系统来跟踪整个进度，单个人的工作、小组的进度、整个产品研发进度。

每月、每周、每天所有研发人员都会收到一个当前 BUG 状态的 EMAIL：每个人有多少个 BUG，前 5 名都是谁，哪个子产品、子模块中的 BUG 还处于上升阶段。

在微软的 BUG 管理或者说研发管理思想里有以下几点需要注意。

- 报告 BUG 不仅仅是测试人员的事情，团队的每个人发现问题时都会提交一个 BUG 来跟踪。
- BUG 管理系统不仅仅是跟踪软件功能方面的 BUG，其他各种问题，如需求文档的变更、界面上错别字、帮助文档的语言、某项任务指源等都可以通过它来跟踪。在 VSTS 中全部被称之为工作项。
- Everything should be tracked in VSTS（Raid）。

### 13.4.2 通用 BUG 管理流程

比较通用的 Bug 管理流程如下。
（1）BUG 登记——测试工程师，初始。
（2）指派任务——项目经理，激活。
（3）修改 BUG——开发工程师，修改。
（4）验证——测试工程师，通过则转第 5 步，否则转第 2 步，状态为再激活。
（5）关闭——测试工程师。

**说明** 项目经理可以与测试人员讨论或在高级经理参与下讨论，直接把 BUG 关闭。

为了能使开发人员准确理解 Bug，对其准确描述是测试人员的基本功之一。BUG 的描述应该短小、单一、明显和通用，并且能再现。

- 短小。只解释事实和演示、描述软件缺陷必需的细节；

- 单一。每个报告只针对一个软件缺陷,切记不要把几个软件缺陷放在一起描述,这样修复人员很容易漏掉缺陷。
- 明显和通用。用简单步骤描述软件缺陷,得到修复的机会较大。
- 再现。按照预定步骤可以使软件达到缺陷再次出现相同状况。

**注意**

(1) 在报告软件缺陷时不做评价,测试员和程序员之间很容易形成对立关系,BUG 报告需要不带倾向性、个人观点和煽动性。BUG 报告应当针对产品,只陈述事实。

(2) 补充完善 BUG 报告,良好测试员发现并记录许多软件缺陷;优秀测试员发现并记录了大量软件缺陷之后,继续监视其修复的全过程。

(3) 尽快报告缺陷,软件缺陷发现的越早,留下的修复时间就越多。

### 13.4.3 BUG 的分类

**1. 按缺陷状态分类**

- Open:确认提交的缺陷,等待处理。
- Rejected:不需要修复或不是缺陷。
- Resolved:缺陷被修复。
- Reopen:回测后,缺陷没有被修复。
- Closed:回测后,缺陷被修复,将其关闭。

**2. 按缺陷严重级分类**

- 严重。不能完全满足系统要求,基本功能未完全实现;或者危及人身安全。比如,系统崩溃、数据丢失、数据毁坏等。
- 较严重。严重地影响系统要求或基本功能的实现,且没有更正办法(重新安装或重新启动该软件不属于更正办法)。比如,操作性错误、错误结果、遗漏功能等。
- 一般。严重地影响系统要求或基本功能的实现,但存在合理的更正办法(重新安装或重新启动该软件不属于更正办法)。比如,小问题、错别字、UI 布局、罕见故障等。
- 轻微。使操作者不方便或遇到麻烦,但它不影响执行工作功能或重要功能。

**3. 按缺陷优先级分类**

- 高:立即解决,否则将影响进一步测试。
- 中:正常排队,在产品发布前按正常安排进行修复。
- 低:可暂缓解决,如果时间允许应该修复,不修复也能发布。

**说明** 在实训时,各个小组可以根据以上分类建议来确定自己项目的缺陷类别,并且明确自己使用的 BUG 管理工具的操作方法及流程。

# 第 14 章 系统实现与测试过程

本章重点：
- CMMI 中对应实践；
- 系统实现与测试过程简述；
- 编码流程；
- 测试流程；
- 缺陷管理与改错；
- 建立产品支持文档；
- 系统实现与测试实训。

系统实现与测试过程，不是只根据设计编写软件代码，然后再对软件代码进行集成测试，它是"编码、调试、测试、改错、完善"的综合过程。通常此阶段是投入人员最多、花费时间最长、工作量最大的开发阶段，项目组的人员峰值一般也是在此阶段。

对于现代软件开发而言，超级程序员或英雄式程序员不再是法宝，逐步形成了软件工厂模式的大规模软件开发。在此阶段是"人多、活多"，必须制定软件实现及集成测试的规范，让所有人员都按照规范执行，才能顺利完成实现与测试任务。

## 14.1 CMMI 中对应实践

本章由三部分组成，第一部分是对设计的编码实现并进行单元测试，第二部分是把实现的系统集成在一起——产品集成，第三部分是对集成好的产品进行集成测试——验证，所以在 CMMI 中与之对应的实践也包括了三大部分。分别在技术解决方案（Technical Solution，TS）过程域、验证（Verification，VER）过程域、产品集成（Product Integration，PI）过程域。在 TS 中有一个特定目标为"实现设计"，是根据设计来实现产品组件及相关的支持文档，主要是与该章的系统实现相对应，其包含两个具体的实践；在 VER 中，有两个特定目标与本章内容相关，分别为："验证准备"和"验证选择的工作产品"，其中的"验证准备"还与 15 章测试用例的编写有关，测试方案的测试计划的制订、测试用例的编写都是验证准备的相关活动。

技术解决方案（TS）过程域中对应的实践如下。

SG3 Implement the Product Design（实现产品设计）

目的是依照设计，实现产品组件及相关的支持文件。

系统实现的工作除了编写代码完成设计之外，通常还包括系统集成和系统测试之前的单元测试，一般是对产品或产品组件进行单元测试之后才让其他人员去做系统集成和集成测试，去编写用户文档。

SP3.1 Implement the Design（实现设计）

目的是实现产品组件设计，一旦完成设计，就需要将其实现为产品组件，其主要由以下几个工作组成：①使用有效的方法实现产品组件，比如，结构化编程、面向对象编程、自动代码生成、软件代码复用、应用合适的设计模式等；②遵循适当的标准与准则，比如：编码规范、过程及质量标准，编码时遵循模块化、明确、简单、可靠、安全、可维护等准则；③对选定的组件产品，进行同行审查，可以通过代码走查、测试等多种方式来实现；④适当时，对产品执行单元测试，这里单元测试不局限于软件，涵盖个别硬件、软件单元或先前已整合的相关组合；⑤必要时修订产品组件，在实现阶段发生了未能于设计阶段预见的问题时，就是修订产品组件时机的范例之一。

SP3.2 Develop Product Support Documentation（建立产品支持文档）

目的是开发并维护用于产品安装、操作及维护的相关文档。一般会形成的文档有：最终用户使用培训教材、用户操作手册、维护手册、安装手册、在线帮助等。其主要由以下几项工作组成：①审查需求、设计、产品及测试结果，以确保影响安装、操作及维护等项目文件的相关议题已被界定并解决；②使用有效的方法，制作安装、操作及维护的文件；③遵循适当的文件制作标准，比如：某公司内部制定的《技术文档编制规范》等；④在生命周期的初期阶段就制作安装、操作及维护等文件的初始版本，以供相关的干系人评审；⑤执行安装、操作及维护等文件的同行审查；⑥必要时修订安装、操作及维护文件，一般需求变更、设计变更、产品实现变更等都会导致安装、操作及维护文件的修订。

产品集成（PI）的目的是，从产品组件装配（编译或组装）成产品，当前集成的时候，确保产品功能并且交付产品。此过程域重点关注把产品组件集成为更复杂的产品组件或整个产品，在产品组件编译进行集成的过程中，可以采用一次性集成，也可以采用增量集成，由项目集成计划中定义的集成顺利和集成过程来确定。在产品集成中一个重要方面就是管理产品或产品组件的内部、外部接口，必须保证这些接口的兼容性。在整个项目过程中，均需要对接口管理加以注意。

SG1 Prepare for Product Integration（产品集成准备）

目的是完成产品集成的准备，产品集成的准备包括建立和维护集成顺序，执行集成的环境，集成的过程等。

SP1.1 Establish an Integration Strategy（建立集成战略/策略）

建立并维护产品集成策略，描述了组成产品的产品组件接收、装配、评价方法，通常侧重于如下项目：确保产品组件可用于集成（比如，以什么顺利集成）；单次装配和评价还是增量装配和评价；应用迭代开发时每次迭代包含和测试的特征（features）；接口管理；使用模型、原型和模拟来协助评价装配及其接口；建立集成环境；定义集成规程及准则；确保合适的测试工具和设备可用；管理产品层次结构、体系结构和复杂性；记录评价结果；处理异常。通常形成如下工作产品：产品集成策略说明，选择或拒绝集成策略的基本原则。可通过以下几步完成该实践：一是识别要集成的产品组件；二是识别在产品集成过程中需要执行的验证工作；三是识别产品集成策略的候选方案；四是选择最合适的集成策略；五是定期审查产品集成策略，并且根据需要进行修订；六是记录制定或延缓决策的基本原则。

SP1.2 Establish the Product Integration Environment（建立产品集成环境）

为了支持产品组件的集成，建立和维护必须的环境。通常形成如下工作产品：验证过的产品集成环境，产品集成环境的支持文档。可以通过以下几步来完成该实践：一是识别产品集成环境的需求；二是识别产品集成环境的验证过程及准则；三是决定必须的集成环境中哪些需要自制,哪些需要购买;四是如果合适的集成环境不能得到,开发一个集成环境(比如自动编译程序开发等);五是在整个项目过程中,维护集成环境;六是废除集成环境中不再使用的部门。

SP1.3 Establish Product Integration Procedures and Criteria(建立集成规程及准则)

建立和维护产品组件集成规程及准则。产品集成规程及准则重点考虑如下:构造组件的测试级别,接口的验证,性能偏差的阀值,组装的派生需求及其外部接口,允许替代的组件,测试环境参数,测试的成本限制,集成操作的质量和成本权衡,适当运作的可能性,交付率及其变化,从订单到交付的时间,员工的可用性,集成设施或环境的可用性。通常会产生如下工作产品:产品集成规程,产品集成准则。可以通过以下几步完成该实践:一是为产品组件建立和维护产品集成规程;二是建立和维护产品集成和评估准则;三是建立和维护集成后的产品确认和交付准则。

SG2 Ensure Interface Compatibility(确保接口的兼容性)

目的是确保产品组件的内部和外部接口都是兼容的。

统计表明,许多产品集成的问题,是由未知或未控制的内、外部接口导致的。有效的产品组件接口需求、规格和设计管理可以帮助确定实现接口的完整性及兼容性。

SP2.1 Review Interface Descriptions for Completeness(审查接口描述的完整性)

审查接口描述的覆盖率和完整性。注意,接口除了包含产品组件接口之外,还包括与产品集成环境的接口。通常会产生以下工作产品:接口分类,每个分类下的接口列表,接口与产品组件及产品集成环境的对应关系。可以通过以下几步完成该实践:一是审查接口数据的完整性,并确定完全覆盖所有的接口;二是确保产品组件和接口得到标识,确保与相关交互的产品组件容易及正确连接;三是定期审查接口描述的充分性。

SP2.2 Manage Interfaces(管理接口)

管理产品及产品组件内、外接口的定义、设计和变更。通常会形成如下工作产品:产品组件与外部环境关系表(比如,电力供应、固定产品和计算机总线系统),不同产品组件之间的关系表,各方产品组件同意的接口定义列表,接口控制工作组会议报告,更新接口的活动项,应用程序接口(API),更新后的接口描述和协议。可以通过以下几步完成该实践:一是在整个产品生命周期中确定接口的兼容性;二是解决冲突、不兼容和变更问题;三是维护一个项目参考者都能存取的接口数据库。

SG3 Assemble Product Components and Deliver the Product(装配产品组件并交付产品)

目的是组装验证过的产品组件以及交付通过集成、验证和确认的产品。

SP3.1 Confirm Readiness of Product Components for Integration(确认用于集成的产品组件准备就绪)

装配前,确认用于装配产品的每个产品组件被恰当定义,功能与其描述一致,产品组件接口遵从接品描述。通常可能会产生以下工作产品:收到的产品组件的接收文档,交付收据,检查过的产品列表,异常报告,取消(撤销)说明(通不过确认需要出具此文档)。可以通过以下几步来完成该实践:一是当产品组件为集成可用时,开始跟踪他们的状态;二是确保产品组件是按照产品集成顺序和可用的过程交付给产品集成环境;三是确认每个被正确标识产品组件的收据;四是确保每个收到的产品组件满足其描述;五是根据预期的配置来检查配置状态;六是对所有的物理接口,在产品组件连接进来之前执行前期检查。

SP3.2 Assemble Product Components(装配产品组件)

根据产品集成顺利及适用的过程装配产品组件,在此活动中会产生集成后的产品或产品组件。可以通过以下几步完成该实践：一是确保产品集成环境准备就绪；二是依据产品集成策略、规程和准则进行集成；三是根据需要适当修订集成策略、规程和准则。

SP3.3 Evaluate Assembled Product Components（评估已装配产品组件）

评估集成后的产品组件以保证接口的兼容性。可能会产生以下工作产品：异常报告，接口评估报告，产品集成总结报告。可以通过以下几步完成该实践：一是根据产品集成策略、规程和准则对集成后的产品组件进行评估；二是记录评估结果。

SP3.4 Package and Deliver the Product or Product Component（打包并交付产品或产品组件）

打包集成后的产品或产品组件，并交付给适当的客户。可能会形成如下工作产品：打包的产品或产品组件，交付文档。可以通过以下几步完成该实践：一是审查需求、设计、产品、验证结果和文档，确保影响打包和交付的问题得到识别和解决；二是使用有效的方法打包和交付集成后的产品；三是打包和交付产品需要满足一定的需求及标准，比如安全性、保密性等。

验证（VER）的目的是，确保选定的工作产品符合其指定的需求。验证过程域包括：验证准备、验证执行及纠正措施识别。验证及确认过程域相似，但强调不同重点，验证确保"你把事做对了（you built it right）"，确认确保"你做了对的事（you built the right thing）"。具体讲解如下。

SG1 Prepare for Verification（准备验证）

目的是确保验证措施已植入于产品及产品组件需求、设计、开发计划及进度中，并对支持工具、测试设备及软件、模拟、原型系统及设施加以定义。

验证方法包括（但不限于）检查、同行审查、审计、逐步审查、分析、模拟、测试及展示。为达到此目标，需要完成如下 6 个实践。

SP1.1 Select Work Products for Verification（选择待验证的工作产品）

需要选择待验证的工作产品及每一工作产品使用的验证方法。对于软件开发来说，常见的验证方法包括：软件结构及一致性评价，路径覆盖测试，压力、强调和性能测试，基于决策树的测试，基于功能分解的测试，测试用例重用，接收测试，持续集成等。可能会产生以下工作产品：被选择进行验证的工作产品列表，对每个选定工作产品的验证方法。可以通过以下几步完成该实践：一是识别要验证的工作产品；二是识别每个选定工作产品满足的需求；三是识别可用的验证方法；四是定义每个选定工作产品的验证方法；五是提交集成到项目计划，产品得到标识，需求得到满足，选定的方法得到应用。

SP1.2 Establish the Verification Environment（建立验证环境）

建立和维护支持验证所必需的环境。可以通过以下几步来完成该实践：一是识别验证环境需求；二是识别那些可以重用或修改的验证资源；三是识别验证设备和工具；四是获取验证支持设备和环境，比如测试设备和软件。

SP1.3 Establish Verification Procedures and Criteria（建立验证规程及准则）

为选定的工作产品建立并维护验证的规程及准则。定义的验证准则要保证工作产品满足需求，验证准则的来源通常为：产品和产品组件需求（软件需求规格说明），标准，机构方针，测试类型，测试参数，质量和测试成本之间折中参数，工作产品类型，供应商，协议及合同，客户协同开发人员进行工作产品评审。

SG3 Verify Selected Work Products（验证选定的工作产品）

根据它们稳定的需求验证选定的工作产品。

**SP3.1 Perform Verification**(执行验证)

对选定的工作产品进行验证。通常会形成以下工作产品：验证结果，验证报告，演示程序，运行过程日志。可以通过以下几步来完成该实践：一是根据它们的需求执行选定工作产品的验证；二是记录验证活动的结果；三是识别验证工作产品导致的活动项；四是文档化运行时验证方法和在执行过程中发现的与使用的验证方法及规程背离之处。

**SP3.2 Analyze Verification Results**（分析验证结果）

分析所有验证活动的结果。通常会形成以下工作产品：分析报告（比如，性能统计、非一致性原因分析）、故障报告、验证方法、准则和环境的变更请求。可以通过以下几步来完成该实践：一是比较期望结果与实际结果；二是基于已建立的验证准则识别不能满足需求的产品，或者用验证方法、规程、准则和验证环境识别问题；三是分析关于缺陷的验证数据；四是把所有分析结果写进报告；五是使用验证结果比较实际度量和性能与技术性能参数；六是提供解决缺陷的信息并采取纠正措施。

## 14.2 系统实现与测试过程简述

在软件开发的整个过程中，系统实现与测试过程至关重要，也是在学习软件工程时比较容易忽视的地方，特别是针对系统实现，不少软件工程教材上都不会对其进行详细描述。由于本阶段是研发过程中投入人力最多的阶段，所以能否组织好系统的实现，对于软件产品能否按时交付及最终质量是至关重要的，这也是本章内容的重点。在此过程中，主要是达到以下几个目的。

- 实现产品组件的编码并产生相应的支持文档。
- 准备产品/系统集成，确保接口兼容性，组装产品组件。
- 同时适时对产品组件进行单元测试和集成测试，实现对产品组件及集成的产品构件的验证。

系统实现阶段开始的时机，一般会有以下的约定：系统设计阶段的《数据库设计》、《模块设计》、《用户界面设计》已完成，且通过同行评审后才开始系统实现过程。但是，对于不同的公司或不同的项目类型，此约定也不尽相同。在此过程中，项目组内各类人员及角色承担的职责如表 14-1 所示，可以由项目经理根据项目实际情况进行调整。

表 14-1 实现及测试过程角色职责对照表

| 序号 | 角色 | 职责 |
| --- | --- | --- |
| 1 | 项目经理 | 负责监督项目实现与测试过程活动，并有义务向 EPG 组提出过程改进建议 |
| 2 | 开发组长 | 管理开发相关活动，在项目经理协助下制订系统实现/编码计划 |
| 3 | 开发人员 | 依据计划编写代码，对自己的代码进行必要的测试、调试 |
| 4 | 系分人员 | 制定项目的集成策略，根据项目组规模，也可以参与集成测试工作 |
| 5 | 测试人员 | 依据单元测试管理列表或集成测试计划以及测试用例进行单元测试和集成测试 |
| 6 | QA 工程师 | 对系统实现及测试过程执行 QA 检查，并跟踪各类检查出现的问题，协助项目经理收集该阶段的数据 |
| 7 | CM 工程师 | 把本阶段产生的各类工作产品纳入配置库，并执行配置库的日常维护 |

**注意** 对于比较大的系统，可能划分多个子系统，可能实现并行开发模式，完成其中一个子系统的模块设计、用户界面设计，即可对该子系统的设计进行评审，然后由开发人员进行系

统编码；系分人员继续对其他的子系统进行设计。

整个实现及测试过程的活动可以分为：准备工作、产品实现、单元测试、缺陷管理与改错、系统集成及集成测试、建立产品支持文档 6 部分。通过这几部分的工作，实现"编码、调试、完善、内部测试、改错、再完善"的目的，这 6 部分的关系及具体操作流程如图 14-1 所示。

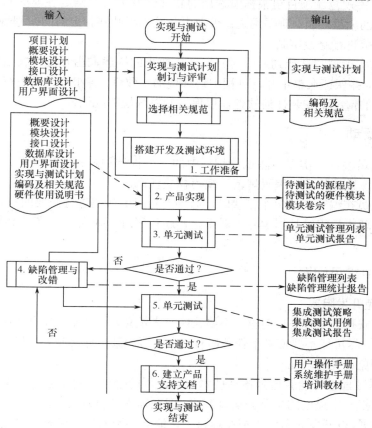

图 14-1　实现及测试活动流程图

在这些活动中，需要重点强调采用统一的编码规范的重要性，其主要用途是统一编程风格、提高代码质量、给已懂得编程的人用。良好的编码习惯无论对程序员个人还是公司均有很大的帮助，其为代码复用的基础，统一的编码规范有助于代码在项目组内复用，也方便公司内其他项目使用。除此之外，良好的编码习惯还有如下好处：①方便代码的交流和维护；②不影响编码的效率，不与大众习惯冲突；③使代码更美观、阅读更方便；④使代码的逻辑更清晰、更易于理解。对于程序员个人而言，养成良好的代码编写习惯，是成为优秀程序员的基本素质。

## 14.3　编 码 流 程

### 14.3.1　工作准备

（1）与其他各阶段工作一样，在开始本阶段具体工作之前，需要细化并更新项目进度表，制订详细的实现与测试计划，项目组依据《项目计划》共同协商实现与测试计划，开发组长起草《实现与测试计划》。该计划主要包括对开发环境配置方案、编程计划和集成测试计划的描述。

（2）评审该计划。《实现与测试计划》需进行同行评审；如果通过，则转向（3）；否则退回（1）。

（3）确定相关规范。项目组根据所选用的软件开发工具，确定各模块的编程语言；若机构已经存在合适的编程规范，则采用之；否则由开发小组共同制定新的编程规范（需留存）或对已有的编程规范进行修改定制。

（4）根据《实现与测试计划》中对开发环境要求的描述，由开发组长指定人员搭建将要使用的开发环境，并保证在整个开发过程中该环境的一致性。各小组成员不得在未经项目经理或开发组长同意的情况下安装任何软件，以保证开发环境的纯洁性。

### 14.3.2 编码活动

（1）开发人员根据《实现与测试计划》中的《编程计划》、《模块设计》、《用户界面设计》、《数据库设计》和《编码规范》编写模块代码。

（2）开发人员在编写完成每个模块时，必须对自己的代码进行必要的自查和测试。

（3）项目经理或编码组长指定专人对系统程序代码进行抽查或审核，并将发现 BUG 填写在 BUG 清单中。

### 14.3.3 编码中常见问题[①]

#### 1. 如何避免开发阻塞

项目经理在安排开发任务的时候，不要让能干人忙死，不能干的闲死（这种现象在学生实训中更为突出）。尽可能不要使多个任务串行，否则万一某个任务延误，将导致后面的任务全部延误。怎么避免这类问题呢？

（1）在编码过程中可能会遇到各种技术问题，可能会导致整个编码任务的阻塞。这就需要使用本书实训指导中提出的思路去认真解决。即在需求分析及设计阶段，以开发人员与系分人员紧密配合沟通，以开发人员为主把在项目中可能会遇到的技术难题通过技术预研的方式解决掉，并且制订技术预研计划，编写必要的技术预研文档。

（2）识别所有任务中的关键任务，即有重大影响的任务，对这些任务的完成进度纳入风险管理体系，加强跟踪及提出应对措施。以避免因为关键任务的延迟导致开发的阻塞。

#### 2. 有最好的编程语言吗？

答案很肯定，没有实际上只有最适合的编程语言。如今的 Visual Basic、Delphi、Visual C++、Java 和 C#等语言各有所长，很难明确说哪个好哪个不好。

在学习编程语言时，精通一门就可以了，在开发过程中使用到其他新的编程语言上手也会比较快。如果学习名门语言，每门语言都学个皮毛，实际上是什么语言都不会用。

在开发商用软件时，能很好地解决问题的编程语言就是好语言。公司应该根据实际情况，选择业界推荐的并且自己擅长的编程语言来开发软件，才能保证有较好的质量与生产率。

#### 3. 换用更快的计算机还是开发更快的算法？

---

① 本节摘录自林锐主编的《IT 公司研发管理——问题、方法和工具》，电子工业出版社。由本书作者根据自身经验及授课过程中的心得体会整理编写而成。

如果软件运行较慢,是换一台处理性能更高的计算机,还是对算法进行性能调优?要根据"成本—收益"来决定。因为性能调优虽然可以从根本上提高软件的运行速度,但可能引入错误及进度的延误。由于目前计算机硬件相对比较便宜,如果换一台处理性能更高的计算机可以解决问题,而且费用比较低的话,也是一种不错的选择。

**4. 要多用新技术和技巧吗?**

开发软件是为了满足客户的需要,而不是自己闹着玩或追求技术挑战。为了提高质量、提高开发效率并且降低成本,应当尽可能采用成熟可靠的技术来开发软件。

在编程时要尽量少用技巧,技巧的优点是能另辟蹊径解决问题,缺点是技巧并不为其他人熟知。在程序中使用太多的技巧,如果相应技术资料再跟不上的话,可能会留下错误隐患,别人也难以理解。一个局部的优点对整个系统而主是微小的,而一个错误则可能对整个系统产生致命的影响。因此,建议用普遍使用的方式编程,不要滥用技巧。

**5. 夜里编程效率更高吗?**

编程和调试有这样的特点:干活一鼓作气,中途不停下来做其他事情。否则思路可能被打乱,重新捡起来很费劲。所以程序员经常在夜里干活,这样效率比较高。但是,从个人健康来说,长久这样做绝对伤害身体,只能偶尔为之。每个软件开发人员都要学一点养生之道,不要让不良的工作习惯影响健康。

**6. 如何提高团队编程的质量?**

在组建开发团队时,尽量多一些编程老手(至少有两年以上编程经验),少一些编程新手。由于开发工具越来越先进,现在的编程技术门槛也越来越低。有些公司为了省钱,往往低薪招聘编程新手来干活。这种做法无疑会大大降低团队的战斗力。公司支付低薪而省下来的钱,远不及开发团队修补软件质量带来的额外成本。笔者建议在实际开发时,编码人员中新手的比例不能超过 50%,可以采用一对一的"传、帮、带"方式尽快提高新员工的编程能力,提高整个团队的编程质量。

如果每个开发人员的技能都是合格的,编程规范就显得比较重要。让开发人员都按照既定的规范编程,是提高代码质量、降低代码维护代价的简单有效的方法。

最后,编写高质量的程序离不开责任心,这一点也是做任何工作所必需的。每个程序员都应该对自己编号的代码进行仔细的跟踪调试,进行严格的自我测试,然后再提交给测试人员进行单元测试或集成测试。

## 14.4 测试流程

### 14.4.1 单元测试

在设计阶段,整个系统被细分为许多模块(或类),这里可以把模块或类理解为单元。每个单元的接口、数据结构与算法都已经设计完成。在编码完成之后,把这些单元集成起来之前,需要先执行单元测试,以保证单元本身正确无误,保证单元符合设计要求。单元测试可以采用白盒测试的方法,也可以采用黑盒测试的方法,根据公司测试人员的安排及投入来确定。笔者建议在测试投入许可的情况下,对单元尽量做白盒测试。在实际执行时,可以按以下流程来开展单元测试。

- 项目经理根据开发人员开发进展情况,安排测试人员或系统分析人员(有些公司可能是开发人员)编写《单元测试管理列表》或直接使用相关测试工具来编写,具体采用什么方式,由各项目组根据实际情况在项目开发计划里确定。
- 项目经理审批《单元测试管理列表》,并指定测试人员进行单元测试,并记录在《单元测试管理列表》中;若使用专门的测试管理工具,则把结果记录进该工具中。
- 测试人员依据已审批的《单元测试管理列表》进行相应的单元测试,产生《单元测试报告》或登记进测试管理工具,然后由测试管理工具产生相关的单元测试报告。

### 14.4.2 集成测试

什么叫集成测试?集成测试(也叫组装测试,联合测试)是单元测试的逻辑扩展,最简单的形式是将两个已经测试过的单元组合成一个组件,并且测试它们之间的接口。

集成测试是在单元测试的基础上,测试在将所有的软件单元按照概要设计规格说明的要求组装成模块、子系统或系统的过程中各部分工作是否达到或实现相应技术指标及要求的活动。集成测试所持的主要标准是《软件概要设计规格说明》。由于软件系统需要把单元模块集成到一起才能形成协同操作的功能,所以软件项目/产品都不能摆脱系统集成这个阶段。

- 当开发进程达到《实现与测试计划》中预期集成点时,且《实现与测试计划》中"集成测试计划"中涉及的单元模块均通过单元测试,开始集成测试活动。
- 系统分析员及开发组组长共同制定本次集成的《集成测试策略》,主要包括对本次集成范围、集成顺序、集成环境、集成方法等内容的描述,为产品集成做好准备工作。
- 开发组长组织开发人员及测试人员按照本项目的《集成测试策略》中集成环境的描述,建立产品集成环境,依据其中产品集成顺序和产品集成方法的描述,进行产品集成活动,同时搭建集成测试环境。
- 此项工作准备就绪后,开发组组长在《集成测试报告》基本信息表:"集成及测试环境"表项签字,说明项目已具备产品集成及可以进行集成环境确认的工作。
- 测试人员根据本项目的《集成测试策略》和《概要设计》编写《集成测试用例》或把集成测试用例放进测试管理工具,并进行同行评审。
- 开发组组长组织测试人员根据《实现与测试计划》中"集成测试计划"和《集成测试用例》进行系统的集成测试,将测试的结果填写到《集成测试报告》或测试管理工具中。

**说明** 单元测试用例、集成测试用例的编写时机、编写方法及用例包含的内容,放到第15章进行讲解,此处主要是让大家了解单元测试、集成测试的工作流程及步骤。

## 14.5 缺陷管理与改错

如果在测试时发现了缺陷,开发人员应当尽早消除缺陷,并且需要对缺陷的全生命周期进行详细的跟踪及管理。通常缺陷管理及改错的指导原则如下。

(1) 在单元测试和集成测试过程中,测试人员发现系统中的缺陷时,必须将缺陷记录在《缺陷管理列表》或记录进 BUG 管理工具(一般的软件测试管理工具均带有 BUG 管理功能,也可采用专门的 BUG 管理工具)。

（2）开发人员及时消除已经发现的缺陷，若使用 BUG 管理工具，则可以设置查询条件，查询由自己负责并且还未解决的缺陷。

（3）开发人员消除缺陷之后，测试开发人员应当马上进行回归测试，确保不会引入新的缺陷。

（4）集成测试人员在完成一次集成测试后，依据《缺陷管理列表》统计填写《缺陷管理统计报告》或由 BUG 管理工具对缺陷进行统计分析。

在缺陷管理与改错时，各公司可能会制定不同的管理流程，本书根据提供的 TFS 过程模板，建议使用的缺陷管理与跟踪流程如下。

（5）测试人员发现缺陷后，填写《缺陷管理列表》或 BUG 管理工具中缺陷信息项，并将其状态置为"已建议"，提交项目经理。

（6）项目经理确认缺陷内容后，将其转为相关人员解决或指派给相关人员解决，状态改为"活动的"。

（7）当缺陷解决人员认为缺陷已经修复后，即可填写《缺陷管理列表》或 BUG 管理工具中相应项，状态改为"已解决"，指派给原来发现该 BUG 的测试人员；然后将此《缺陷管理列表》及修复后的程序提交给测试人员进行回测。

（8）测试人员进行回测，填写《缺陷管理列表》或 BUG 管理工具中验证信息项。

● 如果该缺陷被修复了，则将此缺陷状态改为"关闭"，并在《缺陷管理列表》的"缺陷状态"一栏填写"Open/Closed"（若同一个缺陷无论回测过多少次均在此状态栏中填写其开关状态，直到最后一个状态标识为 Closed 或 Rejected 为止，如：Open/Reopen/Reopen/Close）；

● 如果该缺陷未被修复，则将该缺陷状态置为 Reopen，状态标识格式同上；

● 不论该缺陷有没有被修复，若在回测过程中，又测试出新的缺陷，则在原《缺陷管理列单》中创建新的工作表（Excel 表格中 sheet），并标识为复测，以及第 3（4，5，…，n）次测试。

（9）开发人员查询状态为 Open 和 Reopen 的缺陷，不是缺陷，由项目经理确认后，可置状态为 Rejected。

（10）对于不能解决和延期解决的缺陷，开发人员要提出申请，争求项目经理的同意后，才能将其状态置为"Rejected"。

**注意** 若项目组比较小，测试人员清楚各个模块由哪位开发人员负责，则可以在填写缺陷时直接指派相关人员，而不再让项目经理进行指派。只有当测试人员与开发人员就缺陷解决达不成一致时，才由项目经理及系分人员共同讨论解决方案。

开发人员在改错时，要注意以下事项。[1]

找到错误的代码时，不要急于修改，先思考一下：修改此代码会不会引发其他问题？如果没有问题，可以放心修改；如果有问题，那么可能要改动程序结构，而不止一行代码。

有些时候，软件中可能潜伏同一类型的许多错误（如由不良的编程习惯引起的）。好不容易逮住一个，应当把同类的错误全部找到并且修改，并不一定非要等测试人员提出缺陷时才去解决。

在改错之后一定要马上重新测试，以免引入新的错误。改了一个程序错误固然是喜事，但要防止乐极生悲。更加严格的要求是：不论原先程序是否绝对正确，只要对此程序作过改动（哪怕是微不足道的），都要重新测试。

---

[1] 摘录自林锐等主编的《IT 公司研发管理——问题、方法和工具》，电子工业出版社。

上述事情做完后，应当好好反思：我为什么会犯这样的错误？怎么能够防止下次不犯相似的错误？最好能写下心得体会，与他人共享经验教训。

## 14.6 建立产品支持文档

在整个系统实现及测试过程中，负责文档的人员应当根据开发的进展及时编写并调整相关产品支持文档，具体如下。

- 文档人员在开发人员的协助下编制《用户操作手册》、《系统维护手册》、《培训教材》、联机帮助、系统安装包等。
- 《用户操作手册》、《系统维护手册》、《培训教材》、联机帮助等完成之后，由项目经理组织同行评审。

当满足以下条件时，系统实现与测试整个过程可以结束。

- 软件代码已经编写完成，软件集成在一起可以运行。
- 满足集成测试结束准则，集成测试通过。
- 本过程所有文档已经完成，《用户操作手册》、《系统维护手册》、《培训教材》通过同行评审。

## 实训任务十五：系统编码实现

由于在开发过程中，编码实现与测试所属的阶段会占较大的比重，所以也是学生实训的重点内容，实训用时也比较多。所以，建议在授课安排上，把部分此阶段讲授的时间用来点评学生采用的技术框架、编码规范、测试方案制订、测试用例编写，以提高系统实现及测试的质量。

在实训过程中，依据开发的顺序，需要完成以下工作。

（1）项目组长为主，与开发人员一起制订《实现与测试计划》，同时细化并更新与此阶段相关的项目进度表，然后把任务安排更新到 TFS 上。

（2）项目组长制定本项目组使用的《编码规范》，带领开发人员熟悉并学习确定的编码规范；项目组长指定开发人员搭建干净的开发环境。

（3）开发人员根据《实现与测试计划》、《模块设计》、《用户界面设计》、《数据库设计》等编写代码，并对完成的代码进行调试，保证连调能通过的情况下提交到项目组指定的配置库目录中。每完成一个模块之后，编写每个模块的《模块卷宗》。

（4）测试人员根据《概要设计》、《模块设计》、《用户界面设计》、《数据库设计》，编写集成测试用例；必须完成集成测试用例中的功能测试部分，接口测试部分根据所选择的系统来确定是否编写。

（5）测试人员根据开发人员提供的源代码，参考相关设计文档，编写《单元测试用例列表》；之后，使用 VSTS 自带的测试工具（Java 平台下建议使用 JUnit 工具），编写单元测试程序。

（6）测试人员与系分人员一起，执行单元测试、集成测试，并把测试中发现的缺陷记录进 BUG 管理工具或《缺陷管理列表》。

（7）项目组长协调开发人员、测试人员、系分人员，及时完成缺陷的修改及验证，并进行多次测试。由测试人员编写《集成测试报告》，对单元测试及集成测试中出现的缺陷进行分析，形成对应的《缺陷统计报告》，如果使用缺陷管理工具，可以由工具自动产生缺陷统计报告。

（8）文档人员根据系统实现及测试的进度，及时完成相关模块的产品支持文档，要求至少包含《用户操作手册》、《联机帮助》及软件安装包（含安装说明）。

（9）QA 工程师，对本阶段各类工作及工作中产生的文档与规范的符合性进行检查，并随机抽查开发人员编写的代码与《编码规范》的一致性，协助项目组长完成工作量、软件规模、BUG 数量等度量数据的收集及分析。（第一类学员实训时不执行该工作）

（10）配置管理员，对本阶段产生的所有工作产品及源代码纳入到配置库，保证版本的一致性，并周期的对配置库进行维护。（第一类学员实训时不执行该工作）

本章实训用时可以根据教师所选案例的复杂性及功能多少来确定，建议与第 15 章 "制订测试方案及编写测试用例" 的实训、第 16 章 "系统测试" 的实训结合起来，应当在 36 机时以上，否则学生很难完成系统的编码及测试，更难体会到整个过程中各活动之间的关系。

## 实训指导 48：熟悉编码规范

良好的编码习惯无论对程序员个人还是公司均有很大的帮助，其为代码复用的基础。除此之外，良好的编码习惯还有以下好处。

- 方便代码的交流和维护。
- 不影响编码的效率，不与大众习惯冲突。
- 使代码更美观、阅读更方便。
- 使代码的逻辑更清晰、更易于理解。

在编码的过程中，无论采用什么编程语言，这里给读者提供了基本的约定，以培养大家的编码习惯。除此之外，在本书的配套素材中提供了某公司使用的几种具体语言的编码规范，以供大家参考，分别为《规范_C#编码》、《规范_Delphi 编码》、《规范_Java 编码》、《规范_VB.NET 编码》。在实训时各个小组可以根据自身情况，对这些规范稍加修改后使用。编码规范的基本约定如下。

1. 排版约定

- 程序块要采用缩进风格编写，缩进的空格数为 4 个。
- 相对独立的程序块之间、变量说明之后必须加空行。比如：repssn_ind = ssn_data[index].repssn_index。
- 较长的语句（>80 字符）要分成多行书写，长表达式要在低优先级操作符处划分新行，操作符放在新行之首，划分出的新行要进行适当的缩进，使排版整齐，语句可读。
- 循环、判断等语句中若有较长的表达式或语句，则要进行适应的划分，长表达式要在低优先级操作符处划分新行，操作符放在新行之首。
- 若函数或过程中的参数较长，则要进行适当的划分，或使用结构、类等来传递参数。
- 不允许把多个短语句写在一行中，即一行只写一条语句。
- if、for、do、while、case、switch、default 等语句自占一行，且 if、for、do、while 等语

句的执行语句部分无论多少都要加括号{}。
- 对齐只使用空格键，不使用 TAB 键。
- 函数或过程的开始、结构的定义及循环、判断等语句中的代码都要采用缩进风格，case 语句下的情况处理语句也要遵从语句缩进要求。
- 程序块的分界符（如 C/C++语言的大括号"{"和"}"）应各独占一行并且位于同一列，同时与引用它们的语句左对齐。在函数体的开始、类的定义、结构的定义、枚举的定义及 if、for、do、while、switch、case 语句中的程序都要采用如上的缩进方式。

2．注释
- 一般情况下，源程序有效注释量必须在 20% 以上。
- 说明性文件（如头文件.h 文件、.inc 文件、.def 文件、编译说明文件.cfg 等）头部应进行注释，注释必须列出：版权说明、版本号、生成日期、作者、内容、功能、与其他文件的关系、修改日志等，头文件的注释中还应有函数功能简要说明。
- 源文件头部应进行注释，列出：版权说明、版本号、生成日期、作者、模块目的/功能、主要函数及其功能、修改日志等。
- 函数头部应进行注释，列出：函数的目的/功能、输入参数、输出参数、返回值、调用关系（函数、表）等。
- 边写代码边注释，修改代码同时修改相应的注释，以保证注释与代码的一致性。不再有用的注释要删除。
- 注释的内容要清楚、明了，含义准确，防止注释二义性；避免在注释中使用缩写，特别是不常用的缩写。
- 注释应与其描述的代码相近，对代码的注释应放在其上方或右方（对单条语句的注释）相邻位置，不可放在下面，如放于上方则需与其上面的代码用空行隔开。
- 对于所有有物理含义的变量、常量，如果其命名不是充分自注释的，在声明时都必须加以注释，说明其物理含义。变量、常量、宏的注释应放在其上方相邻位置或右方。
- 数据结构声明（包括数组、结构、类、枚举等），如果其命名不是充分自注释的，必须加以注释。对数据结构的注释应放在其上方相邻位置，不可放在下面；对结构中的每个域的注释放在此域的右方。
- 全局变量要有较详细的注释，包括对其功能、取值范围、哪些函数或过程存取它及存取时注意事项等的说明。
- 注释与所描述内容进行同样的缩排；将注释与其上面的代码用空行隔开。
- 对变量的定义和分支语句（条件分支、循环语句等）必须编写注释。
- 避免在一行代码或表达式的中间插入注释；通过对函数或过程、变量、结构等正确的命名及合理地组织代码的结构，使代码成为自注释的。清晰准确的函数、变量等的命名，可增加代码可读性，并减少不必要的注释。
- 在程序块的结束行右方加注释标记，以表明某程序块的结束；注释应考虑程序易读及外观排版的因素，使用的语言若是中、英兼有的，建议多使用中文，除非能用非常流利准确的英文表达。

3．标识符命名
- 标识符的命名要清晰、明了，有明确含义，同时使用完整的单词或大家基本可以理解的缩写，避免使人产生误解。
- 命名中若使用特殊约定或缩写，则要有注释说明；自己特有的命名风格，要自始至终保持一致，不可来回变化。
- 对于变量命名，禁止取单个字符（如 i、j、k），建议除了要有具体含义外，还能表明其变量类型、数据类型等，但 i、j、k 作局部循环变量是允许的。
- 命名规范必须与所使用的系统风格保持一致，并在同一项目中统一，比如采用 UNIX 的全小写加下划线的风格或大小写混排的方式，不要使用大小写与下划线混排的方式，用作特殊标识如标识成员变量或全局变量的 m_ 和 g_，其后加上大小写混排的方式是允许的。

4．可读性
- 注意运算符的优先级，并用括号明确表达式的操作顺序，避免使用默认优先级。
- 避免使用不易理解的数字，用有意义的标识来替代。涉及物理状态或者含有物理意义的常量，不应直接使用数字，必须用有意义的枚举或宏来代替。
- 不要使用难懂的技巧性很高的语句，除非很有必要时。

5．变量、结构
- 去掉没必要的公共变量。公共变量是增大模块间耦合的原因之一，故应减少没必要的公共变量以降低模块间的耦合度。
- 仔细定义并明确公共变量的含义、作用、取值范围及公共变量间的关系。在对变量声明的同时，应该对其含义、作用及取值范围进行注释说明，同时若有必要还应说明与其他变量的关系。
- 明确公共变量与操作此公共变量的函数或过程的关系，如访问、修改及创建等。明确过程操作变量的关系后，将有利于程序的进一步优化、单元测试、系统联调及代码维护等。这种关系的说明可在注释或文档中描述。
- 当向公共变量传递数据时，要十分小心，防止赋与不合理的值或越界等现象发生。
- 防止局部变量与公共变量同名。
- 构造仅有一个模块或函数可以修改、创建，而其余有关模块或函数只访问的公共变量，防止多个不同模块或函数都可以修改、创建同一公共变量的现象。
- 使用严格形式定义的、可移植的数据类型，尽量不要使用与具体硬件或软件环境关系密切的变量。
- 不要设计面面俱到、非常灵活的数据结构。

6．函数、过程
- 对所调用函数的错误返回码要仔细、全面地处理。
- 明确函数功能，精确（而不是近似）地实现函数设计。
- 编写可重用函数时，应注意局部变量的使用（如编写 C/C++语言的可重用函数时，应使用 auto 即缺省态局部变量或寄存器变量）。
- 编写可重用函数时，若使用全局变量，则应通过关中断、信号量（即 P、V 操作）等手段对其加以保护。
- 在同一项目组应明确规定对接口函数参数的合法性检查应由函数的调用者负责还是由接口函数本身负责，缺省时由函数调用者负责。
- 防止将函数的参数作为工作变量。

- 函数的规模尽量限制在 200 行以内；一个函数仅完成一件功能。
- 为简单功能编写函数；不要设计多用途面面俱到的函数。
- 函数的功能应该是可以预测的，也就是只要输入数据相同就应产生同样的输出。

避免设计多参数函数，不使用的参数从接口中去掉；检查函数所有参数输入的有效性。

- 函数名应准确描述函数的功能；使用动宾词组为执行某操作的函数命名。如果是 OOP 方法，可以只有动词（名词是对象本身）；避免使用无意义或含义不清的动词为函数命名。
- 函数的返回值要清楚、明了，让使用者不容易忽视错误情况；避免函数中不必要的语句，防止程序中的垃圾代码；如果多段代码重复做同一件事情，那么在函数的划分上可能存在问题；减少函数本身或函数间的递归调用。
- 仔细分析模块的功能及性能需求，并进一步细分，同时若有必要画出相关数据流图，据此来进行模块的函数划分与组织。

### 7．程序效率

- 编程时要经常注意代码的效率；在保证软件系统的正确性、稳定性、可读性及可测性的前提下，提高代码效率。
- 局部效率应为全局效率服务，不能因为提高局部效率而对全局效率造成影响。
- 通过对系统数据结构的划分与组织的改进，以及对程序算法的优化来提高空间效率。
- 循环体内工作量最小化。应仔细考虑循环体内的语句是否可以放在循环体之外，使循环体内工作量最小，从而提高程序的时间效率。
- 仔细分析有关算法，并进行优化；仔细考查、分析系统及模块处理输入（如事务、消息等）的方式，并加以改进；对模块中函数的划分及组织方式进行分析、优化，改进模块中函数的组织结构，提高程序效率。
- 不应花过多的时间拼命地提高调用不很频繁的函数代码效率；要仔细地构造或直接用汇编语言编写调用频繁或性能要求极高的函数。
- 在保证程序质量的前提下，通过压缩代码量、去掉不必要的代码及减少不必要的局部和全局变量，来提高空间效率；在多重循环中，应将最忙的循环放在最内层；尽量减少循环嵌套层；避免循环体内含判断语句，应将循环语句置于判断语句的代码块之中。
- 尽量用乘法或其他方法代替除法，特别是浮点运算中的除法。浮点运算除法要占用较多 CPU 资源。
- 不要一味追求紧凑的代码，因为紧凑的代码并不代表高效的机器码。

## 实训指导 49：如何编制《实现与测试计划》

本计划分为 7 部分，不同的部分由不同的人员编写，由项目组长负责整合该计划，组织相关人员进行讨论，并且把讨论、评审确认过的详细进度安排更新到《项目进度表》中进行跟踪。实训模板电子文档请参见本书配套素材中"模板——第 14 章　系统实现与测试过程——《实现与测试计划》"。具体包含的内容及填写说明如下。

### 1．开发环境配置

开发小组根据概要设计，制订开发环境配置方案，包括硬件和网络设备、软件开发工具、测试工具等内容。如表 14-2 所示。

## 第14章 系统实现与测试过程

**表 14-2 开发环境配置表**

| 项目名称 | |
|---|---|
| 硬件设备描述 | （服务器和工作站等） |
| 网络环境描述 | |
| 操作系统描述 | |
| 软件开发工具描述 | （包括数据库系统） |
| 测试工具描述 | |

### 2. 角色与职责

表 14-3 中的内容每个小组要根据自己组内的安排由组长进行填写，当前所列只是一种参考划分。

**表 14-3 角色职责对照表**

| 角色名称 | 职责描述 |
|---|---|
| 开发组长 | 管理系统产品实现活动、单元测试、集成测试、缺陷管理与改错等活动；制订编程计划、代码审查计划、集成测试计划 |
| 开发人员 | 依据计划进行编码（若包含自主研发硬件设备，则依据计划进行研发），首先进行必要的自测，然后提出单元测试申请 |
| 测试人员 | 依据单元测试申请或集成测试计划及测试用例进行单元测试和集成测试，可由开发人员兼任 |
| 项目 QA | 检查、监督测试过程是否符合机构制定的规范，并跟踪测试过程中识别出的所有问题，直至所有问题关闭 |
| 项目 CM | 将测试阶段的各配置项通过配置管理软件进行管理、控制，保护项目组成员的工作成果 |

### 3. 所采用的规范

开发小组选择编程规范。若组织已经存在相应的编程规范，则采用之。若组织不存在相应的编程规范，则由开发小组共同制定新的编程规范或对已有的编程规范进行修改定制。如表 14-4 所示。

**表 14-4 研发所用规范列表**

| 规范名称/标识符 | 描述 |
|---|---|
| | |
| | |

### 4. 编程计划

编码组长与开发人员共同协商制订实现与测试阶段的阶段性计划，需经项目经理审批方可执行。"代码走查人员"和"交叉测试人员"栏如果不填写，则说明该模块不安排进行代码走查和交叉单元测试；对于关键模块，必须安排单元测试。如表 14-5 所示。

**注意** 当某一模块的确认方式勾选了"代码走查"或"交叉单元测试"时，需要填写此行的"代码走查人员"或"交叉单元测试人员"，否则这两项不用填写。如表 14-6 所示。

在进行确认时，发现的缺陷全部填写进 BUG 管理工具，按缺陷管理流程进行跟踪。

表 14-5 编码安排表

| 编码环境、工具 | |
|---|---|
| 编码辅助工具 | |
| 产生的编码文档 | |
| 代码走查优先级顺序 | |
| 走查的内容 | 1. 语句的执行性能是否优化<br>2. 是否有对异常情况的处理机制（健壮性）<br>3. 注释是否清晰及与代码内容是否匹配<br>4. 是否符合《编码规范》（或本项目的"编码规范"）等 |
| 单元测试方法 | 自测＋交叉单元测试 |
| 单元测试环境 | |
| 测试辅助工具 | |
| 单元测试完成准则 | |
| 进度 | 详见编码与测试进度表（Project 文档），保持与下表的一致性。 |

表 14-6 代码检查安排表

| 序号 | 模块名称 | 开发人员 | 确认方式 | 代码走查人员 | 交叉单元测试人员 | 预计完成时间 |
|---|---|---|---|---|---|---|
| 1 | | | ☐ 代码走查<br>☐ 交叉单元测试<br>☐ 评审（正式/非正式）<br>☐ 项目经理/编码组组长审核 | | | |
| 2 | | | ☐ 代码走查<br>☐ 交叉单元测试<br>☐ 评审（正式/非正式）<br>☐ 项目经理/编码组组长审核 | | | |

5. 系统集成计划

项目组长指定系统集成的负责人，由该负责人制订集成计划，该计划需经项目经理审批方可执行，把此处的进度安排更新到项目进度表。如表 14-7 所示。

表 14-7 系统集成计划表

| 系统集成人员职责 | | | | |
|---|---|---|---|---|
| 系统集成环境 | | | | |
| 集成环境验证准则 | | | | |
| 系统集成辅助工具 | | | | |
| 系统集成策略 | 增量集成/一次性集成 | | | |
| 系统集成优先级顺序 | | | | |
| 系统集成的验证方法 | 集成测试 | | | |
| 进度 | 详见《项目进度表》（Project 文档）的"编码与测试"部分 | | | |
| 序号 | 所需时间 | 系统集成人员 | 集成的模块名称列表 | 预计完成时间 |
| 第 1 次集成 | | | | |
| 第 2 次集成 | | | | |

## 6．集成测试计划

由测试人员在项目组长的协助下制订集成测试计划，注意这里集成测试计划与集成计划的一致性，其中的任务具体安排可以更新到进度表。如表 14-8 所示。

表 14-8　集成测试计划表

| 集成测试范围 | | | |
|---|---|---|---|
| 集成测试方法 | 白盒/黑盒 | | |
| 集成测试环境 | | | |
| 测试辅助工具 | | | |
| 测试完成准则 | | | |
| 产生的文档 | 《集成测试用例》、缺陷跟踪记录、《集成测试报告》等 | | |
| 集成测试任务 | 起止时间 | 人员与工作描述 | 集成测试的模块名称列表 |
| | | | |
| | | | |

## 7．支持文档计划

支持文档计划如表 14-9 所示。

表 14-9　支持文档编写表

| 编写支持文档的人员及职责 | |
|---|---|
| 产生的支持文档 | 《用户操作手册》、《安装手册》、联机帮助等 |
| 主要涉及内容 | |
| 最迟提交时间 | |
| 进度 | 详见编码与测试进度表（Project 文档） |

**说明**　"测试的完成准则"是指测试什么时间可以结束，一般有如下三种准则可以使用。

（1）基于测试用例，优点是可以在所有阶段使用，缺点是太依赖于测试用例，如果测试用例设计得不好，该准则就有可能失效。一般在测试时当测试用例不通过率达到一定比率（如 20%）时，则需要开发人员修正软件后再进行测试；当功能性测试用例通过率达到 100%时，非功能性测试用例通过率达到某一比率（如 95%）时，测试可以结束。

（2）基于"测试期缺陷密度"，测试一个 CPU 小时发现的缺陷数，比较适用于系统测试阶段。如果在相邻 n 个 CPU 小时内"测试期缺陷密度"全部低于某个值 m，则允许结束测试。比如，n 取 10，m 取 1。

（3）基于"运行期缺陷密度"，软件运行一个 CPU 小时发现的缺陷数，比较适用于客户验收阶段，即客户试运行软件期间，如果在相邻 n 个 CPU 小时内"运行期缺陷密度"全部低于某个值 m，则允许结束测试。比如：n 取 100，m 取 1。

# 实训任务十六：执行单元测试（可选）

## 实训指导 50：如何使用 TFS 管理单元测试用例

如果不使用 TFS 作为实训管理平台时，单元测试用例可以使用 Excel 表格来进行管理。一般来说，每个模块的单元测试用例设计的时候填写表 14-10 的表头及前 7 列，如果测试方法选择的是"自动"，在编写自动测试程序之后，由编写自动测试程序人员将"当前状态"更新为"程序实现"。

在编写人员编写好测试用例之后,需要由测试组长或项目组长进行审核,然后方可提交执行测试,在审核中如果发现问题,需要与编写人员及时沟通解决。由测试执行人员来填写"测试人员"、"测试日期"、"实际结果",以及测试之后的用例状态。在测试时如果期望结果与实际结果不一致,还需要填写缺陷记录。

其中,模块名称在面向对象语言下,一般是指一个类;测试对象可以是类中的某个具体的方法或属性。注意,一个测试对象可能会有多个测试用例,那么,就需要在此列表里逐一填写。

测试内容或目的,可以填写为"验证 XX 方法能否正确处理……"一类的描述;前提条件是指在什么样的条件下,该用例才能正确运行,比如,要测试根据"客户编号"查询"客户对象"的方法是否正确,如果期望结果为"返回包含 XXX 信息的一个客户对象",那么有一个条件是,"在数据库里存在编号为 XXX 的客户记录,并且该记录至少包含 XXX 信息",只有这样才能验证此查询方法是否正确得到实现。

表 14-10 单元测试用例列表

| 模块名称 | | 版本号 | | 编写人 | | 编写日期 | | 审核人 | | 审核日期 | |
|---|---|---|---|---|---|---|---|---|---|---|---|
| 测试环境 | | | | | | | | | | | |
| 用例编号 | 测试对象 | 测试内容或目的 | 前提条件/时机 | 输入数据 | 测试方法 | 期望结果 | 测试人员 | 测试日期 | 实际结果 | 当前状态 |
| | | | | | | | | | | |
| | | | | | | | | | | |
| | | | | | | | | | | |
| | | | | | | | | | | |
| | | | | | | | | | | |

注:(1)模块名称及版本编号(一次申请测试一个或多个不同版本的模块)。
 (2)测试时机(模块编程完成/回归修改)。
 (3)测试环境(包括软硬件配置、网络条件、数据环境等要求)。

测试方法分为"手测"和"自动"两种,如果确定使用自动化测试方法,则需要编写与用例相对应的测试程序;当前状态分为"编写"、"程序实现"、"测试通过"、"测试未通过"四种情况,如果测试方法为"手测"则没有"程序实现"状态。

实训模板电子文档请参见本书配套素材中"模板——第 14 章 系统实现与测试过程——《单元测试用例列表》"。

如果使用 TFS 作为实训管理平台,则可以使用其来完成对单元测试用例的编写、跟踪。不但方便管理,更可以很好地与待测试模块、测试产生的 BUG 有机结合起来,对于代码质量的分析及开发人员的考核都会有一定的帮助。结合 TFS 来填写单元测试用例,在 TFS 中选择"新建工作项"的"测试用例",如图 14-2 所示。

在新建的测试用例工作项界面中，根据需求对相应的每个字段进行填写。如图 14-3 所示。

填写说明如下。

● 用例名或编号：填写测试的用例或者编号。

● 测试方法：分为手工测试、自动测试两种方法，如图 14-4 所示。根据准备使用的测试方法来选择。

● 指派给：执行该用例的人员，如果用例需要审核或评审，则指派给审核人员（系统默认是当前登录者）。

● 状态：选择"设计"。

● 原因：选择"新建"。

● 优先级别：分为 1，2，3，4 共 4 种级别。4 是最高级别，是测试用例中首要执行的。在填写单元测试用例的时候，根据用例的重要程度来选择相对应的优先级别。

图 14-2　新建测试用例界面

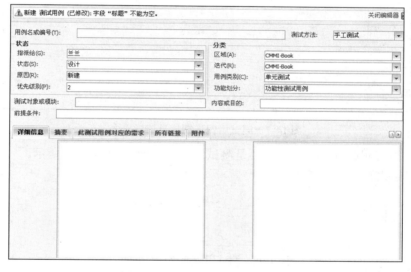

图 14-3　测试用例工作项主界面

● 区域：默认的当前的项目。

● 迭代：默认的当前的项目。

● 用例类别：分为单元测试、集成测试、系统测试 3 项类别，如图 14-5 所示。在填写测试用例的时候，选择相应的类别，在这里选择单元测试。

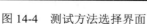

图 14-4　测试方法选择界面　　　　图 14-5　用例类别选择界面

● 测试对象或模块：填写测试用例要测试的内容。

● 内容或目的：该用例或测试对应的内容或目的。

● 前提条件：填写该测试用例执行的前提条件。

● 功能划分：分为 UI 测试用例、安全性测试用例、安装或反安装测试用例、功能性测试用例、健壮性测试用例、接口测试用例、可靠性测试用例、性能测试用例、压力测试用例、其他测试用例 10 个，如图 14-6 所示。在填写单元测试的时候，根据测试用例选功能划分。

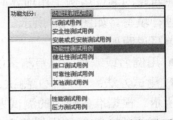

图 14-6  测试功能划分选择界面

● 详细信息：填写测试输入数据和期望结果，如图 14-7 所示。

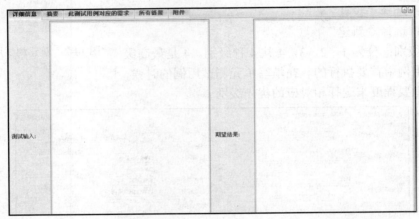

图 14-7  测试用例详细信息填写界面

● 摘要：填写测试方法说明，主要是测试步骤的说明，如图 14-8 所示。

图 14-8  测试用例摘要填写界面

● 此测试用例对应的需求：链接与此用例对应的需求，如图 14-9 所示。

图 14-9  此测试用例对应的需求填写界面

● 所有链接：可以链接与测试用例相关的资料。

在测试用例设计完成之后，需要根据项目进展情况适时执行测试，并且把测试的结果记录到测试用例，如果发现缺陷，则需要与对应的测试用例关联起来。在测试用例的生命周期中，主要是通过状态来进行描述的，具体跟踪状态图表如图 14-10 所示。

状态图说明如下。

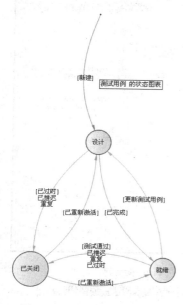

图 14-10 测试用的状态图表

（1）当测试用例初建立的时候，"状态"为"设计"，"原因"为"新建"，指派给测试用例执行人员或者测试用例审核人员。

（2）当测试用例设计完成后，则"状态"由"设计"改为"就绪"，"原因"为"已完成"。"指派给"为测试用例执行人员。

（3）当测试用例设计完成后，发现用例有问题，"状态"可以由"就绪"改为"设计"，"原因"为"更新测试用例"，"指派给"为测试用例设计人员。

（4）当测试用例测试通过的时候，则"状态"由"就绪"改为"已关闭"，"原因"为"测试通过"。

（5）当测试用例因为其他原因不使用的时候，则"状态"由"就绪"改为"已关闭"，"原因"为"已推迟"、"重复"、"已过时"，根据实际情况进行选择。

（6）当测试用例重新使用，则"状态"由"已关闭"改为"就绪"，"原因"为"已重新激活"，"指派给"为测试执行人员。

（7）当已关闭的测试用例重新需要设计的时候，则"状态"由"已关闭"改为"设计"，"原因"为"已重新激活"，"指派给"为测试用例设计者。

（8）当测试用例在设计状态而确定不需要时，则"状态"可以由"设计"直接改为"已关闭"，"原因"为"已推迟"、"重复"、"已过时"，根据实际情况进行选择。

## 实训指导 51：如何使用 VS 执行单元测试自动化

想使用 VS2010 进单元测试，必须安装以下版本的开发环境之一：VS2010 专业版、企业版、旗舰版，本节的指导是以 VS2010 旗舰版为例编写，对附录提供的编程框架中的中间层 Employees 类进行单元测试，该类包含的内容如图 14-11 所示。

在此对其中的增加方法（AddEmployee）进行单元测试，其他的均可使用类似方法进行测试。首先要建立一个测试项目，在 VS2010 中打开要测试的解决方案，从开发环境的菜单中找到"测试"（若没有此菜单，说明安装的 VS2010 版本不是以上给定的版本），单击"新建测试"，出现的界面如图 14-12 所示。

**说明** 使用的 VS2010 版本不同，此界面包含的内容不同，但都会有"单元测试"及"单元测试向导"两项内容。

选择"单元测试向导"，在"添加到测试项目"处，根据你所使用的开发语言来选择，这里选择"创建新的 Visual C#测试项目"，然后单击"确定"按钮，出现如图 14-13 所示界面。

输入如图 14-13 所示的项目名称，单击"创建"按钮，出现如图 14-14 所示界面。

从程序集 FrameBLL 中选择要测试的模块，当然，也可以全部选中，单击"确定"按钮，则会为每一个类产生一个测试类，比如 EmployeesTest。对于这里要演示的 AddEmployee 方法，系统自动产生了如下代码：

```
namespace FrameBLL
{
    /// <summary>
    /// 与操作员有关的所有业务处理类。
    /// </summary>
    public class Employees
    {
        private SQLDatabase db = new SQLDatabase();

        protected int _employeeID;
        protected string _employeeNo;
        protected string _employeeName;
        protected short _employeeSex;
        protected DateTime _birthDate;
        protected string _nativePlace;
        protected string _phoneNo;
        protected string _idcardNo;
        protected string _homeAddress;
        protected int _depNum;
        protected string _password;
        protected int _roleID;
        protected string _remark;

        员工属性
        构造函数
        员工增删改操作
        业务处理
    }
}
```

图 14-11　示例员工类　　　　　　　　图 14-12　新建单元测试界面

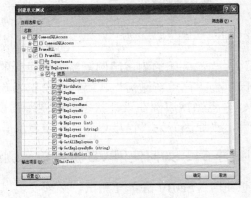

图 14-13　新建单元测试操作步骤 1　　　图 14-14　新建单元测试操作步骤 2

```
///<summary>
///AddEmployee (Employees)的测试
///</summary>
[TestMethod()]
public void AddEmployeeTest()
{
    Employees target=new Employees();
    Employees employee=null;//TODO:初始化为适当的值
    string expected=null;
    string actual;
    actual=target.AddEmployee(employee);
    Assert.AreEqual(expected,actual," FrameBLL.Employees.AddEmployee 未返回所需的值。");
    Assert.Inconclusive("验证此测试方法的正确性。");
```

}

根据 AddEmployee 方法的设计思路，把一个员工对象添加到数据库，返回 1 表示增加成功；否则表示失败，返回错误信息。在单元测试用例列表里设计了两个用例，如表 14-11 所示。

表 14-11  单元测试用例示例表

| 用例编号 | 测试对象 | 测试内容或目的 | 前提条件/时机 | 输入数据 | 测试方法 | 期望结果 |
|---|---|---|---|---|---|---|
| 1 | AddEmployee | 是否能正确添加一条新员工记录 | 员工所属的部门已存在；当前员工在数据表中不存在 | 员工编号为00048、姓名为张三、性别为1、出生日期为2008-01-01、籍贯为浙江杭州、身份证号码为330102200801015456、家庭住址为杭州、所属本部门行政部（编号为1）、联系电话为88098888、角色编号为-1 | 自动 | 返回1 |
| 2 | AddEmployee | 添加一条已存在的员工记录，是否能返回正确的提示，添加不成功 | 当前员工在数据表中已存在 | 员工编号为00048、姓名为张三、性别为1、出生日期为2008-01-01、籍贯为浙江杭州、身份证号码为330102200801015456、家庭住址为杭州、所属本部门行政部（编号为1）、联系电话为88098888、角色编号为-1 | 自动 | 当前员工编号已存在 |

修改代码，根据这两个用例来编写测试程序，为了对这两个用例进行测试，代码第一步修改结果如下。

```
///<summary>
///AddEmployee (Employees)的测试,针对用例编号为1的测试
///</summary>
[TestMethod()]
public void AddEmployeeTest01()
{
    Employees target=new Employees();
    Employees employee=null;//TODO:初始化为适当的值
    string expected=null;
    string actual;
    actual=target.AddEmployee(employee);
    Assert.AreEqual(expected,actual," FrameBLL.Employees.AddEmployee 未返回所需的值。");
    Assert.Inconclusive("验证此测试方法的正确性。");
}
///<summary>
///AddEmployee (Employees)的测试,针对用例编号为2的测试
///</summary>
[TestMethod()]
public void AddEmployeeTest02()
{
```

```csharp
            Employees target=new Employees();
            Employees employee=null;//TODO:初始化为适当的值
            string expected=null;
            string actual;
            actual=target.AddEmployee(employee);
            Assert.AreEqual(expected,actual," FrameBLL.Employees.AddEmployee 未返
                回所需的值。");
    Assert.Inconclusive("验证此测试方法的正确性。");
}
```

注意，这里一定要根据测试用例的顺序来编写。

在这两个方法中添加如下代码：

```csharp
        /// <summary>
        ///AddEmployee (Employees) 的测试，针对用例编号为 1 的测试
        ///</summary>
        [TestMethod()]
        public void AddEmployeeTest01()
        {
            Employees target = new Employees();

            Employees employee = new Employees();
            employee.EmployeeNo = "00048";
            employee.EmployeeName = "张三";
            employee.EmployeeSex = 1;
            employee.BirthDate = DateTime.Parse("2008-01-01");
            employee.NativePlace = "浙江杭州";
            employee.IdcardNo = "3301022008010015456";
            employee.HomeAddress = "杭州";
            employee.DepNum = 1;
            employee.PhoneNo = "88098888";
            employee.RoleID = -1;

            string expected = "1";//期望的返回值
            string actual;//实际的返回值

            actual = target.AddEmployee(employee);

            Assert.AreEqual(expected, actual, "FrameBLL.Employees.AddEmployee
                未返回所需的值。");
        }
```

```
/// <summary>
///AddEmployee (Employees) 的测试，针对用例编号为 2 的测试
///</summary>
[TestMethod()]
public void AddEmployeeTest02()
{
    Employees target = new Employees();

    Employees employee = new Employees();
    employee.EmployeeNo = "00048";
    employee.EmployeeName = "张三";
    employee.EmployeeSex = 1;
    employee.BirthDate = DateTime.Parse("2008-01-01");
    employee.NativePlace = "浙江杭州";
    employee.IdcardNo = "330102200801015456";
    employee.HomeAddress = "杭州";
    employee.DepNum = 1;
    employee.PhoneNo = "88098888";
    employee.RoleID = -1;

    string expected = "当前员工编号已存在";
    string actual;

    actual = target.AddEmployee(employee);

    Assert.AreEqual(expected,actual, "FrameBLL.Employees.AddEmployee
            未返回所需的值。");
}
```

**说明** 本段代码中 Assert 类的用法请参考 MSDN，在调试及进行单元测试时会经常用到此类的相关方法。这里只用到了 AreEqual 方法，此方法验证指定的值是否相等，如果两个对象不相等，则断言失败。如果断言失败，将显示一则消息。

在如图 14-15 所示的界面里单击"用调试器启动选定的测试项目"。

图 14-15 启动测试项目操作界面

这时运行的结果如图 14-16 所示。

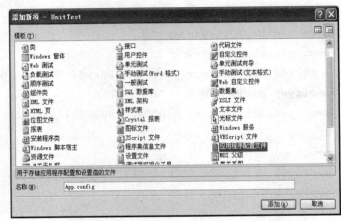

图 14-16　单元测试未设置数据连接参数时运行结果界面

其中错误信息的详细内容为：测试方法 UnitTest.EmployeesTest.AddEmployeeTest01 引发异常："System.NullReferenceException：未将对象引用设置到对象的实例。"是因为在运行测试项目时需要访问数据库，这里没有在该项目里添加配置项。需要添加应用程序配置文件，如图 14-17 所示。

图 14-17　添加应用程序配置文件操作界面

在 App.config 里添加数据库连接字符串，比如：

```
<connectionStrings>
    <add name="FrameDBConn" connectionString="Data Source=.;Initial Catalog=MISFrame;User ID=sa;Password=come" providerName="System.Data.SqlClient"/>
</connectionStrings>
```

在运行测试项目，出现的结果如图 14-18 所示。

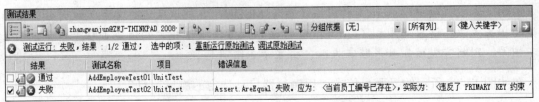

图 14-18　设置正确的单元测试运行结果界面

这说明有一个用例测试没有通过，此时反过来修改单元测试用例列表，对测试情况进行跟踪。把没有通过的用例及出错信息登记进缺陷/BUG 管理系统，如没使用缺陷/BUG 管理系统，则需要把出错信息填写进《单元测试用例列表》。

在实际测试过程中,需要根据测试的具体要求,灵活使用该工具。

# 实训任务十七:执行集成测试及管理缺陷

## 实训指导 52:如何使用 TFS 管理 BUG

为了能更好地对 BUG 进行跟踪及管理,建议尽量使用专业的 BUG 管理工具,比如 TFS、Test Director 等。本书以 TFS 为例进行讲解,在 TFS 中 BUG 是工作项中的一种,其操作方法与其他类型工作基本上一致,此外只是对其状态变换及内容填写进行指导说明。

结合 TFS 来填写 BUG,在 TFS 中选择"新建工作项"的"BUG",如图 14-19 所示。

在新建的 BUG 工作项中,对相应的每个字段进行填写。如图 14-20 所示。

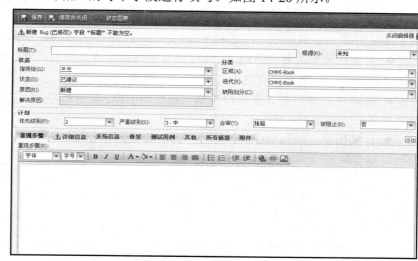

图 14-19　新建 BUG 界面　　　　　图 14-20　BUG 工作项填写主界面

填写说明如下。

● 标题:填写 BUG 的名称,用简洁的语言对 BUG 的描述。

● 根源:表示 BUG 产生的原因,分为未知、设计错误、规范错误、沟通错误、编码错误 5 种根源,如图 14-21 所示。根据 BUG 的实际情况选择填写。

● 指派给:可以选择该项目的经理(系统默认是当前登录者),然后再由项目经理指派解决该 BUG 的人选;对于小型团队,由于大家清楚每个模块是哪位同事负责的,也可以直接指派给该模块的编码人员。

● 状态:已建议。

● 原因:新建。

● 解决原因:刚开始填写的时候是灰色的,待 BUG 解决完成后,自动会显示"已修复"。

● 区域:就是默认的当前的项目。

● 迭代:就是默认的当前的项目。

● 缺陷划分:目的是为了区分 BUG 属于哪类测试产生的,分为单元测试、集成测试、系统测试、客户验收 4 个,如图 14-22 所示。

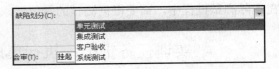

图 14-21　根源选择界面　　　　　图 14-22　缺陷划分选择界面

- 严重级别：分为 1-严重，2-较严重，3-一般，4-轻微 4 个级别，如图 14-23 所示。

图 14-23　严重级别选择界面

- 优先级别：分为 1，2，3，4 共 4 种级别。4 是最高级别，是 BUG 中首要解决的，如果不解决可能会导致测试无法进行下去。在填写 BUG 的时候，选择相对应的优先级别。
- 会审：对于需要会审的 BUG 才需要填写此字段，分为挂起、收到信息、详细信息、已会审 4 种状态，一般选择挂起。
- 被阻止：分为是、否两种类型，说明该 BUG 是否被阻止，如果该 BUG 需要在其他事情做完之后才能解决，则可以选择"是"。
- 详细信息：填写 BUG 出现的症状，如图 14-24 所示。

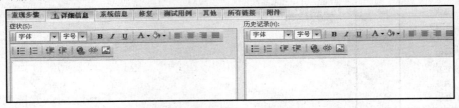

图 14-24　详细信息填写界面

- 系统信息：填写"发现环境"、"发现途径"、"系统信息"，如图 14-25 所示。

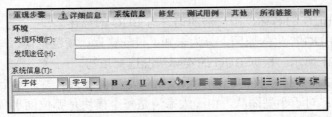

图 14-25　系统信息填写界面

- 修复：填写建议的修复方案，如图 14-26 所示。

图 14-26　修复方案填写界面

● 测试用例：链接测试此 BUG 的测试用例，如图 14-27 所示。

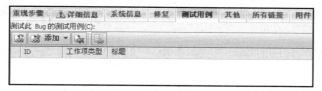

图 14-27　测试用例填写界面

● 其他：在其他中填写信息"发现版本"、"集成版本"、"初始估计"、"实际投入"。如图 14-28 所示。在开发人员修改好 BUG 之后，必须填写"实际投入"工作量。

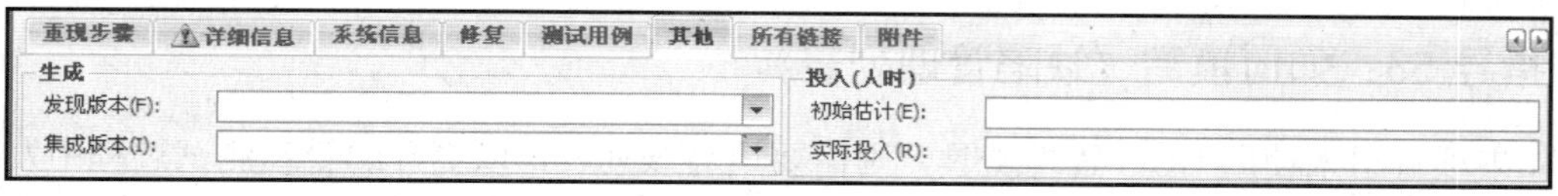

图 14-28　其他信息填写界面

● 所有链接：可以链接 BUG 相关的资料。

BUG 在发现之后，由开发人员解决，然后再由测人员验证，最终必须在项目交付前全部关闭，具体的跟踪状态图表如图 14-29 所示。

状态图说明如下。

（1）当 BUG 初建立的时候，"状态"为"已建议"，"原因"为"新建"或则"生成错误"，此处指派给项目经理（或编码组长或开发人员）。

（2）当 BUG 不需要解决的时候，"状态"直接由"已建议"改为"已关闭"，"原因"为"已拒绝"、"已推迟"、"重复"，根据实际需要选择填写。

（3）当 BUG 需要解决的时候，"状态"由"已建议"改为"活动"，"原因"为"已批准"，此时必须指派给具体的开发人员。

（4）如果 BUG 有不清楚之处，需要通过调查之后才能确定是否去解决，则"状态"由"已建议"改为"活动"，"原因"选择"调查"，指派给调查 BUG 的人员一般为原来发现 BUG 的测试人员或者高级经理；当 BUG 调查完的时候，"状态"由"活动"改为"已建议"，"原因"为"调查完成"，"指派给"项目经理（或编码组长或开发人员）。

（5）当 BUG 解决完成的时候，"状态"

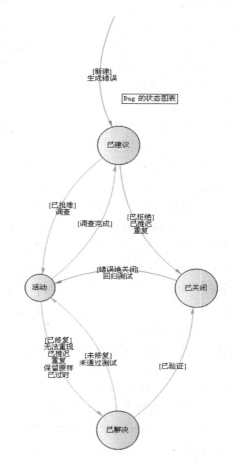

图 14-29　BUG 的状态图表

由"活动"改为"已解决","原因"为"已修复"、"无法重现"、"已推迟"、"重复"、"保留原样"、"已过时",根据实际情况来选择填写,"指派给"原来发现 BUG 的测试工程师。

(6)当 BUG 验证通过的时候,"状态"由"已解决"改为"已关闭","原因"为"已验证"。

(7)当 BUG 验证不通过的时候,"状态"由"已解决"改为"活动","原因"为"未修复"、"未通过测试","指派给"原来解决该 BUG 的开发工程师。

(8)当 BUG 被关闭之后,发现有问题,可以再次被激活。"状态"由"已关闭"改为"活动","原因"为"错误地关闭"或"回归测试","指派给"开发工程师。

## 实训指导 53:如何填写《缺陷管理列表》

如果项目组未使用 BUG 管理工具,则需要填写该列表,以更好的管理测试过程中发现的缺陷,实现对缺陷的跟踪。该列表如表 14-12 所示,其中内容的填写办法如下。考虑到整个开发过程中团队的协作及效率,不建议使用此表格来管理缺陷,尽量使用专业的缺陷管理工具来完成缺陷管理工作。

(1)当测试人员(或其他检查人员)发现缺陷之后,填写缺陷编号(由项目组自己确定,建议使用顺序编号),模块/功能名称(缺陷出现的位置),测试用例编号(执行哪个测试用例是产生的缺陷,若没有对应的测试用例,则可不写),缺陷详细描述(尽量详细并言简意赅),优先级、严重级(参照教材第 13 章 "软件测试简介"中的相关内容填写),提交人(发现缺陷的人),提交时间(发现缺陷的时间),BUG 状态(在本模板中,初始状态为"激活"),确认状态(填写为"待确认")。然后通知项目组长,说明有新的缺陷。

(2)项目组长对提交的缺陷进行确认,若有一些缺陷认为没有必要或没有办法解决,通过与组内的测试人员、系分人员等讨论,直接把 BUG 状态改为"关闭",同时把确认状态改为"已确认"。对于需要解决的缺陷,在解决人处填写负责修改程序的人员姓名,同时把确认状态改为"已确认"。然后通知相关人员,督促尽快修正发现的缺陷。

(3)解决人通过该列表看到自己负责的缺陷,若认为某个缺陷没有办法修改或没必要修改,则把 BUG 状态改为"拒绝"、确认状态改回"待确认",同时在解决方法处填写拒绝的详细原因,由项目组长协调解决;对于修正好的缺陷,填写修正之后的程序版本号(解决版本),修正的时间(解决时间),修正的内容及方法(解决方法),同时把 BUG 状态改为"解决"。然后通知测试人员,对修正过的缺陷进行验证。

(4)测试人员知道自己发现的缺陷修正完成后,及时进行验证,若通过则把 BUG 状态改为"关闭";若问题依然存在,则把 BUG 状态改为"重新激活",有解决人再重新修正;若发现新缺陷,则填写新的记录,不要与当前缺陷填写在一起,在备注栏可以填写验证是新发现缺陷的编号。无论什么情况下,均需要填写验证人、验证时间和验证版本。

(5)缺陷管理列表可以根据测试的阶段分为《单元测试缺陷管理列表》、《集成测试缺陷管理列表》、《系统测试缺陷管理列表》、《系统试运行/客户验收测试缺陷管理列表》等,由项目组根据实际需要来确定。

实训模板电子文档请参见本书配套素材中"模板——第 14 章 系统实现与测试过程——《缺陷管理列表》",此文档中"初测"、"复测"、"第 3 次测试"……都是用来记录缺陷的。

表 14-12 缺陷管理列表模板

| 缺陷信息(测试人员填写) | | | | | | | 项目经理 | 解决信息 | | | | 验证信息（测试人员填写） | | | 备注 |
|---|---|---|---|---|---|---|---|---|---|---|---|---|---|---|---|
| 缺陷编号 | 模块/功能名称 | 测试用例编号 | 缺陷详细描述 | 优先级 | 严重级 | 提交人 | 提交时间 | BUG状态 | 确认状态 | 解决人 | 解决版本 | 解决时间 | 解决方法 | 验证人 | 验证版本 | 验证时间 |
| | | | | 高 | 严重 | | | | | | | | | | | |
| | | | | | | | | | | | | | | | | |
| | | | | | | | | | | | | | | | | |
| | | | | | | | | | | | | | | | | |
| | | | | | | | | | | | | | | | | |
| | | | | | | | | | | | | | | | | |
| | | | | | | | | | | | | | | | | |

## 实训指导54：如何使用 TFS 生成《集成测试报告》

关于集成测试用例的编写，请参见第 15 章的"实训指导"。实训模板电子文档请参见本书配套素材中"模板——第 14 章 系统实现与测试过程——《集成测试报告》"。《集成测试报告》的具体格式及填写说明如表 14-13 所示。

表 14-13 集成测试报告模板

{ 项目名称 }

**第 N 次集成测试报告**
说明：每一轮集成测试结束后，均需要写一份测试结果的分析报告。在进入下一阶段前（系统测试），对所有集成测试的情况进行汇总，编写一个总的《集成测试报告》。单元测试报告也可采用类似的格式进行编写。
1．基本信息

| 测试负责人 | 提示：项目经理或其指定的人员 |
|---|---|
| 测试用例负责人 | 提示：项目经理组织集成测试人员编写《集成测试用例》 |
| 测试对象描述 | |
| 测试环境描述 | |
| 测试人员 | |
| 测试起止时间 | |
| 结束准则 | |

2. 分析与建议

集成测试负责人对测试结果（缺陷、用例通过率、工作量等）进行分析（分析的内容请参考第 19 章中与测试相关的度量指标）；针对缺陷管理、集成测试用例设计、修正编码、下一轮测试等提出具体建议。

3. 缺陷修改记录

说明：如果采用了缺陷管理工具、能自动产生缺陷报表，则无需本表；或把《缺陷管理列表》作为集成测试报告的附件。

在 TFS 中用新建的查询，根据需要来设置条件在新建的查询中，根据需要来设置条件，查询出来本次集成测试的 BUG 即可，然后以 BUG 列表作为本报告的一部分。选择的时候，包括的如下所示。

| 缺陷名称/编号 | 缺陷描述 | 严重程度 | 修改人 | 修改时间 | 是否验证 |
| --- | --- | --- | --- | --- | --- |
|  |  |  |  |  |  |
|  |  |  |  |  |  |

4. 测试用例跟踪列表

在新建的查询中，根据需要来设置条件。在查询类型处选择"工作项和直接连接"可以将本次集成测试的用例和相关的 BUG 都查询出来。

说明：此表通过对缺陷管理列表整理得到，若有专门的测试管理工具，也可以直接导出跟踪数据，以方便项目组分析。

## 实训指导 55：如何编写《缺陷统计报告》

此表格在《缺陷管理列表》里，对每一轮测试均进行缺陷的统计分析，其中的数据都自动来源于缺陷管理列表。若使用专业的缺陷管理工具，则可以自动产生统计数据，不需要再填写该报告。在统计报告模板里提供的图表如表 14-14 所示，每个公司可能会有各自的统计指标。

表 14-14 缺陷统计报告图表

| 缺陷优先级 | | | |
| --- | --- | --- | --- |
| 类型 | 高 | 中 | 低 |
| 数据 | 2 | 2 | 15 |

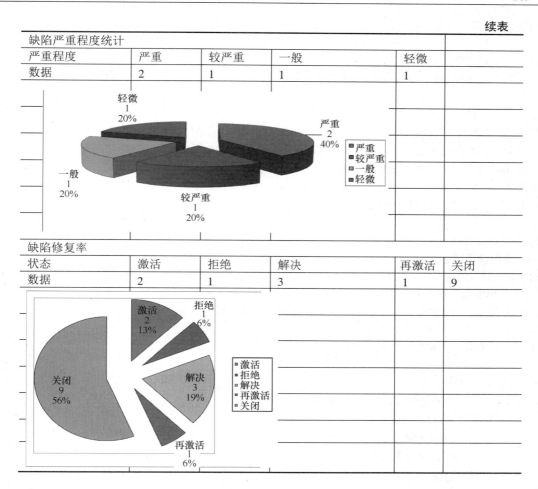

续表

| 缺陷严重程度统计 | | | | |
|---|---|---|---|---|
| 严重程度 | 严重 | 较严重 | 一般 | 轻微 |
| 数据 | 2 | 1 | 1 | 1 |

| 缺陷修复率 | | | | | |
|---|---|---|---|---|---|
| 状态 | 激活 | 拒绝 | 解决 | 再激活 | 关闭 |
| 数据 | 2 | 1 | 3 | 1 | 9 |

## 实训任务十八：编写用户文档（可选）

### 实训指导 56：如何编写《用户操作手册》

《用户操作手册》主要由文档人员来编写，在系统设计阶段的后期即可开始编写，目的是指导最终用户顺利使用系统。在编写过程中，要注意语句表达上符合客户的语言，尽量多使用客户的业务术语，少使用技术术语。对各个功能模块的操作方法编写时可采用图文结合的方式，并把每个操作的注意事项写明。实训模板电子文档请参见本书配套素材中"模板——第 14 章　系统实现与测试过程——《用户操作手册》"。具体包含的内容如下。

---

1. 引言
1.1　目的
说明编写这份操作手册的目的，指出预期的读者。

1.2　背景、应用目的与功能概述
这份用户操作手册所描述的系统名称。

该系统任务提出背景，开发者及系统完成的主要功能介绍。

1.3　术语和缩略语
列出本手册中用到的专门术语的定义和外文首字母组词的原词组。

1.4　参考资料
列出有用的参考资料，如：
（1）本项目的经核准的计划任务书或合同、上级机关的批文；
（2）属于本项目的其他已发表的文件；
本文件中各处引用的文件、资料，包括所列出的这些文件资料的标题、文件编号、发表日期和出版单位，说明能够得到这些文件资料的来源。

2．系统运行环境
2.1　系统硬件环境
软件将所要求的运行环境描述清楚，如：
（1）处理机的型号、内存容量；
（2）所要求的外存储器、媒体、记录格式、设备的型号和台数、联机／脱机；
（3）I／O 设备（联机／脱机？）；
（4）数据传输设备和转换设备的型号、台数。

2.2　系统软件环境
说明为运行本软件所需要的支持软件，如：
（1）操作系统的名称、版本号；
（2）程序语言的名称和版本号；
（3）数据库管理系统的名称和版本号；
（4）其他支持软件。

3．系统操作说明
3.1　系统操作流程
对本系统的功能模块进行概述表示，并表述清楚各模块间的逻辑关系及操作顺序。

3.2　系统的启动
系统软硬件启动步骤并描述各步骤正常运作的系统反应。

3.3　功能 1 操作说明
3.3.1　功能描述

3.3.2　操作方法

3.3.3　注意事项

3.4　功能 2 操作说明

# 第 15 章 制订测试方案及编写测试用例

本章重点：
- CMMI 中对应实践；
- 测试资料收集与整理；
- 检查产品说明书；
- 测试方案的制订；
- 测试计划书的编写及要素；
- 测试用例编写。

在整个软件开发过程中，测试占有大量的工作。比如：微软的 SharePoint Team Services 项目组的组成，产品部门经理（product unit manager）：1 人；程序经理（program manager）：10 人；开发人员（developer）：29 人；测试人员（tester）：27 人；可用性工程师（usability engineer）：1 人（合用）；用户培训（user education）：2 人（合用）；产品经理（product manager）：1 人（合用）；本地化（localization）：4 人（合用）；行政助理（administrative assistant）：1 人；其中测试占了近 40%。但是，在国内不少公司中，对测试不是那么重视，对测试人员的培养及待遇也有一定的认识偏见。作者认为测试员应当比程序员更重要收入也应当比程序员高。

在整个软件测试活动中，重点工作有时在于测试的策划，而不是执行测试。测试方案及测试用例设计质量对测试的效果有着非常重要的影响，也是测试活动能否顺利开展的基础。本章重点讲解怎么样进行测试策划，制订测试计划及设计测试用例。

## 15.1 CMMI 中对应实践

本章主要是完成 CMMI 中 VER 和 VAL（Validation，确认）两个过程域的相关准备活动，其中 VER 的相关实践在上一章已经进行了讲解，本节主要解释在 VAL 中准备活动相关的实践。

在 VAL 中，与测试或客户验收（系统试运行）准备有关的是 SG1 Prepare for Validation（确认准备），其目的是为将要进行的确认活动做准备，准备活动主要包括选择要确认的工作产品或产品组件，建立并维护确认的环境、过程、标准。为了达到此目的需要完成以下三个实践。

SP1.1 Select Products for Validation（选择需确认的产品）

目的是选择需确认的产品及产品组件，及对每一个产品及产品组件使用的确认方法。根据用户的需要来选择相关要确认的产品或产品组件，一般有以下几种：产品或产品组件的需求及设计；包含系统、硬件、软件、服务文档在内的产品或产品组件；用户界面；用户手册；培训资料；过程文档；存取协议；数据交换报表格式。

SP1.2 Establish the Validation Environment（建立确认环境）

目的是建立并维护支持确认活动所需的环境。环境一般包含以下类别：与将要被确认的产品交互的测试工具；临时的嵌入式测试软件；用于转储或作进一步分析和重放的记录工具；用软件等模拟的子系统或组件；实时接口系统；熟练操作或使用前面提到的元素的人员。

SP1.3 Establish Validation Procedures and Criteria（建立并维护确认过程和准则）

为了确保产品或产品组件放到预期的环境里实现预期的应用，测试用例及测试过程需要满足确认过程的需要。

## 15.2 测试资料收集与整理

测试资料收集与整理是软件测试策划的一个重要组成部分，软件测试策划的目的：规定测试活动的范围、方法、资源和进度；明确正在测试的项目、要测试的特性、要执行的测试任务、每个任务的负责人，以及与计划相关的风险。由此可见，测试策划是制作产品详细计划过程的副产品，重在策划过程，而不是产生测试计划的文档。测试计划过程的最终目的是交流（而不是记录）软件测试小组的意图、期望，以及对将要执行的任务的理解。需要收集与整理的内容如下。

1．通用的信息
- 一般信息：公司大体情况；所在测试部门的大体情况；周围的人与事、工作环境；公司的公司文化。
- 技术信息：软件的类别及构成；软件的用户界面；所测软件涉及使用的第三方软件。

2．被测软件的类别及构成

为制订恰当的测试方案，需要了解清楚软件的类别及结构：
- 软件的类别及用途；
- 软件的技术结构；
- 所支持的平台；
- 软件的主要构成部分，各自功能及各部分之间的联系；
- 每一构成部分所使用的计算机语言；
- 若进行白盒测试，则了解各部分已建立的函数库的函数或类的接口，以及它们的用途、输入、输出值。

3．被测软件的用户界面

还需了解最终用户的软件界面：
- 用户界面类别（Windows 窗体、命令行、网页类）；
- 用户界面各部分功能之间的联系；
- 界面中组成控件的特性及操作特点。

以上信息来源：《用户需求说明书》、《软件需求规格说明书》、系统设计说明书等各类文档及与设计或编码等人员沟通。

为了能有效展开测试，在测试开始前，需要准备好以下资料，这也正是测试计划/策划所要解决的重点：
- 软件及测试基本情况（进度、进展、分工）；
- 软件目前主要存在的问题；

- 测试管理流程（特别是 BUG 管理流程）；
- 使用的测试软件、BUG 管理软件、配置管理软件；
- 测试的环境；
- 软件产品的文件、说明等。

## 15.3 检查产品规格说明书

产品规格说明书（简称 SPEC，通常包括《用户需求说明书》、《软件需求规格说明书》及相关设计文档等）可以保证大家都知道最终会得到什么样的产品。确保最终产品符合客户要求及正确计划。测试的唯一方法是用产品说明书完整地描述产品。软件测试人员将其作为测试项目的书面材料，并且还可以在编写代码之前找出缺陷。

对 SPEC 进行检查一般分为两类：一类称为高级审查，一类称为低级审查。两者的出发点不太一样，其中高级审查要做以下工作。

（1）测试产品说明书的第一步不是钻进去找软件缺陷，而是在一个高度上审视，以找出根本性的大问题、疏忽或遗漏。

（2）通过研究更好地了解软件要做什么，以便可以做更好的测试。

（3）怎么进行高级审查？

① 设身处地为客户着想，把自己当客户，通过与市场人员、销售人员或实际客户进行沟通，了解客户所想；熟悉软件应用领域相关知识极有好处。

② 研究现有的标准和规范，惯用语和约定、行业要求、国家标准、图形用户界面、硬件和网络标准，等等。

③ 审查和测试同类软件，研究同类软件有助于制定测试条件和测试方法，审查竞争产品重点注意问题如下。

- 规模。软件是小型的还是大型的？这在测试中有何不同？
- 复杂性。软件是否复杂？会影响测试吗？
- 测试性。是否有足够的资源、时间和经验来测试软件？
- 质量/可靠性。软件是否完全依据质量标准计划编写的？可靠性如何？
- 对同类软件动手实践，通过试用去了解，为测试自己的软件积累经验。

SPEC 的低级审查，主要是关注被审查对象——产品规格说明书——编写的质量如何？编写中有没有可能存在问题的用语等。具体包含的内容如下。

产品说明书属性检查清单，优秀产品说明书应具有 8 个重要属性：

- 完整；
- 准确，解决方案正确吗？目标明确吗？有没有错误？
- 精确、不含糊、清晰；
- 一致，是否自相矛盾，与其他功能有没有冲突？
- 贴切，描述是否必要？有无多余信息？
- 合理，以现有人力、物力能否实现？
- 代码无关，坚持产品定义；
- 可测试，特性能否测试？是否为操作提供足够的信息？

产品说明书用语检查清单，找出问题描述用语，以下用语的表述可能表明 SPEC 本身存在问题，在开始测试之前要进行纠正。

- 总是、每一种、所有、没有、从不：此类绝对描述，要设计针锋相对的测试案例。
- 当然、因此、明显、显然、必然：诱使接受假定情况，不要中圈套。
- 某些、有时、常常、通常、惯常、经常、大多、几乎：太模糊，无法测试。
- 等等、诸如此类、依此类推：也无法测试，需要明确。
- 良好、迅速、高效、小、稳定：不确定说法，不可测。
- 已处理、已拒绝、已忽略、已消除：可能隐藏大量需要说明的功能。
- 如果…那么…：缺少"否则"则会出现大问题。

## 15.4 测试方案的制订

测试方案是软件测试的总体规划。包括：测试的方针、策略、系统建立、人员分配、进度等。一般由测试组长或测试部门的主管来完成。

不同的测试方案，制定时机也不一样，单元测试一般可以在详细设计或编码阶段制定；集成测试一般可以在系统设计结束后或单元测试结束前制订；系统测试一般可以在需求分析完成或集成测试结束前制定。根据不同项目类型、不同项目人员结构来确定。在制订测试方案的时候，需要主要考虑以下四个因素。

- 软件的现状及将来可能的发展，现状包括软件的复杂程度、规模、现有缺陷的难度及缺陷发现的频率等；软件将来可能的发展，需要在决定测试结构时预留一些空间。
- 现有资源及将来可能获得的补充资源，包括测试用计算机、测试用软件、测试人员；将来公司对测试工作的重视程度、投入资金的计划、测试队伍建设计划等。
- 风险分析：软件系统与选定的硬件或某些第三方软件的不兼容性；软件的功能并不能达到其在用户说明书中的列项；软件的实际技术指标与设计要求和用户说明相去甚远；软件存在致使的安全漏洞；开发费用、开发时间比预期高。
- 制定测试的策略，确定采用的测试方法、范围，一般功能测试、安装测试、兼容性测试是必不可少的；强度测试、容量测试、数据库测试等视软件特性而确定。

## 15.5 测试计划书的编写及要素

在软件测试工作中，测试计划作为整个项目计划的一部分，根据开发所处的阶段不同编写不同的测试计划。不论什么阶段的测试计划，其作用通常如下。

- 测试工作的依据，使测试工作有目标、有计划地进行。
- 帮助人们以科学的方法管理测试工作，从测试资源分配、测试进度、测试方法、步骤、测试单元划分、测试覆盖程度、缺陷报告及管理方式等方面都明确规定。
- 及早发现软件规格说明书的问题，以便及早修正。
- 有利于日后测试部门工作的相互协调。
- 有利于日后测试自动化，需要列出所有的测试用例，帮助确定自动化测试程序编写顺序。

### 15.5.1 测试计划书衡量标准

测试计划书必须有明确的测试目标、范围和深度、具体实施方案及测试重点；提供大体的测试进度及所需的资源（人力、物力、软件、硬件等）。好的测试计划应具备的特点如下。
- 有效达到最终目的，引导整个软件测试工作正常运行，配合编程部门、保证软件质量、按时将产品推出。
- 列举的所有数据必须是准确的，比如，兼容性所要求的数据、输入、输出数据等。
- 提供的方法使测试高效运行，较短时间内找出尽可能多的缺陷。
- 提供明确的测试目标、测试的策略、具体步骤及测试标准。
- 既强调测试重点，也重视测试的基本覆盖率。
- 测试方案尽可能充分利用公司现有的、可以提供给测试部门的人力物力资源，而且是可行的。
- 测试安排有一定的灵活性，可以应付一些突然的变化。

### 15.5.2 测试计划内容

测试计划作为开展软件测试的纲领性文档，如同项目开发计划对一个软件开发一样重要，其内容一般包括以下几点。
- 测试计划书的文件名及版本号。
- 基本情况介绍（测试目的、背景、测试范围及参考文献等）。
- 测试的具体目标（要测的是软件的哪些部分）。
- 具体执行的测试类型。
- 测试通过的判断准则。
- 测试用例。
- 测试准备工作及测试结果的处理。
- 测试工作中涉及的相关事项（测试工具、硬件、第三方软件等）。
- 部门责任分工。
- 测试人力资源分配。
- 测试进度列表。
- 测试工作中可能面临的偶然事件及危机处理（即测试过程中的风险管理）；缺陷管理流程。

## 15.6 测试用例编写

### 15.6.1 单元测试用例编写

什么叫单元测试？工厂在组装一台电视机之前，会对每个元件都进行测试，这就是单元测试。那在软件开发中什么叫单元测试？

一般来说，在结构化程序时代，单元测试所说的单元是指函数，在当今的面向对象时代，单元测试所说的单元是指类（不论是私有函数还是公用函数都应当纳入单元测试）。在进行开展单元测试工作之前，需要理解以下的两个问题。

**1. 什么时候进行单元测试**

（1）一般来说，对于开发单元测试越早越好。

（2）先编写产品函数的框架（概要设计），然后编写测试函数，针对产品函数的功能编写测试用例，然后编写产品函数的代码，每写一个功能点都运行测试，随时补充测试用例。

**2. 谁来执行单元测试**

单元测试与其他测试不同，单元测试可看作是编码工作的一部分，应该由程序员完成，也就是说，经过了单元测试的代码才是已完成的代码，提交产品代码时也要同时提交测试代码。测试人员可以作一定程度的审核。在项目中，单元测试也由开发人员来做。一般单元测试用例包含以下内容。

（1）用例编号、被测对象。

（2）测试用例的核心是输入数据，输入数据包括四类：参数、成员变量、全局变量、IO媒体，这四类数据中，只要所测试的程序需要执行读操作的，就要设定其初始值，其中，前两类比较常用，后两类较少用。输入数中，要包括：正常输入、边界输入（最大值及最小值）、非法输入。

（3）期望输出，在给定的输入条件下，单元应当给的反映。

**注意** 单元测试用例通常没有操作步骤。为什么？

### 15.6.2 集成测试用例编写

集成测试是为确保各单元组合在一起后能够按既定意图协作运行，并确保增量的行为正确。它所测试的内容包括单元间的接口及集成后的功能，所以集成测试用例中一般包括接口测试用例。一般使用黑盒测试方法测试集成的功能，对应于设计来说编写出来的代码能否正确执行，并且对以前的集成进行回归测试。

集成测试的必要性：一些模块能够单独地工作，但并不能保证连接起来也能正常工作。程序在某些局部反映不出来的问题，有可能在全局上会暴露出来，影响功能的实现。在某些开发模式中，如迭代式开发、设计和实现是迭代进行的。在这种情况下，集成测试的意义还在于它能间接地验证概要设计是否具有可行性。通常情况下，集成测试用例包括以下内容。

（1）用例编号、被测对象、场景等。

（2）测试用例的核心是输入数据，输入数据包括四类：参数、成员变量、全局变量、IO媒体，这四类数据中，只要所测试的程序需要执行读操作的，就要设定其初始值，其中，前两类比较常用，后两类较少用。输入数中，要包括：正常输入、边界输入（最大值及最小值）、非法输入。

（3）测试时操作步骤。

（4）期望输出，在给定的输入下，系统应当给的反映。

### 15.6.3 系统测试用例编写

系统测试（System Test，ST）是将经过测试的子系统装配成一个完整系统来测试。它是检验系统是否确实能提供系统方案说明书中指定功能的有效方法。系统测试的目的是对最终软件系统进行全面的测试，确保最终软件系统满足产品需求并且遵循系统设计。有时，集成测试与系统测试可以不做很严格的划分。

系统测试采取了一种不同的测试用例编写方法，因为不可能使用一项技术来设计系统测试用例，需要根据不同类型的测试来设计测试用例，那么系统测试用例的设计需要大量的创造性。事实上，设计好的系统测试用例比设计系统或程序需要更多的创造性、智慧和经验。一般来说，系统测试包含 15 种类型，本书中重点讲述了以下 9 种类型测试用例的编写：对外的接口测试用例、与《需求规格说明书》对应的功能测试用例、程序的健壮性测试用例、系统性能测试用例、系统图形用户界面测试用例、系统信息安全性测试用例、压力测试用例、系统可靠性测试用例、系统安装/反安装测试用例等。每种用例的编写请参见实训指导。

## 实训任务十九：编写测试计划及测试用例

根据通常实训进度，当前整个项目应当处于详细设计或编码测试阶段。此时测试人员应当及时对各类规格说明书进行审查，最好能在开始编码之前发现一些缺陷。教材所讲述的内容，以测试人员为主，系分人员配合，编写各类测试用例及测试计划，并且对部分测试用例实现自动化测试脚本或程序的编写。第一类学员可以讲授系统测试相关的内容，但不编写《系统测试用例》和《系统测试计划》，第二类学员只完成集成测试用例的编写及集成测试的相关实训。本章的实训内容与 14 章实训内容可以合并在一起进行，课时也并入其中。

### 实训指导 57：如何使用 TFS 管理集成测试用例

集成测试用例主要包括两部分内容：一是接口测试用例，用来测试每次集成之后，各个模块之间接口是否与设计一致，数据能否正确传递；二是功能测试用例，主要是用来测试每次集成之后，对应的概要设计里的各个功能模块是否能正确处理，比如，在"部门管理"功能处添加了一个新部门，那么在"员工管理"功能处能否找到该新添加的部门，并且能正确地来操作或使用。

如果使用 TFS 来对集成测试用例进行管理，把表 15-1 中的相关内容填写进 TFS 的"测试用例"工作项对应字段，具体操作方法请参见"本书第 14 章 14.8.1 节实训指导 50：如何使用 TFS 管理单元测试用例"中的内容，只需在"用例类别"处选择"集成测试"，其他部分对应填写即可。

如果采用手工来管理集成测试用例，则可以使用实训模板，其电子文档请参见本书配套素材中"模板——第 15 章　制订测试方案及编写测试用例——《集成测试用例》"。具体内容如表 15-1 所示。

表 15-1　集成测试用例模板

| 接口测试用例 | | | | |
|---|---|---|---|---|
| 在实训时，系统内部的接口（即每个模块或类）由单元测试来执行，如果所选择的项目没有对外系统的接口，则可以不进行接口测试，也就没有相对应的用例。 | | | | |
| 用例编号： | | 模块名称： | | |
| 开发人员： | | 版本号： | | |
| 用例作者： | | 设计日期： | | 测试人员： |
| 用例描述： | 该用例执行的目的或方法 | | | |
| 前置条件： | 即执行本用例必须要满足的条件 | | | |

| 输入数据： | 一般分为典型值、边界值、异常值来设计用例的输入数据 | | | | |
|---|---|---|---|---|---|
| 预期结果： | 本测试用例执行预期输出的数据等 | | | | |
| 实际结果： | 实际执行输出的结果 | | | | |
| 结论： | 通过 | 未通过 | | 测试日期： | |

…

集成功能测试用例

此处的功能测试的参照是概要设计中功能的划分，在系统集成在一起之后，来测试这些功能是否根据设计而得到实现。

| 用例编号： | | 模块名称： | | | |
|---|---|---|---|---|---|
| 开发人员： | | 版本号： | | | |
| 用例作者： | | 设计日期： | | 测试人员： | |
| 用例描述： | 该用例执行的目的或方法 | | | | |
| 前置条件： | 即执行本用例必须要满足的条件 | | | | |
| 步骤： | 描述本次执行的过程 | | | | |
| 输入数据： | 本测试用例加载运行时需要输入的数据 | | | | |
| 预期结果： | 本测试用例执行预期输出的数据等 | | | | |
| 实际结果： | 实际执行输出的结果 | | | | |
| 结论： | 通过 | 未通过 | | 测试日期： | |

…

## 实训指导 58：如何使用 TFS 管理系统测试用例

在系统测试用例中，主要包括：功能测试用例、健壮性测试用例、性能测试用例、图形用户界面测试用例、信息安全性测试用例、压力测试用例、可靠性测试用例、安装/反安装测试用例。在实训时，可以根据项目的实际情况，对于有条件模拟的测试编写相应的测试用例，并执行测试。对于难于描述或没有条件模拟的可以跳过相关内容，因为设计好的系统测试用例比设计系统或程序需要更多的创造性、智慧和经验。

如果使用 TFS 对系统测试用例进行管理，把系统测试用例中要求的相关内容填写进 TFS 的"测试用例"工作项对应字段，具体操作方法请参见"本书第 14 章 14.8.1 实训指导 50：如何使用 TFS 管理单元测试用例"中的内容，只需在"用例类别"处选择"系统测试"，其他部分对应填写即可。

如果采用手工来管理系统测试用例，则可以使用实训模板，其电子文档请参见本书配套素材中"模板——第 15 章 制订测试方案及编写测试用例——《系统测试用例》"。下面对每类测试用例进行描述。

### 1．功能测试用例

功能测试目的是检查软件的功能是否正确，在系统测试里，其依据是需求文档，功能测试是必不可少的。基本方法是构造一些合理的输入，检查输出与期望是否相同。由于输入的可能性太多，一般采用"等价区间法"、"边界值分析法"、"异常值分析法"进行测试。用例包含的内容如表 15-2 所示。

**说明** 以后的所有类型的系统测试用例都包括,被测对象介绍、测试范围与目的、测试环境与测试辅助工具的描述、测试驱动程序设计的内容。就不一一在实训指导里写出,参与功能测试用例的对应部分说明即可。

表 15-2 系统测试之功能测试用例模板

1. 被测试对象的介绍

此处一般为子系统,需要对这个子系统的功能进行介绍。

2. 测试范围与目的

要测试这个子系统的哪些功能?并且达到什么目的?

3. 测试环境与测试辅助工具的描述

执行功能测试时搭建的环境,如果使用特定的测试工具,需要在此一并描述。

4. 测试驱动程序的设计

如果需要使用程序来执行或辅助功能测试的时候,需要在此处设计测试驱动程序。此处的设计应当达到可以直接编写驱动程序或执行的程序。

5. 功能测试用例

| 用例 ID | | | |
|---|---|---|---|
| 功能 A 描述 | | | |
| 用例目的 | | | |
| 前提条件 | | | |
| 输入/动作 | 期望的输出/响应 | | 实际情况 |
| 示例:典型值… | | | |
| 示例:边界值… | | | |
| 示例:异常值… | | | |
| 用例 ID | | | |
| 功能 B 描述 | | | |
| 用例目的 | | | |
| 前提条件 | | | |
| 输入/动作 | 期望的输出/响应 | | 实际情况 |
| 示例:典型值… | | | |
| 示例:边界值… | | | |
| 示例:异常值… | | | |
| … | | | |

### 2. 健壮性测试用例

健壮性是指在异常情况下,软件还能正常运行的能力。有容错能力和恢复能力两层含义,容错是指发生异常情况时软件不出错的能力;恢复是指软件发生错误后重新运行时,能否恢复到没有发生错误前的状态的能力。在设计用例时重点考虑在各个可能的异常情况下系统能否重新运行;有无重要的数据丢失;是否毁坏了其他相关的软硬件。其用例一般编写为如表 15-3 所示。

在实训的时候,由于其中的一些情况比较难以模拟及在学校实验室环境下达到,设计用例时以能实际进行测试为准则,由授课教师辅导学生来设计。

表 15-3　系统测试之健壮性测试用例模板

| 异常输入/动作 | 容错能力/恢复能力 | 造成的危害、损失 |
| --- | --- | --- |
| 示例：错误的数据类型... | | |
| 示例：定义域外的值... | | |
| 示例：错误的数据类型... | | |
| 示例：错误的操作顺序... | | |
| 示例：错误的数据类型... | | |
| 示例：异常中断通信... | | |
| 示例：异常关闭某个功能... | | |
| 示例：负荷超出了极限... | | |

### 3. 性能测试用例

性能测试即测试软件处理事务的速度，一是为了检验性能是否符合需求，二是为了得到某些性能数据供参考，比如系统每秒钟处理多少数据等。注意，所谓的性能数据都必须在一定运行环境下记录得到。应当注意以下几点。

（1）由于运行速度比较快，不可能使用手工来计算出运算时间及次数，应当编写程序用来计算时间及记录相关数据。

（2）应当分别测试软件在标准配置、建议配置、最低配置下的性能。

（3）不仅要记录软硬件环境，还要记录多用户并发时的工作情况。

（4）在测试的时候，为了排除干扰，应当关闭那些消耗内存、占用 CPU 的其他应用程序。

（5）对于要测试的系统性能应当分类并给予适当的名称，比如，每小时处理收费笔数，文件上传速度等。

（6）不同的输入场景下，会得到不同的性能数据，应当分档记录。

（7）由于环境的波动，同一种输入情况在不同的时间可能得到不同的性能数值，可以取其平均值。

此类测试用例参考的模板如表 15-4 所示。

表 15-4　系统测试之性能测试用例模板

| 用例 ID | | | |
| --- | --- | --- | --- |
| 性能 A 描述 | | | |
| 用例目的 | | | |
| 前提条件 | | | |
| 输入数据 | 期望的性能（平均值） | | 实际性能（平均值） |
| | | | |
| | | | |
| 用例 ID | | | |
| 功能 B 描述 | | | |
| 用例目的 | | | |
| 前提条件 | | | |
| 输入数据 | 期望的性能（平均值） | | 实际性能（平均值） |
| ... | | | |

### 4. 图形用户界面测试用例

大部分软件都会有图形用户界面，这类测试用例主要是测试和评估用户界面的正确性、易用性和视觉效果。由此可以得出此类测试或评价的主观性非常强，所以在设计测试用例时，需要考虑到不同类别人员的观点。再就是，由于是主观性的评价，此类用例不太适合使用测试程序来测试。

测试人员分类参见表 15-5。

表 15-5 系统测试人员分类表

| 类别 | 特征 |
|---|---|
| A 类 | |
| B 类 | |
| … | |

每类人员使用表 15-6 对图形用户界面进行检查，然后由测试负责人对检查结果进行整理汇总。

表 15-6 界面测试检查列表

| 检查项 | A 类人员评价 | B 类人员评价 | … |
|---|---|---|---|
| 窗口切换、移动、改变大小正常吗？ | | | |
| 用户界面是否与软件的功能相融洽？界面的布局符合软件的功能逻辑吗？ | | | |
| 各种界面元素的文字正确吗？（如标题、提示等） | | | |
| 各种界面元素的状态正确吗？（如有效、无效、选中等状态） | | | |
| 是否所有界面元素都不会让人误解？ | | | |
| 各种界面元素支持键盘操作吗？ | | | |
| 各种界面元素支持鼠标操作吗？ | | | |
| 是否恰当地利用窗体的空白，以及分割线？ | | | |
| 界面元素是否在水平或者垂直方向对齐？ | | | |
| 是否所有界面元素提供了充分而必要的提示？ | | | |
| 对话框中的默认焦点正确吗？ | | | |
| 数据项能正确返回必要的结果信息吗？ | | | |
| 对于常用的功能，用户能否不必阅读手册就能使用？ | | | |
| 界面结构能清晰地反映工作流程吗？ | | | |
| 用户是否容易知道自己在系统中的位置，不会迷失方向？ | | | |
| 是否提供进度条、动画等反映正在进行的比较耗时的过程？ | | | |
| 执行有风险的操作时，有"确认"、"放弃"等提示吗？ | | | |
| 操作顺序合理吗？ | | | |
| 有联机帮助吗？ | | | |
| 各种界面元素的布局合理吗？美观吗？ | | | |
| 各种界面元素的颜色协调吗？ | | | |
| 各种界面元素的形状美观吗？ | | | |
| 字体是否一致、美观？ | | | |
| 图标直观吗？ | | | |
| 色盲或色弱的用户能正常使用该界面吗？ | | | |
| 同类的界面元素是否有相同的视感和相同的操作方式？ | | | |
| 是否根据用户权限自动屏蔽某些功能？ | | | |
| 是否提供逆向功能用以撤销不期望的操作？ | | | |
| 初学者和熟悉的用户都有合适的方式操作这个界面吗？ | | | |
| 是否使用国际通行的图标及语言？ | | | |
| 度量单位、日期格式、人的名字等是否符合国际惯例？ | | | |

### 5. 信息安全性测试用例

信息安全是指防止系统被非法入侵的能力，既属于技术问题又属于管理问题。应当注意，在世界上不存在绝对安全的系统。在对系统安全性测试时可以考虑使用以下几种方法。

（1）为非常入侵设立目标，比如，管理信息系统里常见的 SQL 注入，通过给查询条件特定的 SQL 语句从而达到非法更改数据库记录的目的。

（2）如果有人绕过系统的安全管理成功了，要详细记录入侵的过程。

信息安全的测试用例常用如表 15-7 所示的方式进行编写。

**表 15-7　系统测试之信息安全测试用例模板**

| 用例 ID | | | |
|---|---|---|---|
| 假设目标 A | | | |
| 前提条件 | | | |
| 非法入侵手段 | | 是否实现目标 | 代价-利益分析 |
| 用例 ID | | | |
| 假设目标 B | | | |
| 前提条件 | | | |
| 非法入侵手段 | | 是否实现目标 | 代价-利益分析 |

### 6. 压力测试用例

压力测试也叫负荷测试，即获取系统能正常运行的权限状态。其主要任务是：构造正确的输入，逐步增加系统的负荷直到刚好不瘫痪。这时的数据就是系统可以承受的"权限"值。比如，对服务器进行压力测试，可以增加并发操作的用户数量，或者连续不停地向服务器发请求，或者一次性向服务器发送特别大的数据等，此时看服务器的运行状态。由此可见，此测试通常使用程序来模拟用户的操作来实现，通过手工是很难完成的。

压力测试的一个变种是敏感测试，即在某种情况下，微小的输入变动会导致系统的表现（如性能）发生急剧的变化。敏感测试目的是发现什么样的输入可能会引发不稳定现象。

测试用例常用如表 15-8 所示的方式来设计。

**表 15-8　系统测试之压力测试用例模板**

| 用例 ID | | | |
|---|---|---|---|
| 假设名称 A | 例如"最大并发用户数量" | | |
| 前提条件 | | | |
| 输入/动作 | | 期望的输出/响应 | 是否能正常运行 |
| 例如：10 个用户并发操作 | | | |
| 例如：100 个用户并发操作 | | | |
| 用例 ID | | | |
| 假设名称 B | | | |
| 前提条件 | | | |
| 输入/动作 | | 期望的输出/响应 | 是否能正常运行 |

## 7. 可靠性测试用例

可靠性是指在一定的环境下、在给定的时间内、系统不发生故障的概率。一般软件可靠性测试可能会花费很长的时间。比较实用的办法是：让用户使用该系统，记录每一次发生故障的时刻，计算出相邻故障的时间间隔（注意，要去掉非工作时间）。这样就可以计算得到发生故障的"最小时间间隔"、"最大时间间隔"、"平均时间间隔"，其中的"平均时间间隔"用以表明系统可靠的程度。在实训的时候，由于很难实现这类测试，故可以不进行可靠性测试，如果进行了可靠性测试，可以使用表 15-9 所示的模板进行设计用例。

表 15-9 系统测试之可靠性测试用例模板

| 任务 A 描述 | |
|---|---|
| 连续运行时间 | |
| 故障发生的时刻 | 故障描述 |
| | |
| | |
| 统 计 分 析 | |
| 任务 A 无故障运行的平均时间间隔 | （CPU 小时） |
| 任务 A 无故障运行的最小时间间隔 | （CPU 小时） |
| 任务 A 无故障运行的最大时间间隔 | （CPU 小时） |
| 任务 B 描述 | |
| 连续运行时间 | |
| 故障发生的时刻 | 故障描述 |
| | |
| 统 计 分 析 | |
| 任务 B 无故障运行的平均时间间隔 | （CPU 小时） |
| 任务 B 无故障运行的最小时间间隔 | （CPU 小时） |
| 任务 B 无故障运行的最大时间间隔 | （CPU 小时） |

## 8. 安装/反安装测试用例

安装测试至少要在标准配置和最低配置两种环境下进行测试；如果有安装界面，应当尝试各种选项，如选择"全部安装"、"部分安装"、"升级安装"进行测试。反安装测试主要是看程序能否顺利卸载。在实训时，只需要在一种环境下进行安装/反安装测试即可。常使用的测试用例模板如表 15-10 所示。

表 15-10 系统测试之安装/反安装测试用例模板

| 配置说明 | | |
|---|---|---|
| 安装选项 | 描述是否正常 | 使用难易程度 |
| 全部 | | |
| 部分 | | |
| 升级 | | |
| 其他 | | |
| 反安装选项 | 描述是否正常 | 使用难易程度 |
| | | |

## 实训指导 59：如何编写《系统测试计划》

《系统测试计划》可以作为整个项目计划中的一部分，但必须单独进行编写，一般是由测试人员组织编写。实训模板电子文档请参见本书配套素材中"模板——第 15 章 制订测试方案及编写测试用例——《系统测试计划》"。具体包含的内容及编写指导如表 15-11 所示。

**表 15-11 系统测试计划模板**

1. 引言
系统测试小组应当根据项目的特征确定测试范围与内容。一般地，系统测试的主要内容包括功能测试、健壮性测试、性能测试、用户界面测试、安全性（Security）测试、安装与反安装测试等。
1.1 目的
此处编写该文件计划想要达到的目标，比如，
描述测试准备工作及测试工作的具体内容；
制定测试进度；
帮助协调相关部门，使测试得以按计划步骤进行；
明确测试使用工具及测试所涉及的相关硬件、第三方软件；
界定测试通过与不通过的准则。
1.2 范围
简单介绍该软件的历史及现状、主要用途、各种重要功能及测试的侧重点；明确该测试计划所涵盖的测试内容，比如，整体功能测试、安装测试、用户界面测试，等等。
1.3 参考资料

| 资料名称[标识符] | 出版单位 | 作者 | 日期 |
|---|---|---|---|
|  |  |  |  |
|  |  |  |  |
|  |  |  |  |

1.4 术语与缩略语

| 术语、缩略语 | 解释 |
|---|---|
| ST | 系统测试，System Test |
|  |  |
|  |  |

2．测试方法
例如，Alpha 测试、Beta 测试、黑盒测试、白盒测试。
Alpha 测试：请公司里其他非技术人员以用户角色使用系统，发现缺陷通知测试人员，测试人员以正规流程处理缺陷事件。
Beta 测试：请用户代表进行测试，发现缺陷通知测试人员，测试人员以正规流程处理缺陷事件。
3．测试内容
项目可选择下述测试内容，并根据自己的特点填加测试内容，注意此处与测试用例的一致性，各类测试的详细描述可参见《系统测试用例》。
3.1 功能测试
3.2 健壮性测试
3.3 性能测试
3.4 信息安全性测试
3.5 压力测试
3.6 可靠性测试
3.7 安装/反安装测试
4．测试环境与测试辅助工具
此处是通过对各类测试用例进行综合分析得到。此处的环境及工具包括：测试所需装有各种操作平台的计算机，各类计算机的硬件配置，安装的系统支撑软件，自动测试工具，第三方软件，数据库等内容。

续表

| 测 试 环 境 | |
|---|---|
| 测试辅助工具 | |

5．测试完成准则

对于非严格系统可以采用"基于测试用例"的准则：
- 功能性测试用例通过率达到100%；
- 非功能性测试用例通过率达到95%；

对于严格系统，应当补充"基于缺陷密度"的准则：

相邻 n 个 CPU 小时内"测试期缺陷密度"全部低于某个值 m。例如 n 大于 10，m 小于等于 1。

此处还应当列出测试中止及恢复的准则，明确在哪种情况下中止全部或部分测试操作，以及在哪种情况下可以恢复测试。

6．人员与任务表

给出执行系统测试的每个人员的角色、职责、任务，然后使用 Project 制定测试进度表，然后对进度进行管理。也可以只在此处明确职责、任务，把测试的进度管理放入到《项目进度表》中，进行统一的跟踪管理。

| 人　　员 | 角　　色 | 职责、任务 | 时　　间 |
|---|---|---|---|
| | | | |
| | | | |

7．缺陷管理与改错

此处可以填写在测试过程中的缺陷管理流程，参照相关实训指导来填写即可。只要需要约定，开发人员和测试人员对缺陷认识不一致的解决办法，一般可以提交高级经理来确定。

8．风险管理

列出测试过程中可能出现的风险，对可能出现的各类风险采用什么样的规避措施、缓解措施，由谁来对每个风险负责，等等内容，例如：

1．同时需要测试其他软件产品时，或本项目测试人员被抽调时，对测试进度产生的风险；
2．硬件或网络方面出现问题时，对测试进度产生的风险；
3．一些资料或手册不能按时交与测试组时，也有可能耽误测试进度。
4．测试人员的配备等风险。

这些风险也可以纳入整个软件项目的风险管理计划中去，那么此处就不需要再填写风险管理的相关内容。

# 第 16 章 系统测试

本章重点：
- CMMI 对应实践；
- 系统测试简述；
- 系统测试活动内容。

系统测试有着特定的目的：将系统或程序与其初始目标进行比较，比如《用户需求说明书》等。由此可见其包含了两方面的含义：一是系统测试并不局限于系统，如果产品是一个程序，那么系统测试就是一个试图说明程序在整个系统中是如何不满足其目标的过程；二是如果产品没有一组书面的、可度量的目标，系统测试也就无法进行。

## 16.1 CMMI 中对应实践

系统测试主要是对应于 CMMI 的确认（Validation，VAL）过程域，此过程域共达到两个目标：一个是确认的准备，二是对产品或产品组件进行确认。其中确认的准备在上一章中已经进行了解释，本章重点解释第二个目标及为了实现该目标执行的两个实践。整个 VAL 的目的是：演示一个产品或产品组件当放进预期的环境中时可以充分达到预期的功能。具体如下。

SG 2 Validate Product or Product Components（确认产品或产品组件）

目的是确认产品或产品组件，以确保在预期作业环境中可适用。

确认方法、程序及准则用来确认所选择的产品与产品组件，以及相关的维护、培训及支持服务。此项确认在适当的确认环境中进行。整个产品生命周期中，都要执行确认活动。

SP 2.1 Perform Validation（执行确认）

为让使用者接受，产品或产品组件置于预期作业环境中，其工作表现必须完全符合预期要求。主要是：执行确认活动，并依据已建立的方法、程序及准则，搜集结果资料；适当时，记录已执行的确认程序及执行时所发生的偏差。在此实践中，常会产生以下的一些资料：确认报告、确认结果、确认对照表、运行过程日志、操作演示文件。

SP 2.2 Analyze Validation Results（分析确认结果）

依据定义好的准则对确认测试、检查、演示或评估产生的结果数据进行分析。分析报告应该指出需求是否符合，如有偏差，报告需记载成功或失败的程度，并将可能失败的原因分类。分析报告或确认文件可能指出，测试结果不佳乃是确认程序或执行环境的问题。通过以下几个步骤来执行：比较实际及预期结果；按已建立的确认准则识别问题，包括识别于预期作业环境下执行不佳的产品或产品组件，或识别确认方法、准则及（或）环境问题；分析确认缺陷数据；记录分析结果并识别问题；利用确认结果，将实际度量及性能，与预期使用或操作需要进行比较。

## 16.2 系统测试简述

系统测试（System Test，ST）的目的是对最终软件系统进行全面的测试，确保最终软件系统满足产品需求并且遵循系统设计的标准和规定。采用黑盒测试的方法进行测试，主要内容有：功能性测试、健壮性测试、性能-效率测试、用户界面测试、安全性测试、压力测试、可靠性测试、安装/反安装测试等。

制订测试计划和设计测试用例活动的进入准则是：产品需求和系统设计文档完成之后，系统测试小组就可提前开始制订测试计划和设计测试用例，不必等到"实现与测试"阶段结束，以提高系统测试效率。

执行系统测试计划活动的进入准则是：集成测试已通过。

在集成测试的时候，已经对一些系统的功能、接口进行了测试，那么在系统测试时是否能跳过相同内容的测试？答案是，不能。因为集成测试一般是在开发环境下中开展，可以由开发人员或专门的测试人员来执行，那不是真正的目标系统，所以集成测试不能作为系统已经通过测试的依据。而系统测试强调的是在用户实际使用环境或模拟用户实际使用环境下进行测试，并且为了保证测试的客观性，应当由机构的独立测试小组来执行系统测试。所以在进行系统测试的时候，测试小组的成员一般有以下几个来源。

- 委托外部测试机构进行测试，比如：软件测评中心。
- 与项目组独立的测试小组或测试部门人员。
- 邀请其他项目的开发人员参与测试。
- 本项目的部分开发人员（但绝对不能以本项目开发人员为主进行系统测试）。
- 技术支持或工程实施人员（更能清楚地了解用户的实际使用环境及需求）。

## 16.3 系统测试活动内容

### 16.3.1 系统测试内容

（1）用户层，主要是面向产品最终的使用操作者的测试，重点突出的是从操作者的角度，测试系统对用户支持的情况，用户界面的规范性、友好性、可操作性，以及数据的安全性。

- 用户支持测试，用户手册、使用帮助、支持客户的其他产品技术手册是否正确、是否易于理解、是否人性化。
- 用户界面测试，在确保用户界面能够通过测试对象控件或入口得到相应访问的情况下，测试用户界面的风格是否满足用户要求，如界面是否美观、界面是否直观、操作是否友好、是否人性化、易操作性是否较好。
- 可维护性测试，可维护性是系统软、硬件实施和维护功能的方便性。目的是降低维护功能对系统正常运行带来的影响。如对支持远程维护系统的功能或工具的测试。
- 安全性测试，安全性主要包括了两部分：数据的安全性和操作的安全性。验证只有规定的数据才可以访问系统，其他不符合规定的数据不能够访问系统；验证只有规定的操作权限才可以访问系统，其他不符合要求的操作权限不能够访问系统。

（2）应用层，针对产品应用的测试，重点在系统应用的角度，模拟实际应用环境，对系统的兼容性、可靠性、性能等进行的测试。

- 系统性能测试，针对整个系统的测试，包含并发性能测试、负载测试、压力测试、强度测试、破坏性测试。并发性能测试是评估系统交易或业务在渐增式并发情况下处理瓶颈及能够接收业务性能的过程；强度测试是在资源情况低的情况下，找出因资源不足或资源争用而导致的错误；破坏性测试重点关注超出系统正常负荷 N 倍情况下，错误出现状态和出现比率以及错误的恢复能力。
- 系统可靠性、稳定性测试，一定负荷的长期使用环境下，系统可靠性、稳定性。
- 系统兼容性测试，系统中软件与各种硬件设备兼容性，与操作系统兼容性、与支撑软件的兼容性。
- 系统网络测试，网络环境下，系统软件对接入设备的支持情况，包括功能实现及群集性能。
- 系统安装升级测试，安装测试的目的是确保该软件在正常和异常的不同情况下进行安装时都能按预期目标来处理。例如，正常情况下，第一次安装或升级、完整的或自定义的安装都能进行安装。异常情况包括磁盘空间不足、缺少目录创建权限等。还有一个目的是核实软件在安装后可立即正常运行。另外对安装手册、安装脚本等也需要关注。

（3）功能层，针对产品具体功能实现的测试。

- 业务功能的覆盖，关注需求规格定义的功能系统是否都已实现。
- 业务功能的分解，通过对系统进行黑盒分析，分解测试项及每个测试项关注的测试类型。
- 业务功能的组合，主要关注相关联的功能项的组合功能的实现情况。
- 业务功能的冲突，业务功能间存在的功能冲突情况。比如共享资源访问等。

（4）子系统层，针对产品内部结构性能的测试，关注子系统内部的性能，模块间接口的瓶颈。

- 单个子系统的性能，应用层关注的是整个系统各种软、硬件、接口配合情况下的整体性能，这里关注单个子系统。
- 子系统间的接口瓶颈，如子系统间通信请求包的并发瓶颈。
- 子系统间的相互影响，子系统的工作状态变化对其他子系统的影响。

（5）协议/指标层，针对系统支持的协议、指标的测试（主要是测试协议或指标的一致性及互通性）。

软件开发过程的系统测试，可以分为：制订测试计划、设计测试用例、执行系统测试、缺陷管理和改错 4 个步骤，其中的"缺陷管理和改错"请参见本书的相关内容，此处不做详细讲解。具体可以按图 16-1 所示的流程来执行。

## 16.3.2 制订系统测试计划

系统测试小组各成员共同协商测试计划。测试组长起草《系统测试计划》，详细内容请参见第 14 章的相关内容。该计划主要内容如下：

- 测试目标；
- 测试范围；
- 测试方法；

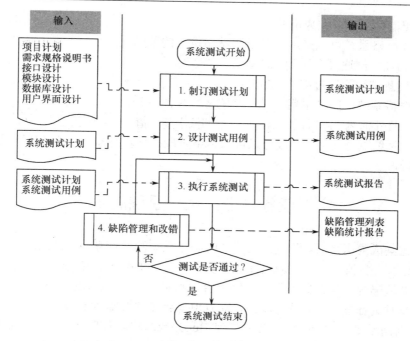

图 16-1 系统测试流程图

- 测试环境与辅助工具；
- 测试完成准则；
- 人员与任务表。

《系统测试计划》根据情况进行正式或非正式评审。项目经理根据项目计划及评审结果审批《系统测试计划》。该计划被批准后，方能进入下一步工作。

### 16.3.3 设计测试用例

系统测试人员根据《系统测试计划》和指定的模板，设计《系统测试用例》并进行同行评审；《系统测试用例》的编写参照第 14 章提供的模板及编写指导。测试组长邀请开发人员和同行专家，对《系统测试用例》进行技术评审。该测试用例通过技术评审后，进入下一步工作，根据测试用例执行系统测试。

### 16.3.4 执行系统测试

系统测试人员依据《系统测试计划》和《系统测试用例》执行系统测试，并对测试过程中发现的缺陷进行跟踪，及时解决验证。

将测试结果记录在《系统测试报告》中，用《缺陷管理列表》或专门的缺陷管理工具来记录所发现的缺陷，并及时通报给开发人员。

**注意** 此活动必需在单元测试、集成测试完成之后进行。缺陷管理的流程及细节请参见第 13 章的实训指导。

以下情况可以结束系统测试活动，结束准则各公司根据所研发系统类型的不同，可自行设

定,此处是给出的两个建议结束准则:

(1)对于非严格系统可以采用"基于测试用例"的准则。
- 功能性测试用例通过率达到 100%。
- 非功能性测试用例通过率达到 95%。

(2)对于严格系统,应当采用"基于缺陷密度"的规则。

相邻 n 个 CPU 小时内"测试期缺陷密度"全部低于某个值 m。具体值根据项目的类型来确定。

在系统通过系统测试之后,一般可以进入以下阶段:安装到客户使用环境下试运行、发布 Beta 版;系统验收。

## 实训任务二十:执行系统测试

在系统通过集成测试之后,测试人员要及时制订系统测试计划,执行系统测试。第一类学员可以不执行该任务,第二类学员应当完成本实训任务。在执行系统测试过程中,需要严格遵守项目组确定的缺陷管理与改错流程(详细内容请参见本书第 14 章的第 5 节)。对测试过程中发现的缺陷及时进行登记、解决、验证,同时填写到 TFS 实训平台中(请参见本书第 14 章中 14.9.1 节实训指导 52:如何使用 TFS 管理 Bug)或《缺陷管理列表》(请参见本书第 14 章中 14.9.2 节实训指导 53:如何填写《缺陷管理列表》),在测试完成之后,需要对缺陷进行统计分析产生《缺陷统计报告》(请参见本书第 14 章 14.9.4 节实训指导 55:如何编写《缺陷统计报告》),最后组织人员编写《系统测试报告》。本任务实训时可与 14 章、15 章的实训任务合并在一起进行,课时也可并入其中。

### 实训指导 60:如何使用 VS 完成 Web 负载测试

想使用 VS2010 进负载测试,必须安装以下版本的开发环境之一:VS2010 旗舰版。测试的场景及目的是:Web 的登录处理,当登录的用户数从 1 到 10 000 时,Web 负载情况如何。总共分为三步。

(1)录制 Web 登录脚本。在 VS2010 中打开要测试的解决方案,从开发环境的菜单中找到"测试",单击"新建测试",出现的界面如图 16-2 所示。

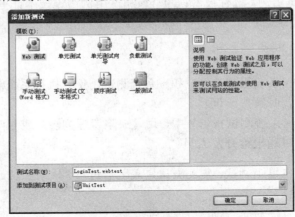

图 16-2 添加 Web 测试操作界面

若不存在测试项目,则在"添加到测试项目"中会显示"新建测试项目",单击"确定"按钮,自动打开 IE 浏览器。出现如图 16-3 所示界面。

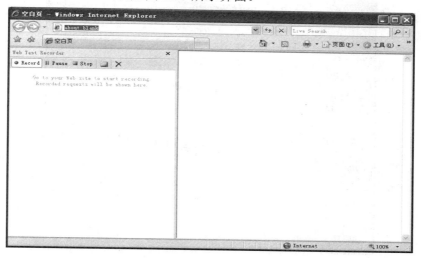

图 16-3　录制操作员登录界面 1

在地址栏处,输入要测试的 Web 的地址,然后对网页进行操作,其会自动记录操作的过程及内容,在登录操作完成之后,单击上面的"Stop"图标,则会出现如图 16-4 所示的界面。

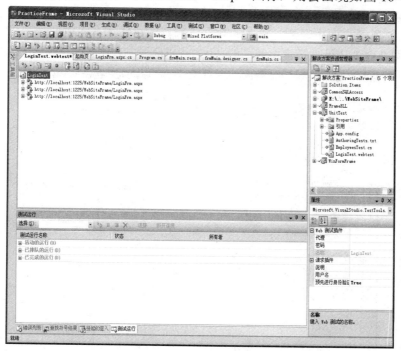

图 16-4　录制操作员登录界面 2

单击"工具箱"右边的 ,则会运行刚才录制的脚本,来判断系统能否正确运行,本例中出现的结果如图 16-5 所示。

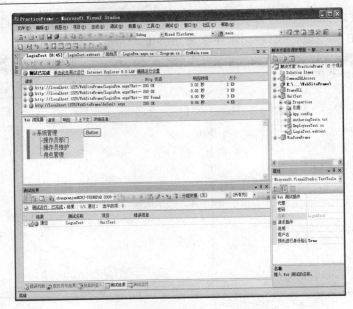

图 16-5　运行录制脚本界面

通过展开 ，测试人员可以查看，在测试过程脚本的运行过程中，显示出 Web 应用程序的各种请求、响应等信息。

在如图 16-5 所示界面中，要对输入的数据进行修改，比如在录制时输入的账号为 00000，如果想知道当用 00001 登录时是否正确，可以不进行重新录制，只需要修改其中的输入数据即可。

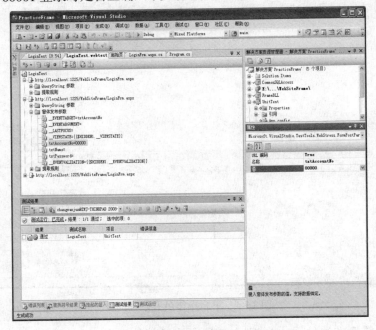

图 16-6　修改已录制脚本参数界面

数据可以直接在 值　　　00000　　　处填写，在这里点 ，关联到具体数据源，从数据源中读取数据，关联数据源的界面如图 16-7 所示。

由此可知，测试数据的来源可以从多种数据存储位置得到，比如 XML 文件、SQL Server 数据库、Oracle 数据库、Access 文件等。此处的具体用法，请各位读者参见相应的专业资料或联机帮助文档。

**注意**　要想进行 Web 测试，必须对 IE 浏览器如图 16-8 所示的选项进行选择，即"启动第三方浏览器扩展"，否则将会出现一个错误提示。

 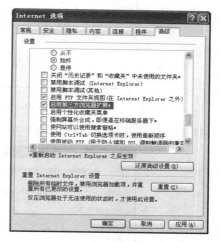

图 16-7　已录制脚本参数关联　　　　　　图 16-8　使用 Visual Stuodio 2010 进行 Web
　　　到数据源操作界面　　　　　　　　　　　　测试时 IE 浏览器设置操作界面

（2）建立并设置负载测试脚本。在新建测试时，选择"负载测试"，然后在测试名称处输入 LogionLoadTest.loadtest，单击"确定"按钮，则弹出"新建负载测试向导"界面，在此处对"负载模式"、"测试组合"、"测试器组合"、"网络组合"、"计数器集"、"运行设置"等进行设置，向导界面如图 16-9 所示。

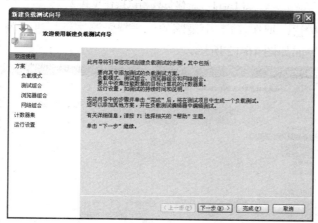

图 16-9　"新建负载测试向导"界面

单击"下一步"按钮，按图 16-10 进行设置。

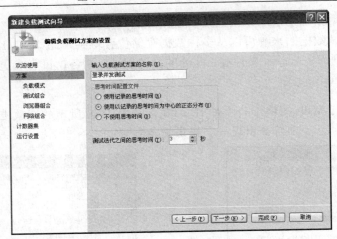

图 16-10 新建负载测试操作步骤 1

单击"下一步"按钮,按图 16-11 进行设置。

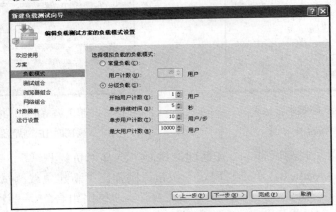

图 16-11 新建负载测试操作步骤 2

单击"下一步"按钮,把在(1)中录制的用户登录测试添加进"测试组合",当然此处可以添加多个测试。界面如图 16-12 所示。

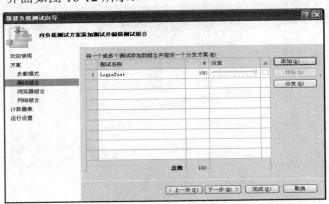

图 16-12 新建负载测试操作步骤 3

单击"下一步"按钮,可以把负载分发到多个浏览器上,进行测试,此处选择的是 IE 6.0,界面如图 16-13 所示。

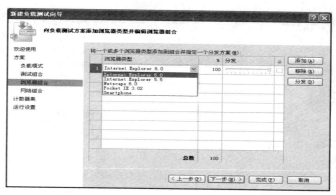

图 16-13　新建负载测试操作步骤 4

单击"下一步"按钮,可以把负载分发到多种网络类型上,进行测试,此处选择的是 Lan,即局域网,界面如图 16-14 所示。

图 16-14　新建负载测试操作步骤 5

单击"运行设置",出现的界面如图 16-15 所示。

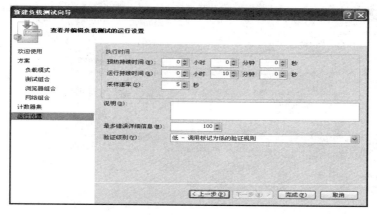

图 16-15　新建负载测试操作步骤 6

单击"完成"按钮,则出现做好的一个 Web 负载测试的脚本。

（3）运行测试。在如图 16-16 所示的界面上单击"工具箱"右边的 ，则会自动运行负载测试。

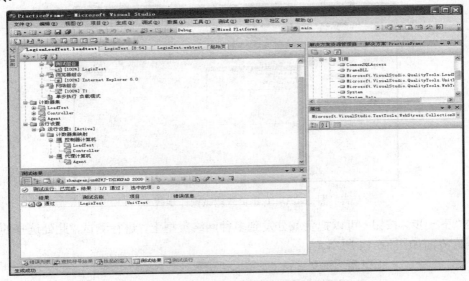

图 16-16　运行负载测试主界面

在运行 10 分钟后，出现的运行结果如图 16-17 所示。

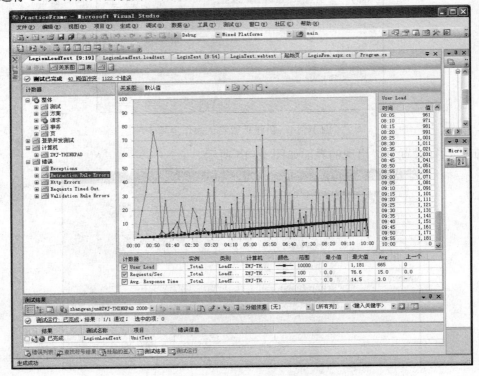

图 16-17　负载测试运行结果图

若想把测试数据保存到数据库，需要进行以下设置。

- 从"测试"菜单中单击"管理测试控制器"。随即出现"管理测试控制器"对话框。
- 在"负载测试结果连接字符串"中单击(...)显示"连接属性"对话框。
- 在"服务器名称"中,输入在其中运行 LoadTest 脚本的服务器的名称。
- 在"登录到服务器"下,可以选择"使用 Windows 身份验证"。可以指定用户名和密码,但是如果要指定就需要选择"保存密码"选项。
- 在"连接到一个数据库"下选择"选择或输入一个数据库名"。从下拉列表框中选择"LoadTest"。
- 单击"确定"按钮。通过单击"测试连接"可以测试该连接。
- 在"管理测试控制器"对话框中单击"关闭"按钮。

其中的各个指标及含义,请读者参考相关资料,本书只给出如何使用 VS2010 来进行负载测试。

## 实训指导 61:如何使用 TFS 生成《系统测试报告》

在执行系统测试时,对发现的缺陷统一填写进《缺陷管理列表》(没有缺陷管理工具时)或填写进专业的缺陷管理工具。缺陷跟踪管理的流程按照第 14 章 "系统实现与测试过程"中的实训进行,对于发现的各类缺陷,也需要进行分析,具体参见第 14 章中"实训指导 55"中的内容。然后由测试人员负责编写《系统测试报告》,提交项目组长来讨论审核。实训模板电子文档请参见本书配套素材中"模板——第 16 章系统测试——《系统测试报告》"。具体内容如表 16-1 所示。

表 16-1 系统测试报告模板

| 1. 基本信息 | |
|---|---|
| 测试计划的来源 | 提示:填写《测试计划书》名称、版本、时间 |
| 测试用例的来源 | 提示:填写《测试用例》名称、版本、时间 |
| 测试对象描述 | |
| 测试环境描述 | |
| 测试驱动程序描述 | 提示:可以把测试驱动程序当做附件 |
| 测试人员 | |
| 测试时间 | |
| … | |

2. 缺陷分析
2.1 缺陷类型分布

| 填写说明: | 引用缺陷统计分析报告中图表,也可以从缺陷管理工具里生成该类统计报表。 |
|---|---|

此处可以使用 TFS 的查询功能结合 Excel 来生成,具体方法参照前面章节中的内容。
2.2 缺陷严重程度统计

| 提示: | 引用缺陷统计分析报告中图表。 |
|---|---|

此处可以使用 TFS 的查询功能结合 Excel 来生成,具体方法参照前面章节中的内容。
2.3 缺陷修复率

| 提示: | 引用缺陷统计分析报告中图表。 |
|---|---|

此处可以使用 TFS 的查询功能结合 Excel 来生成,具体方法参照前面章节中的内容。

| | 续表 |
|---|---|
| 3．分析与建议 | |
| 提示： | 对测试结果进行分析、提出建议。<br>陈述经测试证实了的本软件的能力。如果所进行的测试是为了验证一项或几项特定性能要求的实现，应提供这方面的测试结果与要求之间的比较，并确定测试环境与实际运行环境之间可能存在的差异对能力的测试所带来的影响。 |

4．高级经理意见

此处由实训指导老师在对系统测试结果确认之后给出意见。

签字：

附件 《缺陷统计分析报告》

该报告可以通过对《缺陷管理列表》中的缺陷进行分析得到，也可以通过缺陷管理工具中的统计功能得到。不同公司关注的统计数据可能不同，在实训时，《缺陷统计报告》中的分析数据是必须有的，实训老师可以根据项目的要求增加统计指标。

# 第 17 章　项 目 总 结

本章重点：
- 项目总结简述；
- 代码复用总结；
- 项目结项。

合同执行，作为市场项目整个生命周期的一个特定阶段，单从工程实施或技术开发角度看，阶段结束的主要标志如下。

- 合同类项目：合同所含的所有工程都通过竣工测试，每个工程均有用户正式确认的竣工报告。
- 新产品项目和产品升级类项目：通过系统测试，系统试运行取得用户正式确认的验收报告，或通过 Beta 测试，其中发现的缺陷均得到处理。

当然，这是理想情况。实际上还可能有其他的情况发生，造成（工程或开发）执行阶段结束或项目终止，例如：

- 合同包含的多数工程已竣工，个别工程由于各种原因无法在一定期限内实施，双方商定排除这些个别工程；
- 开发类项目的部分（功能）目标由于各种原因无法按期实现，双方确定作为下一期项目的附加目标而先结束当前的项目；
- 测试已通过，必须补救的问题也已解决，合同执行阶段的实质性工作已经停止，但尚未取得用户正式确认的竣工报告或验收报告或确认意见；
- 其他各种因素造成项目失败，非正常终止项目计划甚至终止合同。

应该特别强调，不论以哪一种方式结束项目执行阶段，从整个生命周期看，事情并未了结，接下去必须做的就是项目总结，这个阶段也称为项目结束阶段。

## 17.1　项目总结简述

软件通过验收测试（对合同项目而言），或者通过系统测试和用户试用（对新产品项目和产品升级项目而言），并不表示项目结束（从项目管理的角度看），只是表示可以进入软件生命周期的下一个阶段或项目生命周期的最后一个阶段——项目总结阶段。

项目总结目的是：对项目的有形资产和无形资产进行清算；对项目进行综合评估；总结经验教训等；机构过程资产积累。具体地讲，项目总结的目的如下。

- 通过项目分析、总结和会审，对项目工作进行评价，使项目组的经验成为机构过程资产，并促进软件过程的不断改进。
- 通过技术归档，为公司加强知识产权保护提供了依据，不断增加公司的技术积累。
- 通过技术交接，为做好产品进入市场后所必需的产品维护和客户服务做好必要的准备。

- 通过产品会签和发布,确保公司向用户提供符合市场需求的软件产品。

虽然,项目结束很少对项目本身的成败能产生重大影响,并且在此阶段项目相关各方(用户、项目组、管理层等)对项目的评价及对项目成败原因的认识可能很不一致,只有通过总结,形成共识,才能妥善解决项目结束后必需面对的诸多问题,例如:
- 丰富公司资产库;
- 产品投入正常使用,减小公司应承担的售后服务压力;
- 建立与用户的长期合作关系;
- 项目团队及每一个相关人员的绩效评价;
- 将项目管理的成功经验和失败教训作为无形资产长期积累;
- 项目成果的进一步产品化,已有产品的进一步商品化;等等。

## 17.2 代码复用总结

### 17.2.1 代码复用简介

代码复用就是把现有的代码、算法、方法、思想、技术等,拿到当前项目中加以利用。一般是直接使用或调用,不作修改。代码复用一种情况是同一项目内的复用,另一种情况是不同项目间的复用。代码复用总结的目的是收集项目中的完成特定功能的代码,编辑成册,为其他项目组提供参考和借鉴,减少后续系统的开发工作,减少相同功能代码的开发工作。既提高了效率,又节约了成本。

代码复用主要有两种形式,即二进制代码复用与源代码复用。前者是通过创建和使用对象来实现的;后者,顾名思义,是通过继承实现的,后者在 C++等面向对象的语言中被广泛应用。

写出可以重用的代码对开发者的要求非常高。代码重用可遵守以下原则。
- 代码重用要先从在当前项目中实现代码重用开始。
- 应该从小模块开发。
- 可重用的代码一定与业务无关,与业务相关的代码无法重用。到了代码阶段只有算法和逻辑,不要将业务引入代码重用。
- 对接口编程。
- 优先使用对象组合,而不是类继承。
- 将可变的部分和不可变的部分分离。
- 减少方法的长度;消除 case / if 语句;减少参数个数。
- 类层次的最高层应该是抽象类。
- 尽量减少对变量的直接访问。
- 子类应该特性化,完成特殊功能。
- 拆分过大的类;作用截然不同的对象应该拆分。
- 尽量减少对参数的隐含传递。

一般有两种代码复用技术,一是改写类的实例方法,二是把参数类型改成接口,分别介绍如下。

（1）改写类的实例方法。任何方法，只要它执行的是某个单一概念的任务，就其本身而言，它就应该是首选的可复用代码。为了重用这种代码，必须回归到面向过程的编程模式，把类的实例方法移出成为全局性的过程。为了提高这种过程的可复用性，过程代码应该像静态工具方法一样编写：它只能使用自己的输入参数，只能调用其他全局性的过程，不能使用任何非局部的变量。

（2）把参数类型改成接口。代码复用真正的要点在于通过接口参数类型利用多态性，而不是通过类继承。从技术上说，可重用的是方法，而不是传递给方法的对象。选择最简单的参数接口类型；描述参数对象要求的接口越简单，其他类实现该接口的机会就越大。

### 17.2.2 代码复用活动

要想做到代码复用，须有几个前提：一是，统一的代码规范；二是，员工高度的代码复用意识；三是，员工的编码水平；四是，公司和员工级的高水平的代码库。

一般代码的实施会经历两个阶段，分别为：第一阶段，复用以前的代码：一方面每个项目组的开发人员，在开发过程中，从公司或个人的代码库中提取可以直接利用的代码；另一方面，参考代码库中的代码和思想，加以修改和利用，写出适用于当前项目的代码。第二阶段，提取代码以备复用：每个项目成员总结自己开发过程中用到的算法、类、方法、函数等可以被其他项目借鉴或复用的代码段。按用途、功能等分门别类，撰写《代码复用总结》。

在进行代码复用时，可以按以下过程操作。

（1）了解代码库：每个项目成员在了解了项目设计之后，开始代码编写之前，快速浏览公司级的代码库，可以看分类部分，主要目的是了解有哪些方面的代码库，为以后开发过程中能记得公司的代码库是否有类似的代码作准备。

（2）了解代码规范：熟读本公司的代码规范，在开发过程中严格按代码规范来编码，改变自己编码的习惯。

（3）了解代码复用原则：在开发过程中，通过学习，了解代码复用的原则，尽可能地以此为准来编写代码。

（4）参考代码库来编写代码：在编写代码过程中，可以借鉴公司或个人的代码库来编写代码，通过自己了解的方法，活用这些以前编写好的代码。

（5）开发过程中的交流：在开发过程中，与同事交流，参考同事的同功能的代码来编程。

（6）开发结束后的总结：在开发结束后，总结自己的代码，提取可以借用的部分，作为公司或个人的代码库。项目成员可以用讨论的方式来总结代码的提取。这样有利于代码的提炼。提取的代码要有完备的代码说明，有举例等。

（7）评估复用代码：项目成员在总结出自己的可复用代码之后，项目经理应组织人员对可复用的代码进行评估，去其糟粕，取其精华，得到真正的可以复用的代码，并提交给公司代码库的相应管理人员。

（8）管理公司级的代码库：EPG 人员对公司级代码库进行管理，增加、备份和提取管理。

在项目结项时，都需要对项目中的代码进行复用总结，一般代码复用总结的工作流程如下。

● 每个项目成员总结自己开发过程中用到的算法、类、方法、函数等可以被其他项目借鉴或复用的代码段。按用途、功能等分门别类，撰写《代码复用总结》。要求能清楚地知道代码的功能、用处、实现的算法、测试的方法等。

● 项目经理组织项目成员讨论每个成员的《代码复用总结》，提炼出真正有意义的可复用的代码，编写出本项目的《代码复用总结》。

● 评审《代码复用总结》：项目经理组织项目成员对《代码复用总结》进行评审。

● 通过评审后，将项目的《代码复用总结》提交给 EPG，作为过程改进的项目贡献，由 EPG 整理，收入机构级代码复用库。

## 17.3 项目结项

**1．结项准备**

项目经理与项目组成员、QA 工程师、配置管理员共同收集并汇总项目执行过程中产生的数据，完成下列事项：项目经理撰写《结项报告》；QA 工程师撰写《QA 总结报告》。QA 经理、配置管理员作以下验证。

● QA 经理对《结项报告》、《QA 总结报告》之间的相关数据做有效性、正确性、一致性检查。

● 配置管理员对《结项报告》、《QA 总结报告》与该项目的配置库、度量数据库的数据做有效性、正确性、一致性检查。

● 验证完成后，如果发现问题，项目经理组织项目组成员进行分析解决，然后修改报告，转向下一步。

**2．结项评审**

为了结束项目，项目经理须把《结项报告》、《QA 总结报告》提交给高级经理。然后进行结项评审，结项时的评审可以按以下步骤进行。

（1）高级经理发起结项评审会，具体过程参见管理评审过程。参加评审人员包括：高级经理、EPG、项目经理、项目组成员、QA 工程师、配置管理员等。

（2）项目资产检查与处理，参加评审人员在结项评审会上检查该项目的有形资产和无形资产，并和项目经理共同商讨如何有效地利用这些资产。

（3）项目综合评估，在过程改进时用项目度量数据库中的量化的指标作为评判项目的依据。主要包括项目性能指标、过程质量、产品质量、项目需求、项目风险、生产率、资产积累。

（4）总结经验教训，结项评审会上项目组成员共同总结经验教训，添加在《结项报告》中，将其充实进机构级的过程资产库共享。

（5）参加评审人员在《结项报告》附录中签署意见并签字，并交付给高级经理。

（6）高级经理审阅资料。高级经理批准，项目正式结项，否则项目组修改资料并重新申请。

最后，项目配置管理员依据《结项报告》把项目资产移交给机构级的 CMG 组长。机构级的人员（EPG 组长、配置管理员、QA 工程师）把项目移交的资产确认后纳入机构级的过程资产库中（更新 OMR、OPAL、风险库、检查列表库等）。

## 实训任务二十一：项目总结

所有类型的学生在进行实训时，必须执行项目总结，目的有二：一是通过总结，发现问题，总结经验，提高学习的效果；二是通过总结，对在实训过程中各个学生的表现进行总结，从而考查学生，给出评价。先由项目组成员分别写自己的项目工作总结，其中质量管理工程师需要编写《QA总结报告》；然后由项目组长在全体项目工作总结的基础之上，形成整个项目的总结，组织全组成员进行讨论修改；最后，把个人工作总结及项目组工作总结提交给实训指导老师。关于代码复用的总结，第三类学员可以在实训时执行该活动，《代码复用报告》包含的内容请参见本书配套素材的电子文档。本章实训安排建议为4~8学时。

### 实训指导62：如何填写《个人项目工作总结》

个人项目工作总结共分为三部分内容，第一部分是个人工作总结，由各个组员按照表中提供的问题一一详细填写，在回答问题之后，必须填写这样解答的原因，同时例举项目过程中的具体事例来说明；第二部分是项目组长评定根据表中提供的评定项目给项目组成员打分；第三部分是由实训指导老师给每个组员打分，并计算出每位组员的最终考核得分。实训模板电子文档请参见本书配套素材中"模板——第17章　项目总结——《个人项目工作总结》"。具体表格格式如表17-1所示。

表17-1　个人项目工作总结表

XXX项目小组

个人工作总结表

| 学号 | | 姓名 | | 班级 | | 角色 | |
|---|---|---|---|---|---|---|---|
| 分类 | 总结项 | | | 总结内容 | | | |
| 工作内容 | 分配给你的工作有哪些？ | | | | | | |
| | 工作成功的方面有哪些？ | | | | | | |
| | 你认为目前担任的工作对你是否合适，工作量是否恰当？ | | | | | | |
| | 你在工作时，是否感到有什么困难？哪些问题需解决？ | | | | | | |
| 工作要求 | 在项目组中你认为你比较适合哪些方面的工作？ | | | | | | |
| | 在项目组中你不适合哪些方面的工作？ | | | | | | |
| | 希望在工作中得到什么帮助？ | | | | | | |
| | 你认为你现在的角色是否合适？ | | | | | | |
| 工作分配 | 你认为你所在的项目组中工作分配是否合理？ | | | | | | |
| | 你的工作中什么地方亟待改进？ | | | | | | |
| 工作目标 | 你原计划的学习目标是什么？ | | | | | | |
| | 此目标你已做到了什么程度？ | | | | | | |
| 工作业绩 | 你认为对项目组的贡献是什么？ | | | | | | |

| 评价因素 | 评定项目 | 分值 优 | 良 | 中 | 差 | 组长评定 | 老师评定 |
|---|---|---|---|---|---|---|---|
| 工作态度 | 严格遵守工作制度,有效利用工作时间 | 3 | 2 | 1 | 0 | | |
| | 对新工作持积极态度 | 3 | 2 | 1 | 0 | | |
| | 忠于职守、坚守角色职责 | 3 | 2 | 1 | 0 | | |
| | 以协作精神工作,协助组长,配合组员 | 3 | 2 | 1 | 0 | | |
| 工作准备 | 正确理解工作任务内容,制订适当计划 | 3 | 2 | 1 | 0 | | |
| | 不需要组长详细的指示和指导 | 3 | 2 | 1 | 0 | | |
| | 及时与其他组员联系,使工作顺利进行 | 3 | 2 | 1 | 0 | | |
| | 迅速、适当地处理工作中的失败和追加任务 | 3 | 2 | 1 | 0 | | |
| 工作过程 | 与其他组员同心同力努力工作 | 3 | 2 | 1 | 0 | | |
| | 正确认识工作目的,正确处理业务 | 3 | 2 | 1 | 0 | | |
| | 积极努力改善工作方法 | 3 | 2 | 1 | 0 | | |
| 工作效率 | 工作速度快,不误工期 | 3 | 2 | 1 | 0 | | |
| | 任务处置得当,经常保持良好成绩 | 3 | 2 | 1 | 0 | | |
| | 工作方法合理,时间和经费的使用有效 | 3 | 2 | 1 | 0 | | |
| | 工作中无半途而废、不了了之的现象 | 4 | 3 | 2 | 1 | | |
| 工作成果 | 工作成果达到预期目标计划要求 | 4 | 3 | 2 | 1 | | |
| | 及时整理工作成果,努力减少时间、物质上的浪费 | 4 | 3 | 2 | 1 | | |
| | 工作总结和汇报准确真实 | 4 | 3 | 2 | 1 | | |
| | 工作中熟练程度和技能提高较高 | 4 | 3 | 2 | 1 | | |
| | 提出改进工作的建议情况 | 4 | 3 | 2 | 1 | | |
| | 工作有特殊成果,给公司在某一方面解决重大问题 | 4 | 3 | 2 | 1 | | |
| 职业道德 | 热爱本角色工作的程度 | 3 | 2 | 1 | 0 | | |
| | 热爱集体,尊重老师、配合支持工作程度 | 3 | 2 | 1 | 0 | | |
| | 钻研业务,勤奋学习,要求上进 | 3 | 2 | 1 | 0 | | |
| 总 分 | | | | | | | |
| 考 核 结 果 | 通过以上各项的考核,该组员的综合得分是: 分。 考核意见: 考核教师: 年 月 日 | | | | | | |

说明 项目组长由老师进行打分,其他组员由组长进行打分,然后再交由老师打分。最终把分数汇总之后换算成百分制。

## 实训指导 63:如何编制《结项报告》

《结项报告》主要是由项目组长起草,然后交由整个项目组进行讨论,最后根据编写的结项报告,每个项目组编写一个演示文档。选定相关组员根据演示文档对整个项目进行讲解,同时演示所开发的系统及相关工作产品。由此完成项目的结项评审。实训模板电子文档请参见本书配套素材中"模板——第 17 章　项目总结——《结项报告》"。结项报告包含的内容及填写说明如表 17-2 所示。

**表 17-2　结项报告模板**

可以根据项目任务书中的项目介绍来填写。

1. 一般信息

| 项目编号 | | | | | |
|---|---|---|---|---|---|
| 项目名称 | | | | | |
| 合同类别 | | | | | |
| 客户单位 | | | | | |
| 项目简介 | | | | | |
| 立项申请时间 | | 计划启动日期 | | 计划结束日期 | |
| 延迟时间 | | 实际启动日期 | | 实际结束日期 | |
| 项目成员 | 姓名 | 角色 | | 任务描述 | |
| | | 项目经理 | | | |
| | | 编码组组长 | | | |
| | | 项目组成员 | | | |
| | | 项目组成员 | | | |
| | | 配置管理员 | | | |
| 辅助人员 | 姓名 | 角色 | | 任务描述 | |
| | | 质量保证员 | | | |
| 使用工具 | {项目开发工具：<br>项目管理工具：} | | | | |
| 生产率 | 总的实际工作量＝　　　人时<br>规模＝　　KLOC（个）<br>生产率＝　　KLOC（个）/人天 | | | | |
| 产品质量 | 提交后缺陷数＝<br>产品质量＝提交后缺陷数/规模＝　　　　　（单位：个/KLOC 或个） | | | | |

2. 过程详细情况

| 过程裁剪 | 此处详细描述项目开发时采用的过程，并且对每个过程中详细的活动、活动的工作产品、活动参与角色等进行详细描述。此外，还需要对过程的裁剪原因进行描述。可以参考《项目计划》及提供的《机构标准软件过程（裁剪指南）》（请参见第 5 章的实训指南）进行编写 |
|---|---|

3. 风险管理

| | 风险名称 | 缓解措施 |
|---|---|---|
| 计划风险 | | |
| 实际发生 | | |

说明　此表根据项目的风险管理列表进行填写，需要对列表中的风险根据计划风险和实际发生风险进行分类。也可以直接把风险管理列表作为附件，而不填写该部分内容。对于第一类学员实训项目可以不填写该部分内容。

续表

### 4. 工作产品规模

| | 估计规模 | 实际规模 | 偏差率 |
|---|---|---|---|
| 文档1（页） | | | |
| 文档2（页） | | | |
| 子系统1代码（KLOC） | | | |
| 子系统2代码（KLOC） | | | |

说明　此处应当把需求、设计、测试用例、用户操作手册等文档的估计规模、实际规模填写，而不只是一个文档；代码处一样，可以按子系统或功能进行划分，分别填写估计规模和实际规模。对于第一类学员实训项目可以只填写实际规模，而不填写估计规模和偏差率。

### 5. 工作量

团队规模最多人数：　　　　人
估计工作量：　　　　人时
实际工作量：　　　　人时

（1）按生命周期工作量分配。来源于项目度量数据库的"项目参数图表分析"中"项目工作量按类别分布图"，对于第一类学员实训项目可以不填写该部分内容。

（2）质量成本比例。

正质量成本=

负质量成本=

来源于项目度量数据库的"项目参数图表分析"中"质量成本比例分布图"，对于第一类学员实训项目可以不填写该部分内容。

（3）工作量偏差分析。来源于项目度量数据库的"项目参数图表分析"中"工作量偏差率趋势分析图"，对于第一类学员实训项目可以不填写该部分内容。

### 6. 缺陷

（1）严重程度分布。来源于项目度量数据库的"产品质量度量"中"缺陷按严重程度统计图"；或者对项目测试过程所有的《缺陷统计报告》汇总得到，注意需要把单元测试、集成测试、系统测试等过程的所有缺陷统计报告进行汇总，得到缺陷严重程度的分布报表或图表。

（2）缺陷类型分布。来源于项目度量数据库的"产品质量度量"中"缺陷按类型统计图"；或者对项目测试过程所有的《缺陷统计报告》汇总得到，注意需要把单元测试、集成测试、系统测试等过程的所有缺陷统计报告进行汇总，得到缺陷类型的分布报表或图表。

### 7. 主要工作产品归档

| 工作产品名称 | 标识 | 版本号 | 备注 |
|---|---|---|---|
| 用户需求说明书 | | | |
| 软件需求规格说明书 | | | |
| 项目计划及下属计划 | CLT-TEMP-PP-PLAN | | |
| 概要设计说明书 | | | |

续表

| 数据库设计说明书 | | | |
| --- | --- | --- | --- |
| 模块设计说明书 | | | |
| 用户界面设计说明书 | | | |
| 系统集成说明书 | | | |
| 集成测试用例 | | | |
| 用户操作手册 | | | |
| 安装说明 | | | |
| 系统测试用例 | | | |

8．项目经验总结

（1）管理经验。

（2）技术经验。

（3）其他经验。

（4）PDP 评价。

此处填写对项目开发过程中采用的软件开发过程 PDP（项目定义过程）进行评价，说明本项目采用此开发过程研发有什么问题，存在什么优点，对于第一类学员实训项目可以不填写该部分内容。

9．申请结项理由和项目自我评价

| 申请结项理由 | |
| --- | --- |
| 项目自我评价 | |

**说明**　由项目组长填写，理由一般为"完成项目任务书中规定的任务及内容，并通过系统试运行及 Beta 测试"或"完成了项目合同中规定的内容，并通过客户的验收"。项目自我评价处主要填写项目组对自己所作的系统进行的评价，可以从项目管理、团队精神、功能实现、开发过程规范、系统用户体验等多个方面进行自我评价。

如果使用 TFS 进行实训，则可以通过定制查询的方法来得到《结项报告》中的大部分数据，这样可以保证结项中数据的准确性，降低结项报告的编写难度。

# 附录 A  实训框架及 Project 使用指导

## A.1  实训框架介绍

本节主要介绍书的配套素材中提供的实训框架,以方便不同的项目组根据自身的实训案例来选择。该框架是一个简缩过的管理信息系统的系统管理功能,以完成系统的权限安全管理及操作员管理等功能。在使用该实训框架时,各小组可以在此基础之上把自己选择的应用程序的各个功能添加进来,也可以对框架进行修改,以满足自身开发的应用程序需要。

### A.1.1  安全管理及功能列表

在开发各类应用程序时,会遇到不同人员登录系统之后具有不同访问权限的情况。比如,网上的论坛,有的人可以发贴,有的人不能发贴,有的还可以删贴。再比如,教务管理,学生只能查看开设课程及老师、选课、查看上课位置;而教务管理部门(教务处、教学办)可以排课;老师可以登记分数等。由以上的例子可以发现,大家登录的是同一个系统,那么怎样根据角色的不同来确定操作不同的功能呢?本框架给出了一个比较常用的解决方案,每个操作人员属于一类角色,每类角色对不同的功能有不同的访问权限。包含的功能如表 A-1 所示。

表 A-1  实训框架完成的通用功能列表

| 序号 | 功能编号 | 功能名称 | 详细说明 |
|---|---|---|---|
| 1 | 10 | 系统管理 | 一级菜单 |
| 2 | 1001 | 操作员部门 | 二级菜单,完成操作员所属部门的增加、修改、删除。在选课系统里可能叫学生班级/工作部门 |
| 3 | 1002 | 角色管理 | 二级菜单,完成对角色的维护,包括增加、修改、删除。操作员可以划分到各个角色里 |
| 4 | 1003 | 操作员维护 | 二级菜单,完成各个部门下操作员的增加、修改、删除,并且提供了操作员清密的功能(当操作员忘记密码时使用) |
| 5 | 1004 | 功能字典 | 二级菜单,对系统提供的功能列表进行动态维护,包括增加、修改、删除 |
| 6 | 1005 | 角色权限 | 二级菜单,给每个角色赋权,确定角色对哪些功能有访问权限 |
| 7 | 1006 | 系统日志 | 二级菜单,对该系统产生的日志进行查询,并提供按起止时间段清空的功能 |
| 8 | 1006 | 密码修改 | 二级菜单,当前登录用户的密码修改 |

通过以上的功能列表可以看出,一级菜单(父功能)与二级菜单(子功能)之间的编号规则。在实训过程中,如果需要增加其他一级菜单,比如"论坛管理",就用 20 来给一级功能编号,2001 表示论坛管理的第一个子功能。由此可见,此框架最多支持 89 个一级菜单,每个一级菜单下可以支持 99 个二级菜单(二级菜单一般对应具体功能)。

除此之外,本框架还支持二级菜单显示的操作界面上的三级子功能(即按钮),比如,操作员部门有增加、修改、删除、查询四个按钮,功能编号分别为,100101、100102、1001103、100104。然后按照 A.1.4 节中的指导来编写程序就可以完成权限的动态控制。

在实训过程中，采用以上编号规则给系统添加功能即可把安全权限管理扩展到整个应用程序中去。

## A.1.2 ASP.NET 平台下系统框架设计

框架的实现思路如图 A-1 所示，整个系统提供了通用的数据访问类——SQLDatabase，此类是作者在微软公司 Patterns & Practices 团队提供的企业库（Enterprise Library）4.1 版中相关数据库访问类的基础之上修改得到的，可以在项目中直接引用之后使用。只需要保证应用程序配置文件（ASP.NET 为 Web.config，WinForm 下为 App.config）中数据库连接字符串中的名字与此类中一致即可。通过该类，即使对 ADO.NET 不熟悉，一样能写出性能得到保证的数据库访问代码。

```
/// <summary>
/// 使用在配置文件给定的连接字符串实始化一个实例
/// </summary>
public SQLDatabase()
{
    this.connectionString = ConfigurationManager.ConnectionStrings
        ["FrameDBConn"].ConnectionString;
}
```

应当与应用程序配置文件里的 name 一致，这里用的名字为：FrameDBConn，如下所示。

```
<connectionStrings>
    <add name="FrameDBConn" connectionString="Data Source=.;Initial
        Catalog=MISFrame;User ID=sa;Password=come"
        provider Name= "System. Data. SqlClient"/>
</connectionStrings>
```

为了提高效率，方便自由操控和数据的显示，用于显示的数据，使用泛型列表来操作，比如，根据条件查询数据，然后把满足条件的记录转换成对象，把对象保存在 List<> 中，最后再返回。

实训框架的总体架构如图 A-1 所示，当前在业务层共包括了 8 个类，分别完成不同的功能（如图 A-2 所示），在实训时，可以根据选择的项目功能需要添加具体功能业务类。

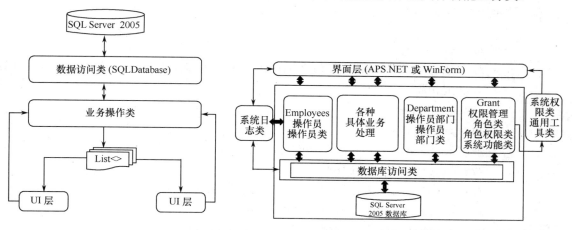

图 A-1　实训框架技术架构图　　　　图 A-2　实训框架完成通用功能的总体架构图

业务类实现方式如图 A-3 所示,每个业务类基本上分为三部分,第一部分是属性、字段,在构造函数中对其初始化,系统提供三个构造函数,分别为,缺省构造函数、根据查询条件从数据库构造一对象、根据每个字段构造一对象;第二部分是原子操作,主要是完成对数据库的增、删、改操作;第三部分是业务操作,完成查询统计等功能,同时通过对原子操作、查询有组合,完成更复杂的业务逻辑处理。如图 A-3 所示。

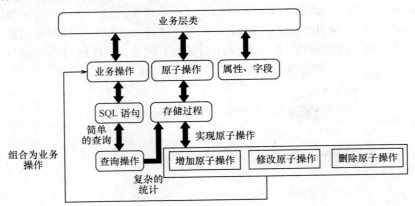

图 A-3 业务类实现框架图

在查询的时候,统一使用 SQLDatareader 来实现,以提高效率。在使用 Reader 读取数据时,框架里给出的两种读的方法,请读者注意它们之间的区别。以下给出操作部门类的源代码,供大家参考:

```
using System;
using System.Collections.Generic;
using System.Text;
using System.Data;
using System.Data.SqlClient;
using CommonSQLAccess;

namespace FrameBLL
{
    /// <summary>
    /// 部门类,完成对操作员部门的所有操作,包括增、删、改及查询,并且提供比较灵活的
    ///构造函数
    /// </summary>
    /// <remarks>
    /// <c>Departments</c> 对操作员部门类提供操作
    /// <list type="table">
    /// <listheader><item>Microsoft SQL Server 版本</item></listheader>
    /// <item><item><list type="bullet">
    /// <item>Microsoft SQL Server 2000</item>
```

```csharp
/// <item>Microsoft SQL Server 2005</item>
/// <item>Microsoft SQL Server 2008</item>
/// </list>
/// </item>
/// </item>
/// </list>
/// </remarks>
public class Departments
{
    /// <summary>
    /// 用于对 SQL Server 数据库进行访问的统用类的一个对象，所有数据库的访问均通
    ///过该对象来实现
    /// </summary>
    private SQLDatabase db = new SQLDatabase();

    #region 属性
    private int _depNum;
    /// <summary>
    /// 部门编号
    /// </summary>
    public int DepNum
    {
        get { return _depNum; }
        set { _depNum = value; }
    }
    private string _depName;
    /// <summary>
    /// 部门名称
    /// </summary>
    public string DepName
    {
        get { return _depName; }
        set { _depName = value; }
    }
    private DateTime _editTime;
    /// <summary>
    /// 最后编辑时间
    /// </summary>
    public DateTime EditTime
```

```csharp
{
    get { return _editTime; }
    set { _editTime = value; }
}
private string _remark;
/// <summary>
/// 备注,对当前部门另外加的说明
/// </summary>
public string Remark
{
    get { return _remark; }
    set { _remark = value; }
}
#endregion

#region 构造函数
/// <summary>
/// 缺省构造函数,构造一个不存在的部门
/// </summary>
public Departments()
{
    this._depNum = -1;
}
/// <summary>
/// 根据部门编号,构造一个部门对象
/// </summary>
/// <param name="depNum">部门编号</param>
public Departments(int depNum)
{
    List<Departments> deptList = new List<Departments>();
    using (SqlDataReader reader =db.ExecuteReader(CommandType.Text,
        "select * from Departments where DepNum=" + depNum.
        ToString()))
    {
        //如果给定的部门编号不存在,则此时部门编号赋值-1
        this._depNum = -1;
        deptList = GetDeprtment(reader);
        if (deptList.Count > 0)
        {
```

```csharp
            this._depNum = deptList[0].DepNum;
            this._depName = deptList[0].DepName;
            this._editTime = deptList[0].EditTime;
            this._remark = deptList[0].Remark;
        }
    }
}
/// <summary>
/// 根据传出的各个属性值构造一个部门对象
/// </summary>
/// <param name="depNum">部门编号</param>
/// <param name="depName">部门名称</param>
/// <param name="editTime">最后更新时间</param>
/// <param name="remark">备注</param>
public Departments(int depNum, string depName, DateTime editTime,
            string remark)
{
    this._depNum = depNum;
    this._depName = depName;
    this._editTime = editTime;
    this._remark = remark;
}
#endregion

#region 业务处理
/// <summary>
/// 根据部门编号得到该编号所对应的部门对象
/// </summary>
/// <param name="depNum">部门编号</param>
/// <returns><see cref="Department"/>部门对象</returns>
        public Departments GetDepatByNo(int depNum)
{
    Departments dept = new Departments(depNum);
    return dept;
}
/// <summary>
/// 内部函数,用来根据传入的SqlDataReader来构造部门对象列表
/// </summary>
/// <param name="reader"><see cref="SqlDataReader"对象/></param>
```

```csharp
/// <returns>部门列表</returns>
private List<Departments> GetDeprtment(SqlDataReader reader)
{
    List<Departments> deptList = new List<Departments>();
    while (reader.Read())
    {
        Departments dept = new Departments();
        dept.DepNum = -1;
        int epe_DepNum = reader.GetOrdinal("DepNum");
        if (!reader.IsDBNull(epe_DepNum))
        {
            dept.DepNum = int.Parse(reader["DepNum"].ToString());
        }
        int epe_DepName = reader.GetOrdinal("DepName");
        if (!reader.IsDBNull(epe_DepName))
        {
            dept.DepName = reader.GetString(epe_DepName);
        }
        int epe_EditTime = reader.GetOrdinal("EditTime");
        if (!reader.IsDBNull(epe_EditTime))
        {
            dept.EditTime = reader.GetDateTime(epe_EditTime);
        }
        int epe_Remark = reader.GetOrdinal("Remark");
        if (!reader.IsDBNull(epe_Remark))
        {
            dept.Remark = reader.GetString(epe_Remark);
        }
        else
        {
            dept.Remark = "";
        }
        if (dept.DepNum != -1)
        {
            deptList.Add(dept);
        }
    }
    return deptList;
}
```

```csharp
/// <summary>
/// 得到所有部门
/// </summary>
/// <returns>部门对象列表</returns>
public List<Departments> GetAllDept()
{
    //注意,此列使用泛型列表来返回
    List<Departments> deptList = new List<Departments>();
    using (SqlDataReader reader = db.ExecuteReader(CommandType.Text,
        "select * from Departments"))
    {
        return GetDeprtment(reader);
    }
}
/// <summary>
/// 根据传入的查询语句得到满足条件的部门列表
/// </summary>
/// <param name="strWhere">查询条件</param>
/// <returns>部门列表</returns>
public List<Departments> GetDeptBySqlStr(string strWhere)
{
    //注意,此列使用泛型列表来返回
    List<Departments> deptList = new List<Departments>();
    using (SqlDataReader reader = db.ExecuteReader (CommandType.
        Text,"select*from Departments where 0=0 "+strWhere))
    {
        return GetDeprtment(reader);
    }
}
#endregion

#region 增、删、改
/// <summary>
///功能描述:增加部门基本信息
/// </summary>
/// <param name="department">传入一个Department实体类</param>
/// <returns>1,表示增加成功;否则表示增加失败,返回出错信息</returns>
public string AddDepartment(Departments department)
{
```

```csharp
        SqlCommand    command    =    db.GetStoredProcCommand("dbo.
        InsertDepartments");

        if (department.Remark != null)
        {
            db.AddInParameter(command, "remark", DbType.String, department.
                Remark);
        }

        if (department.DepName != null)
        {
            db.AddInParameter(command,"depName",DbType.String, department.
                DepName);
        }
        db.AddInParameter(command, "depNum", DbType.Int32, department.
            DepNum);
        try
        {
            return db.ExecuteNonQuery(command).ToString();
        }
        catch (Exception ex)
        {
            return ex.Message;
        }
    }

    /// <summary>
    ///更新部门基本信息
    /// </summary>
    /// <param name="department">传入一个 Department 实体类</param>
    /// <returns>1，表示更新成功；否则表示更新失败，返回出错信息</returns>
    public string UpdateDepartment(Departments department)
    {
        SqlCommand    command    =    db.GetStoredProcCommand("dbo. Update
        Departments");
        if (department.Remark != null)
        {
            db.AddInParameter(command, "remark", DbType.String, department.
                Remark);
```

```csharp
    }
    if (department.DepName != null)
    {
        db.AddInParameter(command,"depName", DbType.String, department.
                    DepName);
    }
    db.AddInParameter(command, "depNum", DbType.Int32, department.
                DepNum);
    try
    {
        return db.ExecuteNonQuery(command).ToString();
    }
    catch (Exception ex)
    {
        return ex.Message;
    }
}


/// <summary>
///功能描述:删除部门基本信息
/// </summary>
/// <param name="department">传入一个 Department 实体类</param>
/// <returns>1,表示删除成功;否则表示删除失败,返回出错信息</returns>
public string DeleteDepartment(Departments department)
{
    SqlCommand command = db.GetStoredProcCommand("dbo. Delete
    epartments");
    db.AddInParameter(command, "depNum", DbType.Int32, department.
                DepNum);
    try
    {
        return db.ExecuteNonQuery(command).ToString();
    }
    catch (Exception ex)
    {
        return ex.Message;
    }
}
#endregion
```

          }
    }

其他类的源代码及更详细的实现思路，建议读者仔细研究本书的配套素材。

### A.1.3 数据库表结构设计

为了满足实训框架中提到的功能，设计了数据库表结构，如表 A-2 至表 A-7 所示。

表 A-2  操作员信息表（Employees）

| 字段名 | 列名 | 类型 | 约束 | 空 | 默认值 | 备注 |
|---|---|---|---|---|---|---|
| 员工 id | EmployeeID | int | | 否 | | 自动增长 |
| 员工编号 | EmployeeNo | varchar(32) | pk | 否 | | 唯一标识员工 |
| 姓名 | EmployeeName | varchar(32) | | 否 | | |
| 性别 | EmployeeSex | tinyint | | 否 | 1 | 0 女  1 男 |
| 出生年月 | BirthDate | datetime | | 否 | | |
| 籍贯 | NativePlace | varchar(32) | | 否 | | |
| 联系电话 | PhoneNo | varchar(16) | | 否 | | |
| 身份证号 | IdcardNo | varchar(18) | | 否 | | |
| 家庭地址 | HomeAddress | varchar(64) | | 是 | | |
| 所在部门编号 | DepNum | int | | 否 | | 参照 Departments 表中的 DepNum 字段 |
| 密码 | Password | varchar(128) | | 否 | | 登录密码 |
| 用户角色 | RoleID | int | | 否 | -1 | 参照 Roles 表中的 RoleID 字段 |
| 操作员状态 | Status | int | | 否 | 1 | 1 表示启用，0 表示删除 |
| 备注 | Remark | varchar(64) | | 是 | | |

表 A-3  角色信息表（Roles）

| 字段名 | 列名 | 类型 | 约束 | 空 | 默认值 | 备注 |
|---|---|---|---|---|---|---|
| 角色编号 | RoleID | Int | pk | 否 | | 自动增长 |
| 角色名称 | RoleName | varchar(50) | | 否 | | |
| 备注 | Remark | varchar(64) | | 是 | | |

表 A-4  角色权限表（Role_Controls）

| 字段名 | 列名 | 类型 | 约束 | 空 | 默认值 | 备注 |
|---|---|---|---|---|---|---|
| 控制号 | RecID | Int | | 否 | | 自动增长 |
| 功能编号 | ModuleID | Int | pk | 否 | | 唯一标识功能 |
| 角色编号 | RoleID | Int | pk | 否 | | 参照 Roles 表中的 RoleD 字段 |
| 备注 | Remark | varvhar（64） | | 是 | | |

表 A-5 功能模块表（System_Modules）

| 字段名 | 列名 | 类型 | 约束 | 空 | 默认值 | 备注 |
|---|---|---|---|---|---|---|
| 控制号 | RecID | Int | | 否 | | 自动增长 |
| 功能编号 | ModuleID | Int | P | 否 | | 用于建立功能树 |
| 功能代码 | ModuleCode | varchar(16) | | 否 | | 父功能编号 |
| 功能名称 | ModuleName | varchar(32) | | 否 | | |
| 功能 URL | FunctionLinkUrl | varchar(128) | | 是 | | 功能模块的链接 URL 地址 |
| 链接目标 | UrlTarget | varchar(32) | | 是 | | URL 地址打开的目标窗口（方便在框架的情况下，打开到指定的框架名上） |
| 备注 | Remark | varchar(64) | | 是 | | |

表 A-6 部门基本信息表(Departments)

| 字段名 | 列名 | 类型 | 约束 | 空 | 默认值 | 备注 |
|---|---|---|---|---|---|---|
| 部门编号 | DepNum | Int | pk | 否 | | 最大值加 1 |
| 部门名称 | DepName | varchar(32) | | 否 | | |
| 最后更新时间 | EditTime | datetime | | 否 | | |
| 备注 | Remark | varchar(200) | | 是 | | |

表 A-7 系统日志表（System_Logs）

| 字段名 | 列名 | 类型 | 约束 | 空 | 默认值 | 备注 |
|---|---|---|---|---|---|---|
| 唯一 ID | LogCode | Int | Pk | 否 | | 自动增长 |
| 类型编码 | TypeCode | int | | 否 | 2 | 日志类型，当前分为 0 登录日志，1 操作日志，2 数据库错误日志，3 程序错误日志，4 修改数据日志，5 删除数据日志 |
| 日志明细 | LogDetail | Varchar(500) | | 否 | | |
| 日志时间 | LogTime | DateTime | | 否 | | 产生日志的时间 |
| 计算机 IP 地址 | StaIP | Varvhar(64) | | 是 | | 产生日志的计算机 IP 地址 |
| 操作员名称 | OptName | Varchar(16) | | 否 | | |

## A.1.4 ASP.NET 实训框架指导

本节以操作员部门管理功能的实现来讲解在 ASP.NET 下怎么来实现本书提供的实训框架。系统提供了一个登录界面，以此界面上如果输入用户名及密码三次，将不能进行登录。在登录成功之后，处理流程为：根据当前登录的用户，来判断用户所属的角色，然后再根据角色来判断对哪些一级菜单和二级菜单有访问权限，然后动态生成可以操作的菜单。如图 A-4 所示。

其中，左边的功能树根据当前用户所在的角色权限来动态生成，当前鼠标移到某个具体功能时，比如：操作员部门，会在 IE 下方出现该功能对应访问的网页页面。页面就是填写在功能权限表中 FunctionLinkUrl 字段中的字符串，对于操作员部门功能，填写的是：DepartmentDictionary.aspx。在实训时，添加其他功能按照 A.4.1 节讲解的方法进行添加即可。

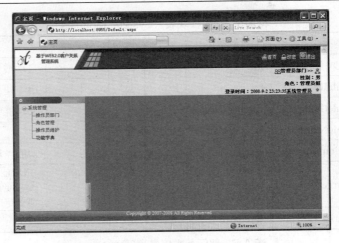

图 A-4　实训框架程序主界面

本实训框架的 ASP.NET 演示程序使用了母板页，功能树统一在母板页上产生。另外，功能树的字体、颜色等是通过 CSS 来设置的，采用以下方法保证 CSS 有效。

（1）在母板页中添加如下代码：

```
<link rel="shortcut icon" href="favicon.ico" type="image/x-icon" /><!--ie 地址栏前换成自己的图标-->
<link rel="bookmark" href="favicon.ico" type="image/x-icon" /><!--可以在收藏夹中显示出你的图标-->
<link href="~/css/Comm.css" rel="stylesheet" type="text/css" />
<link href="~/css/GridView.css" rel="stylesheet" type="text/css"" />
<link href="~/css/MainLeftTreeView.css" rel="stylesheet" type="text/css" />
<link href="~/css/TabMenu.css" rel="stylesheet" type="text/css" />
<link runat="server" rel="stylesheet" href="~/css/Import.css" type="text/css" id="AdaptersInvariantImportCSS" />
```

（2）对母板页进行按如下划分，并且设置相应的样式，注意其中背景颜色及 TreeView 控件的样式设置。

```
<table id="pagebody" cellspacing="0" cellpadding="0" style="width:100%;background-color:#2598e8"border="0">
    <tr>
        <td id="leftMenu"valign="top"background="images/menu_leftbg.gif"
            style= "width:177px; background-color:#2598e8">
        <div id="leftmenutree"style="height:auto;overflow:auto;
            margin:0px 0px 0px 13px; ">
            <asp:TreeView ID="LeftTreeMenu"runat="server"CssClass=
                "MainLeftTreeView"ShowLines="True".
```

```
                ExpandDepth="1"EnableClientScript="False">
                <Nodes>
                    <asp:TreeNode SelectAction="None"Text="请选择子系
                        统"Value="1"></asp: TreeNode>
                    </Nodes>
                </asp:TreeView>
            </div>
        </td>
        <td style="background-color:White;border;0;width;auto; "valign=
                "top"id="middleright">
            <asp:ContentPlaceHolder ID="ContentPlaceHolderl"runat=
                "server">
            </asp:ContentPlaceHolder>
        </td>
    </tr>
</table>
```

单击"操作员部门"之后，进入如图 A-5 所示的界面。

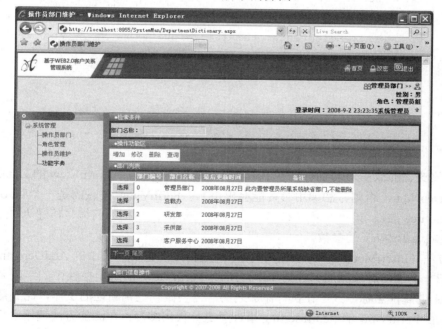

图 A-5　操作员部门功能操作界面

由此可见，整个界面除了功能树之外，由四部分组成：检索条件区、操作功能区、信息显示区（部门列表）、增删改查看区（部门信息操作）。

这四个区是通过 div 进行划分，然后通过 CSS 来设置其显示样式，详细的设置请参见本书配套素材中的源程序。操作功能区是根据当前登录用户所在角色的权限来动态生成的，比如某用户如果只有查询权限,那么此处就可能显示"查询"一个按钮。

信息显示区(部门列表),使用 GridView 控件来显示满足检索条件的数据,对其样式设置为:CssClass="GridView"。

增删改查看区(部门信息操作),使用的是 MultiView 控件,然后把增加、修改、删除、查看分别放入到一个 View 里。使用 FormView 控件来完成数据的输入、显示操作,FormView 中使用 table 来规划数据显示的行及列,对于此 table 需要设置样式为:class="formviewtable"。Table 里显示的数据,如果是字符串,需要采用以下的格式设置: &lt;td class="fv_Text"&gt;部门编号:&lt;/td&gt;;如果是控件,则按以下方式设置:&lt;td class="fv_Data"&gt; &lt;asp:TextBox ID="DepNumTextBox" runat="server" Text='&lt;%# Bind("DepNum") %&gt;' /&gt; &lt;/td&gt;。这样,就可以保证出现如图 A-6 所示的界面。

由于本框架采用的是多层应用程序开发方式,在完成界面上的业务操作时,采用的是 ObjectDataSource 来实现的,下面进行一一介绍。

GridView 中数据显示,关联的是一个叫 odsDeptAll 的 ObjectDataSource 控件,该控件调用业务层中 Departments 类的 GetDeptBySqlStr 方法,在缺省情况下把全部部门显示出来,注意 GridView 的 DataKeyNames 设置为 DepNum。根据检索条件处输入的条件,当单击"查询"按钮时,则可以显示出满足条件的部门信息。实现方式为:

```
if (txtDepName.Text != "")
{
    odsDeptAll.SelectParameters[0].DefaultValue = " and DepName like '%'+'" + txtDepName.Text + "'+'%'";
}
else
{
    odsDeptAll.SelectParameters[0].DefaultValue = " and 1=1";
}
```

增加、修改、删除、查看明细分别在 FormView 里来实现(每个 FormView 的 DataKeyNames 均设置为 DepNum,否则方法调用时可能会出错)。FormView 关联的是一个叫 odsDept 的 ObjectDataSource 控件,该控件通过 GridView 控件"选择"之后把部门编号传递为 SelectMethod 方法(GetDepartByNo)的参数。

增加方法(InsertMethod)方法使用的是业务层 Departments 类中的 AddDepartment 方法,此方法是把一个部门对象添加到数据库中,所以 FormView 的绑定控件中的字段名称应当与 Departments 的属性名称一致。在执行添加之前,需要做一些判断性的工作,比如数据的有效性判断等,在 FormView 的 ItemInserting 事件里进行代码编写。在添加方法调用之后,需要根据 AddDepartment 的返回值来判断数据是否添加成功,并给出一定的提示,在 odsDept 的 Inserted 事件中完成。代码如下所示:

```
protected void odsDept_Inserted(object sender, ObjectDataSourceStatusEventArgse)
{
    if (e.ReturnValue.ToString() == "1")
```

```
        {
            lblHint.Text = "<div class='ReturnMsg'>添加数据成功! </div>";
            gvDept.DataBind();
        }
        else
        {
            Response.Redirect(Request.ApplicationPath + "/Error.aspx?errmsg=
                    添加数据出错,错误信息为: " + e.ReturnValue.
                    ToString());
        }
    }
```

修改方法(UpdateMethod)方法使用的是业务层 Departments 类中的 UpdateDepartment 方法,此方法是以 DataKeyNames 的那个字段对应的属性为条件,更新数据库里的记录。至于更新前的有效性判断及更新后返回值的处理,与 InsertMethod 一样。

修改方法(DeleteMethod)方法使用的是业务层 Departments 类中的 DeleteDepartment 方法,此方法是根据 DataKeyNames 的那个字段对应的属性为条件,删除数据库里的记录。至于更新前的有效性判断及更新后返回值的处理,与 InsertMethod 一样。

为了能在数据提交到业务层处理之前给用户一定的提示,使用了 Button 控件的 OnClientClick 属性,在增加、修改、删除的"确认"按钮上均添加了该属性,在客户端给出提示,让用户决定是否把数据提交到服务端。

## A.2 使用 Project 2007 进行项目跟踪及数据分析

### A.2.1 设置项目视图

进入 Project 之后,一般新建进度表后默认查看的是甘特图视图,在操作页面的左上角右击看到表属性为"项",如图 A-6 所示。

应包含以下几列:WBS、任务名称、工期、工作量、开始时间、完成时间、前置任务、资源名称。如图 A-7 所示。

添加列的操作方法如图 A-8 所示。

出现下列对话框,在"域名称"处选到所想要插入的列名称,如图 A-9 所示。

由于不少软件开发公司都是按照工作量计算成本,在实训过程中,也以工作量等同于成本,插入工作量时选择成本,将标题写为"工作量",如图 A-10 所示。

### A.2.2 设置跟踪视图列

跟踪视图的选择方法如图 A-11 所示。

用于对制订的项目计划进行跟踪所用,一般应包含以下几列:WBS、任务名称、实际开始时间、实际完成时间、完成百分比、工期、实际工作量、剩余工期。如图 A-12 所示。

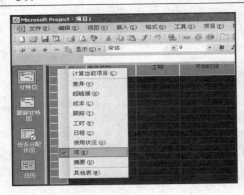
图 A-6  Project 属性项示意图

图 A-7  Project 空白项目图

图 A-8  Project 添加显示列示意图

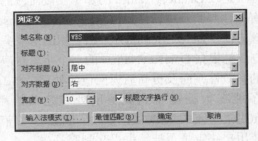
图 A-9  Project 添加显示列时列定义图

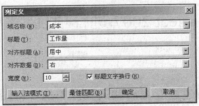
图 A-10  Project 添加"工作量"列定义图

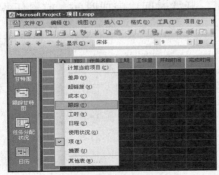
图 A-11  Project 设置跟踪视图列示意图

图 A-12  Project 项目跟踪列示意图

## A.2.3 设置资源工作表

定制资源工作表如图 A-13 所示。

在进度表中，成本按照工作量计算，所以标准费率一律设置成 1， 1 为 1 人时的概念，如 CCB，成本为 3，3 人时。将货币符号去掉，设置过程如图 A-14、图 A-15 及图 A-16 所示。

图 A-13  Project 定制资源工作表示意图

图 A-14  设置项目成本货币操作演示步骤 1

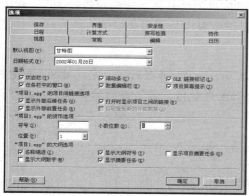

图 A-15  设置项目成本货币操作演示步骤 2

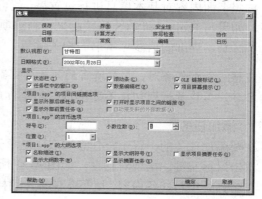

图 A-16  设置项目成本货币操作演示步骤 3

## A.2.4 设置项目日历

定义常规工作时间：工作时间为 9：00-12：00，13：00-18：00，具体操作步骤如图 A-17、图 A-18 及图 A-19 所示。

图 A-17  定义项目工作时间操作演示步骤 1

图 A-18  定义项目工作时间操作演示步骤 2

按照实际情况定义工作时间及工作日、非工作日，例如十一长假 10 月 1 日至 7 日为非工作日，8 日为工作日，在对话框右侧更改；每个工作日的时间在右侧更改为公司指定工作时间。根据项目具体情况安排。

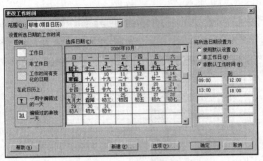

图 A-19　定义项目工作时间操作演示步骤 3

## A.2.5　制定项目进度表

按照上面内容对基本信息进行设置后，就可以按照项目具体安排制定进度表了，具体操作如下。如果与 Project 和 TFS 连接起来，制定项目进度表也是采用类似的方法完成，只是字段上有所区别，详细的请参见本书的相关章节。

**注意**　添加任务时，需要填写的列为：任务名称、工期、开始时间、完成时间、前置任务、资源名称，工作量一列切记不可填写，此处为自动生成数据。填写每列的具体方法见下文。

### 1．添加任务

在要添加任务的一行上，任意选取一个单元格，如图 A-20 所示。
双击鼠标左键，出现对话框，如图 A-21 所示。
在名称处填写任务内容，填写此任务计划持续工期，填写开始日期和完成日期，如图 A-22 所示。

图 A-20　添加项目任务演示步骤 1

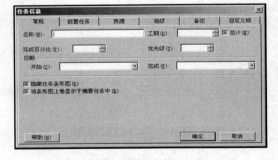

图 A-21　添加项目任务演示步骤 2

### 2．设置级别

选中要降级或升级的任务行，单击工具栏上的向左或向右箭头，向左箭头表示升级，向右箭头表示降级，如图 A-23 所示。

按照以上方法制定出项目进度表。

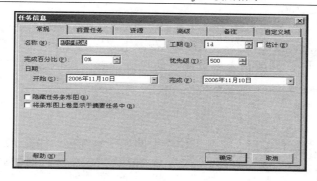

图 A-22　添加项目任务演示步骤 3

## 3．里程碑

将里程碑评审标记为里程碑如图 A-24 所示。

图 A-23　设置任务级别演示图

图 A-24　里程碑标记演示图

将在当天的甘特图中显示里程碑符号◆，如 A-25 所示。

## 4．添加资源

将项目组成员信息输入到资源工作表中，如图 A-26 所示。

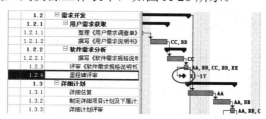

图 A-25　里程碑示意图

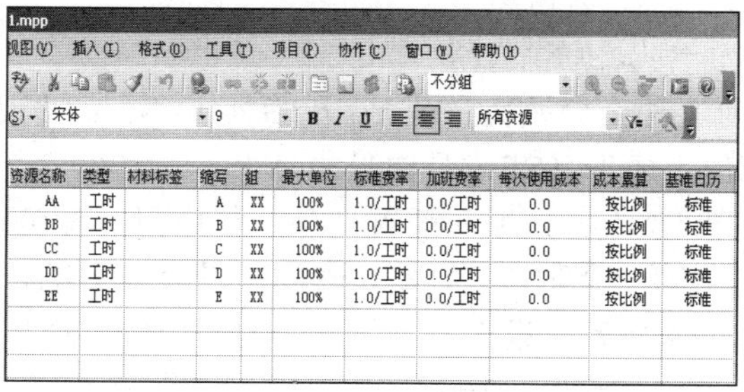

图 A-26　添加项目资源图

- 类型分为工时、材料,只填写标准费率,每次使用成本不填写。
- 需要填写的项为:资源名称、类型、缩写、组、标准费率、加班费率,其他自动生成,制定《项目进度表》时,只涉及人力资源,所以资源类型应该选择"工时",每次使用成本为"0"。

#### 5. 分配资源

如图 A-27 所示。

当资源已经被分配给任务后,资源工作表中的项变为红色,如图 A-28 所示。

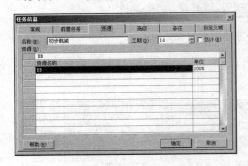

图 A-27　分配资源示意图

图 A-28　已分配资源示意图

### A.2.6　设置任务相关性

#### 1. 前置任务

任务相关性是指两个链接任务之间的关系;通过完成日期和开始日期之间的相关性进行链接。在甘特图视图的"前置任务"列为每个任务设置任务相关性。如图 A-29 所示。

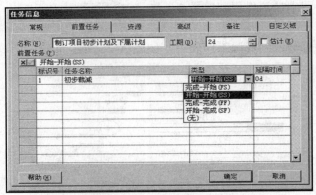

图 A-29　前置任务设置图

任务相关性类型分为 4 种,分别为"完成-开始"(FS)、"开始-开始"(SS)、"完成-完成"(FF)、"开始-完成"(SF),详见表 A-8。

常用类型为:"FS"和"SS",如果在前置任务一栏中只写任务编号,系统默认为"FS"。

有一些任务虽然不属于同一个阶段,但是在时间上是有联系的,比如软件需求规格说明书经过评审后,下一个阶段应该是系统设计,但是系统测试用例是根据需求文档编写的,无需等待系统设计完成后再编写,因此,编写系统测试用例这一任务的前置任务就可以设置成评审《软件需求规格说明书》的任务编号。如图 A-30 所示。

表 A-8  任务相关性类型表

| 序号 | 前置任务类别 | 图例 | 说明 |
|---|---|---|---|
| 1 | 完成-开始（FS） | 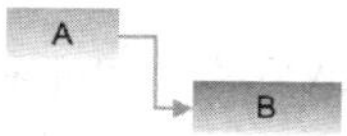 | 任务（B）必须在任务（A）完成之后开始。例如，如果有两个任务"浇注地基"和"平整混凝土"，"平整混凝土"必须在"浇注地基"完成之后开始 |
| 2 | 开始-开始（SS） | 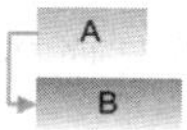 | 任务（B）必须在任务（A）开始之后开始。例如，如果有两个任务"浇注地基"和"平整混凝土"，"平整混凝土"必须在"浇注地基"开始之后开始 |
| 3 | 完成-完成（FF） | 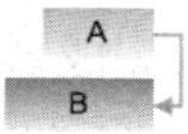 | 任务（B）必须在任务（A）完成之后完成。例如，如果有两个任务"添加配线"和"检查电路"，"检查电路"必须在"添加配线"完成之后完成 |
| 4 | 开始-完成（SF） | 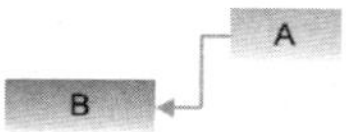 | 任务（B）必须在任务（A）开始之后完成。例如，如果有两个任务"添加配线"和"检查电路"，"检查电路"必须在"添加配线"开始之后完成 |

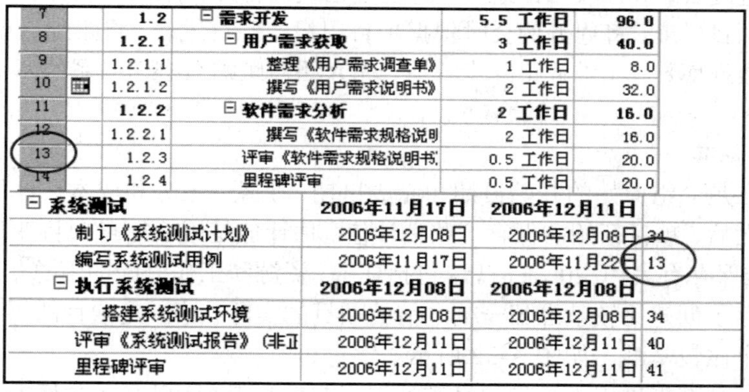

图 A-30  前置任务设置示例

## 2．限制

除了这 4 种任务相关性以外，还有一种"限制"设置，用于对 Project 计算任务开始日期和完成日期的方式加以限制。默认情况下，Project 对任务应用弹性限制，例如"越早越好"。如图 A-31 所示。

图 A-31  Project 任务项限制设置图

为获得最佳的日程排定灵活性，建议你允许 Project 使用弹性限制来根据所输入的工期和任务相关性计算任务的开始日期和完成日期。仅当具有不可避免的限制时（如无法移动的事件日期），才应考虑手动设置任务的限制。

（1）弹性限制。包括"越早越好"、"越晚越好"、"不得晚于…开始"、"不得晚于…完成"、"不得早于…开始"、"不得早于…完成"、"越早越好"（ASAP）和"越晚越好"（ALAP）等，弹性限制没有与这些限制相关联的特定日期。通过设置这些限制，可以在符合日程中的其他限制和任务相关性的条件下，尽早或尽晚开始任务（但要在项目完成前结束该任务）。

（2）非弹性限制。"必须开始于"（MSO）和"必须完成于"（MFO）等非弹性限制要求有一个关联的日期，该日期控制任务的开始日期或完成日期。如果你的日程需要考虑设备或资源可用性、期限、合同里程碑及开始日期和完成日期等外部因素，这些限制将非常有用。

以上事情都完成后，项目进度表就基本制定好了，制定好的进度表如图 A-32 所示。

### A.2.7 跟踪项目进度

《项目进度表》和《项目计划》一起通过正式的管理评审后，项目经理要按照项目进度表执行并跟踪项目进度，每周五例会时根据项目周报跟踪进度表，将跟踪后得出的一些数值填入《项目度量数据库》。在讲解跟踪步骤前，先介绍与跟踪有密切联系的两个概念：比较基准和盈余分析。

**1. 比较基准**

比较基准是一组原始的开始日期和完成日期、工期、工时和成本估计值，在完成并精确调整项目计划之后、项目开始前保存这些估计值。估计值是用于衡量项目变化的主要参照点。此外，比较基准保存有大约 20 条信息，包括任务、资源和工作分配的汇总信息和时间分段信息。比较基准保存了创建比较基准那一刻之前的项目的实际状态，是项目的历史视图、断面。最多可保存 11 个比较基准。如图 A-32 所示。

因为比较基准提供用于衡量项目实际进度的参照点，所以它包含任务工期、开始日期和完成日期、成本及其他要进行监控的项目变量的最佳估计值。如果比较基准信息与当前数据不同，表示你的原始计划不正确。一般来说，如果项目的范围或性质发生变化，就会出现这种差异。如果项目经理认为该差异是合理的,你可以在项目进行过程中的任何时间修改或重新制定比较基准。如果项目的工期持续时间很长，或项目的计划任务或成本发生显著更改，以至于你的初始比较基准数据不再相关，你会发现此时保存多个比较基准尤其有用。

比较基准使用原则如下：
- 每一个项目大的里程碑阶段完成的时候保存为比较基准，以系统时间保存。
- 第一个比较基准创建于项目启动阶段的最后一个任务跟踪后，即初步计划评审跟踪完毕后。
- 每周周例会后更新一次临时比较基准，第二周用上一周的临时基准比较，以此类推。

比较基准使用方法如下（假设保存比较基准1）：
选择"工具"→"跟踪"→"保存比较基准"（见图 A-33、图 A-34 及图 A-35）。
保存了比较基准后，在跟踪甘特图视图页面右侧会体现出来，如图 A-35 圈点处所示。
红圈中的白底黑条图案代表该任务已经保存过比较基准。

附录 A 实训框架及 Project 使用指导 ·351·

图 A-32 项目进度表示意图

## 2．盈余分析

盈余分析是一种衡量项目业绩的方法，是对到状态日期或当前日期为止已完成工作的工作量的度量。它表明根据当前已完成的工时量和任务、工作分配或资源的比较基准成本所应花费的计划工作量。盈余分析使用与比较基准一起保存的原始工作量估计值及到当前日期为止的实际工时，以显示实际工作量是否在计划范围内。

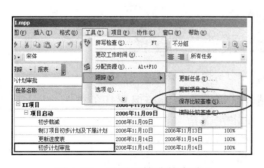

图 A-33 设置比较准基步骤 1

图 A-34 设置比较基准步骤 2

盈余分析的基础涉及三个关键值。

● 项目计划中规划的各个任务的计划工作量，即计划工作的计划工作量（BCWS）。BCWS 是到选定状态日期为止的比较基准成本。计划工作量值存储在比较基准域中，或者如果保存了多个比较基准，应分别保存在"比较基准 1"到"比较基准 10"域中。

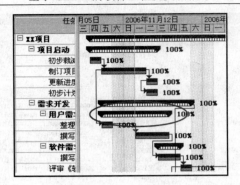

图 A-35　设置比较基准步骤 3

● 到状态日期为止，完成所有任务或部分任务所需的实际成本，即已完成工作的实际工作量（ACWP）。

● 在状态日期前完成的工时值（以货币进行度量），实际上就是已完成工时的盈余值，称为已完成工作的计划工作量（BCWP）。该值按单项任务进行计算，但在总体水平上（通常在项目级上）进行分析。

这三个值都需要在《项目度量数据库》中保存。

每周对《项目进度表》进行跟踪时，须从进度表的盈余分析视图中提取出当周工作的这三个数值。具体方法如下。

（1）查看视图。盈余分析视图通过以下方法查看，用鼠标拖拽圈中的横线，如图 A-36 所示。

图 A-36　查看盈余分析操作步骤 1

会出现两个区域，如图 A-37 所示的区域默认视图为资源与前置任务视图。

将鼠标停留在图 A-38 区域的任意位置，单击左上角"甘特图"图标。

图 A-39 的区域即显示甘特图视图。

在左上角任务编号上面空白位置右击并选择"其他表"，如图 A-40 所示。

出现对话框如图 A-41 所示。

（2）选择"盈余分析"，即出现选中的某一任务的盈余分析表（见图 A-42），度量分析中需要的指标都可以体现出来，如 BCWS、BCWP、ACWP、SV%（SVP）、CV%（CVP）、SPI、CPI。

图 A-37　查看盈余分析操作步骤 2

图 A-38　查看盈余分析操作步骤 3

图 A-39　查看盈余分析操作步骤 4

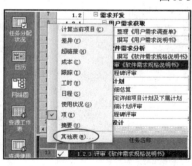 

图 A-40　查看盈余分析操作步骤 5　　　图 A-41　查看盈余分析操作步骤 6

图 A-42　查看盈余分析操作步骤 7

默认界面没有 CV%、SV%、CPI、SPI，可通过插入列的方式显示这几个常用指标。如图 A-43 所示。

（3）计算方法如下。

选择"工具"→"选项"→"计算方式"命令，如图 A-44 所示。

（4）在"计算方式"选项卡中，单击"盈余分析"按钮，弹出盈余分析对话框，如图 A-45 和图 A-46 所示。

（5）在"盈余分析"对话框中，选中你想基于哪个比较基准（如比较基准 1）进行盈余分析。然后，单击"关闭"按钮返回"计算方式"选项卡。

（6）在"计算方式"选项卡中，单击"立即计算"按钮。然后，单击"确定"按钮返回 Project 主界面。

### 3. 跟踪步骤

（1）更改状态日期：每次跟踪进度表时，一定要将状态日期更新为当前日期，具体操作参见上面的相关内容。

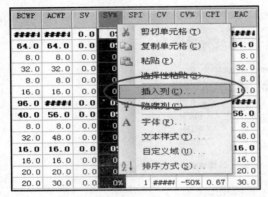

图 A-43　查看盈余分析操作步骤 8

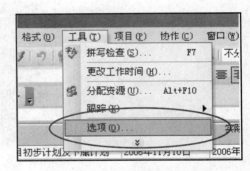

图 A-44　盈余分析计算方法设置操作步骤 1

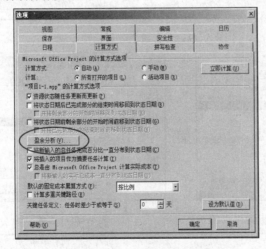

图 A-45　盈余分析计算方法设置操作步骤 2

图 A-46　盈余分析计算方法设置操作步骤 3

（2）跟踪日期和工作量：按照项目实际情况跟踪实际开始日期、实际完成日期、完成百分比，按照周报更新每个任务的实际工作量，注意，项目组成员在填写个人周报中的完成任务时，要填写最底层叶子节点，便于项目经理跟踪实际工作量。

（3）盈余分析：按照上面提供的盈余计算方法，计算当周盈余分析数据；打开盈余分析视图，选中当周进行的任务，汇总 BCWS、BCWP。

（4）保存比较基准：参见上面讲的比较基准使用方法。

**注意** 跟踪步骤顺序不可颠倒！切记！